T0219532

Springer-Lehrbuch

Weitere Informationen zu dieser Reihe finden Sie unter
http://www.springer.com/series/1183

Judith Eckle-Kohler · Michael Kohler

Eine Einführung in die Statistik und ihre Anwendungen

3., überarbeitete und ergänzte Auflage

 Springer Spektrum

Judith Eckle-Kohler
TU Darmstadt FB Informatik
Darmstadt
Deutschland

Michael Kohler
TU Darmstadt FB Mathematik
Darmstadt
Deutschland

Die Darstellung von manchen Formeln und Strukturelementen war in einigen elektronischen Ausgaben nicht korrekt, dies ist nun korrigiert. Wir bitten damit verbundene Unannehmlichkeiten zu entschuldigen und danken den Lesern für Hinweise.

ISSN 0937-7433
Springer-Lehrbuch
ISBN 978-3-662-54093-0   ISBN 978-3-662-54094-7   (eBook)
DOI 10.1007/978-3-662-54094-7

Die Deutsche Nationalbibliothek verzeichnet diese Publikation in der Deutschen Nationalbibliografie; detaillierte bibliografische Daten sind im Internet über http://dnb.d-nb.de abrufbar.

Springer Spektrum

Planung: Iris Ruhmann

Gedruckt auf säurefreiem und chlorfrei gebleichtem Papier

Springer Spektrum ist Teil von Springer Nature
Die eingetragene Gesellschaft ist Springer-Verlag GmbH Deutschland
Die Anschrift der Gesellschaft ist: Heidelberger Platz 3, 14197 Berlin, Germany

Für Iris und Julius

Vorwort

Die Statistik beschäftigt sich mit der Analyse von Phänomenen, die im mathematischen Sinne als zufällig aufgefasst werden können. Dabei kann die Einführung des Zufalls in verschiedener Hinsicht nützlich sein: Der Zufall kann einerseits zur Vereinfachung der Datenerhebung eingesetzt werden: Indem zufällig Daten herausgegriffen werden, muss nicht die Gesamtzahl der Daten untersucht werden (was z. B. bei einer Wahlumfrage ausgenützt wird). Andererseits kann der Zufall künstlich eingeführt werden zur Vereinfachung der Modellierung deterministischer Vorgänge: Dabei werden sehr komplexe Teile als unbestimmt angesehen und durch einen einfachen zufälligen Prozess modelliert.

Das vorliegende Buch gibt eine umfassende Einführung in die Grundprinzipien der Statistik und die zugrunde liegende mathematische Theorie des Zufalls. Dabei wird bewusst auf allzu viele Details verzichtet. Vielmehr sollen Leser ohne Vorkenntnisse in diesem Bereich die grundlegenden Ideen und den Nutzen dieser Theorie kennenlernen. Diese kann dann später bei Bedarf durch weiterführende Literatur wie z. B. Bauer (1992) oder Witting (1985) vertieft werden.

Das Buch ist in 6 Kapitel unterteilt. Kapitel 1 macht deutlich, dass die Statistik ein Gebiet mit vielfältigen Anwendungsmöglichkeiten ist und dass Statistikwissen auch im alltäglichen Leben immer wieder benötigt wird. Die dafür notwendige Theorie wird in den folgenden Kapiteln beschrieben. Kapitel 2 stellt zunächst die Erhebung von Daten im Rahmen von Studien und Umfragen vor. Kenntnisse darüber sind deshalb wichtig, weil sich oft beobachten lässt, dass die Erhebung von Daten zu Qualitätseinbußen bei den Daten und damit zu starken Einschränkungen in Bezug auf die Analyse der Daten führt. In Kap. 3 werden Verfahren der beschreibenden Statistik vorgestellt. Diese legen kein mathematisches Modell der Entstehung der Daten zugrunde, lassen aber andererseits auch keine Rückschlüsse zu, die über den beobachteten Datensatz hinaus gültig sind. Um dies zu erreichen, muss man Modellannahmen an die Entstehung der Daten machen. Dazu wird in den Kapiteln 4 und 5 das mathematische Modell des Zufalls eingeführt. Während sich Kap. 4 mit dem mathematischen Begriff der Wahrscheinlichkeit beschäftigt und einfache Schlussfolgerungen daraus vorstellt, werden in Kap. 5 Zufallsvariablen eingeführt, die eine besonders elegante Beschreibung zufälliger Phänomene ermöglichen. Neben Kennzahlen dieser Zufallsvariablen wie Erwartungswert und Varianz werden dort auch die Gesetze der großen Zahlen sowie der Zentrale Grenzwertsatz vorgestellt, letzterer aber ohne Beweis. Die darauf aufbauenden Verfahren der sogenannten schließenden Statistik sind dann Inhalt von Kap. 6. Mit diesen Verfahren und mithilfe von Annahmen an die Entstehung der Daten lassen sich Schlussfolgerungen ziehen, die über den vorliegenden Datensatz hinaus gültig sind. Im Anhang sind die wichtigsten zum Verständnis des Buches benötigten Grundlagen aus der Mathematik kurz dargestellt.

Das Buch ist gedacht für Studenten, die ohne Vorwissen aus der Wahrscheinlichkeitstheorie und der Statistik einen Überblick über dieses doch sehr umfangreiche Gebiet bekommen wollen. Es entstand aus einer Reihe von Vorlesungen, die Michael Kohler innerhalb der letzten 15 Jahre an den Universitäten Stuttgart, Jena, Saarbrücken und Darmstadt abgehalten hat.

Bei der vorliegenden dritten Auflage handelt es sich um eine durchgesehene, korrigierte und ergänzte Version der zweiten Auflage des Buches. Dabei wurden insbesondere die Kommentare und Verbesserungsvorschläge der Studentinnen und Studenten der Vorlesungen *Einführung in die Stochastik* und *Statistik I für Humanwissenschaftler* an der Technischen Universität Darmstadt berücksichtigt, für die wir uns recht herzlich bedanken.

Im Rahmen der Vorbereitung der dritten Auflage wurden etliche der Anwendungsbeispiele aktualisiert. Neu hinzugekommen sind auch Lösungen zu den Übungsaufgaben, die ab Kap. 2 nach jedem Kapitel aufgeführt sind, was das Selbststudium erleichtern soll. Weiter wurde die dritte Auflage so bearbeitet, dass sie als E-Book einfacher lesbar ist.

Ergänzend zu diesem Buch gibt es im Internet eine frei zugängliche Aufzeichnung einer Vorlesung an der Technischen Universität Darmstadt, die primär für Studierende des Faches Mathematik im Bachelor- oder Lehramtsstudium im 4. Semester angeboten wurde. Weitere Informationen zu dieser Vorlesungsaufzeichnung gibt es auf der Homepage dieses Buches unter http://www.mathematik. tu-darmstadt.de/statistik-und-anwendungen

Darmstadt,   Judith Eckle-Kohler
November 2016   Michael Kohler

Inhaltsverzeichnis

Einführung

1

Im vorliegenden Buch wird eine Einführung in die Wahrscheinlichkeitstheorie und die Statistik gegeben. Während man sich in ein neues – und wie im vorliegenden Fall keineswegs triviales – Stoffgebiet einarbeitet, fragt man sich häufig, ob man das neu erworbene Wissen überhaupt jemals brauchen wird. Für die Statistik, deren gründliches Verständnis Kenntnisse in Wahrscheinlichkeitstheorie voraussetzt, ist diese Frage ganz klar mit Ja zu beantworten, da Statistikwissen in vielen Bereichen des täglichen Lebens eingesetzt werden kann. In diesem Kapitel präsentieren wir einige wenige der vielen Anwendungsmöglichkeiten von Statistikwissen.

1.1 Übungsteilnahme und Statistik-Note

Im Sommersemester 2016 wurde an der Technischen Universität Darmstadt die Vorlesung „Einführung in die Stochastik" abgehalten. Diese gehörte zum Pflichtprogramm für das Bachelorstudium im Studienfach Mathematik und wurde am 02.09.2016 im Rahmen einer 90–minütigen Klausur abgeprüft. Nach Korrektur der 170 abgegebenen Klausuren stellte sich die Frage, wie denn nun die Prüfung ausgefallen ist. Dazu kann man natürlich die Noten aller 170 Klausuren einzeln betrachten, verliert aber dabei schnell den Überblick.

Hilfreich ist hier die *deskriptive (oder beschreibende) Statistik*, die Verfahren bereitstellt, mit denen man – natürlich nur unter Verlust von Information – die 170 Einzelnoten in wenige Zahlen zusammenfassen kann, wie z. B.

Anzahl Noten   : 170
Notendurchschnitt : 2,03
Durchfallquote   : 5,3 %

Dies kann man auch für Teilmengen der abgegebenen Klausuren tun. Betrachtet man z. B. die Menge aller Studierenden, die durch regelmäßige Teilnahme an den Übungen einen Bonus erworben hatten (der bei Bestehen der Prüfung zu einer

© Springer-Verlag GmbH Deutschland 2017
J. Eckle-Kohler, M. Kohler, *Eine Einführung in die Statistik und ihre Anwendungen*,
Springer-Lehrbuch, DOI 10.1007/978-3-662-54094-7_1

Verbesserung der Note um einen kleinen Notenschritt von 0,3 bzw. 0,4 geführt hat, bei der Angabe aller folgenden Noten aber noch nicht eingerechnet wurde), so erhält man:

Anzahl Teilnehmer mit Bonus : 119
Notendurchschnitt   : 1,80
Durchfallquote   : 2,6 %

Dagegen erhält man für die Teilnehmer, die diesen Bonus nicht erworben haben:

Anzahl Teilnehmer ohne Bonus : 51
Notendurchschnitt   : 2,56
Durchfallquote   : 11,8 %

Hierbei fällt auf, dass sowohl der Notendurchschnitt als auch die Durchfallquote bei der ersten Gruppe von Studierenden deutlich günstiger ausfällt als bei der zweiten Gruppe. Dies führt auf die Vermutung, dass auch bei zukünftigen Studierenden der Vorlesung „Einführung in die Stochastik" der Erwerb des Bonus sich günstig auf das Bestehen und die Note der Prüfung auswirken wird.

Die Fragestellung, ob man aus den oben beschriebenen Daten eine solche Schlussfolgerung ziehen kann, gehört zur *induktiven (oder schließenden) Statistik.*

Problematisch an dieser Schlussweise ist vor allem der Schluss von der beobachteten Gleichzeitigkeit (d. h. gleichzeitiges Auftreten von Erwerb des Bonus und gutem Abschneiden bei der Prüfung) auf die Kausalität: Es wird also behauptet, der Grund für gutes Abschneiden bei der Prüfung sei der Erwerb des Bonus. Ein weiteres Beispiel für diese im täglichen Leben häufig zu beobachtende Schlussweise wird in Abschn. 1.2 vorgestellt.

1.2   Die Leserinnen von Fifty Shades of Grey

Die Romantrilogie Fifty Shades of Grey der britischen Autorin E. L. James aus den Jahren 2011–2012 führte in mehreren Ländern (darunter in Deutschland und in den USA) über einen längeren Zeitraum die Bestsellerlisten an. Geschildert wird darin die Beziehung der 21-jährigen Studentin Anastasia Steele zu dem etwas älteren Milliardär Christian Grey, der einen starken Hang zu Sadomasochismus hat.

In einer Studie an der Ohio-State-University in den USA im Jahr 2013 wurde untersucht, ob und inwieweit das Lesen dieser Roman-Trilogie zu Verhaltensänderungen bei den Leserinnen führt. Dahinter steht die Vorstellung, dass das Lesen von Büchern Einfluss auf die Einstellungen und das Verhalten der Leser hat, selbst wenn es sich dabei nicht um Fachbücher (bei denen der Erwerb von Wissen im Vordergrund steht) sondern um reine Fiktion handelt.

Bei der Durchführung der Studie wurden insgesamt 1950 Studentinnen der Ohio-State-University im Alter zwischen 18 und 24 Jahren zufällig ausgewählt und

Tab. 1.1 Studie zum Zusammenhang zwischen Essstörungen bzw. der Anzahl der Sexualpartner und dem Verhältnis zu den Fifty Shades of Grey-Romanen. Gruppe 1 besteht hierbei aus allen Studentinnen die angaben, keines der drei Bücher gelesen zu haben. Gruppe 2 enthält die Studentinnen, die zumindest das erste Buch gelesen haben, Gruppe 3 diejenigen, die alle drei Bücher gelesen haben

	Keines der drei Bücher gelesen	Das erste Buch gelesen	Alle drei Bücher gelesen
Alle	436 (66,6 %)	219 (33,4 %)	122 (18,6 %)
Essstörung	63 (14,6 %)	59 (26,9 %)	32 (26,2 %)
Sex mit ≥5 Partnern	92 (22,1 %)	70 (32,0 %)	44 (38,6 %)

gebeten, im Internet einen Fragebogen auszufüllen. 715 Studentinnen kamen dieser Bitte nach. Der Fragebogen enthielt neben Fragen zum Gesundheits- und Sexualverhalten auch die Frage, ob die Studentinnen eine oder sogar alle drei Folgen von Fifty Shades of Grey gelesen haben. Dabei gaben 60 Studentinnen an, das erste Buch angelesen, aber nicht fertig gelesen zu haben. Die restlichen 655 Studentinnen wurden in drei (teilweise überlappende) Gruppen unterteilt. Dabei hatten die 436 Studentinnen in Gruppe 1 keines der drei Bücher gelesen, während die 219 Studentinnen bzw. die 122 Studentinnen in den Gruppen 2 und 3 zumindest das erste Buch bzw. alle drei Bücher gelesen hatten. Innerhalb dieser drei Gruppen wurde anschließend bestimmt, wie viele der jeweiligen Studentinnen in der Vergangenheit eine Essstörung hatten (die definiert wurde als Verwendung von Diäthilfen), bzw. wie viele davon in ihrem bisherigen Leben bereits Sexualverkehr mit vielen verschiedenen Partnern gehabt hatten (wobei hier viele als mindestens 5 verschiedene Sexualpartner spezifiziert wurde). Die erhaltenen Antworten sind in Tab. 1.1 dargestellt.[1]

Dabei fällt auf, dass in der Gruppe der Studentinnen, die angaben, keines der drei Bücher gelesen zu haben, die prozentualen Anteile der Studentinnen mit Essstörungen bzw. mit mindestens 5 Sexualpartnern deutlich niedriger waren als in den anderen beiden Gruppen. Eine naive Interpretation dieses Ergebnisses ist die These, dass das Lesen von Fifty Shades of Grey bei jungen Frauen sowohl zu Essstörungen als auch zu Änderungen des Sexualverhaltens führt.

Beschäftigt man sich aber etwas näher mit der Interpretation von Studien (z. B. durch Lesen von Kap. 2 dieses Buches), so sieht man leicht, dass die hier vorgenommene Schlussweise von der beobachteten Gleichzeitigkeit auf die behauptete Kausalität im Allgemeinen nicht zulässig ist.

1.3 Die Challenger-Katastrophe

Am 28.01.1986 explodierte die Raumfähre Challenger genau 73 Sekunden nach ihrem Start. Dabei starben alle 7 Astronauten. Auslöser dieser Katastrophe war, dass zwei Dichtungsringe an einem der beiden Raketentriebwerke der Raumfähre

Tab. 1.2 Flüge mit Materialermüdung an den Dichtungsringen

Flugnummer	Datum	Temperatur (in Grad Celsius)
STS-2	12.11.1981	21,1
41-B	03.02.1984	13,9
41-C	06.04.1984	17,2
41-D	30.08.1984	21,1
51-C	24.01.1985	11,7
61-A	30.10.1985	23,9
61-C	12.01.1986	14,4

aufgrund der sehr geringen Außentemperatur beim Start ihre Elastizität verloren hatten und undicht geworden waren.

Einen Tag vor dem Start hatten Experten von Morton Thiokol, dem Hersteller der Triebwerke, angesichts der geringen vorhergesagten Außentemperatur beim Start von unter 0 Grad Celsius Bedenken hinsichtlich der Dichtungsringe geäußert und empfohlen, den Start zu verschieben. Als Begründung dienten in der Vergangenheit beobachtete Materialermüdungen an den Dichtungsringen (unter anderem gemessen durch das Vorhandensein von Ruß hinter den Dichtungen). Eine wichtige Rolle in der Argumentation spielten die in Tab. 1.2 dargestellten Daten, die sich auf Flüge beziehen, bei denen eine nachträgliche Untersuchung Materialermüdungen an einem der 6 Dichtungsringe ergeben hatten.

Der Zusammenhang zwischen dem Auftreten von Schädigungen und der Außentemperatur war für die Experten von der NASA leider nicht nachvollziehbar. Insbesondere wurde argumentiert, dass ja auch bei hohen Außentemperaturen Schädigungen aufgetreten waren. Daher wurde der Start nicht verschoben.

Bemerkenswert ist daran, dass der wahre Grund für die spätere Katastrophe bereits vor dem Unfall bekannt war und ausgiebig diskutiert wurde. Unglücklicherweise waren die Techniker von Morton Thiokol nicht in der Lage, ihre Bedenken genau zu begründen. Neben einer Vielzahl von Fehlern bei der grafischen Darstellung der in der Vergangenheit beobachteten Messdaten hatten diese erstens vergessen, auch die Flüge ohne Schädigungen am Dichtungsring zusammen mit ihrer Außentemperatur darzustellen. Dies hätte das obige Argument der Schädigungen bei hohen Außentemperaturen relativiert, indem es gezeigt hätte, dass zwar einerseits bei einigen Starts bei hohen Außentemperaturen, aber andererseits bei allen Starts bei niedrigen Außentemperaturen Schädigungen auftraten (vgl. Abb. 1.1).

Zweitens war das Auftreten von Materialermüdung nicht das richtige Kriterium zur Beurteilung der Schwere des Problems. Hätte man z. B. die aufgetretenen Abnutzungen der Dichtungsringe zusammen mit dem Auftreten von Ruß in einem Schadensindex zusammengefasst und diesen in Abhängigkeit der Temperatur dargestellt, so hätte man Abb. 1.2 erhalten.

Diese hätte klar gegen einen Start bei der vorhergesagten Außentemperatur von unter 0 Grad Celsius gesprochen.[2]

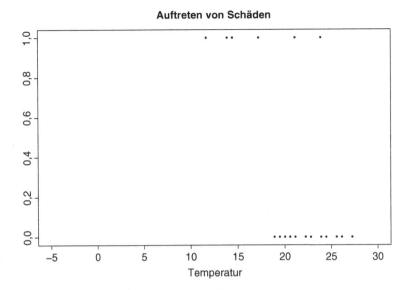

Abb. 1.1 Auftreten von Schäden bei früheren Flügen

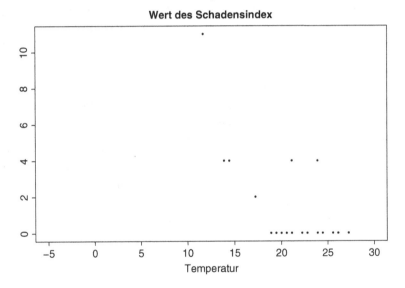

Abb. 1.2 Schadensindex in Abhängigkeit von der Temperatur

1.4 Präsidentschaftswahl in den USA, Herbst 2000

In den USA wird der Präsident indirekt gewählt: Pro Bundesstaat werden die gülti-
gen abgegebenen Stimmen pro Kandidat ermittelt. Wer die meisten Stimmen erhält,
bekommt die Wahlmänner bzw. -frauen zugesprochen, die für diesen Bundesstaat
zu vergeben sind. Diese wählen dann den Präsidenten.

Bei der Präsidentschaftswahl im Herbst 2000 trat der Fall auf, dass George W. Bush – einer der beiden aussichtsreichsten Kandidaten – die 25 Wahlmänner bzw. -frauen des Bundesstaates Florida (und damit die Mehrheit der Wahlmänner bzw. -frauen) mit einem Vorsprung von nur 537 Stimmen gewann. Al Gore – der unterlegene andere aussichtsreiche Kandidat – versuchte danach in einer Reihe von Prozessen, die Auszählung der Stimmen in Florida (und damit die Präsidentschaftswahl) doch noch zu seinen Gunsten zu entscheiden.[3]

Die Abgabe der Stimmen erfolgte in Florida größtenteils durch Lochung von Lochkarten, die anschließend maschinell ausgezählt wurden. Es ist bekannt, dass bei diesem Verfahren deutlich mehr versehentlich ungültig abgegebene (da z. B. unvollständig gelochte) Stimmen auftreten als bei optoelektronischen Verfahren. Zentraler Streitpunkt bei den Prozessen war, ob man z. B. im Wahlbezirk Tallahassee, wo allein 10.000 ungültige Stimmen abgegeben wurden, diese manuell nachzählen sollte.

Im Prozess vor dem Supreme Court in Florida[4] hat Statistik-Professor Nicolas Hengartner aus Yale für Al Gore ausgesagt. Sein zentrales Argument war, dass eine unbeabsichtigte unvollständige Lochung bei Kandidaten, die wie Al Gore auf der linken Seite der Lochkarte stehen, besonders häufig auftritt. Zur Begründung wurde auf die Senats- und Gouverneurswahl in Florida im Jahre 1998 verwiesen. Dabei waren bei einer der beiden Wahlen deutlich mehr ungültige Stimmen aufgetreten als bei der anderen. Diese Argumentation war aber nicht haltbar, da – wie die Anwälte von George W. Bush durch Präsentation eines Stimmzettels der damaligen Wahl überzeugend begründeten – damals die Kandidaten für beide Wahlen auf der gleichen Seite des Stimmzettels standen.

Dennoch kann man sich durchaus vorstellen, dass eine vollständige manuelle Nachzählung der Stimmen in Florida unter Umständen das Ergebnis der Wahl verändert hätte: Zum Beispiel ist denkbar, dass Lochkarten vor allem in ärmeren Wahlbezirken eingesetzt wurden, während in reicheren Gegenden (teurere und genauere) optoelektronische Verfahren verwendet wurden. War dann aber der Anteil der Stimmen für Al Gore in den ärmeren Gegenden besonders hoch, so steht zu vermuten, dass unter den versehentlich für ungültig erklärten Stimmen mehr für Al Gore als für George W. Bush waren. Um so etwas aber sicher festzustellen, hätte man nicht nur in einem, sondern in allen Wahlbezirken Floridas manuell nachzählen müssen. Aufgrund von Vorgaben in der Verfassung hinsichtlich des Zeitraumes bis zur Festlegung des Endergebnisses war dies aber zeitlich nicht möglich.

1.5   Positionsbestimmung mittels GPS

Die Positionsbestimmung mittels GPS (Global Positioning System) wird heutzutage in vielen verschiedenen Bereichen eingesetzt, z. B. bei der Positionsbestimmung von Schiffen, Flugzeugen und Autos, bei der automatischen Weiterleitung von Kundenanrufen in automatischen Taxizentralen an das nächstgelegene Taxi sowie in vielen militärischen Anwendungen. Je nach Anwendung sind unterschiedliche

Anforderungen an die Genauigkeit der ermittelten Position vorhanden: Zum Beispiel muss bei der Navigation von Schiffen auf den Meeren die Position nur auf einige hundert Meter genau bestimmt werden, während sie beim Autofahren um nicht wesentlich mehr als 10 Meter von der wahren Position abweichen sollte, damit beispielsweise die richtige Kreuzung erkannt werden kann. Neuere Anwendungen sind Erdbebenfrühwarnsysteme. Ein solches wird z. B. im Parkfield Earthquake Experiment[5] in Kalifornien untersucht. Dabei werden unter anderem 40 GPS-Empfänger eingesetzt, die ihre Position bis auf 2–3 mm genau bestimmen. Das Forschungsziel sind dabei Systeme, die kommende Erdbeben voraussagen und damit den Menschen Gelegenheit bieten, sich in Sicherheit zu bringen.

Die Idee bei der Positionsbestimmung mittels GPS ist die folgende: Kennt man den Abstand seiner Position zu drei bekannten Punkten im Raum, so kann man seine Position durch Schnitt von drei Kugeloberflächen bestimmen. Diese drei Kugeloberflächen (zentriert um die drei bekannten Punkte im Raum) werden sich zwar im Allgemeinen in genau zwei Punkten schneiden, aber da man zusätzlich noch weiß, dass man sich auf der Erde (und nicht im Weltall) befindet, kann man bei GPS einen dieser zwei Punkte ausschließen.

Grundlage des GPS-Systems sind ca. 30 Satelliten, die die Erde in 20.200 km Höhe umkreisen und im Sekundentakt ihre Position und die Signalaussendezeit zur Erde senden. Durch Vergleich der Empfangszeit mit der Aussendezeit kann der GPS-Empfänger daraus (unter Verwendung der Lichtgeschwindigkeit) die Entfernung zu dem Satelliten ermitteln. Diese wird aber im Allgemeinen nicht genau stimmen: Zum einen treten hierbei Uhrenfehler auf (primär beim Empfänger, während bei den sendenden Satelliten im Allgemeinen recht genaue und entsprechend teure Uhren eingebaut sind), und zum anderen kann die Geschwindigkeit, mit der das Signal unterwegs ist, aufgrund von Veränderungen in der Ionosphäre schwanken. Um diese Fehler weitgehend auszugleichen, verwendet der GPS-Empfänger die Signale von 4 bis 5 Satelliten simultan und versucht, aus diesen mittels statistischer Verfahren auf die genaue Position zu schließen.[6]

1.6 Analyse von DNA-Microarray-Daten

Der Stoffwechsel von Zellen wird gesteuert durch Proteine (Eiweiße). Bei sogenannten DNA-Microarrays wird statt der Aktivität dieser Proteine, die schwierig zu messen ist, die Aktivität von Genen (Abschnitten der DNA) simultan für ca. 3000 bis 20.000 verschiedene Gene gemessen. Die Bestimmung dieser Aktivitäten ist schwierig, und aufgrund von Messfehlern bei den dabei verwendeten Apparaturen sind die erhaltenen Werte meistens verfälscht.

Ausgehend von diesen Messungen (d. h. ausgehend von Vektoren bestehend aus 3000–20.000 reellen Zahlen) will man dann z. B. bei Tumorzellen statistische Vorhersagen darüber machen, wie stark der Tumor auf verschiedene Therapiearten (wie z. B. Bestrahlung oder Chemotherapie) anspricht und wie diese die Überlebenszeit der Patienten beeinflussen.

Zugrunde gelegt werden dabei Daten aus der Vergangenheit, die durch Beobachtung erkrankter Patienten erhoben wurden: Neben dem Festhalten von Überlebenszeit und gewählter Therapie wurden auch Zellproben der Tumore aufgehoben, aus
denen man heute noch DNA-Microarray-Daten gewinnen kann.[7]

1.7 Berechnung von Prämien in der Schadenversicherung

Eine Versicherung übernimmt alle Schäden aus einem vorher definierten Bereich
(z. B. bei der Kfz-Haftpflichtversicherung die Sach- und Personenschäden, die
anderen bei vom Versicherungsnehmer verschuldeten Unfällen entstehen) in einem
festen Zeitraum (z. B. ein Jahr), deren Höhe a priori nicht feststeht, gegen Zahlung
eines festen Betrags (Versicherungsprämie) für diesen Zeitraum. Dabei versucht die
Versicherung die Prämie so zu berechnen, dass innerhalb des Kollektivs aller versicherten Personen eines speziellen Bereichs die laufenden Einnahmen abzüglich
der operativen Kosten (z. B. Verwaltung) und des geplanten Gewinns zur Deckung
der Ausgaben ausreichen.

Zur Berechnung der Prämie werden die zukünftigen Schäden als zufällig modelliert. Die Prämie besteht dann aus (mindestens) zwei Teilen: einem Betrag für
Schäden, die im Mittel entstehen, sowie einem Betrag, der die zufällige Schwankung der tatsächlichen Schadenshöhen um den Mittelwert ausgleicht. Solange die
Schäden nicht immer simultan auftreten (wie z. B. eine Vielzahl von Unfällen bei
einer Wetterlage mit Glatteis), sondern sich gegenseitig nicht allzusehr beeinflussen,
tritt hierbei ein sogenannter Ausgleich im Kollektiv auf: Die Versicherung muss für
das gesamte versicherte Kollektiv weniger für die zufälligen Schwankungen zurücklegen als alle Versicherten zusammen zurücklegen würden, wenn sie sich individuell
gegen diese Schwankungen schützen wollten.

Zur Bestimmung der Prämie für die Schäden, die im Mittel entstehen, werden
meist Eigenschaften des Versicherten (wie z. B. Hubraumklasse des Fahrzeugs,
Gebiet der Zulassung, Jahreskilometerleistung, Alter des Fahrers, Unfälle in der
Vergangenheit etc.) betrachtet, und mithilfe von Verfahren aus der Statistik wird
versucht, daraus den mittleren Schaden zu schätzen.[8]

1.8 Bewertung des Risikos von Kapitalanlagen bei Banken

Durch die Bestimmungen von Basel II (spezielle Eigenkapitalvorschriften, die vom
Basler Ausschuss für die Bankenaufsicht vorgeschlagen wurden) sind die Ban-
ken verpflichtet, fortlaufend ihre Investitionen in Kapitalanlagen zu bewerten und
entsprechend des eingegangenen Risikos Rücklagen für Kursrückgänge zu bilden.
Dabei werden die zukünftigen Kurse der Investitionen (z. B. in Aktien) mithilfe der
Stochastik als zufällig modelliert. Innerhalb dieser Modelle werden dann zukünftige

Kurse vorausgesagt, und in Abhängigkeit dieser Voraussagen werden Rücklagen gebildet. Diese werden in aller Regel so berechnet, dass dabei nicht der schlimmstmögliche Fall betrachtet wird, sondern dass ein kleiner Teil der Fälle weggelassen wird und die Rücklagen dann als ausreichend für die verbleibenden Fälle berechnet werden. Schwierig an der Modellierung sind insbesondere Abhängigkeiten zwischen den Investitionen, also die Frage, wann bei mehreren der Investitionen der Kurs gleichzeitig fällt (was die benötigten Rücklagen deutlich erhöht).[9]

1.9 Vorhersage des Verschleißes von Kfz-Bauteilen

Im Rahmen eines gemeinsamen Forschungsprojekts von der Universität Stuttgart und einem süddeutschen Automobilhersteller wurden Verfahren entwickelt, die in der Lage sind, ausgehend von Angaben zum Fahrverhalten Prognosen über den Verschleiß von Kfz-Bauteilen zu machen. Im Prinzip könnte man diesen sehr genau ermitteln, indem man die jeweiligen Bauteile mit elektronischen Sensoren versieht. Dies wird aber in der Praxis trotz des mittlerweile relativ geringen Preises solcher Sensoren (im Bereich von wenigen Euro) nicht durchgeführt. Denn zu viele Sensoren im Auto würden selbst bei relativ seltenem Ausfall eines einzelnen Sensors doch relativ häufig dazu führen, dass irgendeiner der vielen Sensoren ausfällt, was wiederum die Autofahrer zu relativ vielen im Prinzip unnötigen Werkstattbesuchen zwingen würde. Stattdessen wurde im betrachteten Projekt das Fahrverhalten durch sogenannte Lastkollektive zusammengefasst, bei denen für zwei Werte (z. B. Drehzahl und Drehmoment) gespeichert wurde, wie lange das Fahrzeug in einem Zustand gefahren wurde, bei dem diese Werte in den vorgegebenen Bereichen lagen. Anschließend wurde versucht, daraus den Verschleiß eines Kfz-Bauteils (z. B. Verschleiß des Katalysators) vorherzusagen. Selbstverständlich ist die aufgezeichnete Information zu ungenau, um daraus den genauen Verschleiß berechnen zu können. Die Annahme des Statistikers ist aber, dass zumindest ein gewisser Zusammenhang zwischen der aufgezeichneten Information und dem Verschleiß besteht und daher bei gegebenem Lastkollektiv eine Vorhersage eines „mittleren" Verschleißes, der bei einem solchen Lastkollektiv bei Betrachtung vieler verschiedener Fahrzeuge auftritt, nützlich ist.

1.10 Nutzen der Statistik in verschiedenen Studiengängen

Das vorliegende Buch wird zurzeit an der TU Darmstadt in einer Reihe von Studiengängen in Vorlesungen eingesetzt, bei denen die Studenten zum ersten Mal in ihrem Studium in Kontakt mit der Statistik kommen.

Für Studierende des Faches Mathematik (Bachelor oder Lehramt) handelt es sich dabei um die Vorlesung *Einführung in die Stochastik*. Der Besuch dieser

und darauf aufbauender Vorlesungen im Rahmen des Studiums der Mathematik ist
wichtig, da die Mathematik des Zufalls dasjenige Teilgebiet der Mathematik ist,
das später in vielen Berufsfeldern (z. B. bei Banken oder Versicherungen) primär
benötigt wird.

Des Weiteren wird dieses Buch bei einer Vielzahl von Vorlesungen im
Mathematik-Service eingesetzt. Dazu gehören die Vorlesung *Mathematik und Statistik für Biologen* im Studienfach Biologie und die Vorlesung *Statistik I für
Humanwissenschaftler*, die von Hörern aus den Fächern Psychologie und Pädagogik
belegt wird. Hier ist die Statistik vor allem wichtig als Hilfsmittel bei der empirischen Forschung. Dabei werden Theorien anhand von Experimenten überprüft, und
da das Ergebnis solcher Experimente eigentlich immer als zufallsabhängig angesehen werden kann (sei es durch Messfehler beim Resultat oder zufällige Auswahl der
Versuchsgegenstände), benötigt man zur Auswertung dieser Experimente Techniken
aus der Statistik.

Die Anwendung statistischer Techniken erfolgt im Fach Biologie an der TU
Darmstadt primär im Rahmen der Fachpraktika ab dem fünften Semester. In der
Psychologie gehört die Statistik zu den grundlegenden Methoden. Sie wird im zweiten Semester durch die Vorlesung *Statistik II* vertieft und im Rahmen des Studiums
auch im Zusammenhang mit empirischer Forschung, bei der selbst Experimente
durchgeführt und statistisch ausgewertet werden, angewendet. In der Pädagogik
spielt die Statistik vor allem bei der empirischen Bildungsforschung eine Rolle.
Durch Kenntnisse der Statistik sollen die Studierenden dieses Faches in die Lage
versetzt werden, empirische Forschungsergebnisse sicher interpretieren zu können.

1.11 Weiterer Aufbau dieses Buches

Eine statistische Analyse eines Datensatzes kann niemals nützliche Resultate liefern, wenn aus dem Datensatz aufgrund seiner Entstehung keine nichttrivialen
Schlüsse gezogen werden können. Aus diesem Grund beschäftigt sich das Buch
vor der Behandlung statistischer Methoden zur Analyse von Daten zunächst einmal
in Kap. 2 mit der Erhebung von Daten. Exemplarisch werden die dabei auftretenden
Probleme anhand von Studien und Umfragen erläutert.

Anschließend erfolgt in Kap. 3 eine Einführung in die deskriptive (d. h. beschreibende) und explorative (d. h. erforschende) Statistik. Neben den klassischen
statistischen Maßzahlen wird hierbei im Sinne einer explorativen Datenanalyse auch
schon eine Einführung in die nichtparametrische Dichte- und Regressionsschätzung
gegeben. Dabei sieht man bereits, dass man ohne eine mathematische Theorie des
Zufalls bei der Behandlung praktischer Probleme schnell an seine Grenzen stößt.

Die mathematische Theorie des Zufalls, die dann die Grundlage der induktiven (d. h. schließenden) Statistik ist, wird in den Kap. 4 und 5 eingeführt. Dabei
werden in Kap. 4 zunächst der mathematische Begriff des Zufalls und verschiedene Modelle für Wahrscheinlichkeitsräume vorgestellt. Kapitel 5 geht dann zu den

einfacher zu handhabenden Zufallsvariablen über, führt wichtige Begriffe wie Unabhängigkeit, Erwartungswert und Varianz ein und stellt die Gesetze der großen Zahlen sowie den Zentralen Grenzwertsatz vor. Beide Kapitel sind entscheidend für das Verständnis der Statistik. Denn diese bildet die Realität auf ein mathematisches Modell des Zufalls ab und zieht sodann Rückschlüsse innerhalb dieses Modells. Diese Rückschlüsse lassen sich aber nur dann auf die Realität übertragen, wenn das verwendete mathematische Modell zur Realität passt. Um dies aber beurteilen zu können, benötigt man ein tiefgehendes Verständnis dieser Modelle.

Kapitel 6 behandelt dann mit der induktiven (d. h. schließenden) Statistik den eigentlichen Kern der Statistik. Neben Punktschätzern, Bereichsschätzern und statistischen Testverfahren werden dabei auch Tests zur Überprüfung von Verteilungsmodellen sowie die einfaktorielle Varianzanalyse vorgestellt. Der Schwerpunkt liegt dabei auf der Vermittlung der grundlegenden Ideen und weniger auf einer möglichst vollständigen Auflistung aller vorhandenen Verfahren.

Der Anhang richtet sich in erster Linie an Nicht-Mathematiker und führt die zum Verständnis dieses Buches benötigten mathematische Grundlagen kurz ein.

Erhebung von Daten

2

Die Statistik beschäftigt sich mit der Analyse von Daten, in denen gewisse Unsicherheiten vorhanden sind, die wir später im Rahmen der Mathematik des Zufalls modellieren werden. Auf welche Art und Weise die Daten erhoben werden, beeinflusst ihre Qualität und damit auch die Gültigkeit von Analysen dieser Daten. Was bei der Erhebung von Daten zu beachten ist, damit aussagekräftige Ergebnisse erzielt werden können, wird in diesem Kapitel erläutert.

Exemplarisch besprochen wird die Erhebung von Daten im Rahmen von Studien und Umfragen. Zunächst wird dazu auf kontrollierte Studien und Beobachtungsstudien eingegangen, und es werden die dabei auftretenden Probleme besprochen. Anschließend wird die Erhebung von Daten im Rahmen von Umfragen dargestellt.

Auch wenn die meisten Leser dieses Buches niemals selbst Daten erheben werden, ist es doch entscheidend, darüber Bescheid zu wissen: Denn selbst die beste statistische Auswertung eines Datensatzes ist nutzlos, wenn bei der Erzeugung des Datensatzes Fehler gemacht werden, denn dann sind die bei der Analyse des Datensatzes gezogenen Schlüsse ungültig. Insofern sind Kenntnisse über mögliche Fehler bei der Erhebung von Daten auch bei der Interpretation von Ergebnissen statistischer Untersuchungen sehr nützlich.

2.1 Kontrollierte Studien

Kontrollierte Studien werden im Folgenden anhand des Vorgehens bei der Überprüfung der Wirksamkeit eines Medikamentes auf der Basis von Dimethylfumarat (Fumarsäure) zur Behandlung der Multiplen Sklerose eingeführt.[1]

Multiple Sklerose ist eine chronisch entzündliche Erkrankung des zentralen Nervensystems. Dabei greifen Zellen des Immunsystems entzündete Nervenzellen an, was zu vielfältigen Beschwerden (u. a. Gehbehinderungen, in extremen Fällen auch Tod durch Ausfall der Atmung) führt. Allein in Deutschland sind ca. 130.000 Menschen an Multipler Sklerose erkrankt. Das Erscheinungsbild bzw. der Verlauf

© Springer-Verlag GmbH Deutschland 2017
J. Eckle-Kohler, M. Kohler, *Eine Einführung in die Statistik und ihre Anwendungen*,
Springer-Lehrbuch, DOI 10.1007/978-3-662-54094-7_2

der Krankheit ist vielfältig, weshalb Multiple Sklerose auch als Krankheit mit den 1000 Gesichtern bezeichnet wird. Meist tritt sie erstmals im Alter zwischen 20 und 30 Jahren auf, hat dann zunächst 10 bis 25 Jahre lang einen schubförmigen Verlauf, bei dem (evtl. im Abstand von mehreren Jahren) Entzündungsschübe auftreten, deren Symptome sich anschließend zumindest teilweise wieder zurückbilden. Nach der schubförmigen Phase kann dann die sogenannte chronisch-progressive Phase folgen, bei der es zu fortschreitenden Behinderungen kommt.

Die Diagnose der Multiplen Sklerose erfolgt durch den Neurologen, der dazu heutzutage primär Bilder des Nervensystems aus dem Kernspintomografen verwendet und darin nach typischen Anzeichen für eine Entzündung schaut. Abgesichert wird diese Diagnose durch eine Untersuchung der Flüssigkeit im Rückenmark des Patienten auf Entzündungszellen.

Die Krankheit ist unheilbar. Seit ca. 1990 wird Multiple Sklerose in der sogenannten Basistherapie mit β-Interferonen behandelt, was das Fortschreiten der Krankheit oft stark verlangsamt. Diese wirken auf das Immunsystem ein und bewirken, dass dieses Nervenzellen nicht oder nur vermindert angreift. Die Einnahme von β-Interferonen ist aber aufwendig, da diese unter die Haut gespritzt werden müssen. Weiter führt die Behandlung zu vielfältigen Nebenwirkungen (z. B. häufigeres Auftreten von grippalen Infekten aufgrund der Einwirkung auf das Immunsystems, oder teilweise auch allergische Reaktionen) und ist extrem teuer (ca. 20.000 Euro pro Jahr pro Patient, wobei die Behandlung im Prinzip lebenslang erfolgen muss). Dies führt dazu, dass entsprechende Medikamente für die Pharmaindustrie extrem lukrativ sind, d. h., es handelt sich um sogenannte Blockbuster mit einem Jahresumsatz von mehr als einer Millarde Euro.

Längere Zeit hat die Pharmaindustrie versucht, ein Medikament für die Basistherapie der Multiplen Sklerose zu entwickeln, das in Tablettenform eingenommen werden kann, den Verlauf der Multiplen Sklerose mindestens so stark abschwächt wie die bekannten β-Interferone und dabei möglichst wenige Nebenwirkungen hat.

Ein Wirkstoff, der dabei betrachtet wurde, war Dimethylfumarat, das seit 1994 erfolgreich zur Behandlung der sogenannten Schuppenflechte eingesetzt wurde. Schuppenflechte ist eine (nicht ansteckende) chronisch-entzündliche Hautkrankheit. Sie führt zu scharf begrenzten, roten und mit weißen Schuppen bedeckten Hautausschlägen, die teilweise jucken. Ebenso wie bei der Multiplen Sklerose ist auch bei der Schuppenflechte das Immunsystem beteiligt, und daher war es naheliegend, dass dieser Wirkstoff auch bei Multipler Sklerose helfen könnte. Erste Anhaltspunkte dafür hatte man schon recht früh durch die Beobachtung, dass eine Behandlung der Schuppenflechte mit Dimethylfumarat bei gleichzeitig an Multipler Sklerose erkrankten Patienten zu einer Verbesserung der Symptome der Multiplen Sklerose geführt hatte.

Ab dem Jahre 2003 sicherte sich das amerikanische Pharmaunternehmen Biogen das Patent auf die Behandlung von Multipler Sklerose mit Dimethylfumarat und entwickelte ein entsprechendes Medikament.

Zur Zulassung als Medikament musste die Wirksamkeit am Menschen nachgewiesen werden. Dabei ist ein Vorgehen in drei Phasen üblich: In Phase I wird an einer kleinen Gruppe gesunder Menschen getestet, ob es unerwartete

Nebenwirkungen gibt. In Phase II wird die Wirksamkeit des Medikaments an einer kleinen Gruppe Erkrankter überprüft, wobei auch ermittelt wird, was die beste Dosierung ist. Abschließend erfolgt in Phase III ein Test unter realistischen Bedingungen an Hunderten von Menschen.

Da Dimethylfumarat bereits seit Längerem zur Behandlung von Schuppenflechte eingesetzt wurde, waren die Nebenwirkungen am Menschen bereits bekannt. Hier traten überwiegend Magen-Darm-Beschwerden auf sowie in seltenen Fällen eine starke Absenkung der weißen Blutkörperchen. Sofern diese zu stark ausgeprägt war, ist in Einzelfällen eine sogenannte PML (progressive multifokale Leukenzephalopatie) aufgetreten, bei der sich ein im Prinzip harmloses Virus im Gehirn ausbereitet, was zum Tod führen kann. Das Risiko dafür kann man aber durch regelmäßige Blutuntersuchungen stark absenken. Insgesamt war daher die Überprüfung der Verträglichkeit des neuen Medikamentes zur Behandlung der Multiplen Sklerose in Phase I einfach.

Die Überprüfung der Wirksamkeit eines Medikaments in den Phasen II und III erfolgt im Rahmen einer *Studie*. Die Grundidee dabei ist der *Vergleich:* Man vergleicht eine sogenannte *Studiengruppe*, die mit dem Medikament behandelt wurde, mit einer sogenannten *Kontrollgruppe*, die nicht mit dem Medikament behandelt wurde. Man spricht daher von einer *kontrollierten Studie.* Um von Unterschieden zwischen Studien- und Kontrollgruppe (z. B. hinsichtlich des Verlaufs der Erkrankung) auf die Wirksamkeit des Medikaments schließen zu können, muss dabei (abgesehen von der Behandlung mit dem Medikament) die Kontrollgruppe der Studiengruppe möglichst ähnlich sein.

Für die Wahl von Studien- und Kontrollgruppe gibt es verschiedene Möglichkeiten. Bei einer *retrospektiv kontrollierten Studie* werden Eigenschaften der Studiengruppe mit in der Vergangenheit gesammelten Daten verglichen.

Im obigen Beispiel bedeutet dies, dass man als Studiengruppe eine größere Anzahl von Personen auswählt, die an Multipler Sklerose erkrankt sind, und all diese (bzw. nur diejenigen, die mit der Behandlung einverstanden sind) mit dem neuen Medikament behandelt. Dann wartet man einige Zeit ab und bestimmt den durchschnittlichen Verlauf der Krankheit bei den behandelten Patienten (z. B. im Hinblick auf das Auftreten von Schüben oder von neuen Entzündungsherden im Gehirn). Diesen vergleicht man mit dem durchschnittlichen Verlauf der Krankheit von in der Vergangenheit an Multipler Sklerose erkrankten Personen. Da bei diesem Vergleich der durchschnittliche Verlauf der Krankheit zugrunde gelegt wird, können eventuelle Unterschiede in der Größe der beiden Gruppen vernachlässigt werden.

Problematisch an diesem Vorgehen ist, dass sich die Diagnose der Multiplen Sklerose in den letzten Jahrzehnten stark verändert hat. Durch den weit verbreiteten Einsatz des Kernspintomografen wird heute Multiple Sklerose zum Teil auch schon diagnostiziert, bevor sich Symptome überhaupt massiv gezeigt haben, sodass die Schwere der diagnostizierten Fälle im Schnitt deutlich abgenommen hat. Stellt man also fest, dass der durchschnittliche Verlauf der Krankheit bei den mit dem neuen Medikament behandelten Personen geringer ist als bei den in der Vergangenheit traditionell behandelten Personen, so weiß man nicht, ob das an dem neuen Medikament liegt, oder ob der Grund dafür darin liegt, dass die Personen in der

Studiengruppe besonders häufig an einer eher harmlosen Variante der Multiplen Sklerose erkrankt waren. Die Schwere des Verlaufs der Multiplen Sklerose ist daher ein sogenannter *konfundierender Faktor*, d. h., es handelt sich um eine Einflussgröße, deren Einfluss auf den durchschnittlichen Verlauf der Krankheit sich mit dem Einfluss der Art der Behandlung vermengt.

Möchte man diesen konfundierenden Faktor ausschließen, so sollte man statt einer retrospektiv kontrollierten Studie eine *prospektiv kontrollierte Studie* durchführen, bei der Studien- und Kontrollgruppe parallel auf gewisse Merkmale hin untersucht werden. Je nachdem, ob man die Testpersonen dabei *deterministisch* oder *mittels eines Zufallsexperiments* in Studien- und Kontrollgruppe unterteilt, spricht man von *prospektiv kontrollierten Studien ohne* oder *mit Randomisierung*.

Im vorliegenden Beispiel könnte man eine prospektiv kontrollierte Studie ohne Randomisierung so durchführen, dass man zuerst eine größere Anzahl von an Multipler Sklerose erkrankten Personen auswählt und dann alle diejenigen, die der Behandlung zustimmen, mit dem neuen Medikament behandelt. Diese Personen würden die Studiengruppe bilden, der Rest der ausgewählten Personen wäre die Kontrollgruppe. Nach einiger Zeit würde man den durchschnittlichen Verlauf der Krankheit in beiden Gruppen vergleichen.

Bei diesem Vorgehen entscheiden die Erkrankten, ob sie zur Studiengruppe oder zur Kontrollgruppe gehören. Das führt dazu, dass sich die Kontrollgruppe nicht nur durch die Behandlung von der Studiengruppe unterscheidet. Zum Beispiel ist es denkbar, dass besonders viele Erkrankte mit einer massiven Verlaufsform der neuen Behandlung zustimmen. Daher tritt wieder das Problem auf, dass hier der Einfluss der Behandlung *konfundiert* (sich vermengt) mit dem Einfluss der Verlaufsform der Krankheit. Insofern kann man nicht sagen, inwieweit ein möglicher Unterschied bei den durchschnittlichen Verläufen der Krankheit auf die Behandlung zurückzuführen ist (bzw. ein eventuell nicht vorhandener Unterschied nur aufgrund der Unterschiede bei der Schwere der Erkrankung auftritt).

Als möglicher Ausweg bietet sich an, als Kontrollgruppe nur einen Teil der Erkrankten auszuwählen, die der Behandlung mit dem neuen Medikament nicht zustimmen, und diesen Teil so zu bestimmen, dass er z. B. hinsichtlich der Anzahl der in der Vergangenheit aufgetretenen Schübe oder auch des Kernspintomografie-Befundes möglichst ähnlich zur Studiengruppe ist. Dies ist aber sehr fehleranfällig, da man dazu sämtliche Faktoren kennen muss, die Einfluss auf den Verlauf der Krankheit haben. Denkbar ist hier z. B., dass eine fettarme Ernährung Einfluss auf den chronischen Entzündungsprozess bei Multipler Sklerose hat und damit ein solcher Faktor ist.

Das Problem konfundierender Faktoren wird bei einer *prospektiv kontrollierten Studie mit Randomisierung* vermieden. Denn dabei werden nur solche Testpersonen betrachtet, die sowohl für die Studien- als auch für die Kontrollgruppe infrage kommen. Diese werden dann zufällig (z. B. durch Münzwürfe) in Studien- und Kontrollgruppe unterteilt.

Im obigen Beispiel heißt das, dass nur die Erkrankten betrachtet werden, die der Behandlung zustimmen. Diese werden zufällig in Studien- und Kontrollgruppe aufgeteilt. Anschließend werden die Personen in der Studiengruppe mit dem neuen Medikament behandelt, die in der Kontrollgruppe werden traditionell behandelt, und nach einiger Zeit werden die durchschnittlichen Verläufe der Krankheit verglichen.

Im Rahmen zweier prospektiv kontrollierter Studien mit Randomisierung (DEFINE und CONFIRM) wurde die Wirkung von Dimethylfumarat bei Multipler Sklerose in den Jahren 2010 bis 2012 untersucht. Während die Personen in der Studiengruppe das neue Medikament erhielten, wurde den Personen in der Kontrollgruppe anstelle des Medikaments eine gleich aussehende Kapsel ohne Wirkstoff, ein sogenanntes *Placebo*, verabreicht. Damit sollte verhindert werden, dass es den Personen in der Studiengruppe schon allein deshalb besser ging als denen in der Kontrollgruppe, weil sie eine Tablette eingenommen hatten. Die Besserung von Symptomen durch Einnahme einer Tablette, die nichts mit Wirkstoffen in der Tablette zu tun hat, wird auch als *Placebo-Effekt* bezeichnet. Da es sich um eine *blinde Studie* handelte, wusste keiner der Studienteilnehmer, ob er das Medikament oder ein Placebo bekam. Darüber hinaus wurde auch den behandelnden Ärzten nicht mitgeteilt, ob ein Patient zur Studien- oder zur Kontrollgruppe gehörte, die Studie wurde also als *doppelblinde Studie* durchgeführt. Dies sollte sicherstellen, dass das Wissen des Arztes über die Art der verordneten Tablette (Wirkstoff oder Placebo) keinen Einfluss auf seine Beurteilung der Symptome hatte.

Anfang 2013 waren beide Studien abgeschlossen. Insgesamt wurden 771 Versuchspersonen rekrutiert. Die Auswertung ergab, dass die Einnahme von Fumarsäure die jährliche Schubrate von ca. 0,4 auf ca. 0,2 abgesenkt hat. Auch im Kernspintomografen ist die Anzahl der neu aufgetretenen Entzündungsherde im Gehirn (sogenannte Läsionen) um mehr als 2/3 gesunken.

Aufgrund dieses Ergebnisses ist Fumarsäure im Frühjahr 2014 in Deutschland zur Behandlung von Multipler Sklerose zugelassen worden. Im ersten Jahr durfte das Pharmaunternehmen den Preis dafür noch relativ frei festlegen. Danach wurde dieser aber in Verhandlungen mit einer Kommission der Krankenkassen unter Berücksichtigung des Zusatznutzens des Medikaments (im Vergleich zur bisherigen Therapie) neu festgelegt. Dabei wurde der Preis dann von den anfänglichen 28.300 Euro pro Jahr auf ca. 16.300 Euro pro Jahr abgesenkt.

2.2 Beobachtungsstudien

Beobachtungsstudien zeichnen sich gegenüber kontrollierten Studien dadurch aus, dass die Studienteilnehmer nur beobachtet und gegebenenfalls befragt werden und während der Studie keinerlei Intervention ausgesetzt sind. Dies hat insbesondere zur Konsequenz, dass bei Beobachtungsstudien die Aufteilung in Studien- und Kontrollgruppe immer anhand bestimmter Merkmale der beobachteten Personen oder Objekte durchgeführt wird. Bei diesen Merkmalen kann es sich um bestimmte Eigenschaften, Verhaltensweisen oder andere Charakteristika handeln, durch die sich eine Gruppe von Personen von einer anderen Gruppe unterscheidet. Beispiele für solche Unterteilungen wären etwa die Unterteilung einer Gruppe nach

Geschlecht (Männer und Frauen) oder nach Ernährungsform im Säuglingsalter (gestillt oder nicht gestillt).

Damit ergibt sich – ähnlich wie bei retrospektiv kontrollierten Studien oder prospektiv kontrollierten Studien ohne Randomisierung – die Einteilung in Studien- und Kontrollgruppe aus Unterschieden in Bezug auf bestimmte Merkmale: Die Teilnehmer der Studie bestimmen quasi selbst, ob sie zur Studien- oder Kontrollgruppe gehören. Diese Eigenschaft von Beobachtungsstudien führt wieder zu einer Reihe von Problemen, die sich aus der nicht-zufälligen Einteilung der Studienteilnehmer in Studien- und Kontrollgruppe ergeben.

Eine typische Fragestellung, die mithilfe von Beobachtungsstudien untersucht worden ist, lautet: „Verursacht Rauchen Krankheiten mit Todesfolge?". Hierzu wählt der Statistiker eine Gruppe von Rauchern und eine Gruppe von Nichtrauchern aus und vergleicht die Todesraten beider Gruppen über einen längeren Zeitraum. Er kann jedoch keinen Einfluss darauf nehmen, wie die Studienteilnehmer in Studien- und Kontrollgruppe aufgeteilt werden, denn er wird kaum Teilnehmer finden, die bereit sind, je nach seiner Anweisung die nächsten 10 Jahre intensiv bzw. gar nicht zu rauchen.

Nun unterscheidet sich aber die Studiengruppe (bestehend aus allen Rauchern) nicht nur hinsichtlich des Rauchens von der Kontrollgruppe (bestehend aus allen Nichtrauchern). Da besonders viele Männer rauchen, sind nämlich unter anderem Männer überproportional häufig in der Studiengruppe vertreten.[2] Die Todesrate bei Männern ist wegen des häufigeren Auftretens von Herzerkrankungen höher als die von Frauen. Damit ist das Geschlecht ein *konfundierender Faktor*, d. h. eine Einflussgröße, deren Einfluss auf die Todesrate sich mit dem des Rauchens vermengt. Stellt sich dann heraus, dass die Todesrate in der Studiengruppe deutlich höher ist als in der Kontrollgruppe, so weiß man nicht, ob dies am Rauchen oder an dem konfundierenden Faktor liegt.

Das Hauptproblem bei Beobachtungsstudien besteht somit darin, dass es schwierig und häufig nahezu unmöglich ist, zu beurteilen, ob die Studiengruppe und die Kontrollgruppe wirklich ähnlich sind.

Wie bei prospektiv kontrollierten Studien ohne Randomisierung kann man auch hier versuchen, das Problem zu lösen, indem man nur Gruppen vergleicht, die bzgl. dieses konfundierenden Faktors übereinstimmen. Dazu würde man im obigen Beispiel die Todesrate von männlichen Rauchern mit der von männlichen Nichtrauchern und die von weiblichen Rauchern mit der von weiblichen Nichtrauchern vergleichen. Dies löst das Problem aber nicht vollständig, da es weitere konfundierende Faktoren gibt, wie z. B. Alter (ältere Menschen unterscheiden sich sowohl in ihren Rauchgewohnheiten als auch hinsichtlich des Risikos, an Lungenkrebs zu erkranken, von jüngeren Menschen).[2] Nötig ist daher die Erkennung aller konfundierenden Faktoren und die Bildung von vielen Untergruppen.

Dies wird aber oft nicht richtig durchgeführt bzw. kann manchmal gar nicht richtig durchgeführt werden, wie im Folgenden an zwei Beispielen erläutert wird.

In unserem ersten Beispiel geht es um die Frage, ob gestillte Kinder intelligenter sind als Kinder, die nicht gestillt wurden. Seit 1929 kam eine Vielzahl von Beobachtungsstudien zu dem Schluss, dass Stillen die Intelligenz erhöht. Bei diesen Studien traten natürlich konfundierende Faktoren auf, wie z. B. Ausbildung, Alter und Rauchgewohnheiten der Mutter oder Geburtsgewicht und Vorhandensein von Geschwistern des Kindes. Die meisten der Studien kamen jedoch selbst bei Kontrolle dieser konfundierenden Faktoren zu dem Resultat, dass Stillen des Kindes seine Intelligenz erhöht. Erst im Rahmen einer umfangreichen Auswertung von Daten, die im Rahmen einer Langzeitbeobachtung ab 1979 am Center for Human Resource Research in den USA durchgeführt wurde, hat sich dann herausgestellt, dass dieser positive Effekt auf die Intelligenz des Kindes nicht mehr vorhanden war, sobald man auch die Intelligenz der Mutter als konfundierenden Faktor berücksichtigte.[3] Im Nachhinein ist dies intuitiv klar, da die Intelligenz der Mutter vererbt wird und gleichzeitig Mütter mit einer höheren Intelligenz auch häufiger gestillt haben. Jedoch ist es leider meistens schwer, alle relevanten konfundierenden Faktoren zu erkennen.

Unser zweites Beispiel beschäftigt sich mit der Frage, ob sich die regelmäßige Einnahme von Vitamin E positiv auf das Auftreten von Gefäßerkrankungen am Herzen (wie z. B. Verstopfung der Koronararterie, was zu Herzinfarkten führen kann) auswirkt. Ein solcher Zusammenhang wurde z. B. in der Nurses Health Study (Studie zur Untersuchung des Gesundheitszustandes von Krankenschwestern)[4] festgestellt. In dieser wurden ab dem Jahr 1980 mehr als 87.000 Krankenschwestern in den USA zu ihrer Ernährung befragt und anschließend über 8 Jahre hinweg hinsichtlich ihres Gesundheitszustands beobachtet. Dabei traten in 522 Fällen Gefäßerkrankungen am Herzen auf, wobei in der Gruppe der Krankenschwestern, die viel Vitamin E zu sich nahmen, 34 % weniger von diesen Erkrankungen auftraten als in der Gruppe der Krankenschwestern, die relativ wenig Vitamin E zu sich nahmen. Dieser Effekt trat auch dann noch auf, als mögliche konfundierende Faktoren, wie z. B. Alter, Alkoholkonsum, sportliche Betätigung, Einnahme von Hormonen in den Wechseljahren etc. kontrolliert wurden.

Diese Studie wurde zum Anlass genommen, Diätempfehlungen für Hochrisikopatienten bzgl. Herzerkrankungen aufzustellen. Um die Wirkung dieser Empfehlungen zu überprüfen, wurde in den Jahren 1994 bis 2001 in Großbritannien eine kontrollierte Studie mit Randomisierung durchgeführt. Dabei wurden 20.536 Erwachsene im Alter zwischen 40 und 80 Jahren mit bereits vorgeschädigten Gefäßen am Herzen oder mit Diabetes (was oft zu solchen Erkrankungen führt) ausgewählt und zufällig in Studien- und Kontrollgruppe unterteilt. Anschließend wurde den Personen in der Studiengruppe täglich eine Tablette mit 600 mg Vitamin E, 250 mg Vitamin C und 20 mg Beta-Karotin als Nahrungsergänzung verordnet, während die Kontrollgruppe nur ein Placebo bekam. Diese Behandlung erfolgte über 5 Jahre, anschließend wurden die relativen Häufigkeiten einzelner Krankheits- bzw. Todesfälle bestimmt. Tabelle 2.1 fasst die Resultate zusammen.[5]

Betrachtet man die Zahlen in der Tabelle, so sieht man, dass in der Studiengruppe prozentual sogar etwas mehr Todesfälle im Zusammenhang mit Gefäßerkrankungen und etwas mehr Herzinfarkte auftraten, als in der Kontrollgruppe. Insgesamt sind alle Zahlen in den einzelnen Zeilen bei Studien- und Kontrollgruppe aber recht ähnlich, sodass kein systematischer Unterschied erkennbar ist. Aufgrund dieser Daten kam man zu der Auffassung, dass die zusätzliche Einnahme von

Tab. 2.1 Studie zur Wirkung von Vitaminen bei Herzerkrankungen

	Gesamt	Studiengruppe	Kontrollgruppe
Alle	20.536 (100 %)	10.268 (50 %)	10.268 (50 %)
Todesfälle	2835 (13, 8 %)	1446 (14, 1 %)	1389 (13, 5 %)
Todesfälle in Zusammenhang mit Gefäßerkrankungen	1718 (8, 4 %)	878 (8, 6 %)	840 (8, 2 %)
Herzinfarkt	2110 (10, 3 %)	1063 (10, 4 %)	1047 (10, 2 %)
Schlaganfall	1029 (27, 5 %)	511 (5, 0 %)	518 (5, 0 %)
Erstauftritt schwere Herzerkrankung	4618 (22, 5 %)	2306 (22, 5 %)	2312 (22, 5%)

Vitaminen bei Hochrisikopatienten für Gefäßerkrankungen des Herzens vermutlich keinen positiven Effekt hat.

Selbstverständlich führen Beobachtungsstudien aber nicht nur zu falschen Vermutungen. Zum Beispiel wurde in einigen Beobachtungsstudien, in denen die Teilnehmer zu ihren Ernährungsgewohnheiten befragt und dann bzgl. ihres Gesundheitszustandes über einen längeren Zeitraum beobachtet wurden, der positive Effekt einer mediterranen Ernährung auf Herz-Kreislauf-Krankheiten festgestellt. Dieser positive Effekt konnte dann auch im Rahmen einer in Indien durchgeführten kontrollierten Studie mit Randomisierung nachgewiesen werden.[6] Dabei wurden 1000 Hochrisikopatienten für Herz-Kreislauf-Krankheiten zufällig in zwei Gruppen unterteilt. Der einen Gruppe wurde eine spezielle, mediterrane Diät verordnet, während die andere Gruppe die sonst üblichen Diätempfehlungen erhielt. Nach zwei Jahren wurden beide Gruppen hinsichtlich neu aufgetretener Herz-Kreislauf-Krankheitsfälle verglichen. Wie die in Tab. 2.2 aufgeführten Resultate zeigen, traten bei den Teilnehmern mit mediterraner Diät, die die Studiengruppe bildeten, deutlich weniger Herz-Kreislauf-Krankheitsfälle auf, was die positive Wirkung dieser Diät bei Hochrisikopatienten belegt.

Eine Übersicht über die verschiedenen Arten von Studien findet man in Abb. 2.1.

Gemeinsam ist den verschiedenen Arten von Studien, dass zunächst einmal nur das gleichzeitige Auftreten (sogenannte *Assoziation*) zweier Dinge nachgewiesen wird. Was man aber normalerweise gern nachweisen möchte, ist ein kausaler Zusammenhang dieser Dinge. Dies ist allerdings bei Beobachtungsstudien, retrospektiv kontrollierten Studien und prospektiv kontrollierten Studien ohne Randomisierung nicht möglich, da der Grund für das gleichzeitige Auftreten zweier

Tab. 2.2 Studie zur Wirkung von mediterraner Diät bei Herz-Kreislauf-Erkrankungen

	Gesamt	Studiengruppe	Kontrollgruppe
Alle	1000 (100 %)	499 (49, 9 %)	501 (50, 1 %)
Nicht tödlich verlaufende Myokardinfarkte	64 (6, 4 %)	21 (4, 2 %)	43 (8, 6 %)
Tödlich verlaufende Myokardinfarkte	29 (2, 9 %)	12 (2, 4 %)	17 (3, 4 %)
plötzlicher Herztod	22 (2, 2 %)	6 (1, 2 %)	16 (3, 2 %)

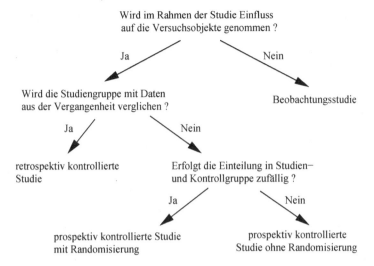

Abb. 2.1 Übersicht über die verschiedenen Arten von Studien

Dinge auch der Einfluss konfundierender Faktoren sein kann. Konfundierende Faktoren beeinflussen sowohl die Aufteilung in Studien- und Kontrollgruppe als auch das beobachtete Resultat. Daher erlauben sowohl Beobachtungsstudien als auch retrospektiv kontrollierten Studien bzw. prospektiv kontrollierte Studien ohne Randomisierung zunächst einmal nur das Aufstellen einer Hypothese über einen kausalen Zusammenhang. Der Nachweis eines solchen kausalen Zusammenhangs ist jedoch nur mithilfe einer prospektiv kontrollierten Studie mit Randomisierung möglich.

2.3 Probleme bei der Durchführung von Studien

Wir haben in den vorigen Abschnitten gesehen, dass die Datenerhebung optimalerweise im Rahmen einer prospektiv kontrollierten Studie mit Randomisierung erfolgen sollte. Denn nur diese Art von Studie erlaubt den zweifelsfreien Nachweis kausaler Zusammenhänge. Allerdings gibt es häufig ethische Gründe, die die Durchführung einer solchen Studie (zumindest am Menschen) verbieten.

Ein Beispiel ist die Fragestellung, ob die von Handys benutzten hochfrequenten elektromagnetischen Felder des Mobilfunks beim Menschen Gehirntumore auslösen. Hierzu wurde im Jahr 2003 in einer indischen Beobachtungsstudie festgestellt, dass diese Art von Strahlen Genschäden an menschlichen Blutzellen verursacht.[7] Dabei wurden eine Studien- und eine Kontrollgruppe gebildet, bestehend aus je 24 indischen Teilnehmern, die ein Handy regelmäßig benutzten bzw. kein Handy verwendeten (und solche gab es zur Zeit der Entstehung der Studie in

Indien auch noch), und Blutproben der Teilnehmer wurden auf Genschäden, wie
z. B. Chromosomenaberrationen und Schwesterchromatidaustausch, hin untersucht.
Dabei stellte sich heraus, dass in der Studiengruppe deutlich häufiger Genschäden
auftraten als in der Kontrollgruppe. Wie bei jeder Beobachtungsstudie wurde natürlich auch hierbei versucht, potenziell konfundierende Faktoren zu kontrollieren.
Dabei wurden die Testpersonen gemäß Alter, Geschlecht, Rauchgewohnheiten und
Alkoholkonsum unterteilt, und auch bei Berücksichtigung dieser potenziell konfundierenden Faktoren (z. B. durch Bildung von homogenen Untergruppen) trat das
obige Resultat auf. Somit stützte diese Beobachtungsstudie die Hypothese, dass
hochfrequente elektromagnetische Felder Chromosomenschäden verursachen.

Der Verdacht, dass hochfrequente Felder gesundheitliche Auswirkungen auf den
Menschen haben, war für das Bundesamt für Strahlenschutz der Anlass, eine Reihe
von kontrollierten Studien mit Randomisierung (im Rahmen des Deutschen Mo-
bilfunk-Forschungsprogramms) zur Überprüfung dieser Hypothese in Auftrag zu
geben.

Im Prinzip könnte man eine solche kontrollierte Studie mit Randomisierung
wie folgt durchführen: Man wählt eine Reihe von Testpersonen aus, die sich
gegen Bezahlung zur Teilnahme an der Studie bereit erklären, teilt diese zufällig in
Studien- und Kontrollgruppe auf und verteilt an beide Gruppen identisch aussehende
Mobiltelefone, wobei die Geräte in der Studiengruppe eine deutlich stärkere Ma-
gnetstrahlung verwenden als die Geräte in der Kontrollgruppe. Nach längerer Zeit
untersucht man dann die Probanden und stellt die Anzahl der auftretenden Genschäden (und bei hinreichend langer Laufzeit der Studie auch die Zahl der auftretenden
Krebserkrankungen) in beiden Gruppen fest. Aufgrund des Resultats dieser Studie
könnte man nun leicht (bei ausreichender Anzahl der Teilnehmer) auf die kausale Wirkung der Magnetstrahlen zurückschließen. Selbstverständlich verbietet sich
dieses Vorgehen aber aus ethischen Gründen.

Stattdessen wurden die kontrollierten Studien mit Randomisierung auf Zelle-
bene durchgeführt. In einer dieser Studien[8] sollte festgestellt werden, ob hochfrequente elektromagnetische Felder des Mobilfunks menschliche Blutzellen schä-
digen. Dazu hat man Blutproben von insgesamt 40 Spendern verwendet. Dabei
handelte es sich um jeweils 10 männliche und 10 weibliche Spender der Alters-
gruppen 18–22 Jahre sowie 50–60 Jahre. Pro Proband wurden mehrere identische
Zellkulturen gebildet, die jeweils hochfrequenten Feldern in drei verschiedenen
Stärken und für zwei unterschiedliche Zeiträume ausgesetzt wurden; zur Kontrolle
wurde eine Zellkultur pro Proband keiner Strahlung ausgesetzt.

Die anschließende Untersuchung der Zellkulturen ergab, dass signifikante Veränderungen der Blutzellen nur bei den beiden stärksten hochfrequenten Feldern
auftraten; bei dem hochfrequenten Feld mit der geringsten Stärke (dessen Stärke
noch über dem geltenden Grenzwert lag) wurden hingegen keine signifikanten
Veränderungen gefunden. Das Fazit der Studie war somit, dass kein Handlungs-
bedarf besteht, was die Senkung der derzeit geltenden Grenzwerte für die Stärke
hochfrequenter Felder angeht.

Auch in der Medizin gibt es viele Fragestellungen, die nur schwer mit einer
doppelblinden, Placebo-kontrollierten Studie untersucht werden können. Dazu

gehört die Untersuchung von operativen Therapien. Hier würde dem Placebo eine Schein-Operation entsprechen, der sich die Teilnehmer der Kontrollgruppe unterziehen müssten; eine blinde Studie ist aus ethischer Sicht problematisch und eine doppelblinde Studie ist grundsätzlich nicht durchführbar, weil der behandelnde Arzt zwangsläufig erfährt, ob eine Schein-Operation gemacht wurde oder nicht. Wenn eine Studie aber nicht blind durchgeführt wird, kann es Probleme mit der Randomisierung geben, wie das folgende Beispiel zeigt.

In den USA wurde 2005 eine große prospektiv kontrollierte Studie mit Randomisierung durchgeführt, in der eine operative Therapie mit einer konservativen Behandlung bei einem lumbalen Bandscheibenvorfall verglichen wurde.[9] Es wurden 500 Patienten mit Bandscheibenvorfällen ausgewählt, welche als Symptome radikuläre Ausfälle und Schmerzen über mindestens sechs Wochen hatten. Für die operative Therapie wurden 245 Patienten zufällig ausgewählt, für die konservative Behandlung 256 Patienten. Allerdings entschied sich während der Studiendauer mehr als ein Drittel der Patienten für die jeweils andere Therapieform: 37,5 % der Patienten in der operativen Gruppe wollten lieber konservativ behandelt werden und 41,8 % der Patienten in der Gruppe mit konservativer Behandlung entschieden sich für eine Operation. Der Statistiker konnte somit die Randomisierung nicht bei allen Studienteilnehmern durchsetzen. Dies führt zu erheblichen Problemen bei der Auswertung der Studie: Lässt man die selbst die Gruppen wechselnden Patienten in der Auswertung der Studie einfach weg, so hat sich die Struktur beider Gruppen verändert, sodass man nicht mehr sicher sein kann, dass Studien- und Kontrollgruppe in der Tat gleich aufgebaut sind. Und will man diese Patienten doch noch berücksichtigen, so könnte man z. B. deren Auswertung im Hinblick auf einen potenziellen Nachweis des gewünschten Effektes so abändern, dass die Resultate dieser Patienten gegen den Effekt sprechen, um dann zu sehen, ob in diesem Fall der Effekt nachgewiesen werden kann. In der betrachteten Studie wird aber bei dem großen Prozentsatz von wechselnden Patienten der gewünschte Effekt nicht mehr nachweisbar sein. Das gleiche Problem tritt natürlich auch immer dann auf, wenn Patienten während der Laufzeit einer Studie plötzlich die weitere Teilnahme an der Studie verweigern.

Bei Studien in der Medizin ist auch der Test auf unerwartete Nebenwirkungen eines neuen Medikaments am Menschen kritisch. Zum Beispiel wurde im Jahr 2006 ein neues gentechnisch hergestelltes Medikament an 6 gesunden Probanden ausprobiert. Überraschenderweise traten aber bei allen 6 Probanden sehr schwere Nebenwirkungen auf, die zum Teil zu Amputationen von Gliedmaßen führten.[10] Als Konsequenz wird heute empfohlen, neue Medikamente erst nach und nach einer Gruppe von Probanden zu verabreichen, sodass man den Test beim ersten Anzeichen von starken Nebenwirkungen noch abbrechen kann.

Ein weiteres Problem beim Durchführen einer Studie ist, dass die Art und Weise, wie die Daten beobachtet werden, eine Veränderung der Daten bewirken kann. Zum Beispiel wurde in den 1990er-Jahren in einer Reihe von Studien nachgewiesen, dass die Anzahl der Pinguine am Südpol abnimmt. Dabei wurden über 40.000 Pinguine mit Markierungsbändern gekennzeichnet, und über mehrere Sommer hinweg wurde die Anzahl der noch lebenden markierten Pinguine bestimmt. Der hierbei beobachtete Rückgang der Population der Pinguine wurde als weiteres Indiz für die Erderwärmung angesehen, die zum Schmelzen des Eises und damit zur Vernichtung des Lebensraumes der Pinguine führt. Schwierig war dabei das Anbringen des Markierungsbandes. Weil Pinguine sich aufgrund ihrer kurzen Beine nicht wie andere Vögel beringen lassen, mussten die Bänder an einem der zur Flosse mutierten Flügel befestigt werden. Im Rahmen einer im Jahr 2007 abgeschlossenen kontrollierten Studie mit Randomisierung, in der je 50 Pinguine mit einem Markierungsband und einem unter die Beinhaut implantierten Chip bzw. nur mit einem Chip versehen und sodann über 4 Brutperioden beobachtet wurden, konnte dann aber nachgewiesen werden, dass gerade durch das Anbringen der Markierungsbänder die Überlebensrate der Pinguine sinkt, was vermutlich auf Behinderung des Schwimmens durch das Markierungsband zurückzuführen war.[11]

2.4 Umfragen

Bei einer Umfrage betrachtet man eine Menge von Objekten (*Grundgesamtheit*), wobei jedes der Objekte eine Reihe von Eigenschaften besitzt. Feststellen möchte man, wie viele Objekte der Grundgesamtheit eine gewisse vorgegebene Eigenschaft haben.

Ein Beispiel dafür ist die sogenannte Sonntagsfrage, über die regelmäßig in den Medien berichtet wird. Dabei möchte man wissen, wie viele der Wahlberechtigten in der BRD für die aktuelle Bundesregierung stimmen würden, wenn nächsten Sonntag Bundestagswahl wäre.

Tabelle 2.3 beinhaltet die Ergebnisse von Wahlumfragen, die von sechs verschiedenen Meinungsforschungsinstituten ca. eine Woche vor der Bundestagswahl 2013 durchgeführt wurden, sowie das amtliche Endergebnis der Bundestagswahl am 22.09.2013. Wie man sieht, weichen die Umfrageergebnisse zum Teil erheblich vom tatsächlichen Wahlergebnis ab. Daraus kann man allerdings nicht auf Fehler bei den Umfragen schließen, da sich das Wahlverhalten der Deutschen in den Tagen vor der Wahl noch einmal geändert haben könnte. Allerdings sieht man an den

Tab. 2.3 Umfragen zur Bundestagswahl 2013[12]

	SPD	CDU/CSU	FDP	GRÜNE	LINKE	AfD
Allensbach	27,0	39,5	5,5	9,0	9,0	4,5
TNS Emnid	26,0	39,0	6,0	9,0	9,0	4,0
Forsa	26,0	40,0	5,0	10,0	9,0	4,0
Forschungsgruppe Wahlen	27,0	40,0	5,5	9,0	8,5	4,0
Infratest-dimap	28,0	40,0	5,0	10,0	8,0	2,5
INSA	28,0	38,0	6,0	8,0	9,0	5,0
amtliches Endergebnis	*25,7*	*41,5*	*4,8*	*8,4*	*8,6*	*4,7*

Schwankungen der Umfrageergebnisse der verschiedenen Institute, dass zumindest bei einigen davon doch erhebliche Ungenauigkeiten bei der Vorhersage auftraten.

Wie man Umfragen durchführen kann und warum genaue Prognosen häufig schwierig sind, wird im Folgenden behandelt.

Die Bestimmung der Anzahl der Objekte einer Grundgesamtheit mit einer gewissen vorgegebenen Eigenschaft ist zunächst einmal eine rein deterministische Fragestellung, die man im Prinzip durch reines Abzählen entscheiden könnte. Bei vielen Fragestellungen (insbesondere bei der oben erwähnten Sonntagsfrage) ist die Betrachtung aller Objekte der Grundgesamtheit aber nicht möglich bzw. viel zu aufwendig.

Als Ausweg bietet sich an, nur für eine „kleine" Teilmenge (der Statistiker spricht hier von einer *Stichprobe*) der Grundgesamtheit zu ermitteln, wie viele Objekte darin die interessierende Eigenschaft haben, und dann zu versuchen, mithilfe dieses Resultats die gesuchte Größe näherungsweise zu bestimmen (der Statistiker spricht hier von *schätzen*). Dazu muss man erstens festlegen, wie man die Stichprobe wählt, und zweitens ein Verfahren entwickeln, das mithilfe der Stichprobe die gesuchte Größe schätzt.

Für die oben angesprochene Sonntagsfrage könnte man dazu wie folgt vorgehen: Zuerst wählt man „rein zufällig" n Personen (z. B. $n = 2000$) aus der Menge aller Wahlberechtigten aus und befragt diese bzgl. ihres Wahlverhaltens. Anschließend schätzt man den prozentualen Anteil der Stimmen für die aktuelle Bundesregierung in der Menge aller Wahlberechtigten durch den entsprechenden prozentualen Anteil in der Stichprobe. Wie wir in den weiteren Kapiteln dieses Buches sehen werden, liefert dies zumindest dann eine gute Schätzung, wenn die Stichprobe wirklich „rein zufällig" ausgewählt wurde. Damit steht man aber noch vor dem Problem, wie man Letzteres durchführt. Dazu werden im Weiteren die folgenden fünf Vorgehensweisen betrachtet:

Vorgehen 1: Befrage die Studenten einer Statistik-Vorlesung.

Vorgehen 2: Befrage die ersten n Personen, die montagmorgens ab 10 Uhr einen festen Punkt der Fußgängerzone in Darmstadt passieren.

Vorgehen 3: Erstelle eine Liste aller Wahlberechtigten (mit Adresse). Wähle aus dieser „zufällig" n Personen aus und befrage diese.

Vorgehen 4: Wähle aus einem Telefonbuch für Deutschland rein zufällig Nummern aus und befrage die ersten n Personen, die man erreicht.

Vorgehen 5: Wähle zufällig Nummern am Telefon und befrage die ersten n Privatpersonen, die sich melden.

Betrachtet man diese Vorgehensweisen bzgl. der praktischen Durchführbarkeit, so stellt sich Vorgehen 3 als sehr aufwendig heraus: Die zu befragenden Personen sind dabei im Allgemeinen nämlich über die gesamte BRD verstreut, zudem werden die Adressen nicht immer aktuell sein. Darüber hinaus gibt es Länder (wie z. B. die USA), wo Listen aller Wahlberechtigten gar nicht erst existieren.

Bei allen anderen Vorgehensweisen tritt eine sogenannte *Verzerrung durch Auswahl* (*sampling bias*) auf. Diese beruht darauf, dass die Stichprobe nicht *repräsentativ* ist, d. h., dass bestimmte Gruppen der Wahlberechtigten, deren Wahlverhalten vom Durchschnitt abweicht, überrepräsentiert sind. Zum Beispiel sind dies bei Vorgehen 1 die Studenten, bei Vorgehen 2 die Einwohner von Darmstadt sowie Personen, die dem Interviewer sympathisch sind, bei Vorgehen 4 Personen mit Eintrag im Telefonbuch und bei Vorgehen 5 Personen, die telefonisch leicht erreichbar sind, sowie Personen, die in einem kleinen Haushalt leben. Bei Vorgehen 5 lässt sich dieses Problem teilweise umgehen, indem man dort bei einzelnen Nummern mehrmals anruft, sofern man nicht sofort jemanden erreicht, und indem man die Person, die man unter dieser Nummer befragt, nach demografischen Aspekten auswählt (wie z. B. „befrage jüngsten Mann, der älter als 18 ist und zu Hause ist").

Bei allen fünf Vorgehensweisen tritt darüber hinaus noch eine *Verzerrung durch Nicht-Antworten* (*non-response bias*) auf. Diese beruht darauf, dass ein Teil der Befragten die Antwort verweigern wird und dass das Wahlverhalten dieser Personen unter Umständen vom Rest abweicht. Außerdem werden im Allgemeinen nur sehr wenige Personen zugeben, dass sie nicht zur Wahl gehen, und auch deren Wahlverhalten kann vom Rest abweichen.

In Deutschland führt z. B. das Meinungsforschungsinstitut TNS Emnid im Auftrag von n-tv wöchentlich eine telefonische Wahlumfrage durch. Bei dieser werden ca. 1000 Wahlberechtigte befragt. TNS Emnid verwendet dazu eine Liste von 100.000 Telefonnummern, die aus einer zufällig aus Telefonbüchern und CD-ROMs ausgewählten Menge von Telefonummern durch Modifikation der letzten Ziffer erzeugt wurde. Dabei soll die ebenfalls zufällige erfolgende Veränderung der letzten Ziffer sicherstellen, dass auch nicht in Telefonverzeichnisse eingetragene Haushalte in die Stichprobe gelangen können. Innerhalb der so ausgewählten Haushalte wird die Zielperson durch einen Zufallsschlüssel ermittelt. Dieser soll ausschließen, dass die Personen mit häufiger Anwesenheit eine größere Chance haben, befragt zu werden.[13] Aus den Angaben der Befragten wird dann durch gewichtete Mittelungen die Wahlprognose erstellt.

Für die Wahl der Gewichte sind eine Reihe von Verfahren üblich: Meist wird zuerst eine sogenannte Transformationsgewichtung verwendet, die sicherstellt, dass Personen aus kleinen Haushalten in der Umfrage nicht überrepräsentiert sind (da die Umfrage ja zunächst Haushalte und nicht Personen zufällig auswählt). Als Nächstes kann man dann auch demografisch motivierte Gewichte verwenden, die die Stichprobe hinsichtlich ihrer sozialstrukturellen Zusammensetzung an die Menge aller Wahlberechtigten (deren sozialstrukturelle Zusammensetzung z. B. im Rahmen des Mikrozensus des Statistischen Bundesamtes approximativ ermittelt wird) anpassen. Schließlich gibt es noch die sogenannte Recall-Gewichtung. Dazu werden die Befragten auch nach ihrem Abstimmungsverhalten bei der letzten Bundestagswahl befragt. Die Recall-Gewichtung unterteilt die Gruppe der Befragten dann entsprechend dem angegebenen Abstimmungsverhalten bei der letzten Bundestagswahl und versucht, diesen Gruppen dann so Gewichte zuzuweisen, dass das (gewichtete) Abstimmungsverhalten bei der letzten Wahl mit dem tatsächlichen Ergebnis

übereinstimmt. Diese Gewichte sollen Antwortverzerrungen der Befragten korri-
gieren, die dadurch entstehen, dass ein Teil der Befragten die Antwort verweigert
oder ihre Antwort an den gesellschaftlichen Konsens anpasst (z. B. hinsichtlich der
Wahl von rechtsextremen Parteien). Problematisch an dieser Art der Gewichtung
ist allerdings, dass sich viele Menschen nicht mehr genau an ihr Wahlverhalten bei der letzten Bundestagswahl erinnern können (es kommt z. B. vor, dass
sie es mit ihrem Wahlverhalten bei der letzten Landtags- oder Gemeinderatswahl
verwechseln).[14]

Aufgaben

2.1. In der sogenannten PISA-Studie werden in verschiedenen Ländern jeweils
Schulen zufällig ausgewählt und Leistungstests für Schüler dieser Schulen in mehreren Fächern durchgeführt. Anschließend werden die Ergebnisse der einzelnen
Länder nach Jahrgangsstufen getrennt miteinander verglichen.
(a) Um welche Art Studie handelt es sich bei der PISA-Studie?
(b) Inwieweit kann man Unterschiede in den Leistungen der Schüler in den verschiedenen Ländern auf Eigenschaften des Schulunterrichts in den einzelnen Ländern
zurückführen? Begründen Sie Ihre Antwort.

2.2. Psychologen der Universität Leipzig beschäftigten sich in einer im Jahr 2008
veröffentlichten Studie mit der Frage, ob bei der Entstehung von Freundschaft eher
die Ähnlichkeit der Persönlichkeiten oder der Zufall eine Rolle spielt. Dazu fingen
sie einen ganzen Jahrgang neuer Psychologiestudenten vor ihrer ersten Vorlesung
ab und teilten ihnen per Losnummer willkürlich Sitzplätze im Hörsaal zu. Ein Jahr
später fragten sie die Studenten dieses Jahrgangs, wie gut sie mit ihren Kommili-
tonen befreundet seien. Dabei stellte sich heraus, dass diejenigen Personen, die zu
Beginn des Studiums in der ersten Vorlesung nebeneinander gesessen hatten, im
Schnitt besser befreundet waren als der Rest.
(a) Wenn Sie die obige Studie als Studie im Sinne dieses Buches auffassen, um
welche Art Studie handelt es sich dann und welche ist dann die Studiengruppe,
welche die Kontrollgruppe?
(b) Interpretieren Sie das Resultat dieser Studie. Gehen Sie dabei insbesondere auf
die Frage ein, inwieweit es diese Studie erlaubt, auf einen Zusammenhang zwischen
Freundschaft und Zufall zu schließen.

2.3. Eine Sozialerhebung des Deutschen Studentenwerks hat ergeben, dass in
Deutschland 72 Prozent der Kinder aus vermögenden Familien aber nur 8 Prozent
der Kinder aus einkommenschwachen Familien einen Studienabschluss erlangen.
Kann man daraus schließen, dass ein kausaler Zusammenhang zwischen dem Ein-
kommen der Eltern und dem Erlangen eines Studienabschlusses der Kinder besteht?
Begründen Sie *kurz* ihre Antwort.

2.4. Der sogenannte Ig-Nobelpreis (ig ist hier Abkürzung für ignoble – unwürdig, schmachvoll, schändlich) wird vergeben für Forschungsleistungen, die Menschen erst zum Lachen und dann zum Nachdenken verleiten. Im Jahr 2013 wurde er im Bereich Psychologie für eine Studie vergeben, mit der nachgewiesen wurde, dass Menschen, die glauben, betrunken zu sein, auch glauben, attraktiv zu sein.

Wie würden Sie vorgehen, wenn Sie eine Studie entwerfen sollten, mit der Sie obige Aussage nachweisen sollen? Geben Sie dabei insbesondere an, wie Sie Ihre Probanden in Studien- und Kontrollgruppe unterteilen und wie Sie auf diese beiden Gruppen einwirken bzw. was genau Sie beobachten.

2.5. Die Evaluation von Vorlesungen an der TU Darmstadt erfolgt durch eine Umfrage, die gegen Ende des Semesters direkt in einer der Vorlesungsstunden an die Studierenden ausgeteilt wird. Dabei bekommen die Studierenden noch in der Vorlesung Zeit zum Ausfüllen der Umfragebögen, die anschließend eingesammelt und ausgewertet werden.

Beurteilen Sie diese Art der Umfrage hinsichtlich sampling bias und nonresponse bias.

2.6. Google Consumer Survey bietet an, Umfragen schnell und günstig im Internet durchführen zu lassen. Meist soll der Kunde sich dabei auf eine Frage beschränken, für die nur wenige Antwortmöglichkeiten vorgegeben werden, z. B.:

> Wie viel Geld wären Sie bereit, für perfekte Brillengläser zu zahlen? a) Bis zu 50 Euro, b) 50-100 Euro, c) 100-200 Euro, d) Mehr als 200 Euro.

Diese wird dann in eine geeignete Webseite eingebaut, in der der Besucher wertvolle bzw. interessante Informationen finden kann (z. B. ein Nachrichtenportal). Bevor er diese Webseite aber nützen kann, muss er zunächst eine Frage beantworten, und für jede erteilte und an Google weitergeleitete Antwort enthält der Betreiber der Webseite Geld von Google. Der große Vorteil dieser Art von Umfragen ist, dass man sehr schnell Antworten von vielen verschiedenen Personen sammeln kann.

Beurteilen Sie diese Art der Umfrage hinsichtlich des sampling- und des nonresponse-bias.

Deskriptive und explorative Statistik

3

In diesem Kapitel werden einige Methoden der *deskriptiven* (oder *beschreibenden*) und der *explorativen* (oder *erforschenden*) Statistik eingeführt. Ausgangspunkt dabei ist eine sogenannte *Messreihe* (auch *Stichprobe* oder *Datensatz* genannt), die mit

$$x_1, \ldots, x_n$$

bezeichnet wird. Hierbei ist n der Stichprobenumfang. Die Aufgabe der deskriptiven Statistik ist die übersichtliche Darstellung von Eigenschaften dieser Messreihe. Die explorative Statistik stellt Methoden zum Auffinden von (unbekannten) Strukturen in Datensätzen zur Verfügung. Beide Bereiche sind nicht klar voneinander abgegrenzt, da eine übersichtliche Darstellung eines Datensatzes immer auch zum Entdecken von Strukturen in dem Datensatz von Nutzen sein kann.

Die Methoden in diesem Kapitel werden wir ohne Verwendung von irgendwelchen mathematischen Modellen zur Beschreibung des Zufalls einführen. Wir werden aber im Laufe des Kapitels sehen, dass wir bei der Interpretation der Resultate manchmal nicht mehr wirklich weiterwissen. Dies liefert dann die Motivation für die Einführung und Verwendung solcher Modelle in den weiteren Kapiteln dieses Buches.

3.1 Typen von Messgrößen

In diesem Abschnitt betrachten wir die unterschiedlichen Typen von *Messgrößen* (oder auch *Merkmalen*, *Variablen*), die auftreten können. Hierbei gibt es verschiedene Unterteilungsmöglichkeiten. Zum Beispiel kann man sie gemäß der Anzahl der auftretenden Ausprägungen unterteilen: Treten nur endlich oder abzählbar unendlich viele Ausprägungen auf, so spricht man von einer *diskreten* Messgröße, treten dagegen alle Werte eines Intervalls als Werte auf, so spricht man von einer *stetigen* Messgröße.

© Springer-Verlag GmbH Deutschland 2017
J. Eckle-Kohler, M. Kohler, *Eine Einführung in die Statistik und ihre Anwendungen*,
Springer-Lehrbuch, DOI 10.1007/978-3-662-54094-7_3

Tab. 3.1 Typen von Messgrößen

	Abstandsbegriff vorhanden?	Ordnungsrelation vorhanden?
Reell	ja	ja
Ordinal	nein	ja
Zirkulär	ja	nein
Nominal	nein	nein

Eine andere mögliche Unterteilung erfolgt anhand der Struktur des Wertebereichs der Messgröße. Zur Feststellung der Struktur betrachtet man, ob für alle Paare von Werten dieser Messgröße ein Abstand (Entfernung zwischen den beiden Werten) und/oder eine Ordnungsrelation (Anordnung der Werte der Größe nach) definiert ist. Wie in Tab. 3.1 dargestellt, spricht man dann von *reellen, ordinalen, zirkulären* oder *nominalen* Messgrößen.   Beispiel für eine reelle Messgröße ist das Nettoeinkommen einer alleinstehenden Person, Beispiel einer ordinalen Messgröße sind z. B. Noten (die der Größe nach geordnet werden können, bei denen aber z. B. der Abstand von 1 und 2 nicht so groß ist wie der zwischen 4 und 5 und daher nicht als Differenz der Noten festgelegt werden kann), Beispiel einer zirkulären Messgröße ist die Uhrzeit, und Beispiel einer nominalen Messgröße ist die Parteizugehörigkeit einer Person.

Die Beachtung der Typen von Messgrößen ist insofern wichtig, da viele statistische Verfahren zunächst einmal nur für reelle Messgrößen entwickelt wurden. Wendet man diese auf nichtreelle Messgrößen an, so kann es sein, dass die implizite Annahme der Existenz eines Abstandsbegriffes und einer Ordnungsrelation zu einem unsinnigen Ergebnis führt.

3.2 Histogramme

Ausgangspunkt bei der Erstellung eines Histogrammes ist eine sogenannte *Häufigkeitstabelle*. Bei dieser wird der Wertebereich der betrachteten reellen oder ordinalen Messgröße in k disjunkte (d. h. nicht überlappende) Klassen unterteilt, und in einer Tabelle wird für jede der Klassen die Anzahl n_i der Datenpunkte der Messreihe, die in dieser Klasse liegen, angegeben ($i = 1, \ldots, k$).

Klasse	Häufigkeit
1	n_1
2	n_2
⋮	⋮
k	n_k

Die Anzahl n_i ist dabei die sogenannte *absolute Häufigkeit* der Klasse i.

Für die Wahl der Anzahl k von Klassen existieren Faustregeln wie z. B. $k \approx \sqrt{n}$ oder $k \approx 10 \cdot \log_{10} n$. Oft erfolgt diese aber ad hoc, insbesondere bei Verwendung grafischer Darstellungen wie z. B den unten beschriebenen Säulendiagrammen bzw. Histogrammen.

▶ **Beispiel 3.1** Wir betrachten die Altersverteilung der männlichen Einwohner unter 95 Jahren im früheren Bundesgebiet der BRD im Jahr 2001. Dabei verwenden wir Daten des Statistischen Bundesamtes[1] und erzeugen daraus eine Häufigkeitstabelle, indem wir den Wertebereich des Alters zunächst in 19 äquidistante Intervalle der Länge 5 unterteilen und dann pro Altersklasse die Anzahl der männlichen Einwohner in dieser Altersklasse angeben. Als Resultat erhalten wir:

Alter	Anzahl (in Tausenden)
[0,5)	1679,3
[5,10)	1787,2
[10,15)	1913,2
[15,20)	1788,7
[20,25)	1830,4
[25,30)	1930,7
[30,35)	2660,1
[35,40)	2971,0
[40,45)	2645,5
[45,50)	2253,6
[50,55)	2070,8
[55,60)	1762,2
[60,65)	2214,0
[65,70)	1618,4
[70,75)	1262,2
[75,80)	808,4
[80,85)	411,9
[85,90)	202,4
[90,95)	73,9

Dabei steht das Intervall $[a, b) = \{x \in \mathbb{R} : a \leq x < b\}$ für die Klasse aller Personen, deren Alter in diesem Intervall liegt.

Die Häufigkeitstabelle lässt sich grafisch recht übersichtlich als *Säulendiagramm* darstellen. Dazu trägt man über jeder Klasse einen Balken mit Höhe gleich der Anzahl Datenpunkte in der Klasse ab. In Beispiel 3.1 erhält man das in Abb. 3.1 dargestellte Säulendiagramm.

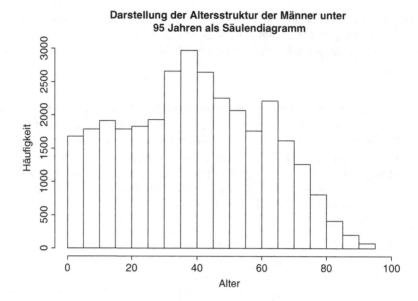

Abb. 3.1 Säulendiagramm bei Unterteilung des Wertebereichs des Alters in 19 Intervalle

Diese grafische Darstellung ist aber irreführend, wenn die Klassen nicht alle gleich lang sind. Unterteilen wir die Daten aus Beispiel 3.1 in die Altersklassen $[0,6)$ (für Kleinkinder), $[6,15)$ (für Schüler), $[15,65)$ (für Berufstätige) und $[65,95)$ (für Rentner), so erhalten wir die folgende Häufigkeitstabelle:

Alter	Häufigkeit (in Tausenden)
$[0,6)$	2033,1
$[6,15)$	3346,6
$[15,65)$	22.127,0
$[65,95)$	4377,2

Das zugehörige Säulendiagramm ist in Abb. 3.2 dargestellt. Betrachtet man dieses Säulendiagramm allein, so ist der Flächeninhalt des zur Klasse $[65,95)$ gehörenden Rechtecks mehr als viermal so groß wie der Flächeninhalt des zur Klasse $[6,15)$ gehörenden Rechtecks. Dadurch entsteht der falsche Eindruck, dass die Klasse $[65,95)$ mehr als viermal so viele Datenpunkte enthält wie die Klasse $[6,15)$, obwohl es in Wahrheit weniger als doppelt so viele Datenpunkte sind.

Dieser falsche Eindruck entsteht, da das Auge die Flächeninhalte und nicht die Höhen der Rechtecke vergleicht. Man kann ihn vermeiden, indem man bei der grafischen Darstellung nicht die Höhe, sondern den Flächeninhalt proportional zur Anzahl der Datenpunkte in einer Klasse wählt. Dies führt auf das sogenannte *Histogramm.*

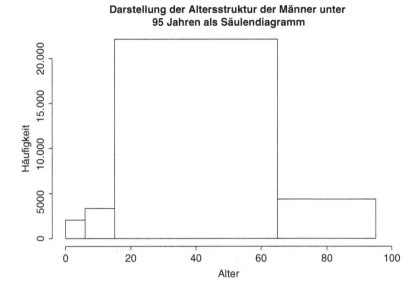

Abb. 3.2   Säulendiagramm bei Unterteilung des Wertebereichs des Alters in 4 Intervalle

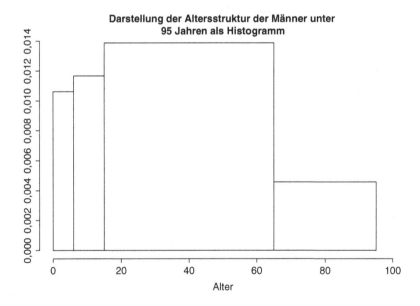

Abb. 3.3   Histogramm der Altersverteilung

Dabei unterteilt man wieder den Wertebereich der (reellen oder ordinalen) Messgröße in k Intervalle $I_1, \ldots I_k$, bestimmt für jedes dieser Intervalle I_j die Anzahl n_j der Datenpunkte in diesem Intervall und trägt dann über I_j den Wert

$$\frac{n_j}{n \cdot \lambda(I_j)}$$

auf. Dabei bezeichnet $\lambda(I_j)$ die Länge von I_j.

In Beispiel 3.1 und mit der obigen Klasseneinteilung erhält man das in Abb. 3.3 dargestellte Histogramm.

Beachtet man, dass der Flächeninhalt des Rechtecks über dem Intervall I_j gegeben ist durch

$$\text{Höhe} \cdot \text{Breite} = \frac{n_j}{n \cdot \lambda(I_j)} \cdot \lambda(I_j) = \frac{n_j}{n},$$

so sieht man, dass dieser gleich der *relativen Häufigkeit* der Datenpunkte in dem entsprechenden Intervall und damit insbesondere wie gewünscht proportional zur Anzahl der Datenpunkte in I_j ist.

3.3   Dichteschätzung

Beim Histogramm wird die Lage der Messreihe auf dem Zahlenstrahl durch eine stückweise konstante Funktion beschrieben. Die Vielzahl der Sprungstellen dieser Funktion erschwert häufig die Interpretation der zugrunde liegenden Struktur. So erhalten wir in Beipiel 3.1 bei Verwendung des Alters in Jahren als Klasseneinteilung (also mit den Intervallen $[0, 1)$, $[1, 2)$, … das in Abb. 3.4 dargestellte Histogramm. Dabei tritt eine Vielzahl von lokalen Minima und Maxima auf, wobei unklar ist, welche davon reale Ursachen haben (z. B. Einfluss der beiden Weltkriege oder des Geburtenrückgangs in den 1960er-Jahren auf die Anzahl der noch lebenden Männer in der Altersklasse), und welche rein aufgrund der Einteilung der Daten in die einzelnen Klassen entstanden sind.

Im Folgenden versuchen wir, diese Vielzahl von lokalen Extremwerten durch Anpassung einer „glatten" Funktion (z. B. einer differenzierbaren Funktion) zu vermeiden. Wünschenswerte Eigenschaften solcher Funktionen gewinnen wir durch genauere Betrachtung der stückweise konstanten Funktionen, die bei Bildung eines Histogramms auftreten. Diese haben die folgenden drei Eigenschaften: Erstens sind sie nichtnegativ. Zweitens ist der Flächeninhalt zwischen der Funktion und der x-Achse gleich Eins. Und drittens ist die Anzahl der Datenpunkte in jedem der Intervalle, das der Klasseneinteilung beim Histogramm zugrunde liegt, proportional zum Flächeninhalt zwischen der Funktion und der x-Achse in diesem Intervall. Funktionen mit den ersten beiden Eigenschaften heißen *Dichten*.

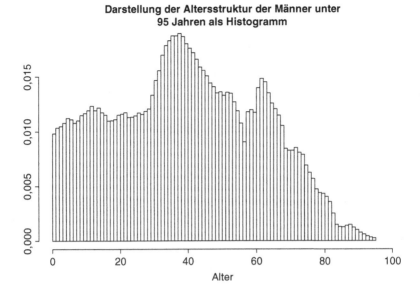

Abb. 3.4 Histogramm der Altersverteilung

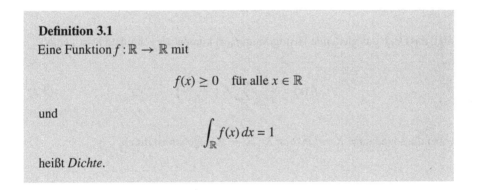

Im Weiteren möchten wir Dichten so an die Datenpunkte anpassen, dass zumindest approximativ die Anzahl der Datenpunkte in einem Intervall proportional zum Flächeninhalt zwischen der Funktion und diesem Intervall ist. Eine Möglichkeit dafür ist die Bildung eines Histogramms. Im Folgenden soll dessen Konstruktion so abgeändert werden, dass glatte Dichten entstehen. Dazu wird zuerst das sogenannte *gleitende Histogramm* eingeführt. Bei diesem werden zur Bestimmung des Funktionswertes an einer Stelle x alle Datenpunkte gezählt, die im Intervall $[x-h, x+h]$ ($h > 0$ fest) enthalten sind. Im Unterschied zum Histogramm hängt hierbei das der Berechnung zugrunde liegende Intervall $[x-h, x+h]$ von x ab und ist um x zentriert. Letzteres hat den Vorteil, dass Datenpunkte, die gleich weit von x entfernt sind, den gleichen Einfluss auf den Funktionswert an der Stelle x haben.

Analog zum Histogramm wird der Funktionswert berechnet durch

$$
\begin{aligned}
f_h(x) &= \frac{\frac{1}{n} \cdot \text{Anzahl Datenpunkte } x_i \text{ in } [x-h, x+h]}{2h} \\[2mm]
&= \frac{1}{n \cdot 2 \cdot h} \left(1_{[x-h,x+h]}(x_1) + \cdots + 1_{[x-h,x+h]}(x_n) \right) \\[2mm]
&= \frac{1}{n \cdot h} \sum_{i=1}^{n} \frac{1}{2} \cdot 1_{[x-h,x+h]}(x_i).
\end{aligned}
\tag{3.1}
$$

Hierbei ist 1_A die Indikatorfunktion zu einer Menge A, d. h. $1_A(x) = 1$ für $x \in A$ und $1_A(x) = 0$ für $x \notin A$. In der Zeile vor (3.1) wird die Anzahl der Datenpunkte in dem Intervall $[x-h, x+h]$ ermittelt, indem für jeden Datenpunkt, der in dem Intervall vorkommt bzw. nicht vorkommt, eine Eins bzw. eine Null aufaddiert wird.

Als Nächstes schreiben wir die Formel (3.1) so um, dass wir sie im Weiteren verallgemeinern können. Mit

$$
1_{[x-h,x+h]}(x_i) = 1 \quad \Leftrightarrow \quad x - h \leq x_i \leq x + h \quad \Leftrightarrow \quad -1 \leq \frac{x_i - x}{h} \leq 1
$$

$$
\Leftrightarrow \quad -1 \leq \frac{x - x_i}{h} \leq 1
$$

folgt, dass sich das gleitende Histogramm $f_h(x)$ kompakter schreiben lässt gemäß

$$
f_h(x) = \frac{1}{n \cdot h} \sum_{i=1}^{n} K\left(\frac{x - x_i}{h} \right),
\tag{3.2}
$$

wobei die sogenannte *Kernfunktion* $K : \mathbb{R} \to \mathbb{R}$ gegeben ist durch

$$
K(u) = \frac{1}{2} \cdot 1_{[-1,1]}(u).
$$

Diese Kernfunktion wird auch als *naiver Kern* bezeichnet. Wegen

$$
K(u) \geq 0 \text{ für alle } u \in \mathbb{R} \quad \text{und} \quad \int_{\mathbb{R}} K(u)\, du = 1
$$

ist K selbst eine Dichtefunktion. Mit $K = \frac{1}{2} 1_{[-1,1]}$ sind auch

$$
x \mapsto \frac{1}{h} K\left(\frac{x - x_i}{h} \right)
$$

(als Funktion von x betrachtet) sowie das arithmetische Mittel (3.2) unstetig. Dies lässt sich vermeiden, indem man für K stetige Dichtefunktionen wählt, wie z. B.

$$K(u) = \begin{cases} \frac{3}{4}(1 - u^2) & \text{für} \quad -1 \leq u \leq 1, \\ 0 & \text{für} \quad u < -1 \text{ oder } u > 1, \end{cases}$$

(sogenannter *Epanechnikov-Kern*) oder

$$K(u) = \frac{1}{\sqrt{2\pi}} \exp\left(-u^2/2\right)$$

(sogenannter *Gauß-Kern*). Funktionsgraphen dieser Kernfunktionen und auch des naiven Kerns findet man in Abb. 3.5. Die Funktion

$$f_h(x) = \frac{1}{n \cdot h} \sum_{i=1}^{n} K\left(\frac{x - x_i}{h}\right) \quad (x \in \mathbb{R})$$

ist der sogenannte *Kerndichteschätzer* von Parzen und Rosenblatt.[2] Sie hängt von K (einer Dichtefunktion, der sogenannten *Kernfunktion*) und h (einer reellen Zahl größer als Null, sogenannte *Bandbreite*) ab.

Der Kerndichteschätzer kann gedeutet werden als arithmetisches Mittel von Dichtefunktionen, die um die $x_1, \ldots, x_n$ konzentriert sind. In der Tat sieht man leicht, dass mit K auch

$$u \mapsto \frac{1}{h} K\left(\frac{u - x_i}{h}\right) \tag{3.3}$$

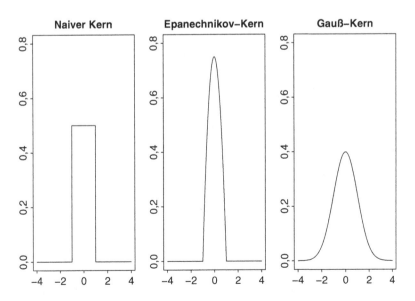

Abb. 3.5 Funktionsgraphen des naiven Kerns, des Epanechnikov- und des Gauß-Kerns

eine Dichtefunktion ist. Diese entsteht aus K durch Verschiebung des Ursprungs an die Stelle x_i und anschließende Stauchung (im Falle $h < 1$) bzw. Streckung (im Falle $h > 1$), vgl. Abb. 3.6. Das Ergebnis der Anwendung des Kerndichteschätzers zur Schätzung der Altersverteilung in Beispiel 3.1 ist in Abb. 3.7 dargestellt. Dabei werden der Gauß-Kern sowie der Wert $h = 3$ für die Bandbreite verwendet. Wie man

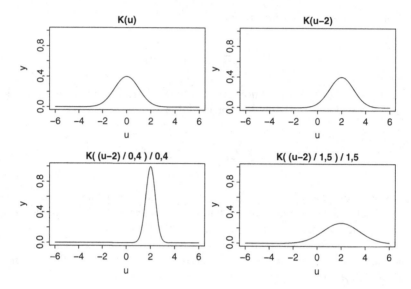

Abb. 3.6 Verschiebung und Streckung bzw. Stauchung der Dichte bei $\frac{1}{h} K \left(\frac{u-x_1}{h} \right)$

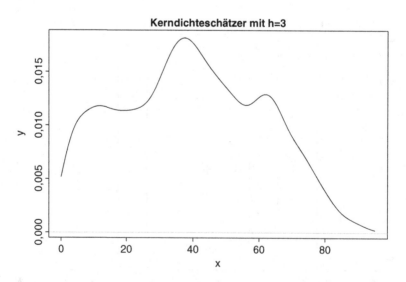

Abb. 3.7 Schätzung der Altersverteilung aus Beispiel 3.1 mithilfe des Kerndichteschätzers

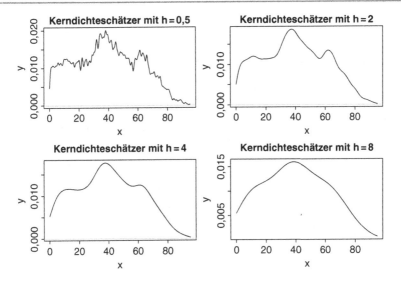

Abb. 3.8 Einfluss der Bandbreite auf den Kerndichteschätzer für die Daten von Beispiel 3.1

in Abb. 3.8 sieht, lässt sich mittels h die „Glattheit" des Kerndichteschätzers $f_h(x)$ kontrollieren: Ist h sehr klein, so wird $f_h(x)$ als Funktion von x sehr stark schwanken, ist dagegen h groß, so variiert $f_h(x)$ als Funktion von x kaum noch.

Es ist keineswegs offensichtlich, wie man den Wert von h bei Anwendung auf einen konkreten Datensatz wählen soll. Ohne Einführung von mathematischen Modellen versteht man an dieser Stelle auch nicht richtig, was man überhaupt macht, und kann nur schlecht Verfahren zur Wahl der Bandbreite erzeugen.

Abschließend wird noch ein weiteres Beispiel für den Einsatz eines Dichteschätzers gegeben.

▶ **Beispiel 3.2** In einer im Rahmen einer Diplomarbeit an der Universität Stuttgart im Jahr 2001 durchgeführten kontrollierten Studie mit Randomisierung wurde der Einfluss eines Crash-Kurses auf die Noten in einer Statistik-Prüfung untersucht. Ziel der Diplomarbeit war die Entwicklung eines Verfahrens zur Identifikation von Studenten, die die Prüfung voraussichtlich nicht bestehen werden. Nach Entwicklung eines solchen Verfahrens stellte sich die Frage, ob man durch Abhalten eines Crash-Kurses zur Wiederholung des Stoffes die Noten bzw. die Durchfallquote bei diesen Studenten verbessern kann. Dazu wurden 60 Studenten mithilfe des Verfahrens ausgewählt und zufällig in zwei Gruppen (Studien- und Kontrollgruppe) mit jeweils 30 Studenten unterteilt. Die Studenten aus der Studiengruppe wurden vor der Prüfung schriftlich zu einem Crash-Kurs eingeladen, die aus der Kontrollgruppe nicht.

In Abb. 3.9 ist das Ergebnis der Anwendung des Kerndichteschätzers mit Gauß-Kern und verschiedenen Bandbreiten auf die Noten in

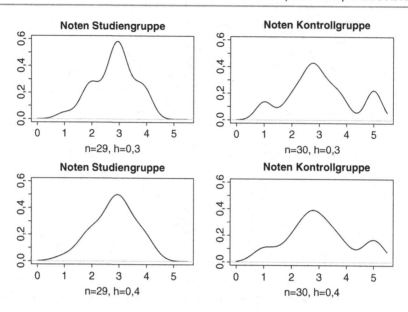

Abb. 3.9 Einfluss eines Crash-Kurses auf Abschneiden bei einer Prüfung

Studien- und Kontrollgruppe dargestellt.[3] Wie man sieht, hatte der Crash-Kurs den erfreulichen Effekt, dass Noten im Bereich 5.0 in der Studiengruppe deutlich seltener auftraten als in der Kontrollgruppe. Darüber hinaus variieren aber auch die Noten in der Studiengruppe insgesamt etwas weniger als in der Kontrollgruppe, sodass auch sehr gute Noten in der Studiengruppe etwas seltener auftreten. Dies lässt sich dadurch erklären, dass die Studenten nach Besuch des Crash-Kurses kaum Zeit zum individuellen Lernen auf die Prüfung hatten und sich daher auch nicht überproportional gut auf die Prüfung vorbereiten konnten.

3.4   Statistische Maßzahlen

Im Folgenden werden verschiedene statistische Maßzahlen eingeführt. Diese kann man unterteilen in *Lagemaßzahlen* und *Streuungsmaßzahlen*. Lagemaßzahlen geben an, in welchem Bereich der Zahlengeraden die Werte (oder die „Mitte" der Werte) der betrachteten Messreihe liegen. Streuungsmaßzahlen dienen zur Beschreibung des Bereichs, über den sich die Werte im Wesentlichen erstrecken, insbesondere kann man aus diesen ablesen, wie stark die Werte um die „Mitte" der Werte schwanken.

Im Folgenden sei

$$x_1, \ldots, x_n$$

die Messreihe. Die der Größe nach aufsteigend sortierten Werte seien

$$x_{(1)}, \ldots, x_{(n)}.$$

▶ **Beispiel 3.3** Als Beispiel betrachten wir eine Stichprobe des monatlichen Nettoeinkommens von Alleinstehenden in Deutschland im Jahr 2002. Die Stichprobe wurde anhand von öffentlich zugänglichen Daten aus dem Mikrozensus des Statistischen Bundesamtes[4] gebildet. Die öffentlich zugänglichen Daten sind aus Datenschutzgründen leicht modifiziert worden, d. h., das Einkommen wird nicht genau angegeben, sondern ist in Klassen unterteilt. Aus diesen Daten wurde eine Stichprobe von Werten gebildet, die bis auf 10 Euro genau das Einkommen approximativ angeben. Als Werte hat man bei dieser Stichprobe vorliegen:

1670, 1440, 1440, 2220, 1270, 690, 1310, 1030, 2520, 1360, 1670, 1350,
1280, 1190, 750, 1210, 1610, 1520, 1040, 1240, 2180, 540, 600, 800,
3750, 780, 2050, 1460, 1940, 1650, 1570, 1670, 350, 630, 2030, 810,
1400, 330, 1560, 1070, 660, 2540, 1090, 500, 2230, 760, 1610, 1450,
890, 1400, 1280, 2090, 970, 770, 1210, 800, 610, 1550, 610, 800,
530, 500, 740, 570, 1080, 620, 1670, 650, 1140, 1250, 4590, 1790,
6820, 1590, 1090, 890, 3000, 820, 580, 780, 610, 500, 870, 590,
1400, 1320, 1390, 1230, 210, 940, 1250, 1870, 980, 540, 2050, 1960,
810, 590, 1270, 870.

Bei dieser Messreihe ist $n = 100$, $x_1 = 1670$, $x_2 = 1440, \ldots, x_{100} = 870$. Die der Größe nach aufsteigend sortierten Werte $x_{(1)}, \ldots, x_{(n)}$ sind

210, 330, 350, 500, 500, 500, 530, 540, 540, 570, 580, 590,
590, 600, 610, 610, 610, 620, 630, 650, 660, 690, 740, 750,
760, 770, 780, 780, 800, 800, 800, 810, 810, 820, 870, 870,
890, 890, 940, 970, 980, 1030, 1040, 1070, 1080, 1090, 1090, 1140,
1190, 1210, 1210, 1230, 1240, 1250, 1250, 1270, 1270, 1280, 1280, 1310,
1320, 1350, 1360, 1390, 1400, 1400, 1400, 1440, 1440, 1450, 1460, 1520,
1550, 1560, 1570, 1590, 1610, 1610, 1650, 1670, 1670, 1670, 1670, 1790,
1870, 1940, 1960, 2030, 2050, 2050, 2090, 2180, 2220, 2230, 2520, 2540,
3000, 3750, 4590, 6820.

Beispiele für Lageparameter sind das *(empirische arithmetische) Mittel* und der *(empirische) Median*.

Beim *(empirischen arithmetischen) Mittel* teilt man die Summe aller Messgrößen durch die Anzahl der Messgrößen:

$$\bar{x} = \frac{1}{n} \cdot (x_1 + x_2 + \cdots + x_n) = \frac{1}{n} \sum_{i=1}^{n} x_i.$$

Bei den Nettoeinkommen oben erhält man $\bar{x} = 1223$.

Nachteil des arithmetischen Mittels ist, dass es einerseits nur für reelle Messgrößen berechnet werden kann (das dabei vorgenommene Mitteln von Abständen setzt implizit voraus, dass Abstände definiert sind) und dass es andererseits sehr stark durch sogenannte *Ausreißer* beeinflusst werden kann. Darunter versteht man Werte, die „sehr stark" von den anderen Werten abweichen. Wie man leicht sieht, führt im Beispiel oben bereits ein einziges sehr hohes Nettoeinkommen, bei dem es sich z. B. auch um einen Tippfehler handeln könnte, zu einer starken Änderung des arithmetischen Mittels.

Um solche Effekte zu vermeiden, kann man den sogenannten *(empirischen) Median* verwenden, definiert als

$$
\tilde{x} = \begin{cases} x_{(\frac{n+1}{2})}, & \text{falls} \quad n \text{ ungerade,} \\ \frac{1}{2}\left(x_{(\frac{n}{2})} + x_{(\frac{n}{2}+1)}\right), & \text{falls} \quad n \text{ gerade,} \end{cases}
$$

bzw. – sofern die x_i nicht reell sind – definiert gemäß

$$
\tilde{x} = x_{(\lceil \frac{n}{2} \rceil)}.
$$

Hierbei bezeichnet $\lceil \frac{n}{2} \rceil$ die kleinste ganze Zahl, die größer oder gleich $n/2$ ist (z. B. $\lceil 39/2 \rceil = 20$, $\lceil 40/2 \rceil = 20$ und $\lceil 41/2 \rceil = 21$). Der empirische Median hat die Eigenschaft, dass ungefähr $n/2$ der Datenpunkte kleiner oder gleich und ebenfalls ungefähr $n/2$ der Datenpunkte größer oder gleich dem empirischen Median sind. Im Beispiel oben erhält man $\tilde{x} = (1210 + 1210)/2 = 1210$.

Zur Bildung des Medians muss die betrachtete Messgröße zumindest ordinal sein, um die Werte der Größe nach anordnen zu können. Hat man eine nominale Messgröße vorliegen, so kann man stattdessen den am häufigsten auftretenden Wert betrachten, der als *Modus* bezeichnet wird.

Beispiele für Streuungsparameter sind die *(empirische) Spannweite*, die *(empirische) Varianz*, die *(empirische) Standardabweichung*, der *Variationskoeffizient* und der *Interquartilsabstand*.

Die *(empirische) Spannweite* oder Variationsbreite ist definiert als

$$
r := x_{max} - x_{min} := x_{(n)} - x_{(1)}.
$$

Sie gibt die Länge des Bereichs an, über den sich die Datenpunkte erstrecken. Im Beispiel oben erhält man $r = 6820 - 210 = 6610$.

Die *(empirische) Varianz* beschreibt, wie stark die Datenpunkte um das empirische Mittel schwanken. Sie ist definiert als arithmetisches Mittel der quadratischen Abstände der Datenpunkte vom empirischen Mittel:

$$
s^2 = \frac{1}{n-1} \cdot \left((x_1 - \bar{x})^2 + \cdots + (x_n - \bar{x})^2\right) = \frac{1}{n-1} \sum_{i=1}^{n} (x_i - \bar{x})^2.
$$

Die Mittelung durch $n - 1$ statt durch n kann dabei folgendermaßen plausibel gemacht werden: Da

$$\sum_{i=1}^{n} (x_i - \bar{x}) = \sum_{i=1}^{n} x_i - n \cdot \bar{x} = 0$$

gilt, ist z. B. die letzte Abweichung $x_n - \bar{x}$ bereits durch die ersten $n - 1$ Abweichungen festgelegt. Somit variieren nur $n - 1$ Abweichungen frei, und man mittelt, indem man die Summe durch die Anzahl $n - 1$ der sogenannten Freiheitsgrade teilt. Eine mathematisch exakte Begründung dafür erfolgt in Kap. 6.

Im Beispiel oben erhält man $s^2 \approx 789.342$.

Die *(empirische) Standardabweichung* oder Streuung ist definiert als die Wurzel aus der (empirischen) Varianz:

$$s = \sqrt{\frac{1}{n-1} \sum_{i=1}^{n} (x_i - \bar{x})^2}.$$

Im Beispiel oben erhält man $s \approx 888$.

Die Größe der empirischen Standardabweichung relativ zum empirischen Mittel beschreibt der sogenannte *Variationskoeffizient*, definiert durch

$$V = \frac{s}{\bar{x}}.$$

Für nichtnegative Messreihen mit $\bar{x} > 0$ ist der Variationskoeffizient maßstabsunabhängig und kann daher zum Vergleich der Streuung verschiedener Messreihen verwendet werden.

▶ **Beispiel 3.4** Statt des Nettoeinkommens für Alleinstehende mit Nettoeinkommen größer als Null betrachten wir diese Werte für Männer und Frauen separat. Dazu bilden wir, wieder beruhend auf den Daten des Statistischen Bundesamtes,[4] zwei Stichproben, die jeweils die Größe 100 haben. Die erste der beiden Stichproben enthält Nettoeinkommen zufällig ausgewählter alleinstehender Männer, die zweite enthält Nettoeinkommen zufällig ausgewählter alleinstehender Frauen. Für die Männer erhalten wir als Stichprobe

1760, 650, 1010, 520, 1010, 600, 450, 900, 630, 3160, 1050, 1150,
1120, 1300, 910, 690, 1040, 500, 420, 1660, 200, 670, 1580, 340,
860, 510, 880, 2030, 940, 1650, 1650, 2290, 1370, 1250, 630, 2460,
500, 1180, 4190, 210, 660, 1040, 1610, 710, 1910, 820, 920, 930,
980, 1150, 2470, 2740, 1470, 1820, 2100, 400, 3070, 730, 1250, 450,
2090, 700, 1400, 1690, 1430, 1470, 1110, 2730, 840, 920, 5710, 1020,
1370, 940, 1100, 930, 1410, 1410, 1640, 3660, 900, 1260, 950, 1630,
540, 660, 1650, 800, 1370, 1590, 1650, 430, 2530, 2500, 1210, 1710,
1820, 2970, 1000, 1050,

und für die Frauen

700, 780, 530,2270,1060,1480, 570,2070, 480, 930,1150, 900,
1730, 960,1230, 520,1090,1060,1400,1270, 900,1480, 940, 300,
960, 670,1260,1010, 580,1560,2090, 630,1540,1570,1000,1280,
2690, 640,2250,1250, 940,1690, 990, 400,3630,1190, 990, 650,
690,1440,1290, 550, 810, 670,1840, 850, 710, 950, 860, 840,
1270,1720, 870,1720, 340,1120,1150, 830,1170,1070, 620,1480,
820,1640, 610, 410,3060,2020, 520,3750, 910,1180,1130,1030,
580, 910,1160,1310,1010,1960,1040,2480,2120,2000, 600, 580,
970,1070,1160,1370.

Für die empirischen Mittel erhält man für die Nettoeinkommen bei den
Männern approximativ 1350, während der entsprechende Wert bei den
Frauen mit 1195 um mehr als 10 Prozent niedriger ist. Es stellt sich nun
die Frage, ob sich die Werte der Männer von denen der Frauen nicht
nur im Durchschnitt unterscheiden, sondern ob auch die Schwankungen der Werte um den entsprechenden Mittelwert unterschiedlich sind.
Da beide Werte auf unterschiedlichem Niveau schwanken, bietet es sich
dafür an, die Variationskoeffizienten zu vergleichen. Für die Männer erhält man $V_M = s_M/\bar{x}_M \approx 0,65$, während der entsprechende Wert bei den
Frauen mit $V_F = s_F/\bar{x}_F \approx 0,54$ niedriger ist, sodass die Einkommen bei
den Frauen weniger stark schwanken als bei den Männern.

Wie das empirische Mittel sind auch alle vorgestellten Streuungsparameter bei nicht
reellen Messgrößen oder beim Vorhandensein von Ausreißern nicht sinnvoll. Hier
kann man dann aber den sogenannten *Interquartilsabstand* verwenden, der definiert
ist als Differenz des 25 % größten und des 25 % kleinsten Datenpunktes:

$$IQR = 25\,\% \text{ größter Datenpunkt} - 25\,\% \text{ kleinster Datenpunkt.}$$

Zur genaueren Definition des 25 % größten bzw. kleinsten Datenpunktes führen wir
zunächst den Begriff des *p-Quantils* ein. Ist $p \in [0, 1]$, so heißt jeder Wert x, für
den mindestens ein Anteil p der Datenpunkte kleiner oder gleich dem Wert und
gleichzeitig mindestens ein Anteil $1 - p$ der Datenpunkte größer oder gleich dem
Wert ist, *p-Quantil* der Messreihe. Das 25 %- bzw. 50 %- bzw. 75 %-Quantil wird
auch als *1. Quartil* bzw. *2. Quartil* bzw. *3. Quartil* (also 1., 2. oder 3. Viertelwert)
bezeichnet.

Das p-Quantil ist im Allgemeinen nicht eindeutig. In Beispiel 3.3 ist jeder Wert
zwischen $x_{(25)} = 760$ und $x_{(26)} = 770$ (einschließlich dieser beiden Werte) ein 25 %-
Quantil, weil bei jedem dieser Werte mindestens 25 Datenpunkte (und damit ein
Anteil von mindestens $25/100 \geq 0,25$ der Datenpunkte) kleiner oder gleich dem
Wert sind und gleichzeitig mindestens 75 der Datenpunkte größer oder gleich dem
Wert sind. Um auch in solchen Fällen zu einem eindeutigen Wert zu kommen, defi-
nieren wir in diesem Fall das 25 %-Quantil als Mittelwert der beiden Datenpunkte,
zwischen denen das Quantil liegt.

Der IQR wird nun als Differenz des 75 %-Quantils und des 25 %-Quantils definiert. In Beispiel 3.3 erhalten wir $IQR = 1580 - 765 = 815$.

Einige der besprochenen Lage- und Streuungsparameter werden im sogenannten *Boxplot* grafisch dargestellt (vgl. Abb. 3.10). Dabei beschreibt die mittlere waagrechte Linie die Lage des Medians, die obere Kante des Rechtecks die Lage des 75 %-Quantils (3. Quartil) und die untere Kante des Rechtecks die Lage des 25 %-Quantils (1. Quartil). Die Länge des Rechtecks ist gleich dem Interquartilsabstand. Datenpunkte, deren Abstand nach oben bzw. nach unten vom 3. Quartil bzw. vom 1. Quartil größer als 1,5-mal dem Interquartilsabstand ist, werden als Ausreißer betrachtet und durch Kreise gesondert dargestellt. Bezüglich der restlichen Datenpunkte gibt die oberste bzw. die unterste waagrechte Linie die Lage des Maximums bzw. des Minimums an.

Der zu Beispiel 3.3 gehörende Boxplot ist in Abb. 3.11 dargestellt.

Mithilfe von Boxplots kann man auch sehr schön verschiedene Mengen von Datenpunkten vergleichen. In Abb. 3.12 vergleichen wir die Nettoeinkommen von alleinstehenden Männern und Frauen in Deutschland im Jahre 2002 aus Beispiel 3.4. Anhand der dargestellten Quantile sieht man hier mit einem Blick, dass die Nettoeinkommen der Männer sich vor allem im Bereich der hohen Einkommen von denen der Frauen unterscheiden.

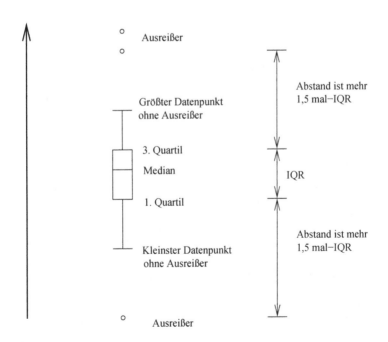

Abb. 3.10 Darstellung einer Messreihe im Boxplot

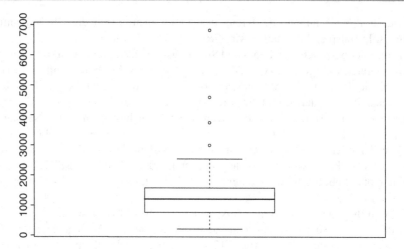

Abb. 3.11 Boxplot der Nettoeinkommen Alleinstehender in Deutschland im Jahr 2002

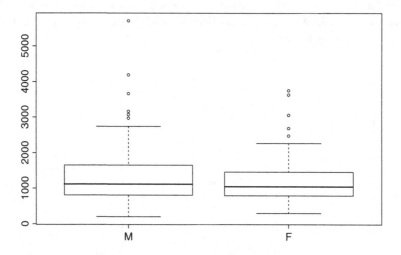

Abb. 3.12 Boxplots der Nettoeinkommen Alleinstehender in Deutschland im Jahr 2002 getrennt nach Geschlecht. Die Boxplots für die Nettoeinkommen der Männer bzw. der Frauen sind mit „M" bzw. „F" markiert

3.5 Regressionsrechnung

Bei der Regressionsrechnung betrachtet man mehrdimensionale Messreihen (d. h., die betrachtete Messgröße besteht aus mehreren Komponenten), und man interessiert sich für Zusammenhänge zwischen den verschiedenen Komponenten der Messgröße. Um diese zu bestimmen, versucht man, eine der Komponenten durch eine Funktion der anderen Komponenten zu approximieren.

Der Einfachheit halber wird im Folgenden nur eine zweidimensionale Messreihe betrachtet, diese wird mit

$$(x_1, y_1), \ldots, (x_n, y_n)$$

bezeichnet. Hier ist n wieder der Stichprobenumfang. Herausgefunden werden soll, ob ein Zusammenhang zwischen den x- und den y-Koordinaten der Datenpunkte besteht.

▶ **Beispiel 3.5** Im Rahmen der PISA-Studien der OECD werden alle drei Jahre Daten zu den Leistungen von Schülern ausgewählter Altersstufen weltweit verglichen. Für das Jahr 2009 stehen dazu Daten von 65 Ländern unter anderem in den Bereichen Mathematik und Lesen zur Verfügung. Für 9 dieser Länder (Deutschland sowie die jeweils 4 Länder, die in Mathematik am besten bzw. am schlechtesten abschneiden) sind in Tab. 3.2 die durchschnittlichen Ergebnisse pro Land in den Bereichen Lesen und Mathematik aufgeführt.

Ziel im Folgenden ist es herauszufinden, ob und inwieweit ein Zusammenhang zwischen den durchschnittlichen Leistungen in Lesen und in Mathematik in diesen 65 Ländern besteht.

Eine erste Möglichkeit, einen optischen Eindruck von den Daten zu erhalten, ist eine Darstellung der Messreihe im sogenannten *Scatterplot* (bzw. Streudiagramm). Dabei trägt man für jeden Wert (x_i, y_i) der Messreihe den Punkt mit den Koordinaten (x_i, y_i) in ein zweidimensionales Koordinatensystem ein. Für das obige Beispiel ist der Scatterplot in Abb. 3.13 angegeben. Dabei steht ein Punkt im Koordinatensystem unter Umständen für mehrere Datenpunkte mit den gleichen (x_i, y_i)-Werten (was in Abb. 3.13 aber nicht auftritt).

Eine Möglichkeit zur Bestimmung einer funktionalen Abhängigkeit ist die sogenannte *lineare Regression*. Bei dieser versucht man, eine Gerade

$$y = a \cdot x + b$$

Tab. 3.2 Einige Ergebnisse der PISA-Studie 2009[5]

Land	Mittelwert Lesen	Mittelwert Mathematik
Shanghai (China)	556	600
Singapur	526	562
Hong Kong (China)	533	555
Südkorea	539	546
Deutschland	497	513
Katar	372	368
Peru	370	365
Panama	371	360
Kirgistan	314	331

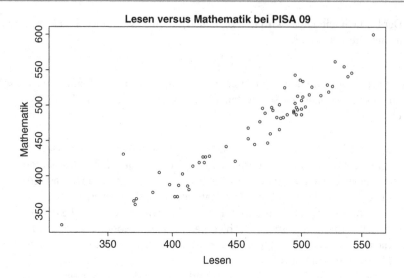

Abb. 3.13 Scatterplot der Daten aus Beispiel 3.5

so an die Daten anzupassen, dass man zu gegebenem x-Wert eines Datenpunktes den zugehörigen y-Wert durch den y-Wert der Geraden an der zu dem x-Wert gehörenden Stelle vorhersagen kann.

Ein weitverbreitetes (aber keineswegs das einzige) Verfahren zur Bestimmung dieser Geraden ist das *Prinzip der Kleinsten Quadrate*, bei dem $a, b \in \mathbb{R}$ durch Minimierung der Summe der quadratischen Abstände der Datenpunkte zu den zugehörigen Punkten auf der Geraden gewählt werden. Dazu muss man

$$(y_1 - (a \cdot x_1 + b))^2 + \cdots + (y_n - (a \cdot x_n + b))^2 = \sum_{i=1}^{n} (y_i - (a \cdot x_i + b))^2$$

bzgl. $a, b \in \mathbb{R}$ minimieren. Die zugehörige Gerade nennt man *Regressionsgerade*.

Vor der Herleitung einer allgemeinen Formel zur Berechnung der Regressionsgeraden wird zuerst ein Beispiel betrachtet. Sei $n = 3$, $(x_1, y_1) = (0, 0)$, $(x_2, y_2) = (1, 2)$ und $(x_3, y_3) = (2, 2)$. Zur Berechnung der Regressionsgeraden muss man dann diejenigen Zahlen $a, b \in \mathbb{R}$ bestimmen, für die

$$F(a, b) = (0 - (a \cdot 0 + b))^2 + (2 - (a \cdot 1 + b))^2 + (2 - (a \cdot 2 + b))^2 \qquad (3.4)$$

minimal wird. Sind a und b die Werte, für die (3.4) minimal wird, so gilt insbesondere

$$F(a, b) \le F(u, b) \quad \text{für alle } u \in \mathbb{R}$$

und

$$F(a, b) \le F(a, v) \quad \text{für alle } v \in \mathbb{R}.$$

Daher hat (bei festgehaltenem Wert b) die Funktion

$$f(u) = (0 - (u \cdot 0 + b))^2 + (2 - (u \cdot 1 + b))^2 + (2 - (u \cdot 2 + b))^2$$

eine Minimalstelle für $u = a$, und (bei festgehaltenem Wert a) hat die Funktion

$$g(v) = (0 - (a \cdot 0 + v))^2 + (2 - (a \cdot 1 + v))^2 + (2 - (a \cdot 2 + v))^2$$

eine Minimalstelle für $v = b$. Also muss die Ableitung

$$f'(u) = 2 \cdot (0 - (u \cdot 0 + b)) \cdot 0 + 2 \cdot (2 - (u \cdot 1 + b)) \cdot (-1) + 2 \cdot (2 - (u \cdot 2 + b)) \cdot (-2)$$

von f an der Stelle $u = a$ sowie die Ableitung

$$g'(v) = 2 \cdot (0 - (a \cdot 0 + v)) \cdot (-1) + 2 \cdot (2 - (a \cdot 1 + v)) \cdot (-1)$$
$$+ 2 \cdot (2 - (a \cdot 2 + v)) \cdot (-1)$$

von g an der Stelle $v = b$ Null sein.

Damit folgt, dass $a, b \in \mathbb{R}$ Lösungen des linearen Gleichungssystems

$$(2 - (a \cdot 1 + b)) + (2 - (a \cdot 2 + b)) \cdot 2 = 0$$
$$(0 - (a \cdot 0 + b)) + (2 - (a \cdot 1 + b)) + (2 - (a \cdot 2 + b)) = 0$$

sein müssen, was äquivalent ist zu

$$5a + 3b = 6$$
$$3a + 3b = 4.$$

Durch Subtraktion der zweiten Gleichung von der ersten erhält man $a = 1$, Einsetzen in die erste Gleichung liefert $b = 1/3$, sodass in diesem Beispiel die Regressionsgerade gegeben ist durch

$$y = x + \frac{1}{3}.$$

Im Folgenden soll nun für allgemeine $(x_1, y_1), \ldots, (x_n, y_n)$ die zugehörige Regressionsgerade bestimmt werden. Dazu muss man

$$\sum_{i=1}^{n} (y_i - (a \cdot x_i + b))^2 \tag{3.5}$$

bzgl. $a, b \in \mathbb{R}$ minimieren.

Wird der Ausdruck (3.5) für $a, b \in \mathbb{R}$ minimal, so müssen die Funktionen

$$f(u) = \sum_{i=1}^{n} (y_i - (u \cdot x_i + b))^2 \text{ und } g(v) = \sum_{i=1}^{n} (y_i - (a \cdot x_i + v))^2$$

an den Stellen $u = a$ bzw. $v = b$ Minimalstellen haben. Durch Nullsetzen der Ableitungen erhält man

$$0 = f'(a) = \sum_{i=1}^{n} 2 \cdot (y_i - (a \cdot x_i + b)) \cdot (-x_i) = -2 \cdot \sum_{i=1}^{n} x_i y_i + 2a \cdot \sum_{i=1}^{n} x_i^2 + 2b \cdot \sum_{i=1}^{n} x_i$$

und

$$0 = g'(b) = \sum_{i=1}^{n} 2 \cdot (y_i - (a \cdot x_i + b)) \cdot (-1) = -2 \cdot \sum_{i=1}^{n} y_i + 2a \cdot \sum_{i=1}^{n} x_i + 2b \cdot \sum_{i=1}^{n} 1,$$

was äquivalent ist zum linearen Gleichungssystem

$$a \cdot \frac{1}{n} \sum_{i=1}^{n} x_i^2 + b \cdot \frac{1}{n} \sum_{i=1}^{n} x_i = \frac{1}{n} \sum_{i=1}^{n} x_i y_i$$

$$a \cdot \frac{1}{n} \sum_{i=1}^{n} x_i + b = \frac{1}{n} \sum_{i=1}^{n} y_i.$$

Aus der zweiten Gleichung erhält man

$$b = \bar{y} - a \cdot \bar{x},$$

wobei

$$\bar{x} = \frac{1}{n} \sum_{i=1}^{n} x_i \text{ und } \bar{y} = \frac{1}{n} \sum_{i=1}^{n} y_i.$$

Setzt man dies in die erste Gleichung ein, so folgt

$$a \cdot \frac{1}{n} \sum_{i=1}^{n} x_i^2 + (\bar{y} - a \cdot \bar{x}) \cdot \bar{x} = \frac{1}{n} \sum_{i=1}^{n} x_i y_i,$$

also

$$a \cdot \left(\frac{1}{n} \sum_{i=1}^{n} x_i^2 - \bar{x}^2 \right) = \frac{1}{n} \sum_{i=1}^{n} x_i y_i - \bar{x} \cdot \bar{y}.$$

Mit

$$\frac{1}{n} \sum_{i=1}^{n} (x_i - \bar{x})^2 = \frac{1}{n} \sum_{i=1}^{n} x_i^2 - 2 \cdot \bar{x} \cdot \frac{1}{n} \sum_{i=1}^{n} x_i + \frac{1}{n} \sum_{i=1}^{n} \bar{x}^2 = \frac{1}{n} \sum_{i=1}^{n} x_i^2 - \bar{x}^2$$

und

$$\frac{1}{n} \sum_{i=1}^{n} (x_i - \bar{x}) \cdot (y_i - \bar{y}) = \frac{1}{n} \sum_{i=1}^{n} x_i y_i - \bar{x} \cdot \frac{1}{n} \sum_{i=1}^{n} y_i - \bar{y} \cdot \frac{1}{n} \sum_{i=1}^{n} x_i + \bar{x} \cdot \bar{y}$$

$$= \frac{1}{n} \sum_{i=1}^{n} x_i y_i - \bar{x} \cdot \bar{y}$$

folgt

$$a = \frac{\frac{1}{n} \sum_{i=1}^{n} (x_i - \bar{x}) \cdot (y_i - \bar{y})}{\frac{1}{n} \sum_{i=1}^{n} (x_i - \bar{x})^2} = \frac{\frac{1}{n-1} \sum_{i=1}^{n} (x_i - \bar{x}) \cdot (y_i - \bar{y})}{\frac{1}{n-1} \sum_{i=1}^{n} (x_i - \bar{x})^2}.$$

Damit ist gezeigt, dass die Regressionsgerade, d. h. die Gerade, die (3.5) minimiert, gegeben ist durch

$$y = \hat{a} \cdot (x - \bar{x}) + \bar{y},$$

wobei

$$\bar{x} = \frac{1}{n} \sum_{i=1}^{n} x_i, \quad \bar{y} = \frac{1}{n} \sum_{i=1}^{n} y_i$$

und

$$\hat{a} = \frac{\frac{1}{n-1} \sum_{i=1}^{n} (x_i - \bar{x}) \cdot (y_i - \bar{y})}{\frac{1}{n-1} \sum_{i=1}^{n} (x_i - \bar{x})^2} = \frac{s_{x,y}}{s_x^2}$$

(wobei wir $\frac{0}{0} := 0$ setzen).

Hierbei wird

$$s_{x,y} = \frac{1}{n-1} \sum_{i=1}^{n} (x_i - \bar{x}) \cdot (y_i - \bar{y})$$

als *empirische Kovarianz* der zweidimensionalen Messreihe bezeichnet.

Da das Vorzeichen der empirischen Kovarianz mit dem der Steigung der Regressionsgeraden übereinstimmt, gilt, dass die empirische Kovarianz genau dann *positiv* (bzw. negativ) ist, wenn die Steigung der Regressionsgeraden *positiv* (bzw. negativ) ist.

Anwendung der linearen Regression auf die Daten aus Beispiel 3.5 liefert die Gerade in Abb. 3.14. Wie man sieht, ist hier die Steigung der Geraden positiv, was dafür spricht, dass eine Verbesserung der Lesekompetenz der Schülerinnen und Schüler auch zu einer Verbesserung der Leistungen in Mathematik führt. Wie bei

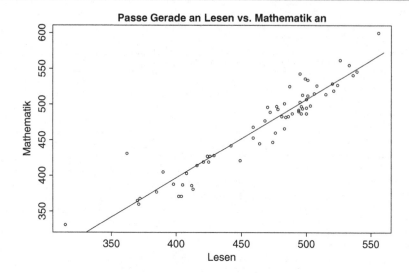

Abb. 3.14 Lineare Regression angewandt auf die Daten aus Beispiel 3.5

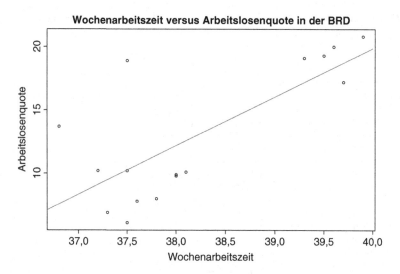

Abb. 3.15 Arbeitslosenquote versus Wochenarbeitszeit in den 16 Bundesländern der BRD

Beobachtungsstudien auch kann man hier aber keineswegs auf kausale Zusammenhänge schließen, da konfundierende Faktoren Grund für diesen negativen Einfluss
sein könnten. Dies verdeutlichen wir in unserem nächsten Beispiel:

▶ **Beispiel 3.6** Wir untersuchen die Abhängigkeit der Arbeitslosenquote
von der Wochenarbeitszeit. Dazu betrachten wir Daten[1] von den 16
Bundesländern der Bundesrepublik Deutschland im Jahr 2002, die dargestellt sind im Scatterplot in Abb. 3.15. Die x-Komponente ist die

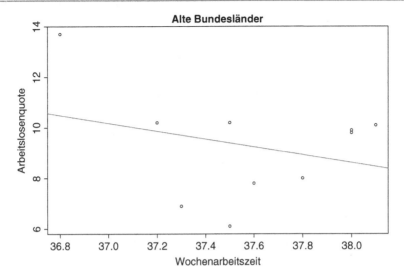

Abb. 3.16 Arbeitslosenquote versus Wochenarbeitszeit in den 10 alten Bundesländern der BRD

Wochenarbeitszeit und die y-Komponente die Arbeitslosenquote im jeweiligen Bundesland. Eine lineare Regression angewandt auf diese Daten ergibt die in Abb. 3.15 eingezeichnete Regressionsgerade, deren positive Steigung dafür spricht, dass eine Erhöhung der Wochenarbeitszeit zu einem Anstieg der Arbeitslosenquote führt. Lässt man aber die Datenpunkte weg, die zu den 6 neuen Bundesländern und Berlin gehören, so ergibt sich genau die gegenteilige Schlussfolgerung, da dann die Steigung der Regressionsgeraden negativ ist (vgl. Abb. 3.16). Dies lässt sich dadurch erklären, dass nach der Wiedervereinigung die schwierige wirtschaftliche Situation in den neuen Ländern sowohl zu einer hohen Arbeitslosenquote als auch zu einer hohen Wochenarbeitszeit geführt hat.

Als Nächstes wollen wir einen von der empirischen Kovarianz abgeleiteten Begriff einführen. Dazu beachten wir, dass wegen

$$
\begin{aligned}
0 &\leq \sum_{i=1}^{n} \left(y_i - \left(\hat{a}(x_i - \bar{x}) + \bar{y} \right) \right)^2 \\
&= \sum_{i=1}^{n} \left((y_i - \bar{y}) - \hat{a} \cdot (x_i - \bar{x}) \right)^2 \\
&= \sum_{i=1}^{n} (y_i - \bar{y})^2 - 2\hat{a} \cdot \sum_{i=1}^{n} (x_i - \bar{x}) \cdot (y_i - \bar{y}) + \hat{a}^2 \sum_{i=1}^{n} (x_i - \bar{x})^2
\end{aligned}
$$

$$= (n-1) \cdot s_y^2 - 2 \cdot \hat{a} \cdot (n-1) \cdot s_{x,y} + (n-1) \cdot \hat{a}^2 s_x^2$$

$$= (n-1) \cdot s_y^2 \left(1 - 2\hat{a} \cdot \frac{s_{x,y}}{s_y^2} + \hat{a}^2 \frac{s_x^2}{s_y^2} \right)$$

$$= (n-1) \cdot s_y^2 \left(1 - 2\frac{s_{x,y}}{s_x^2} \cdot \frac{s_{x,y}}{s_y^2} + \frac{s_{x,y}^2}{s_x^2 s_x^2} \cdot \frac{s_x^2}{s_y^2} \right)$$

$$= (n-1) \cdot s_y^2 \cdot \left(1 - \frac{s_{x,y}^2}{s_x^2 \cdot s_y^2} \right) \tag{3.6}$$

gilt

$$0 \leq (n-1) \cdot s_y^2 \cdot \left(1 - \frac{s_{x,y}^2}{s_x^2 \cdot s_y^2} \right).$$

Dies wiederum impliziert, dass die sogenannte *empirische Korrelation*

$$r_{x,y} = \frac{s_{x,y}}{s_x \cdot s_y} = \frac{\frac{1}{n-1} \sum_{i=1}^n (x_i - \bar{x}) \cdot (y_i - \bar{y})}{\sqrt{\frac{1}{n-1} \sum_{i=1}^n (x_i - \bar{x})^2} \cdot \sqrt{\frac{1}{n-1} \sum_{i=1}^n (y_i - \bar{y})^2}}$$

im Intervall $[-1, 1]$ liegt.

Die empirische Korrelation dient zur Beurteilung der Abhängigkeit der x- und der y-Koordinaten. Sie macht Aussagen über die Regressionsgerade und die Lage der Punktwolke im Scatterplot.

Aus der obigen Herleitung können wir die folgenden Eigenschaften der empirischen Korrelation ablesen: Ist die empirische Korrelation gleich $+1$ oder gleich -1, so ist

$$1 - \frac{s_{x,y}^2}{s_x^2 \cdot s_y^2} = 0,$$

woraus mit (3.6) folgt:

$$\sum_{i=1}^n (y_i - (\hat{a} \cdot (x_i - \bar{x}) + \bar{y}))^2 = 0.$$

Also müssen in der obigen Summe alle Summanden Null sein, was bedeutet, dass alle Datenpunkte auf der Regressionsgeraden liegen.

Weiter stimmt die Steigung

$$\hat{a} = \frac{s_{x,y}}{s_x^2}$$

der Regressionsgeraden bis auf einen nichtnegativen Faktor mit der empirischen Kovarianz überein. Im Falle, dass dieser Faktor Null ist, ist auch $\hat{a}$ Null (da dann auch

$s_{x,y}$ Null ist). Also hat die empirische Korrelation immer das gleiche Vorzeichen wie die Steigung der Regressionsgeraden. Ist die empirische Korrelation also positiv (bzw. negativ), so ist auch die Steigung der Regressionsgeraden positiv (bzw. negativ).

Die empirische Korrelation misst die Stärke eines *linearen* Zusammenhangs zwischen den x- und den y-Koordinaten. Da die Regressionsgerade aber auch dann waagrecht verlaufen kann, wenn ein starker nichtlinearer Zusammenhang besteht (z. B. bei badewannenförmigen oder runddachförmigen Punktwolken) und in diesem Fall die empirische Korrelation Null ist, kann durch Betrachtung der empirischen Korrelation allein nicht geklärt werden, ob überhaupt ein Zusammenhang zwischen den x- und den y-Koordinaten besteht.

Bei der linearen Regression passt man eine lineare Funktion an die Daten an. Dies ist offensichtlich nicht sinnvoll, wenn der Zusammenhang zwischen x und y nicht gut durch eine lineare Funktion approximiert werden kann. Ob dies der Fall ist oder nicht, ist insbesondere für hochdimensionale Messreihen (Dimension von $x > 1$) nur schlecht feststellbar.

3.6 Nichtparametrische Regressionsschätzung

Bei der linearen Regression wird eine lineare Funktion an die Daten angepasst. Dies lässt sich sofort verallgemeinern hinsichtlich der Anpassung allgemeinerer Funktionen (z. B. Polynome) an die Daten. Dazu gibt man die gewünschte Bauart der Funktion vor. Sofern diese nur von endlich vielen Parametern abhängt, kann man Werte dazu analog zur linearen Regression durch Anwendung des Prinzips der Kleinsten Quadrate bestimmen, was auf ein Minimierungsproblem für die gesuchten Parameter führt. Schätzverfahren, bei denen die Bauart der anzupassenden Funktion vorgegeben wird und nur von endlich vielen Parametern abhängt, bezeichnet man als *parametrische Verfahren*. Im Gegensatz dazu stehen die sogenannten *nichtparametrischen Verfahren*, bei denen man keine Annahme über die Bauart der anzupassenden Funktion macht.[6]

Einfachstes Beispiel für eine nichtparametrische Verallgemeinerung der linearen Regression ist die Regressionsschätzung durch *lokale Mittelung*. Dabei versucht man, den durchschnittlichen Verlauf der y-Koordinaten der Datenpunkte in Abhängigkeit der zugehörigen x-Koordinaten zu beschreiben. Dazu bildet man zu gegebenem Wert von x ein gewichtetes Mittel der Werte der y-Koordinaten all der Datenpunkte, deren x-Koordinate nahe an diesem Wert liegt. Die Gewichte bei der Mittelung wählt man in Abhängigkeit des Abstands der x-Koordinate von dem vorgegebenen Wert.

Formal lässt sich dies z. B. durch den sogenannten *Kernschätzer* beschreiben, der gegeben ist durch

$$m_n(x) = \frac{\sum_{i=1}^n K\left(\frac{x-x_i}{h}\right) \cdot y_i}{\sum_{j=1}^n K\left(\frac{x-x_j}{h}\right)}.$$

Hierbei ist $K : \mathbb{R} \to \mathbb{R}_+$ die sogenannte *Kernfunktion*, welche zur Berechnung der Gewichte bei Bestimmung des Funktionswertes als gewichtetes arithmetisches Mittel verwendet wird. Für diese fordert man üblicherweise, dass sie nichtnegativ ist, monoton in |x| fällt und für |x| $\to$ ∞ gegen Null konvergiert. Beispiele dafür sind der *naive Kern*

$$K(u) = \frac{1}{2} 1_{[-1,1]}(u) \quad (u \in \mathbb{R})$$

oder der *Gauß-Kern*

$$K(u) = \frac{1}{\sqrt{2\pi}} \exp(-u^2/2) \quad (u \in \mathbb{R})$$

(die in Abb. 3.5 dargestellt sind).

Als weiterer Parameter hat der Kernschätzer die sogenannte *Bandbreite h > 0*. Wie beim Kerndichteschätzer bestimmt diese die Glattheit bzw. Rauheit der Schätzung.

Zur Illustration des Kernschätzers beschreiben wir die Gewichtsentwicklung der Amerikanischen Walddrossel. Dazu wurden Vögel unmittelbar nach ihrer Geburt mit Ringen markiert und dann wiederholt eingefangen und gewogen. Abbildung 3.17 zeigt das Resultat des Kernschätzers bei Anwendung auf die erhaltenen Datenpunkte. Man sieht hier sehr schön, dass das Gewicht der Amerikanischen Walddrossel zunächst fortwährend zunimmt, dann aber um den 35. Tag herum eine kurze Zeit abnimmt, bevor es wieder annähernd das alte Niveau erreicht und approximativ konstant bleibt. Die Gewichtsabnahme um den 35. Tag lässt sich dadurch erklären, dass die Vögel kurz vor diesem Zeitpunkt ihr Nest verlassen und sich deutlich mehr bewegen als bisher.

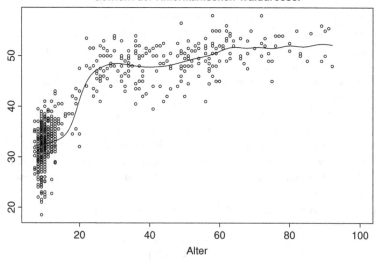

Abb. 3.17 Gewichtsentwicklung bei der Amerikanischen Walddrossel

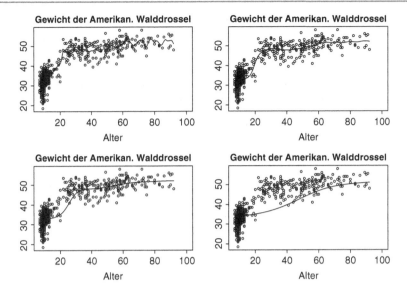

Abb. 3.18 Sehr kleine und sehr große Bandbreite beim Kernschätzer

In Abb. 3.18 ist der Kernschätzer mit vier verschiedenen, immer größer werdenden Bandbreiten dargestellt. Man erkennt, dass eine sehr kleine Bandbreite zu einem stark schwankenden Schätzer führt, während eine sehr große Bandbreite einen sehr glatten Schätzer ergibt, bei dem der oben beschriebene Effekt der kurzfristigen Gewichtsabnahme nach Verlassen des Nestes gar nicht mehr sichtbar ist.

3.7 Probleme bei der Interpretation der bisher eingeführten Verfahren

In diesem Kapitel haben wir Verfahren zur Analyse von Daten eingeführt, ohne ein irgendwie geartetes Modell zugrunde gelegt zu haben, welches beschreibt, wie die Daten zustande gekommen sind. Dies hat allerdings dazu geführt, dass wir manchmal nicht mehr so recht weiterwussten. Zum Beispiel konnten wir keine Begründung für die Wahl der Anzahl der Klassen beim Säulendiagramm oder beim Histogramm angeben. Weiter war die Erklärung für den Faktor $n - 1$ bei der empirischen Varianz nicht wirklich überzeugend. Und bei der Dichteschätzung bzw. bei der nichtparametrischen Regressionsschätzung hatten wir mit der Bandbreite einen Glättungsparameter zur Verfügung, dessen Wahl unklar war, der aber das Ergebnis stark beeinflusst hat.

Der primäre Grund für das Auftreten der obigen Probleme ist, dass ohne ein Modell, welches beschreibt, wie die Daten zustande gekommen sind, auch kein klar definiertes Ziel bei der Analyse der Daten formuliert werden kann. Ohne Ziel wiederum kann man aber nicht beurteilen, was der Fehler der Verfahren ist und wie man Verfahren bzw. Parameter von Verfahren wählen muss, damit dieser Fehler möglichst klein wird.

In den Kap. 3 und 4 werden wir nun ein mathematisches Modell des Zufalls einführen. Dieses wird es uns insbesondere erlauben, die Ziele der Analyse der Daten exakt zu definieren und Parameter der Verfahren durch Minimierung von Fehlern zu bestimmen.

Aufgaben

3.1. (a) Seien $x_1, \ldots, x_n \in \mathbb{R}$ und $\bar{x} = \frac{1}{n} \sum_{i=1}^{n} x_i$. Zeigen Sie:

$$\frac{1}{n} \sum_{i=1}^{n} (x_i - \bar{x})^2 = \frac{1}{n} \sum_{i=1}^{n} x_i^2 - (\bar{x})^2$$

Hinweis: Multiplizieren Sie $(x_i - \bar{x})^2$ mithilfe der binomischen Formel aus und teilen Sie die dann entstehende Summe in mehrere Summen auf.
(b) Verwenden Sie das Ergebnis von (a), um eine Formel herzuleiten, mit der Sie die empirische Varianz

$$\frac{1}{n-1} \sum_{i=1}^{n} (x_i - \bar{x})^2$$

mithilfe von

$$\sum_{i=1}^{n} x_i \quad \text{und} \quad \sum_{i=1}^{n} x_i^2$$

ausdrücken können.

3.2. Die folgende Messreihe beschreibt die Exportquote (prozentualer Anteil des Auslandsumsatzes am Gesamtumsatz) im Jahr 2002 für 23 Teilbereiche des Verarbeitenden Gewerbes in Deutschland:

12,7, 8,8, 37,3, 32,2, 30,4, 20,1, 36,1, 7,7, 3,6, 51,5, 33,0, 22,4, 38,6,

24,8, 50,6, 38,6, 36,4, 54,8, 49,4, 59,6, 53,2, 24,0, 25,4.

(a) Bestimmen Sie das Mittel, den Median, die Spannweite, die Varianz, die Standardabweichung und den Interquartilsabstand dieser Messreihe.
(b) Zeichnen Sie ein Histogramm dieser Messreihe bzgl. der Partition

$$\{[0, 10), [10, 20), [20, 30), [30, 40), [40, 50), [50, 70), [70, 100)\}$$

des Intervalls $[0, 100]$.

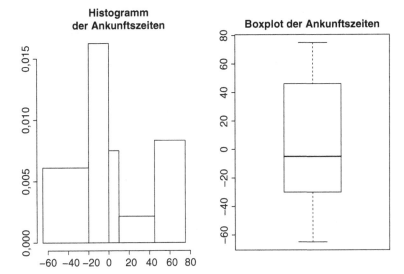

Abb. 3.19 Abbildung zu Aufgabe 3.3

3.3. Durch das in Abb. 3.19 abgebildete Histogramm und den Boxplot wird eine Messreihe bestehend aus den Ankunftszeiten von 40 zufällig ausgewählten Studenten bei der Vorlesung „Statistik I für Wirtschaftswissenschaftler" am 26.10.2001 beschrieben:
(a) Wie kann man aus dem Histogramm ablesen, wie viele der 40 Studenten nicht mehr als 20 Minuten zu früh und gleichzeitig nicht mehr als 10 Minuten zu spät kamen?
(b) Wie groß ist der Median und der IQR dieser Messreihe?

3.4. In der folgenden Tabelle sind die Ausgaben pro Student (in Euro) und die Arbeitslosenquote (in Prozent) in den sechs neuen Bundesländern im Jahr 2001 angegeben.

	Ausgaben pro Student (in Euro)	Arbeitslosenquote (in Prozent)
Berlin	8100	17,9
Brandenburg	6600	18,8
Mecklenburg-V.	8700	19,6
Sachsen	8700	19
Sachsen-Anhalt	9900	20,9
Thüringen	8800	16,5

(a) Zeichnen Sie ein Streudiagramm (Scatterplot) der Daten, wobei Sie als x-Wert die Ausgaben pro Student und als y-Wert die Arbeitslosenquote verwenden.

(b) Bestimmen Sie mithilfe der in diesem Kapitel hergeleiteten allgemeinen Formel die zugehörige Regressionsgerade und zeichnen Sie diese in das Streudiagramm aus a) ein.

(c) Inwieweit ändert sich das Resultat in b), wenn man den zu Sachsen-Anhalt gehörenden Datenpunkt weglässt?

3.5. Gegeben sei eine zweidimensionale Messreihe

$$(x_1, y_1), \dots, (x_n, y_n)$$

vom Umfang n. Anstelle einer Geraden (wie bei der linearen Regression) könnte man analog auch eine Parabel

$$y = a + b \cdot x + c \cdot x^2$$

durch Minimierung von

$$F(a, b, c) := \sum_{i=1}^{n} \left(y_i - (a + b \cdot x_i + c \cdot x_i^2) \right)^2$$

an die Daten anpassen. Zeigen Sie (durch Nullsetzen geeigneter Ableitungen), dass die Werte a, b, c, für die $F(a, b, c)$ minimal wird, Lösungen des linearen Gleichungssystems

$$a + b \cdot \frac{1}{n} \sum_{i=1}^{n} x_i + c \cdot \frac{1}{n} \sum_{i=1}^{n} x_i^2 = \frac{1}{n} \sum_{i=1}^{n} y_i$$

$$a \cdot \frac{1}{n} \sum_{i=1}^{n} x_i + b \cdot \frac{1}{n} \sum_{i=1}^{n} x_i^2 + c \cdot \frac{1}{n} \sum_{i=1}^{n} x_i^3 = \frac{1}{n} \sum_{i=1}^{n} x_i \cdot y_i$$

$$a \cdot \frac{1}{n} \sum_{i=1}^{n} x_i^2 + b \cdot \frac{1}{n} \sum_{i=1}^{n} x_i^3 + c \cdot \frac{1}{n} \sum_{i=1}^{n} x_i^4 = \frac{1}{n} \sum_{i=1}^{n} x_i^2 \cdot y_i$$

sind.

3.6. (a) Seien $x_1, y_1, \dots, x_n, y_n \in \mathbb{R}$, $\bar{x} = \frac{1}{n} \sum_{i=1}^{n} x_i$ und $\bar{y} = \frac{1}{n} \sum_{i=1}^{n} y_i$. Zeigen Sie:

$$\frac{1}{n} \sum_{i=1}^{n} (x_i - \bar{x}) \cdot (y_i - \bar{y}) = \frac{1}{n} \sum_{i=1}^{n} x_i \cdot y_i - \bar{x} \cdot \bar{y}.$$

(b) Berechnen Sie die Korrelation der Daten aus Aufgabe 3.4.

(c) Was folgt aus b) für die Steigung der zugehörigen Regressionsgeraden?

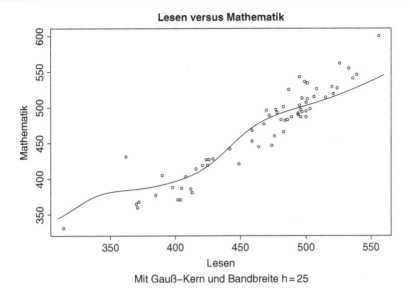

Abb. 3.20 Nichtparametrische Schätzung des Zusammenhangs zwischen den durchschnittlichen Fähigkeiten in Lesen und in Mathematik bei den 66 teilnehmenden Ländern der PISA-Studie 2012

(d) Inwieweit ändert sich das Ergebnis aus b), wenn man vor Beginn der Berechnung der Korrelation die Ausgaben pro Student in Dollar und die Arbeitslosenquote in Promille umrechnet? Begründen Sie Ihre Antwort.

3.7. Abbildung 3.20 zeigt die Schätzung des Zusammenhangs zwischen den durchschnittlichen Fähigkeiten in Lesen und in Mathematik bei den 66 teilnehmenden Ländern der PISA-Studie 2012 durch einen Kernschätzer. Vergleichen Sie diese Schätzung mit der Schätzung durch die lineare Regression in Abb. 3.14. Welche Unterschiede erkennen Sie? Versuchen Sie Argumente anzugeben, die anhand der Entstehung der Daten im Rahmen der PISA-Studie begründen, warum die nichtparametrische Schätzung hier die plausiblere Analyse der Daten liefert.

Das mathematische Modell des Zufalls

4

In diesem Kapitel geben wir eine Einführung in die mathematische Modellierung *zufälliger* Phänomene. Dabei kann das Auftreten des Zufalls verschiedene Ursachen haben: Zum einen kann es auf unvollständiger Information basieren. Ein Beispiel dafür wäre ein Münzwurf, bei dem man sich vorstellen kann, dass bei exakter Beschreibung der Ausgangslage (Startposition der Münze, Beschleunigung am Anfang) das Resultat (Münze landet mit Kopf oder mit Zahl nach oben) genau berechnet werden kann. Allerdings ist es häufig unmöglich, die Ausgangslage genau zu beschreiben, und es bietet sich daher eine stochastische Modellierung an, bei der man die unbestimmten Größen als zufällig ansieht. Zum anderen kann das Auftreten des Zufalls zur Vereinfachung eines deterministischen Vorgangs künstlich eingeführt werden. Beispiele dafür wurden bereits in Kap. 2 gegeben, wo man statt einer (sehr aufwendigen) Befragung der gesamten Grundmenge bei einer Umfrage nur eine zufällig ausgewählte kleine Teilmenge betrachtet hat. Was genau der Grund für das Auftreten des *Zufalls* ist, interessiert uns im Folgenden nicht weiter. Vielmehr werden wir ein mathematisches Modell des Zufalls einführen, das man in vielen Situationen sinnvoll anwenden kann.

4.1 Der Begriff der Wahrscheinlichkeit

Ausgangspunkt der mathematischen Beschreibung des Zufalls ist ein *Zufallsexperiment mit unbestimmtem Ergebnis*. Charakteristisch an einem Zufallsexperiment ist erstens, dass sein Ergebnis von vornherein unbestimmt ist, und zweitens, dass es im Prinzip beliebig oft unbeeinflusst voneinander wiederholt werden kann.

> **Definition 4.1**
>
> Ein *Zufallsexperiment* ist ein Experiment mit vorher unbestimmtem Ergebnis, das im Prinzip unbeeinflusst voneinander beliebig oft wiederholt werden kann.

© Springer-Verlag GmbH Deutschland 2017
J. Eckle-Kohler, M. Kohler, *Eine Einführung in die Statistik und ihre Anwendungen*,
Springer-Lehrbuch, DOI 10.1007/978-3-662-54094-7_4

Zur Illustration betrachten wir die folgenden drei Beispiele:

▶   **Beispiel 4.1**   Ein echter Würfel wird einmal geworfen, und als Ergebnis
     des Zufallsexperiments wird die Zahl betrachtet, mit der der Würfel oben
     landet.

▶   **Beispiel 4.2**   Ein echter Würfel wird so lange geworfen, bis er zum
     ersten Mal mit der Zahl 6 oben landet. Als Ergebnis des Zufallsexperi-
     ments wird die Anzahl der Würfe bis einschließlich zum ersten Wurf, bei
     dem der Würfel mit 6 oben landet, betrachtet.

▶   **Beispiel 4.3**   Auf dem morgendlichen Weg zur Arbeit wird eine Ampel
     passiert, an der man warten muss, solange sie auf Rot steht. Als Ergeb-
     nis des Zufallsexperiments wird die Wartezeit an der Ampel (die Null ist,
     sofern die Ampel beim Erreichen auf Grün steht) betrachtet.

In allen drei Beispielen kann man sich zunächst einmal überlegen, was die Menge
aller möglichen Ergebnisse ist. Diese wird als *Grundmenge* (oder Stichprobenraum,
Merkmalsraum) bezeichnet, und für sie wird traditionell der griechische Buchstabe
Ω verwendet:[1]

Definition 4.2

Die Menge aller möglichen Ergebnisse eines Zufallsexperiments wird als
Grundmenge Ω (oder auch Stichprobenraum, Merkmalsraum) des Zufallsexperiments bezeichnet.

Für Elemente dieser Menge (insbesondere auch für die in Zufallsexperimenten
auftretenden konkreten Werte) verwenden wir im Folgenden den Buchstaben ω.[2]
    Im Beispiel 4.1 ist die Menge aller möglichen Ergebnisse klar: Ein echter Würfel
kann mit einer der Zahlen $1, 2, \ldots, 6$ oben landen, sodass hier $\Omega = \{1, 2, 3, 4, 5, 6\}$
ist.
    Etwas schwieriger ist es im Beispiel 4.2. Hier kann es einen oder zwei oder
drei oder … Würfe dauern, bis man zum ersten Mal eine Sechs würfelt. Allerdings
kann es im Prinzip auch geschehen, dass man niemals eine Sechs würfelt. In diesem
Fall kürzen wir das Ergebnis des Zufallsexperiments mit ∞ (dem mathematischen
Symbol für Unendlich) ab und setzen damit

$$\Omega = \{1, 2, \ldots\} \cup \{\infty\} = \mathbb{N} \cup \{\infty\}.$$

In Beispiel 4.3 schließlich ist die Wahl der Grundmenge keineswegs offensichtlich:
Zwar ist klar, dass die Wartezeit eine nichtnegative Zahl einschließlich der Null ist.
Unklar ist jedoch die Genauigkeit, mit der die Wartezeit gemessen wird (in Minuten,

Sekunden, Millisekunden ...). Misst man beliebig genau, so kann die Wartezeit eine beliebige nichtnegative reelle Zahl sein. Wir können zudem annehmen, dass bei einer korrekt funktionierenden Ampel keine unendlich lange Wartezeit auftritt. Damit setzen wir in diesem Fall

$$\Omega = \mathbb{R}_+ = \{x \in \mathbb{R} : x \geq 0\}. \tag{4.1}$$

Falls die verschiedenen Längen der Rot-, Rot-Gelb-, Grün- und Gelb-Phasen einer richtig funktionierenden Ampel bekannt sind, kennen wir eine obere Schranke $B > 0$ für die Wartezeit an der Ampel, und wir können alternativ

$$\Omega = [0, B] = \{x \in \mathbb{R} : 0 \leq x \leq B\}$$

setzen. Sofern man jedoch die Zeit in Sekunden misst, kann man anstelle von (4.1) ebenso auch

$$\Omega = \left\{ \frac{n}{60} : n \in \mathbb{N}_0 \right\}$$

verwenden.

Ein anderer Zugang in Beispiel 4.3 besteht darin, das Ergebnis des Zufallsexperiments umzudefinieren. Setzt man in Beispiel 4.3 voraus, dass sich an der Ampel Rot-, Rot-Gelb-, Grün- und Gelb-Phasen bekannter und fester Länge abwechseln, so könnte man anstelle der Wartezeit an der roten Ampel auch den Eintreffzeitpunkt relativ zu Beginn der letzten Rotphase als Ergebnis des Zufallsexperiments wählen. Wie wir später sehen werden, vereinfacht dies die weitere mathematische Modellierung.

Als Nächstes wollen wir die Aussagen präzisieren, die wir über das Ergebnis des Zufallsexperiments machen wollen. Häufig möchte man nicht nur Aussagen darüber machen, ob ein bestimmter Wert auftritt, sondern auch darüber, ob der auftretende Wert gewisse Eigenschaften hat oder nicht, z. B. ob in Beispiel 4.1 der Würfel mit einer geraden Zahl oben landet oder nicht, oder ob in Beispiel 4.2 die Zahl der Würfe bis zur ersten Sechs kleiner als 10 ist, oder ob wir in Beipiel 4.3 länger als zwei Minuten an der Ampel warten müssen. Alle diese Fragen können wir so umformulieren, dass die Frage dann lautet, ob das Ergebnis des Zufallsexperiments in einer gewissen Teilmenge der Grundmenge landet oder nicht. Dabei ist der folgende Sprachgebrauch üblich:

Definition 4.3

Jede Teilmenge A der Grundmenge Ω eines Zufallsexperiments heißt *Ereignis*. Ein Ereignis A *tritt ein* bzw. *tritt nicht ein*, falls das Ergebnis ω des Zufallsexperiments in der Menge A liegt bzw. nicht liegt. Die einelementigen Teilmengen der Grundmenge werden als *Elementarereignisse* bezeichnet.

In Beispiel 4.1 sind die Elementarereignisse $\{1\}$, $\{2\}$, $\{3\}$, $\{4\}$, $\{5\}$ und $\{6\}$. Die Frage, ob in diesem Beispiel eine gerade Zahl gewürfelt wurde, kann dann umformuliert werden zu der Frage, ob das Ereignis $A = \{2, 4, 6\}$ eintritt. Entsprechend kann die obige Frage zu Beispiel 4.2 nun umformuliert werden zu der Frage, ob das Ereignis $A = \{1, 2, 3, 4, 5, 6, 7, 8, 9\}$ eintritt oder nicht. Und wählen wir in Beispiel 4.3 als Ergebnis des Zufallsexperiments die Wartezeit an der Ampel und setzen Ω wie in (4.1), so bedeutet dort die Frage nach einer Wartezeit von mehr als zwei Minuten die Frage nach dem Eintreten des Ereignisses

$$A = (2, \infty) = \{x \in \mathbb{R} : x > 2\}.$$

Haben wir ein Zufallsexperiment wiederholt durchgeführt und uns die auftretenden Ergebnisse notiert, so können wir anschließend feststellen, wie oft ein Ereignis eingetreten ist.

Definition 4.4

Sind $x_1, \ldots, x_n \in \Omega$ die bei wiederholtem Durchführen eines Zufallsexperiments mit Grundmenge Ω auftretenden Werte, und ist $A \subseteq \Omega$ ein Ereignis, so ist die Anzahl

$$|\{1 \leq i \leq n : x_i \in A\}|$$

der Werte x_i, die in A liegen, die *absolute Häufigkeit* des Auftretens des Ereignisses A bei den vorliegenden Ergebnissen. Dagegen ist

$$h_n(A) = \frac{|\{1 \leq i \leq n : x_i \in A\}|}{n}$$

die sogenannte *relative Häufigkeit* des Auftretens des Ereignisses A.

▶ **Beispiel 4.4** Wir betrachten nochmals das Werfen eines echten Würfels aus Beispiel 4.1. Wir führen das Zufallsexperiment 10-mal durch und erhalten die konkreten Werte $x_1 = 2$, $x_2 = 4$, $x_3 = 5$, $x_4 = 3$, $x_5 = 4$, $x_6 = 2$, $x_7 = 2$, $x_8 = 6$, $x_9 = 6$ und $x_{10} = 5$. Interessieren wir uns wieder für das Eintreten des Ereignisses $A = \{2, 4, 6\}$, d. h. für das Würfeln von geraden Zahlen, so sehen wir, dass dieses Ereignis bei den Würfen 1, 2, 5, 6, 7, 8 und 9 eingetreten ist. Damit ist die absolute Häufigkeit des Eintretens von A hier 7 und die relative Häufigkeit ist $7/10 = 0,7$.

Dem Wahrscheinlichkeitsbegriff in der Mathematik liegt nun folgende Beobachtung aus der Praxis zugrunde:

Empirisches Gesetz der großen Zahlen:
Führt man ein Zufallsexperiment unbeeinflusst voneinander immer wieder durch, so nähert sich für große Anzahlen von Wiederholungen die relative Häufigkeit des Eintretens eines beliebigen Ereignisses A einer (von A abhängenden) Zahl $\mathbf{P}(A)$ *zwischen Null und Eins an.*

Diese Beobachtung kann nicht bewiesen werden, schließlich beruht sie ja nur auf Erfahrungen aus der Praxis. Wir können sie aber anhand von Beispiel 4.1 illustrieren. Dazu betrachten wir das wiederholte Werfen eines echten Würfels und bestimmen die relativen Häufigkeiten des Auftretens der sechs Elementarereignisse.

▶ **Beispiel 4.5** Wir werfen einen echten Würfel $n = 100$-mal und notieren die auftretenden Würfelzahlen. Anschließend bestimmen wir für die sechs verschiedenen Elementarereignisse die relativen Häufigkeiten des Eintretens des jeweiligen Elementarereignisses bei den ersten i Würfen, wobei wir sukzessive $i = 10$, $i = 20$, usw. wählen. Die Punkte $(i, h_i(\{k\}))$ mit $k \in \{1, \ldots, 6\}$ fest und $i \in \{10, 20, \ldots, 100\}$ sind in den sechs verschiedenen Koordinatenkreuzen in Abb. 4.1 dargestellt.

Betrachtet man Abb. 4.1, so ist es keineswegs offensichtlich, dass die relativen Häufigkeiten in der Tat jeweils gegen eine feste Zahl streben. Dies liegt aber an der geringen Zahl von Würfen: Das empirische Gesetz der großen Zahlen gilt nicht für eine feste Zahl von Wiederholungen eines Zufallsexperiments, sondern es macht vielmehr eine Aussage darüber, was passiert, wenn man die Anzahl der Wiederholungen gegen Unendlich streben lässt. Um dies zu illustrieren, betrachten wir

▶ **Beispiel 4.6** Wir simulieren am Computer Beispiel 4.5 für große Anzahlen n von Würfen. Konkret wählen wir $n = 1000$, $n = 10.000$ und $n = 100.000$, simulieren mithilfe eines Zufallszahlengenerators n Würfe eines echten Würfels und erzeugen Abbildungen analog zu Abb. 4.1. Wie man in den Abb. 4.2–4.4 sieht, scheint es in der Tat so, als ob sich die relativen Häufigkeiten immer mehr dem Wert $1/6$ annähern. Dieser Wert ist in den Abbildungen durch eine Linie markiert.

Im Folgenden bezeichnen wir den Grenzwert beim empirischen Gesetz der großen Zahlen als Wahrscheinlichkeit des entsprechenden Ereignisses:

Intuitiver Begriff der Wahrscheinlichkeit. *Gegeben sei ein Zufallsexperiment mit Grundmenge Ω und ein Ereignis $A \subseteq \Omega$. Unter der Wahrscheinlichkeit* $\mathbf{P}(A)$ *des Ereignisses A bei diesem Zufallsexperiment verstehen wir diejenige Zahl, die sich beim empirischen Gesetz der großen Zahlen als Grenzwert der*

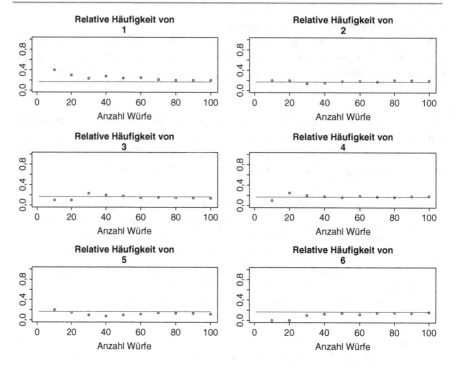

Abb. 4.1 Relative Häufigkeiten der Elementarereignisse bei 100-maligem Werfen eines echten Würfels

relativen Häufigkeiten des Eintretens von A (bei voneinander unbeeinflussten Wie-
derholungen des Zufallsexperiments und bei großer Zahl von Wiederholungen)
ergibt.

Man beachte, dass die obige intuitive Erklärung des Begriffs der Wahrscheinlichkeit keine Definition im mathematischen Sinne ist, da sie auf dem nicht beweis-baren empirischen Gesetz der großen Zahlen beruht. Wir werden im Weiteren aber ein mathematisch korrekt definiertes Modell der Wahrscheinlichkeit einführen und dann innerhalb dieses Modells zeigen, dass ein Analogon zum empirischen Gesetz der großen Zahlen gilt. Daher stimmt in diesem Modell der Begriff der Wahrscheinlichkeit mit dem obigen intuitiven Begriff der Wahrscheinlichkeit überein.

Beim Werfen des echten Würfels in Beispiel 4.1 lassen sich die Wahr-scheinlichkeiten (im Sinne des obigen intuitiven Begriffs) leicht bestimmen: Be-achtet man, dass bei jeder Durchführung des Zufallsexperiments genau eines der sechs Elementarereignisse eintritt, so sieht man, dass sich bei jeder festen Folge von unbeeinflussten Wiederholungen des Zufallsexperiments die relativen Häufigkeiten der Elementarereignisse zu Eins addieren. Gleiches muss dann aber auch für die Wahrscheinlichkeiten als Grenzwert der relativen Häufigkeiten

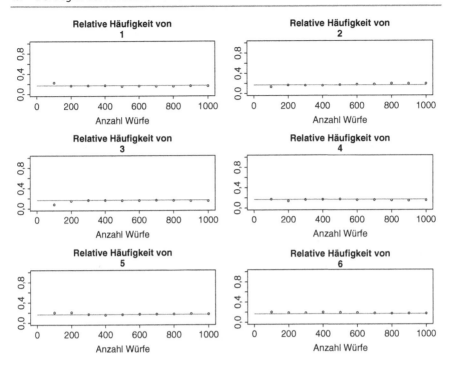

Abb. 4.2 Relative Häufigkeiten der Elementarereignisse beim simulierten 1000-maligen Werfen eines echten Würfels

gelten:

$$\mathbf{P}(\{1\}) + \mathbf{P}(\{2\}) + \mathbf{P}(\{3\}) + \mathbf{P}(\{4\}) + \mathbf{P}(\{5\}) + \mathbf{P}(\{6\}) = 1.$$

Aus Symmetriegründen sind alle sechs Wahrscheinlichkeiten gleich groß, woraus

$$\mathbf{P}(\{1\}) = \mathbf{P}(\{2\}) = \mathbf{P}(\{3\}) = \mathbf{P}(\{4\}) = \mathbf{P}(\{5\}) = \mathbf{P}(\{6\}) = \frac{1}{6}$$

folgt.

Die obige Argumentation lässt sich leicht auf jedes Zufallsexperiment übertragen, bei dem einerseits die Ergebnismenge endlich ist (d. h., beim Zufallsexperiment treten nur endlich viele verschiedene Werte als Ergebnis auf), und bei dem andererseits jedes Elementarereignis die gleiche Wahrscheinlichkeit hat. In diesem Falle gilt

$$\mathbf{P}(\{\omega\}) = \frac{1}{|\Omega|} \quad \text{für alle } \omega \in \Omega.$$

Auch für ein beliebiges Ereignis $A \subseteq \Omega$ lässt sich dann einfach die Wahrscheinlichkeit bestimmen: Beachtet man, dass bei zwei disjunkten (also nicht überlappenden)

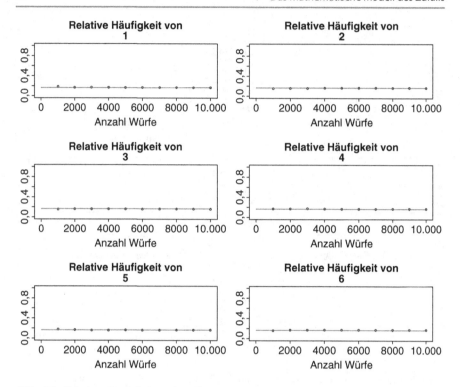

Abb. 4.3 Relative Häufigkeiten der Elementarereignisse beim simulierten 10.000-maligen Werfen eines echten Würfels

Ereignissen die Vereinigung der beiden Ereignisse genau dann eintritt, wenn eines der beiden Ereignisse eintritt, so sieht man durch Betrachtung von Grenzwerten relativer Häufigkeiten, dass für Ereignisse $B_1, B_2 \subseteq \Omega$ mit $B_1 \cap B_2 = \emptyset$ immer

$$\mathbf{P}(B_1 \cup B_2) = \mathbf{P}(B_1) + \mathbf{P}(B_2)$$

gilt. Dies wiederum impliziert

$$\mathbf{P}(A) = \mathbf{P}(\cup_{\omega \in A}\{\omega\}) = \sum_{\omega \in A} \mathbf{P}(\{\omega\}) = \sum_{\omega \in A} \frac{1}{|\Omega|} = \frac{|A|}{|\Omega|},$$

sodass die Berechnung von Wahrscheinlichkeiten in diesen Spezialfällen rein durch Bestimmung der Anzahl der Elemente von A und von Ω erfolgen kann. Dafür hilfreiche Formeln lernen wir in Abschn. 4.2 kennen.

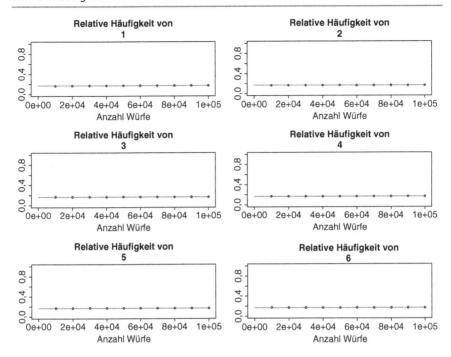

Abb. 4.4 Relative Häufigkeiten der Elementarereignisse beim simulierten 100.000-maligen Werfen eines echten Würfels

4.2 Grundaufgaben der Kombinatorik

Manchmal lassen sich Fragestellungen der Wahrscheinlichkeitstheorie durch einfaches Abzählen der „günstigen" bzw. „möglichen" Fälle bestimmen. Dafür sind die in diesem Abschnitt behandelten Formeln der Kombinatorik extrem nützlich.

Betrachtet wird das Ziehen von k Elementen aus einer Grundmenge Ω vom Umfang $|\Omega| = n$. Die Anzahl aller möglichen Stichproben sei N.

Dabei kann man vier verschiedene Vorgehensweisen unterscheiden, und zwar je nachdem, ob man die Elemente unmittelbar nach dem Ziehen wieder zurücklegt oder nicht, und je nachdem, ob man die Reihenfolge, in der die Elemente gezogen werden, beachtet oder nicht.

▶ **Beispiel 4.7** Für $\Omega = \{1, 2, 3\}$, $n = 3$ und $k = 2$ erhalten wir beim Ziehen mit Zurücklegen und mit Berücksichtigung der Reihenfolge als mögliche Stichproben

$$(1, 1), (1, 2), (1, 3), (2, 1), (2, 2), (2, 3), (3, 1), (3, 2), (3, 3).$$

Beim Ziehen mit Zurücklegen und ohne Berücksichtigung der Reihenfolge spielt dagegen die Anordnung der Zahlen innerhalb der Stichprobe keine Rolle, sodass wir die Zahlen innerhalb der Stichprobe als der Größe nach aufsteigend angeordnet voraussetzen dürfen. Wir erhalten dann als mögliche Stichproben

$$(1, 1), (1, 2), (1, 3), (2, 2), (2, 3), (3, 3).$$

Beim Ziehen ohne Zurücklegen und mit Berücksichtigung der Reihenfolge erhalten wir dagegen alle Möglichkeiten des ersten Falles, bei denen keine Zahl doppelt auftritt, also

$$(1, 2), (1, 3), (2, 1), (2, 3), (3, 1), (3, 2).$$

Beim Ziehen ohne Zurücklegen und ohne Berücksichtigung der Reihenfolge können wir bei den vorigen Stichproben wieder die Zahlen als der Größe nach geordnet voraussetzen, sodass wir in diesem Fall als Stichproben nur

$$(1, 2), (1, 3), (2, 3)$$

erhalten.

Im Folgenden wollen wir Formeln herleiten, die die Anzahl der Stichproben in den oben betrachteten vier verschiedenen Fällen angeben. Als Erstes betrachten wir das Ziehen *mit Zurücklegen* und *mit Berücksichtigung der Reihenfolge*. Hierbei wird k-mal ein Element aus der Grundmenge gezogen, dabei hat man jeweils n Möglichkeiten, sodass man für die Anzahl der möglichen Stichproben erhält:

$$N = n \cdot n \cdot n \cdot \ldots \cdot n = n^k.$$

Als Nächstes wird das Ziehen *ohne Zurücklegen* und *mit Berücksichtigung der Reihenfolge* betrachtet. Hier hat man für das erste Element n Möglichkeiten, für das zweite aber nur noch $n - 1$, für das dritte $n - 2$, usw., und für das k-te noch $(n - k + 1)$ Möglichkeiten. Damit erhält man für die Anzahl der möglichen Stichproben:

$$N = n \cdot (n - 1) \cdot \ldots \cdot (n - k + 1) = \frac{n!}{(n - k)!}.$$

Dabei ist $n! = n \cdot (n - 1) \cdot \ldots \cdot 1$ die sogenannte Fakultät[3] von n.

Nun wird das Ziehen *ohne Zurücklegen* und *ohne Berücksichtigung der Reihenfolge* betrachtet. Die Idee zur Herleitung einer Formel für die dabei auftretende Anzahl der Stichproben ist, dass Umordnen der Stichproben auf Ziehen ohne Zurücklegen und mit Berücksichtigung der Reihenfolge führt.

▶ **Beispiel 4.8** Sei wieder $\Omega = \{1, 2, 3\}$, $n = 3$ und $k = 2$. Vertauschen wir in jeder der Stichproben beim Ziehen ohne Zurücklegen und ohne

Berücksichtigung der Reihenfolge die Anordnung der Zahlen auf jede mögliche Weise, so erhalten wir die Zuordnungen

$$(1, 2) \mapsto (1, 2) \text{ oder } (2, 1),$$

$$(1, 3) \mapsto (1, 3) \text{ oder } (3, 1),$$

$$(2, 3) \mapsto (2, 3) \text{ oder } (3, 2).$$

Rechts stehen nun alle 6 Stichproben im Falle des Ziehens ohne Zurücklegen und mit Berücksichtigung der Reihenfolge. Da aus jeder Stichprobe links zwei andere entstanden sind, können wir schließen, dass links genau $6/2 = 3$ Stichproben stehen.

Um eine allgemeine Formel herzuleiten, gehen wir analog vor. Wir ordnen sämtliche beim Ziehen ohne Zurücklegen und ohne Berücksichtigung der Reihenfolge erhaltenen Stichproben auf alle $k!$ möglichen Weisen um und erhalten so alle Stichproben bzgl. Ziehen ohne Zurücklegen und mit Berücksichtigung der Reihenfolge. Daher gilt für die Anzahl N der möglichen Stichproben:

$N \cdot k!$

$= \text{Wert beim Ziehen ohne Zurücklegen und mit Berücksichtigung}$

$\quad \text{der Reihenfolge}$

$= \dfrac{n!}{(n-k)!},$

also

$$N = \frac{n!}{(n-k)! \cdot k!} = \binom{n}{k}.$$

Hierbei ist $\binom{n}{k}$ der sogenannte Binomialkoeffizient.[4]

▶ **Beispiel 4.9** Binomischer Lehrsatz.
Zur Illustration der Nützlichkeit der obigen Formel zeigen wir im Folgenden, dass für beliebige $a, b \in \mathbb{R}, n \in \mathbb{N}$ gilt:

$$(a + b)^n = \sum_{k=0}^{n} \binom{n}{k} a^k b^{n-k}$$

(sogenannter binomischer Lehrsatz).
Zur Begründung der Formel schreiben wir $(a + b)^n$ in die Form

$$(a + b)^n = (a + b) \cdot (a + b) \cdot \ldots \cdot (a + b),$$

wobei das Produkt aus genau n Faktoren besteht. Beim Ausmultiplizieren kann man sich bei jedem Faktor für a oder b entscheiden. Wählt man

k-mal a und $(n - k)$-mal b, so erhält man den Summanden $a^k b^{n-k}$. Da es genau

$$\binom{n}{k}$$

Möglichkeiten gibt, k-mal a und $(n - k)$-mal b zu wählen, taucht nach vollständigem Ausmultiplizieren der Summand $a^k b^{n-k}$ genau $\binom{n}{k}$-mal auf.

Zum Abschluss wird noch das Ziehen *mit Zurücklegen* und *ohne Berücksichtigung der Reihenfolge* betrachtet. Die Herleitung einer Formel für die Anzahl der auftretenden Stichproben erfolgt wieder durch eine Zurückführung auf einen früheren Fall, was wir zunächst an einem Beispiel erläutern.

▶   **Beispiel 4.10** Wir setzen wieder $\Omega = \{1, 2, 3\}$, $n = 3$ und $k = 2$. Die auftretenden Stichproben sind dann

$$(1, 1), (1, 2), (1, 3), (2, 2), (2, 3), (3, 3).$$

Wir ordnen nun jeder dieser Stichproben eine neue zu, indem wir die erste Zahl unverändert lassen und bei der zweiten Zahl Eins dazuaddieren. Dies ergibt die Zuordnungen

$$(1, 1) \mapsto (1, 2)$$
$$(1, 2) \mapsto (1, 3)$$
$$(1, 3) \mapsto (1, 4)$$
$$(2, 2) \mapsto (2, 3)$$
$$(2, 3) \mapsto (2, 4)$$
$$(3, 3) \mapsto (3, 4)$$

Damit führen wir das zweimalige Ziehen mit Zurücklegen zurück auf ein zweimaliges Ziehen ohne Zurücklegen. Die Stichproben auf der rechten Seite, also

$$(1, 2), (1, 3), (1, 4), (2, 3), (2, 4), (3, 4),$$

sind nämlich gerade alle Stichproben, die beim Ziehen ohne Zurücklegen und ohne Berücksichtigung der Reihenfolge von $k = 2$ Zahlen aus der Grundmenge $\Omega' = \{1, 2, 3, 4\}$ vom Umfang $n' = n + 1 = 4$ auftreten. Deren Anzahl haben wir oben aber schon zu

$$\binom{4}{2} = \frac{4!}{2! \cdot (4 - 2)!} = 6$$

berechnet. Da jeder Stichprobe links genau eine Stichprobe rechts zugeordnet wurde, müssen es aber auch links 6 Stichproben sein.

Im Folgenden wollen wir nun die Formel

$$N = \binom{n + k - 1}{k}$$

für die Anzahl der möglichen Stichproben beim Ziehen mit Zurücklegen und ohne
Berücksichtigung der Reihenfolge beweisen.

Beweis Die Anzahl der Stichproben beim Ziehen mit Zurücklegen und ohne Berücksichtigung der Reihenfolge von k Zahlen aus einer Menge vom Umfang n
stimmt mit der Anzahl der Elemente der Menge

$$A = \left\{ (x_1, \ldots, x_k) \in \mathbb{N}^k : 1 \leq x_1 \leq \ldots \leq x_k \leq n \right\}$$

überein. Wir definieren nun analog zu Beispiel 4.10 eine Abbildung, die der Menge
A der Stichproben, welche man beim Ziehen mit Zurücklegen und ohne Berücksichtigung der Reihenfolge erhält, eine Menge B von Stichproben zuordnet, die
durch Ziehen ohne Zurücklegen und ohne Berücksichtigung der Reihenfolge zu-
standekommt. Anschließend zeigen wir, dass diese Abbildung bijektiv ist, was
impliziert, dass die endlichen Mengen A und B gleichmächtig sind. Damit können
wir die Anzahl der Elemente der Menge A mit der bereits bekannten Formel für die
Anzahl der Elemente der Menge B bestimmen.
Durch die Zuordnung

$$(x_1, \ldots, x_k) \mapsto (x_1, x_2 + 1, x_3 + 2, \ldots, x_k + k - 1)$$

wird jedem Element aus A genau ein Element aus der Menge

$$B = \left\{ (y_1, \ldots, y_k) \in \mathbb{N}^k : 1 \leq y_1 < y_2 < \ldots < y_k \leq n + k - 1 \right\}$$

zugeordnet.
Um dies formal nachzuweisen, betrachten wir die Abbildung

$$f\!:\!A \to B, \ f((x_1, \ldots, x_k)) = (x_1, x_2 + 1, x_3 + 2, \ldots, x_k + k - 1).$$

Für $(x_1, \ldots, x_k) \in A$ gilt $1 \leq x_1 \leq \cdots \leq x_k \leq n$, was impliziert

$$1 \leq x_1 < x_2 + 1 < x_3 + 2 < \cdots < x_k + k - 1 \leq n + k - 1,$$

woraus folgt, dass $f((x_1, \ldots, x_k))$ in B liegt. Daher ist die Abbildung f *wohldefiniert*.
Als Nächstes zeigen wir, dass sie *injektiv* ist. Seien $(x_1, \ldots, x_k), (y_1, \ldots, y_k) \in A$
gegeben mit

$$f((x_1, \ldots, x_k)) = f((y_1, \ldots, y_k)).$$

Dies bedeutet

$$(x_1, x_2 + 1, x_3 + 2, \ldots, x_k + k - 1) = (y_1, y_2 + 1, y_3 + 2, \ldots, y_k + k - 1),$$

woraus folgt $x_1 = y_1, x_2 = y_2, \ldots, x_k = y_k$, also

$$(x_1, \ldots, x_k) = (y_1, \ldots, y_k).$$

Abschließend zeigen wir noch, dass f *surjektiv* ist. Dazu wählen wir $(y_1, \ldots, y_k) \in B$ beliebig. Dann gilt

$$1 \leq y_1 < y_2 < y_3 < \cdots < y_k \leq n + k - 1,$$

woraus folgt

$$1 \leq y_1 \leq y_2 - 1 \leq y_3 - 2 \leq \cdots \leq y_k - (k - 1) \leq n,$$

was bedeutet, dass $(y_1, y_2 - 1, \ldots, y_k - (k - 1))$ in A liegt. Wegen

$$f((y_1, y_2 - 1, \ldots, y_k - (k - 1))) = (y_1, \ldots, y_k)$$

ist die Surjektivität von f gezeigt.

Da zwei endliche Mengen, zwischen denen eine bijektive (d. h. injektive und surjektive) Abbildung existiert, immer die gleiche Anzahl an Elementen haben, folgt $N = |A| = |B|$ und mit der oben hergeleiteten Formel für das Ziehen *ohne Zurücklegen* und *ohne Berücksichtigung der Reihenfolge* erhält man:

$$N = |A| = |B| = \binom{n + k - 1}{k}. \qquad \qquad \square$$

Die Ergebnisse dieses Abschnitts sind in Tab. 4.1 zusammengefasst.

Eine weitere Illustration der Nützlichkeit der obigen Formeln erfolgt im nächsten Beispiel. In diesem wird gleichzeitig eine grundlegende Schlussweise der Statistik eingeführt.

Tab. 4.1 Grundformeln der Kombinatorik

Anzahl Möglichkeiten	Ziehen mit Zurücklegen	Ziehen ohne Zurücklegen
Ziehen mit Berücksichtigung der Reihenfolge	n^k	$\frac{n!}{(n-k)!}$
Ziehen ohne Berücksichtigung der Reihenfolge	$\binom{n+k-1}{k}$	$\binom{n}{k}$

▶ **Beispiel 4.11** Beim Zahlenlotto „6 aus 49" werden 6 Kugeln aus einer Menge von 49 mit den Zahlen 1 bis 49 markierten Kugeln gezogen. Wer bei dieser Lotterie mitmacht, füllt (gegen Gebühr) einen Gewinnschein aus, bei dem auf eine mögliche 6-er-Kombination der gezogenen Zahlen getippt werden kann. Hat man alle 6 Zahlen richtig, und stimmt die auf dem Spielschein angegebene Superzahl (eine Ziffer zwischen 0 und 9) mit der ebenfalls aus diesen Ziffern gezogenen Ziffer überein, so gewinnt man den sogenannten Jackpot beim Lotto. Sofern es nur einen einzigen Gewinner gibt, erhält dieser das gesamte Geld im Jackpot, im Falle von mehreren Gewinnern wird dieses Geld gleichmäßig aufgeteilt.

Im Dezember 2007 gab es beim Lotto „6 aus 49" mit 43 Millionen Euro den bis dahin höchsten Jackpot aller Zeiten. Zahlreiche Zeitungen haben dabei über besonders vielversprechende Zahlenkombinationen spekuliert und insbesondere über die bis dahin am häufigsten gezogenen Zahlen berichtet. In den 4599 Ziehungen, die seit Oktober 1955 stattgefunden haben, war die am häufigsten gezogene Zahl die 38; diese wurde genau 614-mal gezogen. Gefolgt wurde sie von der 26 (die bei 606 Ziehungen auftrat) und der 25 (600 Ziehungen). Es stellt sich nun die Frage, ob es sinnvoll ist, speziell auf solche Zahlen zu setzen, die in der Vergangenheit besonders häufig gezogen worden sind. Sofern die 6 Zahlen beim Lotto jedes Mal rein zufällig und unbeeinflusst voneinander gezogen werden, ist das sicher nicht der Fall, da dann jede der

$$\binom{49}{6} = 13.983.816$$

Kombinationen von 6 Zahlen (die beim Ziehen von $k = 6$ Zahlen ohne Zurücklegen und ohne Berücksichtigung der Reihenfolge möglich sind) mit der gleichen Wahrscheinlichkeit

$$\frac{1}{13.983.816} \approx 0,0000000715$$

auftritt. Allerdings stellt sich die Frage, ob beim Zahlenlotto wirklich die Zahlen rein zufällig und unbeeinflusst voneinander gezogen werden, oder ob aufgrund von mechanischen Unregelmäßigkeiten der verwendeten Apparatur (z. B. leicht verschiedene Gewichte oder Volumina der Kugeln) nicht doch einzelne Zahlen häufiger als andere auftreten.

Was wir also klären wollen, ist die Frage, ob die in der Vergangenheit gezogenen Zahlenkombinationen nicht gegen die Annahme sprechen, dass die Zahlenkombinationen rein zufällig und unbeeinflusst voneinander gezogen werden. Zur Klärung dieser Frage verwendet der Statistiker die folgende Schlussweise: Zunächst wird hypothetisch von der Annahme ausgegangen, dass die Zahlenkombinationen in der Tat rein zufällig gezogen werden. Sodann wird unter dieser Annahme die Wahrscheinlichkeit ausgerechnet, dass ein Resultat auftritt, das mindestens so stark gegen diese Annahme spricht wie das beobachtete Resultat.

Und anschließend wird die Annahme verworfen, sofern die berechnete Wahrscheinlichkeit sehr klein ist, z. B. sofern sie kleiner als $0, 05$ ist.

Um diese Schlussweise im vorliegenden Beispiel anzuwenden, betrachten wir im Folgenden ein Zufallsexperiment, bei dem $n = 4599$-mal 6 Zahlen rein zufällig und unbeeinflusst voneinander aus den Zahlen von 1 bis 49 gezogen werden. Wir interessieren uns dann zunächst für die Wahrscheinlichkeit, dass dabei die 38 mindestens in $k = 614$ Ziehungen auftritt. Betrachten wir Ziehungen von 6 Zahlen aus 49 ohne Zurücklegen und ohne Berücksichtigung der Reihenfolge, so gibt es insgesamt

$$\binom{49}{6}$$

verschiedene Möglichkeiten. Soll dabei aber einmal die 38 auftreten, so ist eine der Zahlen fest, und die übrigen 5 können noch aus 48 verschiedenen Zahlen ausgewählt werden, sodass dabei

$$\binom{48}{5}$$

verschiedene Möglichkeiten auftreten. Daher tritt bei einer einzigen Ziehung die 38 mit Wahrscheinlichkeit

$$p = \frac{\binom{48}{5}}{\binom{49}{6}} = \frac{\frac{48!}{5! \cdot (48-5)!}}{\frac{49!}{6! \cdot (49-6)!}} = \frac{6}{49}$$

auf.

Zieht man nun n-mal unbeeinflusst voneinander rein zufällig 6 Zahlen aus 49, so ist die Wahrscheinlichkeit, dass bei den ersten k Ziehungen die 38 auftritt und bei den anschließenden $n - k$ Ziehungen die 38 nicht auftritt, gerade

$$q = \frac{\left(\binom{48}{5}\right)^k \cdot \left(\binom{49}{6} - \binom{48}{5}\right)^{n-k}}{\left(\binom{49}{6}\right)^n} = p^k \cdot (1-p)^{n-k}.$$

Beachtet man, dass es $\binom{n}{k}$ viele verschiedene Möglichkeiten für die Anordnung der k Ziehungen gibt, bei denen die 38 jeweils auftritt, so sieht man, dass die Wahrscheinlichkeit für das k-malige Auftreten der 38 gegeben ist durch

$$\frac{\binom{n}{k} \cdot \left(\binom{48}{5}\right)^k \cdot \left(\binom{49}{6} - \binom{48}{5}\right)^{n-k}}{\left(\binom{49}{6}\right)^n} = \binom{n}{k} \cdot p^k \cdot (1-p)^{n-k}.$$

Damit erhalten wir für die Wahrscheinlichkeit, dass die 38 bei den $n = 4599$ Ziehungen mindestens 614-mal auftritt

$$\sum_{k=614}^{n} \binom{n}{k} \cdot p^k \cdot (1-p)^{n-k}$$

$$= \sum_{k=614}^{4599} \binom{4599}{k} \cdot \left(\frac{6}{49}\right)^k \cdot \left(1-\frac{6}{49}\right)^{4599-k} \approx 0,01.$$

Diese Wahrscheinlichkeit ist extrem klein, sodass wir zu dem Schluss kommen, dass es unter obiger Annahme äußerst unwahrscheinlich ist, dass gerade die Zahl 38 so häufig auftritt.

Bei genauerer Betrachtung sieht man jedoch, dass die oben ausgerechnete Wahrscheinlichkeit allein noch nicht gegen das Modell spricht, dass die Kugeln rein zufällig und unbeeinflusst voneinander gezogen werden. Denn gegen dieses Modell spricht nicht nur ein Ergebnis, bei dem die 38 mindestens 614-mal gezogen wird, sondern ebenso jedes andere Ergebnis, bei dem irgendeine der Zahlen zwischen 1 und 49 mindestens 614-mal gezogen wird.

Um die Wahrscheinlichkeit zu bestimmen, dass irgendeine der Zahlen zwischen 1 und 49 bei $n = 4599$ Ziehungen mindestens 614-mal auftritt, verwenden wir eine Computersimulation. Wir simulieren mit einem Zufallszahlengenerator am Rechner $n = 4599$ Lottoziehungen und bestimmen, ob dabei eine Zahl mindestens 614-mal auftritt. Anschließend wiederholen wir das Experiment sehr oft, bestimmen die relative Häufigkeit des Auftretens des obigen Ereignisses bei diesen Wiederholungen und verwenden diese Zahl als Approximation für die gesuchte Wahrscheinlichkeit. Eine solche sogenannte Monte-Carlo-Simulation bietet sich immer dann an, wenn einerseits die gesuchte Wahrscheinlichkeit keineswegs offensichtlich zu berechnen ist und andererseits Simulationen des Zufallsexperiments leicht in großer Anzahl durchgeführt werden können.

Die 100.000-malige Durchführung dieses Zufallsexperiments (d. h. das 100.000-malige Durchführen von $n = 4599$ Lottoziehungen am Rechner) ergab als Schätzwert für die gesuchte Wahrscheinlichkeit ungefähr

$$0,47,$$

also bei fast jeder zweiten simulierten Abfolge der Lottoziehungen trat eine der Zahlen mindestens so häufig auf, wie in der Realität beobachtet. Dies zeigt, dass auch beim rein zufälligen und unbeeinflussten Ziehen der Lottozahlen ein solches Ergebnis keineswegs selten auftritt, sodass wir aufgrund der beobachteten Lotto-Zahlen nicht auf irgendwelche Defekte der Apparatur zur Ziehung der Lotto-Zahlen schließen können.

4.3   Der Begriff des Wahrscheinlichkeitsraumes

Ausgangspunkt der weiteren Betrachtungen ist ein Zufallsexperiment mit unbestimmtem Ergebnis $\omega \in \Omega$. Dabei ist Ω wieder die sogenannte Grundmenge, d. h. die Menge aller möglichen Ergebnisse des Zufallsexperiments. Im Folgenden wollen wir für Teilmengen A der Grundmenge Ω Wahrscheinlichkeiten, d. h. Zahlen aus dem Intervall [0, 1], berechnen. Die intuitive Bedeutung dieser Wahrscheinlichkeiten ist die bereits oben im empirischen Gesetz der großen Zahlen beschriebene: Führt man das Zufallsexperiment viele Male unbeeinflusst voneinander hintereinander durch, so soll die relative Anzahl des Eintretens von A (d. h. des Auftretens eines Ergebnisses ω, welches in A liegt) ungefähr gleich $\mathbf{P}(A)$ sein.

   Hier gibt es zuerst einmal eine naive Möglichkeit für die Festlegung der Wahrscheinlichkeiten. Dabei legt man für jedes $\omega \in \Omega$ die Wahrscheinlichkeit $\mathbf{P}(\{\omega\})$ fest, dass das Ergebnis des Zufallsexperiments gerade gleich ω ist, und setzt dann

$$\mathbf{P}(A) = \sum_{\omega \in A} \mathbf{P}(\{\omega\}), \tag{4.2}$$

d. h., die Wahrscheinlichkeit, dass A eintritt, ist gleich der Summe der Wahrscheinlichkeiten aller Elemente in A.

   Wie man das in Beispiel 4.1 macht, haben wir bereits gesehen. Problemlos ist die Berechnung der Wahrscheinlichkeit auch in Beispiel 4.2 möglich. Interessieren wir uns hier für die Wahrscheinlichkeit $\mathbf{P}(\{k\})$, dass ein echter Würfel genau beim k-ten Wurf zum ersten Mal mit der Zahl 6 oben landet, so können wir diese durch Betrachtung eines weiteren Zufallsexperiments, bei dem ein echter Würfel genau k-mal geworfen wird, berechnen. Jede der 6^k möglichen Abfolgen der Zahlen von 1 bis 6 (die das Ziehen von k Zahlen aus einer Grundmenge vom Umfang $n = 6$ mit Zurücklegen und mit Beachtung der Reihenfolge beschreibt) tritt hier mit der gleichen Wahrscheinlichkeit $1/6^k$ auf. Damit dabei aber genau beim k-ten Wurf zum ersten Mal eine 6 erscheint, muss bei den Würfen davor jeweils eine Zahl zwischen 1 und 5 und beim letzten Wurf eine 6 auftreten. Von diesen Abfolgen der Zahlen gibt es nur 5^{k-1}, sodass wir die gesuchte Wahrscheinlichkeit berechnen können gemäß

$$\mathbf{P}(\{k\}) = \frac{5^{k-1}}{6^k} = \frac{1}{6} \cdot \left(\frac{5}{6}\right)^{k-1}. \tag{4.3}$$

Wegen

$$\sum_{k=0}^{\infty} \mathbf{P}(\{k\}) = \sum_{k=0}^{\infty} \frac{1}{6} \cdot \left(\frac{5}{6}\right)^{k-1} = \frac{1}{6} \cdot \frac{1}{1 - 5/6} = 1$$

gilt außerdem

$$\mathbf{P}(\{\infty\}) = 1 - \sum_{k=0}^{\infty} \mathbf{P}(\{k\}) = 1 - 1 = 0.$$

Wollen wir dann z. B. die Wahrscheinlichkeit ermitteln, dass der Würfel eine gerade Anzahl von Würfen geworfen wird, bis er zum ersten Mal mit der 6 oben landet, so sind wir an der Wahrscheinlichkeit des Ereignisses

$$A = \{2, 4, 6, \dots\}$$

interessiert. Mit der Formel (4.2) und Beispiel A.4 können wir diese berechnen zu

$$\mathbf{P}(\{A\}) = \sum_{k \in \{2,4,6,\dots\}} \frac{1}{6} \cdot \left(\frac{5}{6}\right)^{k-1} = \frac{1}{6} \cdot \sum_{l=1}^{\infty} \left(\frac{5}{6}\right)^{2l-1} = \frac{5}{36} \cdot \sum_{l=1}^{\infty} \left(\left(\frac{5}{6}\right)^2\right)^{l-1}$$

$$= \frac{5}{36} \cdot \sum_{n=0}^{\infty} \left(\frac{25}{36}\right)^n = \frac{5}{36} \cdot \frac{1}{1 - \frac{25}{36}} = \frac{5}{11} \approx 0{,}455.$$

In Beispiel 4.3 jedoch bietet sich ein anderer Zugang zur Berechnung der Wahrscheinlichkeit an. Geht man hier davon aus, dass sich an der Ampel stets eine Rotphase der Länge 3 mit einer Grünphase der Länge 2 abwechselt, und betrachtet man den Eintreffzeitpunkt relativ zu Beginn der letzten Rotphase als Ergebnis des Zufallsexperiments, so führt das zu $\Omega = [0, 5]$, d. h., alle reellen Zahlen zwischen 0 und 5 werden bei beliebig genauer Zeitmessung als mögliche Eintreffzeitpunkte zugelassen. Intuitiv liegt es nun nahe, die Wahrscheinlichkeit für das Eintreffen innerhalb eines Intervalls $[a, b) \subseteq [0, 5)$ proportional zur Intervalllänge zu wählen, d. h., wir setzen

$$\mathbf{P}([a, b)) = \frac{\text{Länge von } [a, b)}{\text{Länge von } [0, 5)} = \frac{b - a}{5}.$$

Interessiert man sich dann z. B. für die Wahrscheinlichkeit, dass die Wartezeit an der Ampel höchstens zwei Minuten beträgt, so muss man mindestens eine Minute nach Beginn der letzten (dreiminütigen) Rotphase eintreffen und kann daher die gesuchte Wahrscheinlichkeit berechnen gemäß

$$\mathbf{P}([1, 5)) = \frac{5 - 1}{5} = 0{,}8.$$

Die Verwendung von Formel (4.2) ist in Beispiel 4.3 nicht möglich. Wenn man den Eintreffzeitpunkt in Minuten relativ zu Beginn der letzten Rotphase als Ergebnis des Zufallsexperiments betrachtet, so ist die Wahrscheinlichkeit $\mathbf{P}(\{\omega\})$, genau ω Minuten nach der letzten Rotphase einzutreffen, für alle $\omega \in [0, 5]$ gleich Null. Denn diese ist sicherlich nicht größer als die Wahrscheinlichkeit, dass der Eintreffzeitpunkt im Intervall $[\omega - \varepsilon, \omega + \varepsilon]$ liegt ($\varepsilon > 0$ beliebig), und da letztere proportional zur Intervalllänge ist, liegt sie für ε klein beliebig nahe bei Null.

Nachteil der obigen Ansätze ist, dass sie ziemlich unsystematisch sind. Insbesondere werden hier die Beispiele 4.2 und 4.3 auf verschiedene Arten gelöst. Möchte man nun gewisse theoretische Aussagen über die zugrunde liegenden stochastischen Strukturen herleiten, so muss man dies für beide Fälle separat machen. Um das zu vermeiden, verallgemeinern wir beide Fälle im Folgenden. Dabei fordern wir, motiviert von Eigenschaften relativer Häufigkeiten, dass die Zuweisung von Wahrscheinlichkeiten zu Mengen gewisse Eigenschaften haben soll. Anschließend werden wir separat untersuchen, wie man Abbildungen konstruieren kann, die eben diese Eigenschaften besitzen, und welche Schlussfolgerungen man in Bezug auf die Ergebnisse von Zufallsexperimenten ziehen kann, welche durch solche Abbildungen beschrieben werden.

Ziel im Folgenden ist die Festlegung von Eigenschaften, die die Zuweisung von Wahrscheinlichkeiten (d. h. Zahlen aus dem Intervall [0, 1]) zu Teilmengen der Grundmenge Ω haben soll. Diese Zuweisung kann zusammengefasst werden zu einer Abbildung

$$\mathbf{P}: \mathscr{P}(\Omega) \to [0, 1].$$

Hierbei ist $\mathscr{P}(\Omega) = \{A | A \subseteq \Omega\}$ die sogenannte *Potenzmenge* von Ω, d. h., die Menge aller Teilmengen von Ω. $\mathbf{P}$ weist jeder Menge $A \subseteq \Omega$ eine Zahl $\mathbf{P}(A) \in [0, 1]$ zu. Um wünschenswerte Eigenschaften dieser Abbildung zu formulieren, legen wir die angestrebte intuitive Bedeutung der Wahrscheinlichkeit als Grenzwert von relativen Häufigkeiten zugrunde. Dies wird es uns erlauben, Eigenschaften von relativen Häufigkeiten auf Wahrscheinlichkeiten zu übertragen.

Da relative Häufigkeiten immer Zahlen zwischen 0 und 1 sind, muss dies auch für Wahrscheinlichkeiten als deren Grenzwert gelten, d. h., wir fordern (wie durch die Wahl des Wertebereichs von $\mathbf{P}$ bereits geschehen)

$$0 \leq \mathbf{P}(A) \leq 1 \quad \text{für alle } A \subseteq \Omega.$$

Da das Ergebnis unseres Zufallsexperiments niemals in der leeren Menge $\emptyset$ sowie immer in der Grundmenge Ω zu liegen kommt, sind die relativen Häufigkeiten dieser beiden Mengen immer Null bzw. Eins, und daher ist eine naheliegende Forderung an $\mathbf{P}$:

$$\mathbf{P}(\emptyset) = 0 \quad \text{und} \quad \mathbf{P}(\Omega) = 1.$$

Ist außerdem A eine beliebige Teilmenge von Ω und $A^c = \Omega \setminus A$ das sogenannte *Komplement* von A, bestehend aus allen Elementen von Ω, die nicht in A enthalten sind, so liegt das Ergebnis des Zufallsexperiments genau dann in A^c, wenn es nicht in A liegt. Dies impliziert, dass für relative Häufigkeiten immer die Beziehung

$$h_n(A^c) = \frac{|\{1 \leq i \leq n : x_i \in A^c\}|}{n} = \frac{n - |\{1 \leq i \leq n : x_i \in A\}|}{n} = 1 - h_n(A)$$

gilt, und legt die Forderung

$$\mathbf{P}(A^c) = 1 - \mathbf{P}(A) \quad \text{für alle } A \subseteq \Omega$$

nahe. Weiter gilt für Ereignisse $A \subseteq B \subseteq \Omega$, dass immer wenn A eintritt auch B eintritt, was

$$h_n(A) \leq h_n(B)$$

impliziert. Wir fordern daher auch

$$\mathbf{P}(A) \le \mathbf{P}(B) \quad \text{für alle } A \subseteq B \subseteq \Omega.$$

Sind darüber hinaus A und B zwei *disjunkte* Teilmengen von Ω, d. h. zwei Teilmengen von Ω mit $A \cap B = \emptyset$, so liegt das Ergebnis des Zufallsexperiments genau dann in $A \cup B$, wenn es entweder in A oder in B liegt. Für relative Häufigkeiten folgt daraus

$$
\begin{aligned}
h_n(A \cup B) &= \frac{|\{1 \le i \le n : x_i \in A \cup B\}|}{n} \\
&= \frac{|\{1 \le i \le n : x_i \in A\}| + |\{1 \le i \le n : x_i \in B\}|}{n} \\
&= h_n(A) + h_n(B)
\end{aligned}
$$

und motiviert die Forderung

$$\mathbf{P}(A \cup B) = \mathbf{P}(A) + \mathbf{P}(B) \quad \text{für alle } A, B \subseteq \Omega \text{ mit } A \cap B = \emptyset.$$

Durch wiederholtes Anwenden folgt daraus

$$
\begin{aligned}
\mathbf{P}(A_1 \cup A_2 \cup \cdots \cup A_n) &= \mathbf{P}(A_1) + \mathbf{P}(A_2 \cup \cdots \cup A_n) \\
&= \ldots \\
&= \mathbf{P}(A_1) + \mathbf{P}(A_2) + \cdots + \mathbf{P}(A_n)
\end{aligned}
$$

für *paarweise disjunkte* Mengen $A_1, \ldots, A_n \subseteq \Omega$, d. h. für Mengen mit $A_i \cap A_j = \emptyset$ für alle $i \ne j$ (was

$$A_k \cap (A_{k+1} \cup A_{k+2} \cup \cdots \cup A_n) = (A_k \cap A_{k+1}) \cup (A_k \cap A_{k+2}) \cup \cdots \cup (A_k \cap A_n) = \emptyset$$

impliziert). Hinsichtlich der Herleitung von theoretischen Aussagen wird es sich als sehr günstig erweisen, dies auch für Vereinigungen von abzählbar vielen paarweise disjunkten Mengen zu fordern:

$$\mathbf{P}\left(\cup_{n=1}^{\infty} A_n\right) = \sum_{n=1}^{\infty} \mathbf{P}(A_n) \quad \text{für alle } A_n \subseteq \Omega \text{ mit } A_i \cap A_j = \emptyset \text{ für alle } i \ne j.$$

Dies führt auf

Definition 4.5

Sei Ω eine nichtleere Menge. Eine Abbildung

$$\mathbf{P}\colon \mathscr{P}(\Omega) \to \mathbb{R}$$

heißt *Wahrscheinlichkeitsmaß*, falls gilt:

(i) $\mathbf{P}(A) \in [0,1]$ für alle $A \subseteq \Omega$.

(ii) $\mathbf{P}(\emptyset) = 0,\ \mathbf{P}(\Omega) = 1$.

(iii) Für alle $A \subseteq \Omega$ gilt

$$\mathbf{P}(A^c) = 1 - \mathbf{P}(A).$$

(iv) Für alle $A, B \subseteq \Omega$ mit $A \subseteq B$ gilt

$$\mathbf{P}(A) \leq \mathbf{P}(B).$$

(v) Für alle $A, B \subseteq \Omega$ mit $A \cap B = \emptyset$ gilt

$$\mathbf{P}(A \cup B) = \mathbf{P}(A) + \mathbf{P}(B).$$

(vi) Für alle $A_1, A_2, \ldots, A_n \subseteq \Omega$ mit $A_i \cap A_j = \emptyset$ für alle $i \neq j$ gilt

$$\mathbf{P}\left(\bigcup_{k=1}^{n} A_k\right) = \sum_{k=1}^{n} \mathbf{P}(A_k).$$

(vii) Für alle $A_1, A_2, \cdots \subseteq \Omega$ mit $A_i \cap A_j = \emptyset$ für alle $i \neq j$ gilt

$$\mathbf{P}\left(\bigcup_{n=1}^{\infty} A_n\right) = \sum_{n=1}^{\infty} \mathbf{P}(A_n)$$

(sogenannte σ-Additivität[5]).

In diesem Falle heißt $(\Omega, \mathscr{P}(\Omega),\ \mathbf{P})$ *Wahrscheinlichkeitsraum*, Mengen $A \subseteq \Omega$ heißen *Ereignisse*, und $\mathbf{P}(A)$ heißt *Wahrscheinlichkeit* des Ereignisses $A \subseteq \Omega$.

Die hier geforderten Eigenschaften sind z. B. im Falle $|\Omega|$ endlich und

$$\mathbf{P}\colon \mathscr{P}(\Omega) \to [0, 1], \quad \mathbf{P}(A) = \frac{|A|}{|\Omega|}$$

erfüllt (was wir uns später in Satz 4.1 klarmachen werden). Dabei ist das folgende Lemma nützlich, welches zeigt, dass man nicht alle Eigenschaften aus Definition 4.5 nachrechnen muss, um zu zeigen, dass ein Wahrscheinlichkeitsmaß vorliegt.

Lemma 4.1

Sei Ω eine nichtleere Menge. Dann ist eine Abbildung

$$\mathbf{P} \colon \mathscr{P}(\Omega) \to \mathbb{R}$$

genau dann ein Wahrscheinlichkeitsmaß, wenn sie die folgenden drei Eigenschaften hat:

1. $\mathbf{P}(A) \geq 0$ für alle $A \subseteq \Omega$.
2. $\mathbf{P}(\Omega) = 1$.
3. Für alle $A_1, A_2, \cdots \subseteq \Omega$ mit $A_i \cap A_j = \emptyset$ für alle $i \neq j$ gilt

$$\mathbf{P}\big(\cup_{n=1}^{\infty} A_n\big) = \sum_{n=1}^{\infty} \mathbf{P}(A_n).$$

Beweis Es ist klar, dass ein Wahrscheinlichkeitsmaß die Eigenschaften 1. bis 3. aus Lemma 4.1 hat. Also genügt es im Folgenden zu zeigen, dass bei Gültigkeit von 1. bis 3. die Bedingungen (i) bis (vi) aus Definition 4.5 erfüllt sind (Bedingung (vii) gilt wegen 3. ja bereits schon).

Aus 3. folgt

$$\mathbf{P}(\emptyset) = \mathbf{P}(\emptyset \cup \emptyset \cup \emptyset \cup \ldots) = \mathbf{P}(\emptyset) + \mathbf{P}(\emptyset) + \mathbf{P}(\emptyset) + \ldots$$

Mit $\mathbf{P}(\emptyset) \in \mathbb{R}$ folgt daraus $\mathbf{P}(\emptyset) = 0$, womit (ii) gezeigt ist.

Damit folgt unter erneuter Verwendung von 3., dass für $A, B \subseteq \Omega$ mit $A \cap B = \emptyset$ gilt:

$$\mathbf{P}(A \cup B) = \mathbf{P}(A \cup B \cup \emptyset \cup \emptyset \cup \ldots) = \mathbf{P}(A) + \mathbf{P}(B) + \mathbf{P}(\emptyset) + \mathbf{P}(\emptyset) + \ldots$$

$$= \mathbf{P}(A) + \mathbf{P}(B) + 0 + 0 + \cdots = \mathbf{P}(A) + \mathbf{P}(B),$$

was (v) nachweist, sowie für $A_1, \ldots, A_n \subseteq \Omega$ mit $A_i \cap A_j = \emptyset$ für alle $i \neq j$

$$\mathbf{P}(\cup_{k=1}^{n} A_k) = \mathbf{P}(A_1 \cup \cdots \cup A_n \cup \emptyset \cup \emptyset \cup \ldots)$$

$$= \mathbf{P}(A_1) + \cdots + \mathbf{P}(A_n) + \mathbf{P}(\emptyset) + \mathbf{P}(\emptyset) + \ldots$$

$$= \mathbf{P}(A_1) + \cdots + \mathbf{P}(A_n) + 0 + 0 + \ldots$$

$$= \mathbf{P}(A_1) + \cdots + \mathbf{P}(A_n),$$

womit (vi) gezeigt ist.

Mit $A \cup A^c = \Omega$, $A \cap A^c = \emptyset$ und 2. folgt weiter

$$\mathbf{P}(A) + \mathbf{P}(A^c) = \mathbf{P}(A \cup A^c) = \mathbf{P}(\Omega) = 1,$$

also gilt für $A \subseteq \Omega$: $\mathbf{P}(A^c) = 1 - \mathbf{P}(A)$, womit (iii) gezeigt ist. Letzteres impliziert insbesondere

$$\mathbf{P}(A) = 1 - \mathbf{P}(A^c) \leq 1 - 0 = 1,$$

und damit ist (i) bewiesen. Schließlich gilt für $A, B \subseteq \Omega$ mit $A \subseteq B$ auch $(B \setminus A) \cap A = \emptyset$ und $\mathbf{P}(B \setminus A) \geq 0$, was

$$\mathbf{P}(B) = \mathbf{P}((B \setminus A) \cup A) = \mathbf{P}(B \setminus A) + \mathbf{P}(A) \geq \mathbf{P}(A)$$

impliziert, womit auch noch die Beziehung (iv) gezeigt ist. $\square$

Einige weitere nützliche Eigenschaften von Wahrscheinlichkeitsmaßen sind zusammengefasst in

Lemma 4.2
Sei $(\Omega, \mathscr{P}(\Omega), \mathbf{P})$ ein Wahrscheinlichkeitsraum.

a) Sind $A, B \subseteq \Omega$ mit $A \subseteq B$, so gilt:

$$\mathbf{P}(B \setminus A) = \mathbf{P}(B) - \mathbf{P}(A).$$

b) Sind $A_1, A_2, \cdots \subseteq \Omega$, so gilt für jedes $n \in \mathbb{N}$

$$\mathbf{P}\left(\cup_{i=1}^n A_i\right) \leq \sum_{i=1}^n \mathbf{P}(A_i)$$

sowie

$$\mathbf{P}\left(\cup_{i=1}^\infty A_i\right) \leq \sum_{i=1}^\infty \mathbf{P}(A_i).$$

c) Sind $A, B \subseteq \Omega$, so gilt

$$\mathbf{P}(A \cup B) = \mathbf{P}(A) + \mathbf{P}(B) - \mathbf{P}(A \cap B).$$

d) Sind $A_1, \ldots, A_n \subseteq \Omega$, so gilt

$$\mathbf{P}(A_1 \cup A_2 \cup \cdots \cup A_n)$$

$$= \sum_{i=1}^n \mathbf{P}(A_i) - \sum_{1 \leq i < j \leq n} \mathbf{P}(A_i \cap A_j) + \sum_{1 \leq i < j < k \leq n} \mathbf{P}(A_i \cap A_j \cap A_k) - + \ldots$$

$$+ (-1)^{n-1} \mathbf{P}(A_1 \cap A_2 \cap \cdots \cap A_n).$$

Beweis a) Aus $A \subseteq B$ folgt $B = (B \setminus A) \cup A$, wobei die beiden Mengen auf der rechten Seite leeren Schnitt haben. Dies impliziert

$$\mathbf{P}(B) = \mathbf{P}((B \setminus A) \cup A) = \mathbf{P}(B \setminus A) + \mathbf{P}(A)$$

bzw.

$$\mathbf{P}(B \setminus A) = \mathbf{P}(B) - \mathbf{P}(A).$$

b) Für $A, B \subseteq \Omega$ gilt

$$\mathbf{P}(A \cup B) = \mathbf{P}(A \cup (B \setminus A)) = \mathbf{P}(A) + \mathbf{P}(B \setminus A) \leq \mathbf{P}(A) + \mathbf{P}(B),$$

wobei die letzte Ungleichung nach Bedingung (iv) aus Definition 4.5 gilt. Mit Induktion ergibt sich der erste Teil von b).

Für den zweiten Teil von b) schließt man analog:

$$\mathbf{P}\left(\bigcup_{i=1}^{\infty} A_i\right) = \mathbf{P}\left(A_1 \cup \bigcup_{i=2}^{\infty} A_i \setminus (A_1 \cup \cdots \cup A_{i-1})\right)$$

$$= \mathbf{P}(A_1) + \sum_{i=2}^{\infty} \mathbf{P}(A_i \setminus (A_1 \cup \cdots \cup A_{i-1}))$$

$$\leq \sum_{i=1}^{\infty} \mathbf{P}(A_i).$$

c) folgt aus

$$\mathbf{P}(A \cup B)$$

$$= \mathbf{P}((A \setminus (A \cap B)) \cup (B \setminus (A \cap B)) \cup (A \cap B))$$

$$= \mathbf{P}(A \setminus (A \cap B)) + \mathbf{P}(B \setminus (A \cap B)) + \mathbf{P}(A \cap B)$$

$$\stackrel{a)}{=} \mathbf{P}(A) - \mathbf{P}(A \cap B) + \mathbf{P}(B) - \mathbf{P}(B \cap A) + \mathbf{P}(A \cap B)$$

$$= \mathbf{P}(A) + \mathbf{P}(B) - \mathbf{P}(A \cap B).$$

Mit (schreibtechnisch etwas aufwendiger) Induktion folgt d) aus c), vgl. Aufgabe 4.4. □

Will man auch für Beispiel 4.3 einen Wahrscheinlichkeitsraum (mit den Eigenschaften aus Definition 4.5) konstruieren, so stößt man auf das folgende technische Problem: Man kann zeigen, dass keine Abbildung $\mathbf{P} \colon \mathscr{P}([0,5]) \to [0,1]$ existiert, für die einerseits

$$\mathbf{P}([a,b)) = \frac{b-a}{5} \quad \text{für alle } 0 \leq a < b \leq 5$$

gilt und die andererseits ein Wahrscheinlichkeitsmaß ist, d. h., für die die Eigenschaften (i) bis (vii) aus der obigen Definition erfüllt sind.[6]

Um dieses Problem zu umgehen, werden wir im Folgenden den Definitionsbereich der Abbildung $\mathbf{P} \colon \mathscr{P}(\Omega) \to \mathbb{R}$ zu einer Menge $\mathscr{A}$ verkleinern. Diese Menge, die die Menge aller Teilmengen von Ω beschreibt, für die wir Wahrscheinlichkeiten festlegen können, nehmen wir mit in die Definition des Wahrscheinlichkeitsraumes auf. Unser Wahrscheinlichkeitsraum wird dann als Tripel

$$(\Omega, \mathscr{A}, \mathbf{P})$$

definiert, wobei Ω eine nichtleere Menge ist, $\mathscr{A}$ eine geeignet gewählte Menge von Teilmengen von Ω ist und $\mathbf{P} \colon \mathscr{A} \to \mathbb{R}$ die Wahrscheinlichkeiten der Mengen in $\mathscr{A}$ festlegt.

Diese erweiterte Definition beschreiben wir in Abschn. 4.4. Da sie technisch etwas schwieriger als der bisherige Stoff ist, kann der mathematisch nicht so interessierte Leser diesen Abschnitt beim ersten Lesen überspringen. Zum Verständnis der darauf aufbauenden Resultate kann man sich dann bei Wahrscheinlichkeitsräumen $(\Omega, \mathscr{A}, \mathbf{P})$ jeweils das $\mathscr{A}$ als durch $\mathscr{P}(\Omega)$ ersetzt denken.

4.4   Der Begriff der σ-Algebra

Wie wir bereits gesehen haben, können wir für endliches oder abzählbar unendliches Ω immer problemlos Wahrscheinlichkeiten für alle Teilmengen von Ω bestimmen. Für die Theorie wird es später aber wichtig sein, dass wir auch Wahrscheinlichkeitsräume mit Grundmenge $\Omega = \mathbb{R}$ zur Verfügung haben. Bei diesen können wir in aller Regel nicht für alle Teilmengen von $\mathbb{R}$ sinnvoll Wahrscheinlichkeiten festlegen. Um dieses Problem zu umgehen, legt man in solchen Fällen nicht die Wahrscheinlichkeiten für *alle* Teilmengen von Ω fest, sondern nur für einen möglichst „großen" Teil dieser Mengen. Im Folgenden werden wir uns zuerst sinnvolle Forderungen an die Menge $\mathscr{A}$ der Teilmengen von Ω überlegen, für die wir Wahrscheinlichkeiten festlegen wollen.

Zunächst einmal sollte die Menge $\mathscr{A}$ aller Ereignisse, für die man Wahrscheinlichkeiten festlegt, zumindest $\emptyset$ und Ω enthalten, da man für diese beiden Mengen ohne Probleme die Wahrscheinlichkeit festlegen kann. Die leere Menge $\emptyset$ beschreibt das sogenannte unmögliche Ereignis, welches nie eintritt und dem man daher die Wahrscheinlichkeit Null zuweisen kann. Die gesamte Grundmenge Ω steht für das Ereignis, das immer eintritt und dem man die Wahrscheinlichkeit Eins zuordnen kann. Dann sollte mit zwei Ereignissen A und B aus $\mathscr{A}$ auch $A \cup B$, $A \cap B$ und $A^c = \Omega \setminus A$ in $\mathscr{A}$ enthalten sein, denn wenn es möglich ist, die Wahrscheinlichkeiten zweier Ereignisse A und B festzulegen, dann sollte es genauso möglich sein, die Wahrscheinlichkeiten festzulegen, dass ein $\omega \in A \cup B$ eintritt (d. h., A oder B treten ein), dass ein $\omega \in A \cap B$ eintritt (d. h., A und B treten ein) und dass ein $\omega \in A^c$ eintritt (d. h., A tritt nicht ein). Hierbei heißt A^c das *komplementäre Ereignis zu A*..

Schließlich ist es aus technischen Gründen (in Zusammenhang mit asymptotischen Aussagen) sinnvoll zu forden, dass die sukzessive Anwendung von abzählbar vielen Mengenoperationen wie Vereinigung, Schnitt und Komplementbildung auf Ereignisse aus $\mathscr{A}$ wieder eine Menge ergibt, die in $\mathscr{A}$ liegt. Dies führt auf den Begriff der sogenannten σ-Algebra:

Definition 4.6

Sei Ω eine nichtleere Menge. Eine Menge $\mathscr{A}$ von Teilmengen von Ω heißt
σ-*Algebra* (über Ω), falls gilt:

(i) $\emptyset \in \mathscr{A}$ und $\Omega \in \mathscr{A}$.
(ii) Aus $A \in \mathscr{A}$ folgt $A^c := \Omega \setminus A \in \mathscr{A}$.
(iii) Aus $A, B \in \mathscr{A}$ folgt $A \cup B \in \mathscr{A}$, $A \cap B \in \mathscr{A}$ und $A \setminus B \in \mathscr{A}$.
(iv) Sind $A_1, A_2, \cdots \in \mathscr{A}$, so ist auch $\cup_{n=1}^{\infty} A_n \in \mathscr{A}$ und $\cap_{n=1}^{\infty} A_n \in \mathscr{A}$.

Eine σ-Algebra ist also eine Menge von Teilmengen von Ω, die $\emptyset$ und Ω enthält und bei der die Anwendung von endlich oder abzählbar unendlich vielen der üblichen Mengenoperationen auf Mengen aus der σ-Algebra immer wieder eine Menge ergibt, die in der σ-Algebra enthalten ist.

▶ **Beispiel 4.12**   a) Wir betrachten das Werfen eines Würfels. Als Augenzahl kann dabei eine der Zahlen 1, …, 6 auftreten, sodass man $\Omega = \{1, 2, 3, 4, 5, 6\}$ setzt. Als σ-Algebren kommen dann Teilmengen der Potenzmenge von Ω infrage, d.h. Mengen, deren Elemente wieder Mengen sind, und zwar Teilmengen von Ω. Hier ist $\mathscr{A} = \{\emptyset, \{1\}, \Omega\}$ keine σ-Algebra über Ω, da

$$\{1\} \in \mathscr{A} \quad \text{aber } \{1\}^c = \{2, 3, 4, 5, 6\} \notin \mathscr{A}.$$

Wie man leicht sieht, erfüllt dagegen $\mathscr{A} = \{\emptyset, \{1, 3, 5\}, \{2, 4, 6\}, \Omega\}$ die Bedingungen aus Definition 4.6 und ist daher eine σ-Algebra über Ω.

b) Sei $\Omega \neq \emptyset$ beliebig. Dann sind $\{\emptyset, \Omega\}$ und $\mathscr{P}(\Omega)$ σ-Algebren über Ω, da bei diesen trivialerweise alle Bedingungen aus Definition 4.6 erfüllt sind. Wegen (i) ist $\{\emptyset, \Omega\}$ in jeder σ-Algebra über Ω enthalten und in diesem Sinne die „kleinste" σ-Algebra über Ω. Nach Definition ist außerdem jede σ-Algebra über Ω in $\mathscr{P}(\Omega)$ enthalten. In diesem Sinne ist $\mathscr{P}(\Omega)$ die „größte" σ-Algebra über Ω.

Ist die Grundmenge wie im ersten Beispiel oben endlich oder abzählbar unendlich, so wird in Anwendungen immer die σ-Algebra $\mathscr{A} = \mathscr{P}(\Omega)$ verwendet.

Im Spezialfall $\Omega = \mathbb{R}$ gilt jedoch, dass $\mathscr{A} = \mathscr{P}(\mathbb{R})$ für die Festlegung von Wahrscheinlichkeiten meist zu groß ist, d.h., die Tatsache, dass $\mathscr{P}(\mathbb{R})$ eine σ-Algebra

ist, reicht hier nicht aus, um stets Wahrscheinlichkeiten für Ereignisse in $\mathscr{A}$ festlegen zu können. Da es jedoch, wie schon erwähnt, für die weitere Entwicklung
der Theorie entscheidend ist, auch Wahrscheinlichkeitsräume mit (überabzählbarer)
Grundmenge $\mathbb{R}$ zur Verfügung zu haben, verwendet man statt $\mathscr{P}(\mathbb{R})$:

$\mathscr{A}$ = kleinste σ-Algebra, die alle Intervalle der Form $(a, b] := \{x \in \mathbb{R} : a < x \leq b\}$ $(a, b \in \mathbb{R})$
enthält.

Formal kann man diese kleinste σ-Algebra definieren als Menge bestehend aus
all denjenigen Teilmengen von $\mathbb{R}$, die die Eigenschaft haben, dass sie in allen σ-
Algebren, die alle Intervalle der Form $(a, b]$ $(a, b \in \mathbb{R})$ enthalten, enthalten sind.
Nach Definition sind Mengen aus dieser σ-Algebra in jeder σ-Algebra enthalten,
die alle Intervalle der Form $(a, b]$ $(a, b \in \mathbb{R})$ enthält. Darüber hinaus kann man leicht
zeigen, dass es sich bei dieser Menge von Mengen um eine σ-Algebra handelt (z. B.
enthält sie die leere Menge, da diese ja nach Definition in jeder der σ-Algebren, die
alle Intervalle enthalten, enthalten ist).[7]

Man bezeichnet diese σ-Algebra als *Borelsche σ-Algebra* über $\mathbb{R}$ und verwendet dafür die Abkürzung $\mathscr{B}$. Man kann zeigen, dass sie alle in der Praxis
vorkommenden Teilmengen von $\mathbb{R}$ (wie z. B. Einpunktmengen, abzählbare Mengen,
Intervalle, offene Mengen, abgeschlossene Mengen, . . .) enthält.[8]

Wir erweitern nun den Begriff des Wahrscheinlichkeitsraums aus Definition 4.5,
indem wir Wahrscheinlichkeiten nicht mehr für alle Teilmengen von Ω festlegen,
sondern nur für diejenigen, die in einer vorgegebenen σ-Algebra enthalten sind.

Definition 4.7

(Endgültige Definition des Wahrscheinlichkeitsmaßes).
Sei Ω eine nichtleere Menge und $\mathscr{A}$ eine σ-Algebra über Ω. Eine Abbildung

$$\mathbf{P} : \mathscr{A} \to \mathbb{R}$$

heißt *Wahrscheinlichkeitsmaß*, falls gilt:

(i) $\mathbf{P}(A) \in [0,1]$ für alle $A \in \mathscr{A}$.

(ii) $\mathbf{P}(\emptyset) = 0, \mathbf{P}(\Omega) = 1$.

(iii) Für alle $A \in \mathscr{A}$ gilt
$$\mathbf{P}(A^c) = 1 - \mathbf{P}(A).$$

(iv) Für alle $A, B \in \mathscr{A}$ mit $A \subseteq B$ gilt

$$\mathbf{P}(A) \leq \mathbf{P}(B).$$

(v) Für alle $A, B \in \mathscr{A}$ mit $A \cap B = \emptyset$ gilt

$$\mathbf{P}(A \cup B) = \mathbf{P}(A) + \mathbf{P}(B).$$

(vi) Für alle $A_1, A_2, \ldots, A_n \in \mathscr{A}$ mit $A_i \cap A_j = \emptyset$ für alle $i \neq j$ gilt

$$\mathbf{P}\left(\bigcup_{k=1}^{n} A_k\right) = \sum_{k=1}^{n} \mathbf{P}(A_k).$$

(vii) Für alle $A_1, A_2, \cdots \in \mathscr{A}$ mit $A_i \cap A_j = \emptyset$ für alle $i \neq j$ gilt

$$\mathbf{P}\left(\bigcup_{n=1}^{\infty} A_n\right) = \sum_{n=1}^{\infty} \mathbf{P}(A_n)$$

(sogenannte σ-Additivität).

In diesem Falle heißt $(\Omega, \mathscr{A}, \mathbf{P})$ *Wahrscheinlichkeitsraum*, die Mengen $A \in \mathscr{A}$ heißen *Ereignisse*, und $\mathbf{P}(A)$ heißt *Wahrscheinlichkeit* des Ereignisses $A \in \mathscr{A}$.

Für die Wahl der σ-Algebra ist es im Falle einer endlichen oder abzählbar unendlichen Grundmenge Ω üblich, $\mathscr{A} = \mathscr{P}(\Omega)$ zu setzen. Im Falle von $\Omega = \mathbb{R}$ wählt man meistens $\mathscr{A} = \mathscr{B}$, d. h., man wählt die oben eingeführte Borelsche σ-Algebra. Dies hat den Vorteil, dass man z. B. ein Wahrscheinlichkeitsmaß $\mathbf{P} : \mathscr{B} \rightarrow [0, 1]$ konstruieren kann mit

$$\mathbf{P}([a, b]) = \mathbf{P}((a, b)) = \mathbf{P}([a, b)) = \mathbf{P}((a, b]) = \frac{b - a}{5} \quad \text{für alle } 0 \leq a < b \leq 5.$$

Dieses kann dann zur Beschreibung der Situation in Beispiel 4.3 verwendet werden.[9]

Wie schon im Falle von Definition 4.5 muss man auch in Definition 4.7 nicht alle Beziehungen nachrechnen, um zu zeigen, dass ein Wahrscheinlichkeitsmaß vorliegt. Analog zu Lemma 4.1 kann man nämlich zeigen:

Lemma 4.3

Sei Ω eine nichtleere Menge und $\mathscr{A}$ eine σ-Algebra über Ω. Dann ist eine Abbildung

$$\mathbf{P} : \mathscr{A} \rightarrow \mathbb{R}$$

genau dann ein Wahrscheinlichkeitsmaß, wenn sie die drei folgenden Eigenschaften hat:

1. $\mathbf{P}(A) \geq 0$ für alle $A \in \mathscr{A}$.
2. $\mathbf{P}(\Omega) = 1$.

3. Für alle $A_1, A_2, \cdots \in \mathscr{A}$ mit $A_i \cap A_j = \emptyset$ für alle $i \neq j$ gilt

$$\mathbf{P}\big(\cup_{n=1}^{\infty} A_n\big) = \sum_{n=1}^{\infty} \mathbf{P}(A_n).$$

Beweis Analog zum Beweis von Lemma 4.1.   □

Des Weiteren gelten auch wieder die Eigenschaften aus Lemma 4.2:

Lemma 4.4

Sei $(\Omega, \mathscr{A}, \mathbf{P})$ ein Wahrscheinlichkeitsraum.

a) Sind $A, B \in \mathscr{A}$ mit $A \subseteq B$, so gilt:

$$\mathbf{P}(B \setminus A) = \mathbf{P}(B) - \mathbf{P}(A).$$

b) Sind $A_1, A_2, \cdots \in \mathscr{A}$, so gilt für jedes $n \in \mathbb{N}$

$$\mathbf{P}\big(\cup_{i=1}^{n} A_i\big) \leq \sum_{i=1}^{n} \mathbf{P}(A_i)$$

sowie

$$\mathbf{P}\big(\cup_{i=1}^{\infty} A_i\big) \leq \sum_{i=1}^{\infty} \mathbf{P}(A_i)$$

c) Sind $A, B \in \mathscr{A}$, so gilt

$$\mathbf{P}(A \cup B) = \mathbf{P}(A) + \mathbf{P}(B) - \mathbf{P}(A \cap B).$$

d) Sind $A_1, \ldots, A_n \in \mathscr{A}$, so gilt

$$\mathbf{P}(A_1 \cup A_2 \cup \cdots \cup A_n)$$

$$= \sum_{i=1}^{n} \mathbf{P}(A_i) - \sum_{1 \leq i < j \leq n} \mathbf{P}(A_i \cap A_j) + \sum_{1 \leq i < j < k \leq n} \mathbf{P}(A_i \cap A_j \cap A_k) - + \ldots$$

$$+ (-1)^{n-1} \mathbf{P}(A_1 \cap A_2 \cap \cdots \cap A_n).$$

Beweis Analog zum Beweis von Lemma 4.2.   □

Abschließend zeigen wir noch ein technisches Hilfsresultat, das wir in Kap. 5 benötigen werden.

Lemma 4.5 (Erstes Lemma von Borel und Cantelli).

Sei $(\Omega, \mathscr{A}, \mathbf{P})$ ein Wahrscheinlichkeitsraum und sei $(A_n)_n$ eine Folge von Ereignissen mit

$$\sum_{n=1}^{\infty} \mathbf{P}(A_n) < \infty.$$

Dann gilt

$$\mathbf{P}\big(\cap_{n=1}^{\infty} \cup_{k=n}^{\infty} A_k\big) = 0.$$

Im obigen Lemma tritt das Ereignis

$$\cap_{n=1}^{\infty} \cup_{k=n}^{\infty} A_k$$

genau dann ein, wenn unendlich viele der A_k gleichzeitig eintreten (da genau dann für jedes $n \in \mathbb{N}$ mindestens ein $k \geq n$ existiert, für das A_k eintritt). Dieses Ereignis wird auch als Limes superior

$$\limsup A_n := \cap_{n=1}^{\infty} \cup_{k=n}^{\infty} A_k$$

der Ereignisse $A_1, A_2, \ldots$ bezeichnet.

Beweis von Lemma 4.5. Für beliebiges $N \in \mathbb{N}$ gilt

$$\cap_{n=1}^{\infty} \cup_{k=n}^{\infty} A_k \subseteq \cup_{k=N}^{\infty} A_k,$$

woraus folgt

$$\mathbf{P}\big(\cap_{n=1}^{\infty} \cup_{k=n}^{\infty} A_k\big) \leq \mathbf{P}\big(\cup_{k=N}^{\infty} A_k\big) \overset{Lemma\,4.4b)}{\leq} \sum_{k=N}^{\infty} \mathbf{P}(A_k) \to 0 \quad (N \to \infty),$$

da $\sum_{n=1}^{\infty} \mathbf{P}(A_n) < \infty$. $\qquad\qquad\square$

4.5 Der Laplacesche Wahrscheinlichkeitsraum

In diesem Abschnitt betrachten wir Zufallsexperimente, bei denen zum einen nur endlich viele Werte als mögliches Ergebnis infrage kommen und zum anderen jeder einzelne dieser Werte mit der gleichen Wahrscheinlichkeit auftritt. Solche Zufallsexperimente modelliert man durch die im nächsten Satz beschriebenen Laplaceschen Wahrscheinlichkeitsräume.

Satz 4.1

Sei Ω eine (nichtleere) endliche Menge und $\mathbf{P}: \mathscr{P}(\Omega) \to [0,1]$ definiert durch

$$\mathbf{P}(A) = \frac{|A|}{|\Omega|} \quad (A \subseteq \Omega).$$

Dann ist $(\Omega, \mathscr{P}(\Omega), \mathbf{P})$ ein Wahrscheinlichkeitsraum. In diesem gilt

$$\mathbf{P}(\{\omega\}) = \frac{1}{|\Omega|}$$

für alle $\omega \in \Omega$.

Beweis Zu zeigen ist, dass $\mathbf{P}: \mathscr{P}(\Omega) \to [0, 1]$ ein Wahrscheinlichkeitsmaß ist. Es gilt $\mathbf{P}(A) \geq 0$ für alle $A \subseteq \Omega$ und

$$\mathbf{P}(\Omega) = \frac{|\Omega|}{|\Omega|} = 1.$$

Da darüber hinaus die Anzahl der Elemente einer Vereinigung von nicht überlappenden Mengen gleich der Summe der Anzahlen der Elemente in den einzelnen Mengen ist, ist $\mathbf{P}$ auch σ-additiv. Mit Lemma 4.1 folgt daraus die Behauptung. $\quad\square$

Definition 4.8

Der Wahrscheinlichkeitsraum aus Satz 4.1 heißt *Laplacescher Wahrscheinlichkeitsraum*.

Bemerkung

In einem Laplaceschen Wahrscheinlichkeitsraum gilt für beliebiges $A \subseteq \Omega$:

$$\mathbf{P}(A) = \frac{|A|}{|\Omega|} = \frac{\text{„Anzahl der für } A \text{ günstigen Fälle“}}{\text{„Anzahl der möglichen Fälle“}}.$$

Im Folgenden werden zwei (einfache) Beispiele für Laplacesche Wahrscheinlichkeitsräume betrachtet.

▶   **Beispiel 4.13** Eine echte Münze wird viermal unbeeinflusst voneinander geworfen. Wie groß ist die Wahrscheinlichkeit, dass dabei mindestens einmal die Münze mit „Kopf nach oben" landet?

Das zugrunde liegende Zufallsexperiment lässt sich beschreiben durch einen Laplaceschen Wahrscheinlichkeitsraum mit Grundmenge

$$\Omega = \{(\omega_1, \omega_2, \omega_3, \omega_4) \ : \ \omega_i \in \{0,1\} \quad (i = 1, \ldots, 4)\}.$$

Hierbei steht $\omega_i = 0$ für „i-te Münze landet mit Kopf nach oben" und $\omega_i = 1$ für „i-te Münze landet mit Zahl nach oben". Da hierbei jeder Wert $(\omega_1, \omega_2, \omega_3, \omega_4)$ mit der gleichen Wahrscheinlichkeit $1/|\Omega|$ auftritt, verwendet man zur stochastischen Modellierung einen Laplaceschen Wahrscheinlichkeitsraum, d. h. einen Wahrscheinlichkeitsraum $(\Omega, \mathscr{P}(\Omega), \mathbf{P})$ mit

$$\mathbf{P}(A) = \frac{|A|}{|\Omega|} = \frac{|A|}{2^4} \quad (A \subseteq \Omega).$$

Sei A das Ereignis, dass mindestens einmal Kopf auftritt. Dann gilt:

$$\mathbf{P}(A) = 1 - \mathbf{P}(A^c) = 1 - \mathbf{P}(\{(1,1,1,1)\}) = 1 - \frac{1}{2^4} = \frac{15}{16}.$$

▶ **Beispiel 4.14** In einer Fernsehshow wird folgendes Glücksspiel angeboten: Versteckt hinter drei Türen befinden sich ein Auto und zwei Ziegen. Im ersten Schritt deutet der Spieler (in zufälliger Weise) auf eine der drei Türen, die aber geschlossen bleibt. Dann öffnet der Spielleiter eine der beiden anderen Türen, hinter der sich eine Ziege befindet. Im zweiten Schritt wählt der Spieler eine der beiden noch geschlossenen Türen. Befindet sich dahinter das Auto, so hat er dieses gewonnen.

Im Folgenden wollen wir wissen, ob der Spieler seine Gewinnchance erhöht, wenn er seine im ersten Schritt getroffene Wahl verändert. Dazu wollen wir die Wahrscheinlichkeiten bestimmen, dass der Spieler das Auto gewinnt, sofern er im zweiten Schritt

a) seine im ersten Schritt getroffene Wahl beibehält,
b) seine im ersten Schritt getroffene Wahl aufgibt und die andere geschlossene Tür wählt.

Wir nummerieren die Türen von 1 bis 3 durch. Der Einfachheit halber wird davon ausgegangen, dass der Spielleiter die Tür mit dem kleineren Index öffnet, sofern er zwei Möglichkeiten zum Öffnen hat (was der Spieler allerdings nicht weiß und daher bei der Wahl der optimalen Tür auch nicht ausnutzen kann).

Zur Bestimmung der beiden Wahrscheinlichkeiten wird das obige Zufallsexperiment beschrieben durch einen Wahrscheinlichkeitsraum mit Grundmenge

$$\Omega = \{(\omega_1, \omega_2) : \omega_1, \omega_2 \in \{1,2,3\}\}.$$

Hierbei ist ω_1 die Nummer der Tür, hinter der sich das Auto befindet, und ω_2 die Nummer der Tür, auf die der Spieler tippt. Da jeder Wert (ω_1, ω_2) mit der gleichen Wahrscheinlichkeit $1/|\Omega|$ auftritt, wird zur stochastischen Modellierung wieder ein

Tab. 4.2 Spielverlauf in Beispiel 4.14

Auto ist hinter Tür ω_1	Spieler tippt auf Tür ω_2	Spielleiter öffnet	Spieler tippt bei a) auf	Gewinn bei a)	Spieler tippt bei b) auf	Gewinn bei b)
1	1	2	1	Ja	3	Nein
1	2	3	2	Nein	1	Ja
1	3	2	3	Nein	1	Ja
2	1	3	1	Nein	2	Ja
2	2	1	2	Ja	3	Nein
2	3	1	3	Nein	2	Ja
3	1	2	1	Nein	3	Ja
3	2	1	2	Nein	3	Ja
3	3	1	3	Ja	2	Nein

Laplacescher Wahrscheinlichkeitsraum verwendet, d. h. ein Wahrscheinlichkeits-raum $(\Omega, \mathscr{P}(\Omega), \mathbf{P})$ mit

$$\mathbf{P}(A) = \frac{|A|}{|\Omega|} = \frac{|A|}{9} \quad \text{für } A \subseteq \Omega.$$

Seien nun A bzw. B die Ereignisse, dass der Spieler bei Strategie a) bzw. b) das Auto gewinnt. Zur Bestimmung von $|A|$ bzw. $|B|$ betrachtet man alle 9 Elemente von Ω und bestimmt jeweils, ob der Spieler das Auto bei Strategie a) bzw. b) gewinnt oder nicht, was wir in Tab. 4.2 durchführen. Aus dieser liest man ab:

$$A = \{(1,1),(2,2),(3,3)\} \text{ und } B = \{(1,2),(1,3),(2,1),(2,3),(3,1),(3,2)\},$$

und damit erhält man

$$\mathbf{P}(A) = \frac{|A|}{|\Omega|} = \frac{3}{9} = \frac{1}{3} \quad \text{und} \quad \mathbf{P}(B) = \frac{|B|}{|\Omega|} = \frac{6}{9} = \frac{2}{3}.$$

Damit verdoppelt sich die Gewinnchance des Spielers, wenn er seine im ersten Schritt getroffene Wahl nicht beibehält.

4.6 Wahrscheinlichkeitsräume mit Zähldichten

Als Nächstes betrachten wir eine allgemeine Definitionsmöglichkeit für Wahr-scheinlichkeitsräume mit endlicher oder abzählbar unendlicher Grundmenge Ω. Hier lässt sich jede beliebige Menge $A \subseteq \Omega$ als endliche oder abzählbar unendliche Vereinigung von Einpunktmengen schreiben:

$$A = \bigcup_{\omega \in A} \{\omega\}.$$

Ist $\mathbf{P}\colon \mathscr{P}(\Omega) \to \mathbb{R}$ ein Wahrscheinlichkeitsmaß, so folgt daraus aufgrund der σ-Additivität von $\mathbf{P}$:

$$\mathbf{P}(A) = \sum_{\omega \in A} \mathbf{P}(\{\omega\}),$$

d. h., $\mathbf{P}\colon \mathscr{P}(\Omega) \to \mathbb{R}$ ist bereits durch die Werte $\mathbf{P}(\{\omega\})$ ($\omega \in \Omega$) festgelegt. Wir zeigen in dem folgenden Satz 4.2, dass die obige Beziehung auch zur Definition von Wahrscheinlichkeitsmaßen ausgehend von den Werten $\mathbf{P}(\{\omega\})$ ($\omega \in \Omega$) verwendet werden kann.

Satz 4.2

Sei $\Omega = \{x_1, x_2, \ldots\}$ eine abzählbar unendliche Menge und $(p_k)_{k \in \mathbb{N}}$ eine Folge reeller Zahlen mit

$$0 \le p_k \le 1 \quad (k \in \mathbb{N}) \quad \text{und} \quad \sum_{k=1}^{\infty} p_k = 1.$$

Dann wird durch $(\Omega, \mathscr{P}(\Omega), \mathbf{P})$ mit

$$\mathbf{P}(A) := \sum_{k: x_k \in A} p_k \quad (A \subseteq \Omega) \tag{4.4}$$

ein Wahrscheinlichkeitsraum definiert. Hierbei gilt

$$\mathbf{P}(\{x_k\}) = p_k \quad (k \in \mathbb{N}),$$

d. h., p_k gibt die Wahrscheinlichkeit an, dass x_k das Ergebnis des Zufallsexperiments ist.

Beweis Wir begründen zuerst, dass durch (4.4) in der Tat eine wohldefinierte Funktion $\mathbf{P}\colon \mathscr{P}(\Omega) \to \mathbb{R}$ festgelegt wird. Dazu muss gezeigt werden, dass für jedes $A \subseteq \Omega$ durch

$$\sum_{k: x_k \in A} p_k$$

in eindeutiger Weise eine reelle Zahl festgelegt ist. Im Falle $|A| < \infty$ ist dies klar, da es sich bei der obigen Summe dann um eine endliche Summe handelt und endliche Summen niemals von der Summationsreihenfolge abhängen. Im Falle $|A| = \infty$ ist die obige Summe dagegen eine unendliche Reihe, von der erstens gezeigt werden muss, dass sie konvergiert, und von der zweitens gezeigt werden muss, dass der Grenzwert nicht von der (oben nicht eindeutig festgelegten) Summationsreihenfolge abhängt. Letzteres gilt, da bei Reihen von nichtnegativen Zahlen die Summationsreihenfolge keine Rolle spielt (vgl. Lemma A.2). Aus der Nichtnegativität der p_k

folgt weiter auch die Existenz der Summe, da jede monoton wachsende Folge (im eigentlichen oder uneigentlichen Sinne) konvergiert. Schließlich muss wegen

$$\sum_{k=1}^{\infty} p_k = 1$$

der Grenzwert eine reelle Zahl (kleiner oder gleich Eins) sein.

Damit können wir die Behauptung aus Lemma 4.1 folgern, sofern wir noch zeigen:

(i) $\mathbf{P}(A) \geq 0$ für alle $A \subseteq \Omega$.
(ii) $\mathbf{P}(\Omega) = 1$.
(iii) $\mathbf{P}$ ist σ-additiv.

Wegen $p_k \geq 0$ ($k \in \mathbb{N}$) gilt für beliebiges $A \subseteq \Omega$:

$$\mathbf{P}(A) = \sum_{k:x_k \in A} p_k \geq 0.$$

Weiter gilt nach Voraussetzung des Satzes

$$\mathbf{P}(\Omega) = \sum_{k:x_k \in \Omega} p_k = \sum_{k=1}^{\infty} p_k = 1.$$

Zum Nachweis von (iii) betrachten wir Mengen $A_1, A_2, \cdots \subseteq \Omega$ mit $A_i \cap A_j = \emptyset$ für alle $i \neq j$. Zu zeigen ist

$$\mathbf{P}\left(\cup_{j=1}^{\infty} A_j\right) = \sum_{j=1}^{\infty} \mathbf{P}(A_j).$$

Mit der Definition von $\mathbf{P}$ folgt

$$\text{linke Seite} = \sum_{k:x_k \in \cup_{j=1}^{\infty} A_j} p_k$$

und

$$\text{rechte Seite} = \sum_{j=1}^{\infty} \sum_{k:x_k \in A_j} p_k.$$

Bei beiden Summen summiert man alle p_k auf, für die x_k in einer der Mengen A_j ist. Unterschiedlich sind die beiden Summen nur hinsichtlich der Reihenfolge, in der die p_k aufsummiert werden. Da aber (wie oben bereits erwähnt) bei endlichen oder abzählbar unendlichen Summen mit nichtnegativen Summanden die Reihenfolge der Summation keine Rolle spielt, stimmen beide Werte überein.   □

Gemäß obigem Satz kann also ein Wahrscheinlichkeitsraum bereits durch Vorgabe einer Folge von nichtnegativen Zahlen, die zu Eins summieren, eindeutig bestimmt werden. Aus dem Beweis des Satzes ist unmittelbar klar, dass er analog auch für endliche Grundmengen $\Omega = \{x_1, \ldots, x_N\}$ und $0 \leq p_k$ ($k = 1, \ldots, N$) mit $\sum_{k=1}^{N} p_k = 1$ gilt.

Definition 4.9

Die Folge $(p_k)_{k \in \mathbb{N}}$ (bzw. $(p_k)_{k=1,\ldots,N}$ im Falle einer N-elementigen Grundmenge) heißt *Zähldichte* des Wahrscheinlichkeitsmaßes **P** in Satz 4.2.

Zur Illustration betrachten wir das folgende

▶ **Beispiel 4.15** Sonntagsfrage
Bei einer telefonischen Umfrage (mit rein zufällig gewählten Telefonnummern) werden n Personen gefragt, welche Partei sie wählen würden, wenn nächsten Sonntag Bundestagswahl wäre. Es sei $p \in [0, 1]$ der prozentuale Anteil desjenigen Teils der gesamten Bevölkerung, der SPD wählen würde. Wie groß ist dann die Wahrscheinlichkeit, dass der relative Anteil der SPD-Wähler unter den Befragten vom Wert p in der gesamten Bevölkerung um nicht mehr als 1 % abweicht?

Wir ermitteln zunächst die Wahrscheinlichkeit dafür, dass genau k der Befragten ($k \in \{0, \ldots, n\}$ fest) SPD wählen würden. Sei N die Anzahl der Wahlberechtigten. Dann sind davon $N \cdot p$ SPD-Wähler, und die Wahrscheinlichkeit, bei rein zufälligem Herausgreifen einer Person aus den N Personen einen der $N \cdot p$ SPD-Wähler zu erhalten, ist

$$\frac{\text{Anzahl günstiger Fälle}}{\text{Anzahl möglicher Fälle}} = \frac{N \cdot p}{N} = p.$$

Analog ist die Wahrscheinlichkeit, bei rein zufälligem Herausgreifen einer Person aus den N Personen keinen der $N \cdot p$ SPD-Wähler zu erhalten, gegeben durch

$$\frac{N - N \cdot p}{N} = 1 - p.$$

Zwecks Vereinfachung der Rechnung gehen wir im Weiteren davon aus, dass sich der prozentuale Anteil der SPD-Wähler nach Herausgreifen eines Wählers nicht (bzw. nur unwesentlich) verändert, was sicher der Fall ist, sofern die Anzahl N der Wahlberechtigten hinreichend groß ist. Dann ist die Wahrscheinlichkeit, dass genau die ersten k Befragten SPD-Wähler sind und die restlichen $n - k$ nicht, gegeben durch

$$\frac{(N \cdot p)^k (N \cdot (1 - p))^{n-k}}{N^n} = p^k (1 - p)^{n-k}.$$

Das gleiche Resultat erhält man auch, wenn man beliebige Positionen für die k SPD-Wähler unter den n Wählern vorgibt und danach fragt, mit welcher Wahrscheinlichkeit man auf genau eine solche Sequenz von Wählern trifft. Da es für die Wahl der k Positionen der SPD-Wähler unter den n Positionen genau $\binom{n}{k}$ Möglichkeiten gibt, erhält man für die Wahrscheinlichkeit, dass unter den n Befragten genau k SPD-Wähler sind:

$$\mathbf{P}(\{k\}) = \binom{n}{k} \cdot p^k \cdot (1 - p)^{n-k}.$$

Als Nächstes bestimmen wir die uns interessierende Wahrscheinlichkeit, dass der relative Anteil der SPD-Wähler unter den Befragten um nicht mehr als 1 % vom Wert p in der gesamten Bevölkerung abweicht. Wegen

$$\left|\frac{k}{n} - p\right| \le 0,01 \Leftrightarrow -0,01 \le \frac{k}{n} - p \le 0,01 \Leftrightarrow n \cdot p - 0,01 \cdot n \le k \le n \cdot p + 0,01 \cdot n$$

erhält man dafür

$$\mathbf{P}(\{k \in \{0, 1, \dots, n\} : n \cdot p - 0,01 \cdot n \le k \le n \cdot p + 0,01 \cdot n\})$$
$$= \sum_{k \in \{0,1,\dots,n\} \, : \, n \cdot p - 0,01 \cdot n \le k \le n \cdot p + 0,01 \cdot n} \binom{n}{k} \cdot p^k \cdot (1 - p)^{n-k}.$$

Wie man sieht, hängt diese Wahrscheinlichkeit (die unter der Annahme der hinreichenden Größe der Grundmenge berechnet wurde), nicht mehr von der Größe N der Grundmenge ab, sondern nur von der Anzahl der Befragten, dem prozentualen Anteil p der SPD-Wähler in der Menge der Wahlberechtigten und von der gewünschten Genauigkeit des Ergebnisses. Daher muss man bei rein zufälliger Auswahl der Befragten für sehr große Grundmengen keine speziell große Zahl n von Befragten wählen, damit diese Wahrscheinlichkeit klein wird.

Das im obigen Beispiel verwendete Wahrscheinlichkeitsmaß heißt Binomialverteilung.

Definition 4.10

Sei $n \in \mathbb{N}$ und $p \in [0,1]$. Das gemäß Satz 4.2 durch $\Omega = \mathbb{N}_0$ und die Zähldichte $(b(n,p,k))_{k \in \mathbb{N}_0}$ mit

$$b(n, p, k) := \begin{cases} \binom{n}{k} \cdot p^k \cdot (1 - p)^{n-k} & \text{für} \quad 0 \le k \le n, \\ 0 & \text{für} \quad k > n \end{cases}$$

festgelegte Wahrscheinlichkeitsmaß heißt *Binomialverteilung* mit Parametern n und p.

Gemäß dem binomischen Lehrsatz gilt

$$(a + b)^n = \sum_{k=0}^{n} \binom{n}{k} \cdot a^k \cdot b^{n-k}.$$

Wendet man diese Formel mit $a = p$ und $b = 1 - p$ an, so erhält man

$$\sum_{k=0}^{n} \binom{n}{k} \cdot p^k \cdot (1-p)^{n-k} = (p + (1-p))^n = 1,$$

d. h., es handelt es sich bei $(b(n, p, k))_{k \in \mathbb{N}_0}$ in der Tat um eine Zähldichte.

Die Berechnung einzelner Werte der Zähldichte der Binomialverteilung kann für große n wegen der darin auftretenden Binomialkoeffizienten schwierig sein. In diesem Fall erweist sich die folgende Approximation als nützlich:

Lemma 4.6

Seien $\lambda \in \mathbb{R}_+$ und $p_n \in [0,1]$ $(n \in \mathbb{N})$ derart, dass $n \cdot p_n \to \lambda$ $(n \to \infty)$. Sei für $k \in \mathbb{N}_0$

$$b(n,p,k) = \begin{cases} \binom{n}{k} \cdot p^k \cdot (1-p)^{n-k} & \text{für} \quad 0 \leq k \leq n, \\ 0 & \text{für} \quad k > n. \end{cases}$$

Dann gilt für jedes feste $k \in \mathbb{N}_0$:

$$b(n,p_n,k) \to \frac{\lambda^k}{k!} \cdot e^{-\lambda} \quad (n \to \infty).$$

Beweis Wir verwenden für hinreichend großes n die Darstellung

$b(n, p_n, k)$

$= \dfrac{1}{k!} n \cdot (n-1) \cdot \ldots \cdot (n-k+1) \cdot p_n^k \cdot (1-p_n)^{n-k}$

$= \dfrac{1}{k!} \cdot np_n \cdot (np_n - p_n) \cdot \ldots \cdot (np_n - (k-1)p_n) \cdot (1-p_n)^{-k} \cdot \left((1-p_n)^{\frac{1}{p_n}} \right)^{n \cdot p_n}.$

Wegen $n \cdot p_n \to \lambda$ $(n \to \infty)$ gilt insbesondere $p_n \to 0$ $(n \to \infty)$. Gemeinsam mit $n \cdot p_n \to \lambda$ $(n \to \infty)$ impliziert dies

$$n \cdot p_n \to \lambda, (n \cdot p_n - p_n) \to \lambda, \ldots, (n \cdot p_n - (k-1) \cdot p_n) \to \lambda \quad (n \to \infty)$$

sowie

$$(1 - p_n)^{-k} \to 1 \quad (n \to \infty).$$

Weiter gilt

$$(1 - p_n)^{\frac{1}{p_n}} \to e^{-1} \quad (n \to \infty),$$

was aus der Beziehung

$$\lim_{x \to 0} (1 - x)^{\frac{1}{x}} = \lim_{x \to 0} \exp\left(\frac{\ln(1-x)}{x} \right),$$

der Stetigkeit der Exponentialfunktion und dem aus der Regel von de l'Hospital[10] folgenden Grenzwert

$$\lim_{x \to 0} \frac{\ln(1-x)}{x} = \lim_{x \to 0} \frac{\frac{1}{1-x} \cdot (-1)}{1} = \lim_{x \to 0} \frac{-1}{1-x} = -1$$

folgt. Durch Einsetzen aller obigen Resultate erhalten wir die gewünschte Beziehung

$$b(n, p_n, k) \to \frac{1}{k!} \cdot \lambda^k \cdot 1 \cdot (e^{-1})^{\lambda} \quad (n \to \infty). \qquad \square$$

Wegen

$$\frac{\lambda^k}{k!} \cdot e^{-\lambda} \geq 0 \quad (k \in \mathbb{N}_0)$$

und

$$\sum_{k=0}^{\infty} \frac{\lambda^k}{k!} \cdot e^{-\lambda} = e^{-\lambda} \cdot \sum_{k=0}^{\infty} \frac{\lambda^k}{k!} = e^{-\lambda} \cdot e^{+\lambda} = 1$$

handelt es sich bei der Folge der Grenzwerte in Lemma 4.6 um eine Zähldichte. Das zugehörige Wahrscheinlichkeitsmaß auf $\mathbb{N}_0$ wird als Poisson-Verteilung bezeichnet.

Definition 4.11

Sei $\lambda > 0$. Das gemäß Satz 4.2 durch $\Omega = \mathbb{N}_0$ und die Zähldichte $(\pi(\lambda, k))_{k \in \mathbb{N}_0}$ mit

$$\pi(\lambda, k) := \frac{\lambda^k}{k!} \cdot e^{-\lambda} \quad (k \in \mathbb{N}_0)$$

festgelegte Wahrscheinlichkeitsmaß heißt *Poisson-Verteilung* mit Parameter λ.

Nach obiger Herleitung kann die Poisson-Verteilung für großes n und kleines p als Approximation der Binomialverteilung $b(n, p)$ eingesetzt werden. Sie wird z. B. in der Versicherungsmathematik zur Modellierung des stochastischen Verhaltens von in einem festen Zeitraum auftretenden Anzahlen von Schadensfällen verwendet. Des Weiteren wird sie in der Warteschlangentheorie häufig zur Modellierung der Anzahl der innerhalb eines festen Zeitintervalls an einem Schalter eintreffenden Kunden verwendet.

4.7 Wahrscheinlichkeitsräume mit Dichten

In diesem Abschnitt behandeln wir Wahrscheinlichkeitsräume mit überabzählbarer Grundmenge. Man kann sich an dieser Stelle die Frage stellen, ob man solche Modelle wirklich braucht, da aufgrund von Messungenauigkeiten in Anwendungen alle Daten nur endlich viele oder höchstens abzählbar unendlich viele verschiedene Werte annehmen können. Modelle mit überabzählbarer Grundmenge sind aber dennoch wichtig, da sie zum einen als einfach beschreibbare Approximation komplexer diskreter Modelle eingesetzt werden können und sie zum anderen als „Grenzprozesse" diskreter Modelle auftreten (vgl. Satz 5.12).

Wir beschreiben im Folgenden Wahrscheinlichkeitsräume mit Grundmenge $\mathbb{R}$. Wie wir bereits am Ende von Abschn. 4.3 erwähnt haben, können wir hier im Allgemeinen die Wahrscheinlichkeiten nicht sinnvoll für alle Teilmengen von $\mathbb{R}$ festlegen. Stattdessen verwenden wir als Definitionsbereich unseres Wahrscheinlichkeitsmaßes $\mathbf{P}$ die sogenannte Borelsche σ-Algebra $\mathscr{B}$. Anschaulich gesprochen kann man sagen, dass diese unter anderem all die Mengen enthält, die man sich leicht vorstellen kann. Insbesondere sind alle endlichen oder abzählbar unendlichen Mengen sowie alle Intervalle in $\mathscr{B}$ enthalten.

Die Festlegung von Wahrscheinlichkeiten durch die Formel

$$\mathbf{P}(A) = \sum_{\omega \in A} \mathbf{P}(\{\omega\}) \quad (A \in \mathscr{B})$$

ist in diesem Fall nicht möglich. Denn erstens ist die obige Summe für überabzählbares A gar nicht definiert, und zweitens tritt in Anwendungen auch der Fall

$\mathbf{P}(\{\omega\}) = 0$ für alle $\omega \in \Omega$ auf, wie wir bereits schon bei der Behandlung von Beispiel 4.3 gesehen haben.

Die Idee im Folgenden ist, obige Summe durch ein Integral zu ersetzen. Dazu wählen wir uns eine Dichte $f : \mathbb{R} \to \mathbb{R}$ (vgl. Definition 3.1), d. h. eine Funktion f mit den Eigenschaften

$$f(x) \geq 0 \quad \text{für alle } x \in \mathbb{R} \quad \text{und} \quad \int_{\mathbb{R}} f(x)\,dx = 1,$$

und setzen

$$\mathbf{P}(A) = \int_A f(x)\,dx \quad (A \in \mathscr{B}).$$

Dass dadurch in der Tat ein Wahrscheinlichkeitsmaß definiert wird, zeigt der folgende Satz.

Satz 4.3

Ist $f : \mathbb{R} \to \mathbb{R}$ eine Funktion, für die gilt

$$f(x) \geq 0 \quad \text{für alle } x \in \mathbb{R} \quad \text{und} \quad \int_{\mathbb{R}} f(x)\,dx = 1$$

(insbesondere sei hier die Existenz des Integrals vorausgesetzt), so wird durch $(\mathbb{R}, \mathscr{B}, \mathbf{P})$ mit

$$\mathbf{P}(A) = \int_A f(x)\,dx \quad (A \in \mathscr{B})$$

ein Wahrscheinlichkeitsraum definiert.

Beweis Es genügt zu zeigen, dass $\mathbf{P}$ ein Wahrscheinlichkeitsmaß ist. Dazu wenden wir Lemma 4.3 an. Wegen $f(x) \geq 0$ für alle x gilt $\mathbf{P}(A) \geq 0$ $(A \in \mathscr{B})$. Weiter ist

$$\mathbf{P}(\mathbb{R}) = \int_{\mathbb{R}} f(x)dx = 1.$$

Seien nun $A_1, A_2, \cdots \in \mathscr{B}$ paarweise disjunkt, d. h., es gelte $A_i \cap A_j = \emptyset$ für alle $i \neq j$. Dann ist

$$\mathbf{P}\left(\cup_{k=1}^{\infty} A_k\right) = \int_{\cup_{k=1}^{\infty} A_k} f(x)dx = \int_{\mathbb{R}} f(x) \cdot 1_{\cup_{k=1}^{\infty} A_k}(x)\,dx,$$

wobei 1_A die Indikatorfunktion zur Menge A ist, d. h.

$$1_A(x) = \begin{cases} 1 & \text{für} \quad x \in A, \\ 0 & \text{für} \quad x \notin A. \end{cases}$$

Da die Mengen $A_1, A_2, \ldots$ paarweise disjunkt sind, gilt

$$1_{\cup_{k=1}^{\infty} A_k}(x) = \sum_{k=1}^{\infty} 1_{A_k}(x),$$

denn für $x \notin \cup_{k=1}^{\infty} A_k$ sind beide Seiten Null, während für $x \in \cup_{k=1}^{\infty} A_k$ genau ein Summand auf der rechten Seite Eins ist. Damit folgt

$$\mathbf{P}\left(\cup_{k=1}^{\infty} A_k\right) = \int_{\mathbb{R}} \sum_{k=1}^{\infty} f(x) \cdot 1_{A_k}(x) \, dx.$$

Da die Summanden im Integral nichtnegativ sind, kann man zeigen, dass die Summe mit dem Integral vertauscht werden darf.[11] Damit erhalten wir

$$\mathbf{P}\left(\cup_{k=1}^{\infty} A_k\right) = \sum_{k=1}^{\infty} \int_{\mathbb{R}} f(x) \cdot 1_{A_k}(x) \, dx = \sum_{k=1}^{\infty} \int_{A_k} f(x) dx = \sum_{k=1}^{\infty} \mathbf{P}(A_k).$$

Mit Lemma 4.3 folgt die Behauptung. □

Wir präzisieren nun Definition 3.1 aus Kap. 3 durch

Definition 4.12

Eine Funktion $f : \mathbb{R} \to \mathbb{R}$ mit

$$f(x) \geq 0 \quad \text{für alle } x \in \mathbb{R} \quad \text{und} \quad \int_{\mathbb{R}} f(x) \, dx = 1$$

heißt *Dichte* (bzgl. des Lebesgue-Borel-Maßes) von dem in Satz 4.3 definierten Wahrscheinlichkeitsmaß $\mathbf{P}$.

Bemerkung 4.2

a) Ist $(\mathbb{R}, \mathscr{B}, \mathbf{P})$ der Wahrscheinlichkeitsraum aus Satz 4.3 und sind $a, b \in \mathbb{R}$ mit $a < b$, so gilt für die Wahrscheinlichkeit, dass beim zugrunde liegenden Zufallsexperiment ein Wert zwischen a und b auftritt:

$$\mathbf{P}((a,b)) = \int_{(a,b)} f(x) \, dx = \int_a^b f(x) \, dx.$$

b) Ist **P** ein Wahrscheinlichkeitsmaß mit Dichte, so ist für jedes $x \in \mathbb{R}$

$$\mathbf{P}(\{x\}) \leq \mathbf{P}((x - \varepsilon, x + \varepsilon)) = \int_{(x-\varepsilon, x+\varepsilon)} f(u) \, du,$$

und wegen $\int |f(x)| dx = \int f(x) dx = 1 < \infty$ wird die rechte Seite oben für ε klein beliebig klein.[12] Daher gilt für Wahrscheinlichkeitsmaße mit Dichte immer

$$\mathbf{P}(\{x\}) = 0$$

für alle $x \in \mathbb{R}$.

Das folgende Wahrscheinlichkeitsmaß, das zur Modellierung des „rein zufälligen" Ziehens einer Zahl aus einem Intervall verwendet werden kann, bei dem kein Teilbereich dieses Intervalls bevorzugt wird, haben wir bereits im Rahmen der Behandlung von Beispiel 4.3 kennengelernt.

Definition 4.13

Die *Gleichverteilung* $U(a, b)$ mit Parametern $-\infty < a < b < \infty$ ist das durch die Dichte

$$f(x) = \begin{cases} \frac{1}{b-a} & \text{für} \quad a \leq x \leq b, \\ 0 & \text{für} \quad x < a \text{ oder } x > b \end{cases}$$

gemäß Satz 4.3 festgelegte Wahrscheinlichkeitsmaß.

Wegen $f(x) \geq 0$ für alle $x \in \mathbb{R}$ und

$$\int_{\mathbb{R}} f(x) \, dx = \frac{1}{b-a} \int_a^b 1 \, dx = 1$$

sind hierbei die Voraussetzungen von Satz 4.3 erfüllt. Für verschiedene Werte von a und b ist die Dichte von $U(a, b)$ in Abb. 4.5 dargestellt.

Ein weiteres Wahrscheinlichkeitsmaß mit Dichte führen wir ein in

▶   **Beispiel 4.16**   Die Lebensdauer einer Glühbirne betrage im Schnitt 24 Monate. Wie groß ist die Wahrscheinlichkeit, dass die Glühbirne bereits innerhalb der ersten drei Monate ausfällt?

Wir modellieren das obige Zufallsexperiment durch einen Wahrscheinlichkeitsraum $(\mathbb{R}, \mathscr{B}, \mathbf{P})$ mit

$$\mathbf{P}(A) = \int_A f(x) \, dx \quad (A \in \mathscr{B})$$

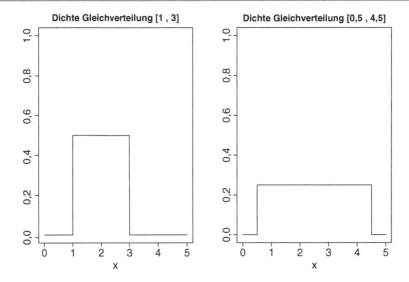

Abb. 4.5 Dichte der Gleichverteilung für $a = 1$ und $b = 3$ bzw. für $a = 0,5$ und $b = 4,5$

für eine geeignet gewählte Dichte. Für Lebensdauern wird häufig der folgende Ansatz für die Dichte verwendet:

$$f(x) = \begin{cases} \lambda \cdot e^{-\lambda \cdot x} & \text{für} \quad x \geq 0, \\ 0 & \text{für} \quad x < 0, \end{cases}$$

wobei $\lambda > 0$ ein geeignet zu wählender Parameter ist. Wie wir später sehen werden, beschreibt in diesem Modell der Kehrwert von λ gerade die mittlere Lebensdauer. Wir wählen daher $\lambda = 1/24$.

Unser Wahrscheinlichkeitsmaß ist somit

$$\mathbf{P}(A) := \int_A f(x)\, dx \quad (A \in \mathscr{B})$$

mit

$$f(x) = \begin{cases} \frac{1}{24} \cdot e^{-x/24} & \text{für} \quad x \geq 0, \\ 0 & \text{für} \quad x < 0. \end{cases}$$

Damit können wir die gesuchte Wahrscheinlichkeit berechnen zu

$$\mathbf{P}\left([0,3]\right) = \int_0^3 \frac{1}{24} \cdot e^{-x/24} dx = -e^{-x/24}\Big|_{x=0}^{3} = -e^{-3/24} + e^0 \approx 0,118.$$

Das Wahrscheinlichkeitsmaß in obigem Beispiel wird als Exponentialverteilung bezeichnet. Es wird vor allem zur Modellierung von Wartezeitvorgängen oder Lebensdauern eingesetzt.

Definition 4.14

Die *Exponentialverteilung* exp(λ) mit Parameter $\lambda > 0$ ist das durch die Dichte

$$f(x) = \begin{cases} \lambda \cdot e^{-\lambda \cdot x} & \text{für} \quad x \geq 0, \\ 0 & \text{für} \quad x < 0 \end{cases}$$

gemäß Satz 4.3 festgelegte Wahrscheinlichkeitsmaß.

Wegen $f(x) \geq 0$ $(x \in \mathbb{R})$ und

$$\int_{\mathbb{R}} f(x)\, dx = \int_0^\infty \lambda \cdot e^{-\lambda \cdot x}\, dx = -e^{-\lambda \cdot x}\big|_{x=0}^\infty = 1$$

sind hierbei die Voraussetzungen von Satz 4.3 erfüllt. Für verschiedene Werte von λ ist die Dichte von exp(λ) in Abb. 4.6 gezeigt.

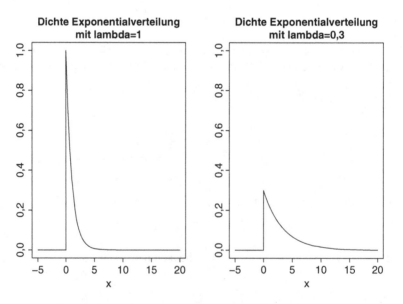

Abb. 4.6 Dichte der Exponentialverteilung für $\lambda = 1$ und $\lambda = 0,3$

Das in der folgenden Definition eingeführte Wahrscheinlichkeitsmaß tritt oft in Grenzprozessen auf (vgl. Satz 5.12) und wird daher sehr häufig eingesetzt.

Definition 4.15

Die *Normalverteilung* $N(a,\sigma^2)$ mit Parametern $a \in \mathbb{R}, \sigma > 0$ ist das durch die Dichte

$$f(x) = \frac{1}{\sqrt{2\pi}\,\sigma} \cdot e^{-\frac{(x-a)^2}{2\sigma^2}} \quad (x \in \mathbb{R})$$

gemäß Satz 4.3 festgelegte Wahrscheinlichkeitsmaß.

Wegen $f(x) \geq 0$ $(x \in \mathbb{R})$ und

$$\int_{\mathbb{R}} f(x)\,dx = \frac{1}{\sqrt{2\pi}} \int_{-\infty}^{\infty} \frac{1}{\sigma} \cdot e^{-\frac{(x-a)^2}{2\sigma^2}}\,dx = \frac{1}{\sqrt{2\pi}} \int_{-\infty}^{\infty} e^{-\frac{u^2}{2}}\,du = \frac{1}{\sqrt{2\pi}} \cdot \sqrt{2\pi} = 1$$

(wobei die dritte Gleichheit aus

$$\int_{-\infty}^{\infty} e^{-\frac{u^2}{2}}\,du = \sqrt{2\pi}$$

folgt),[13] sind hierbei wieder die Voraussetzungen von Satz 4.3 erfüllt. Für verschiedene Werte von a und σ^2 ist die Dichte von $N(a,\sigma^2)$ in Abb. 4.7 gezeigt.

4.8 Bedingte Wahrscheinlichkeit

Im Folgenden untersuchen wir, wie sich die wahrscheinlichkeitstheoretisch möglichen Aussagen über das Ergebnis eines Zufallsexperiments ändern, falls Zusatzinformation über den Ausgang des Zufallsexperiments bekannt wird. Zur Motivation betrachten wir

▶ **Beispiel 4.17** Hautkrebs gehört inzwischen zu den häufigsten Krebserkrankungen in Deutschland, allein im Jahr 2012 erkrankten in Deutschland ca. 264.000 Menschen neu an Hautkrebs. Früh erkannt ist Hautkrebs zu nahezu 100 Prozent heilbar. Eine Früherkennungsuntersuchung auf Hautkrebs kann in Form eines Hautkrebs-Screenings durchgeführt werden. Dabei untersucht der Hautarzt den gesamten Körper auf (optisch) auffällige Hautveränderungen. Ergibt sich hierbei ein Verdachtsfall auf Hautkrebs, wird man die betreffende Stelle üblicherweise operativ entfernen und das entfernte Gewebe zur histologischen Untersuchung einschicken. Diese kann dann ergeben, dass die betreffende Stelle kein

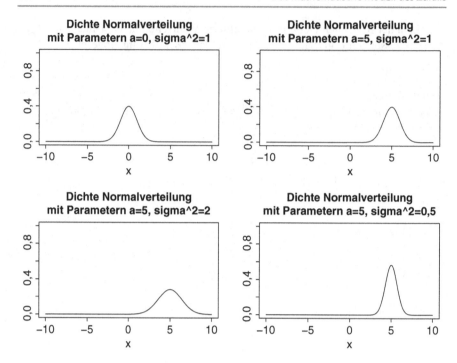

Abb. 4.7 Dichte der Normalverteilung für $a = 0$ und $\sigma^2 = 1$ bzw. für $a = 5$ und $\sigma^2 = 1$ bzw. für $a = 5$ und $\sigma^2 = 2$ bzw. für $a = 5$ und $\sigma^2 = 0,5$

Hautkrebs war (womit die Entfernung unnötig war), dass es sich um einen vollständig entfernten harmlosen Hautkrebs gehandelt hat oder dass ein bösartiger Hautkrebs entfernt wurde, was dann in der Regel eine weitere Behandlung erfordert.[14]

Im Folgenden soll die Frage untersucht werden, wie sich die Wahrscheinlichkeit, neu an Hautkrebs erkrankt zu sein, verändert, falls ein Verdachtsfall beim Hautkrebs-Screening auftritt.

Zur Beantwortung dieser Frage wird zuerst einmal die bedingte Wahrscheinlichkeit eines Ereignisses A unter einer Bedingung B definiert. Zur Motivation der Definition betrachten wir die n-malige Durchführung eines Zufallsexperiments. n_A bzw. n_B bzw. $n_{A \cap B}$ seien die Anzahlen des Eintretens des Ereignisses A bzw. B bzw. $A \cap B$. Eine naheliegende Approximation der bedingten Wahrscheinlichkeit von A unter der Bedingung B ist dann die relative Häufigkeit des Auftretens von A unter den Ausgängen des Zufallsexperimentes, bei denen auch B eingetreten ist, d. h.

$$\frac{n_{A \cap B}}{n_B} = \frac{\frac{n_{A \cap B}}{n}}{\frac{n_B}{n}}.$$

Zähler und Nenner auf der rechten Seite oben können als Näherungen für die Wahrscheinlichkeiten $P(A \cap B)$ und $P(B)$ betrachtet werden. Dies motiviert

---

Definition 4.16

Sei $(\Omega, \mathscr{A}, P)$ ein Wahrscheinlichkeitsraum und seien $A, B \in \mathscr{A}$ mit $P(B) > 0$. Dann heißt

$$P(A|B) = \frac{P(A \cap B)}{P(B)}$$

bedingte Wahrscheinlichkeit von A unter der Bedingung B.

Wie das nächste Lemma zeigt, kann man bei festgehaltenem Ereignis B mit der bedingten Wahrscheinlichkeit rechnen wie mit den bisher bereits eingeführten Wahrscheinlichkeiten. Zum Beispiel gelten Rechenregeln wie

$$P(A^c|B) = 1 - P(A|B)$$

und

$$P(A_1 \cup A_2|B) = P(A_1|B) + P(A_2|B) - P(A_1 \cap A_2|B).$$

Lemma 4.7

Sei $(\Omega, \mathscr{A}, P)$ ein Wahrscheinlichkeitsraum und $B \in \mathscr{A}$ mit $P(B) > 0$. Dann ist auch $(\Omega, \mathscr{A}, \tilde{P})$ mit

$$\tilde{P}(A) = P(A|B) \quad (A \in \mathscr{A})$$

ein Wahrscheinlichkeitsraum. In diesem gilt:

$$\tilde{P}(B) = P(B|B) = \frac{P(B \cap B)}{P(B)} = 1.$$

(Sprechweise: „Das Wahrscheinlichkeitsmaß $\tilde{P}$ ist auf B konzentriert").

Beweis Offensichtlich gilt $\tilde{P}(A) \geq 0$ für alle $A \in \mathscr{A}$ und

$$\tilde{P}(\Omega) = \frac{P(\Omega \cap B)}{P(B)} = \frac{P(B)}{P(B)} = 1.$$

Sind darüber hinaus $A_1, A_2, \cdots \in \mathscr{A}$ paarweise disjunkt, so sind ebenso die Mengen $A_1 \cap B, A_2 \cap B, \cdots \in \mathscr{A}$ paarweise disjunkt, da für $i \neq j$ gilt:

$$(A_i \cap B) \cap (A_j \cap B) = (A_i \cap A_j) \cap B = \emptyset \cap B = \emptyset.$$

Da $\mathbf{P}$ ein Wahrscheinlichkeitsmaß ist, können wir daraus schließen

$$\tilde{\mathbf{P}}\left(\cup_{n=1}^{\infty}A_n\right) = \mathbf{P}\left(\cup_{n=1}^{\infty}A_n|B\right) = \frac{\mathbf{P}\left(\left(\cup_{n=1}^{\infty}A_n\right)\cap B\right)}{\mathbf{P}(B)} = \frac{\mathbf{P}\left(\cup_{n=1}^{\infty}(A_n\cap B)\right)}{\mathbf{P}(B)}$$

$$= \frac{\sum_{n=1}^{\infty}\mathbf{P}(A_n\cap B)}{\mathbf{P}(B)} = \sum_{n=1}^{\infty}\frac{\mathbf{P}(A_n\cap B)}{\mathbf{P}(B)} = \sum_{n=1}^{\infty}\tilde{\mathbf{P}}(A_n).$$

Mit Lemma 4.3 folgt die Behauptung.   □

Mithilfe von Definition 4.16 können wir nun Beispiel 4.17 präzisieren. Sei A das Ereignis, neu an Hautkrebs erkrankt zu sein, und sei B das Ereignis, dass beim Hautkrebs-Screening ein Verdachtsfall auftritt. Beachtet man, dass im Jahr 2012 von den ca. $80,43$ Millionen Einwohnern in Deutschland rund 264.000 neu an Hautkrebs erkrankt sind, so kann man die Wahrscheinlichkeit von A durch die entsprechende relative Häufigkeit schätzen:

- $\mathbf{P}(A) \approx \frac{264.000}{80.000.000} \approx 0,00328.$

Weiter weiß man, dass (je nach Hautarzt) bei einem Hautkrebs-Screening zwischen 50 und 100 Prozent der Hautkrebserkrankungen erkannt werden und dass (ebenso je nach Hautarzt) in 1 bis 51 Prozent der Screenings ein falscher Verdachtsfall diagnostiziert wird.[14] Wir gehen im Folgenden (hypothetisch) davon aus, dass bei einem Hautarzt die zugehörigen (bedingten) Wahrscheinlichkeiten durch $\mathbf{P}(B|A) \approx 0,78$ und $\mathbf{P}(B|A^c) \approx 0,26$ gegeben sind. Der folgende Satz zeigt, wie man daraus die gesuchte Wahrscheinlichkeit $\mathbf{P}(A|B)$ berechnen kann.

Satz 4.4

Sei $(\Omega, \mathscr{A}, \mathbf{P})$ ein Wahrscheinlichkeitsraum, sei $N \in \mathbb{N}$ und seien $B_1, \ldots, B_N \in \mathscr{A}$ mit

$$\Omega = \cup_{n=1}^{N} B_n,$$

$$B_i \cap B_j = \emptyset \text{ für alle } i \neq j$$

und

$$\mathbf{P}(B_n) > 0 \quad (n = 1, \ldots, N).$$

Dann gilt:

a)

$$\mathbf{P}(A) = \sum_{n=1}^{N} \mathbf{P}(A|B_n) \cdot \mathbf{P}(B_n) \quad \text{für alle } A \in \mathscr{A}$$

(Formel von der totalen Wahrscheinlichkeit).

b)

$$P(B_k|A) = \frac{P(A|B_k) \cdot P(B_k)}{\sum_{n=1}^{N} P(A|B_n) \cdot P(B_n)}$$

für alle $k \in \{1,\ldots,N\}$ und alle $A \in \mathscr{A}$ mit $P(A) > 0$
(Formel von Bayes).

Beweis a) Es gilt

$$A = A \cap \Omega = A \cap \left(\cup_{n=1}^{N} B_n\right) = \cup_{n=1}^{N} A \cap B_n.$$

Die letzte Vereinigung ist eine endliche Vereinigung paarweiser disjunkter Mengen aus $\mathscr{A}$, da für $i \neq j$ gilt:

$$(A \cap B_i) \cap (A \cap B_j) = A \cap (B_i \cap B_j) = A \cap \emptyset = \emptyset.$$

Da $\mathbf{P}$ ein Wahrscheinlichkeitsmaß ist, können wir folgern:

$$\mathbf{P}(A) = \sum_{n=1}^{N} \mathbf{P}(A \cap B_n) = \sum_{n=1}^{N} \frac{\mathbf{P}(A \cap B_n)}{\mathbf{P}(B_n)} \cdot \mathbf{P}(B_n) = \sum_{n=1}^{N} \mathbf{P}(A|B_n) \cdot \mathbf{P}(B_n).$$

b) Nach Definition der bedingten Wahrscheinlichkeit gilt:

$$\mathbf{P}(B_k|A) = \frac{\mathbf{P}(B_k \cap A)}{\mathbf{P}(A)} = \frac{\frac{\mathbf{P}(B_k \cap A)}{\mathbf{P}(B_k)} \cdot \mathbf{P}(B_k)}{\mathbf{P}(A)} = \frac{\mathbf{P}(A|B_k) \cdot \mathbf{P}(B_k)}{\mathbf{P}(A)}.$$

Mit a) folgt die Behauptung.

$\square$

Anwendung von Satz 4.4 (mit $A = B$, $N = 2$, $B_1 = A$, $B_2 = A^c$ und $k = 1$) liefert für die in Beispiel 4.17 gesuchte Wahrscheinlichkeit:

$$\mathbf{P}(A|B) = \frac{\mathbf{P}(B|A) \cdot \mathbf{P}(A)}{\mathbf{P}(B|A) \cdot \mathbf{P}(A) + \mathbf{P}(B|A^c) \cdot \mathbf{P}(A^c)}$$

$$= \frac{\mathbf{P}(B|A) \cdot \mathbf{P}(A)}{\mathbf{P}(B|A) \cdot \mathbf{P}(A) + \mathbf{P}(B|A^c) \cdot (1 - \mathbf{P}(A))}$$

$$\approx \frac{0,78 \cdot 0,00328}{0,78 \cdot 0,00328 + 0,26 \cdot (1 - 0,00328)} \approx 0,01.$$

Das heißt, bei den obigen hypothetischen (aber angesichts der für die Wahrscheinlichkeiten bekannten Spannen nicht ganz unrealistischen) Werten für die bedingten Wahrscheinlichkeiten steigt die Wahrscheinlichkeit für Hautkrebs bei einem Verdachtsfall während des Screenings von $0,33\,\%$ auf gerade einmal $1\,\%$.[15]

Bemerkung 4.3

Im Beweis von Satz 4.4 wurde verwendet, dass die Wahrscheinlichkeit einer Vereinigung nicht überlappender Mengen gleich der Summe der Wahrscheinlichkeiten ist. Da dies nicht nur für endliche, sondern auch für abzählbar unendliche Vereinigungen gilt, gelten analoge Aussagen auch für Mengen $B_n \in \mathscr{A}$ $(n \in \mathbb{N})$ mit

$$B_i \cap B_j = \emptyset \text{ für alle } i \neq j, \quad \Omega = \cup_{n=1}^{\infty} B_n \quad \text{und} \quad \mathbf{P}(B_n) > 0 \quad (n \in \mathbb{N}).$$

Zum Beispiel erhält man in diesem Fall für die Formel von Bayes:

$$\mathbf{P}(B_k|A) = \frac{\mathbf{P}(A|B_k) \cdot \mathbf{P}(B_k)}{\sum_{n=1}^{\infty} \mathbf{P}(A|B_n) \cdot \mathbf{P}(B_n)}$$

für alle $k \in \mathbb{N}$ und beliebige $A \in \mathscr{A}$ mit $\mathbf{P}(A) > 0$.

Aufgaben

4.1. In einer Tageszeitung wird für den nächsten Tag für Darmstadt eine Regenwahrscheinlichkeit von 90 Prozent angegeben.

(a) Warum handelt es sich dabei nicht um eine Wahrscheinlichkeit im Sinne dieses Buches?

(b) Wenn man die obige Regenwahrscheinlichkeit nun doch als Wahrscheinlichkeit im Sinne dieses Buches auffasst, welche der folgenden Aussagen ist dann richtig?

(b.1) Morgen wird es in 90 Prozent der Fläche von Darmstadt regnen.

(b.2) Morgen wird es in 90 Prozent der Tageszeit regnen.

(b.3) 90 Prozent der Einwohner von Darmstadt werden morgen einen Tag mit Regen haben.

(b.4) Wenn ich 100 Leben hätte und den morgigen Tag 100-mal leben würde, dann würde es an 90 dieser Tage regnen.

Wenn Sie keine der obigen Aussagen für richtig halten, dann geben Sie bitte an, was Ihrer Meinung nach mit einer Regenwahrscheinlichkeit von 90 Prozent gemeint ist.

4.2. In einem Café gibt es 3 verschiedene Sorten Torte zur Auswahl. Eine Bestellung von 10 Stück Torte bestehe in der Angabe der Anzahl der von jeder Torte bestellten Stücke. Wie viele verschiedene Bestellungen gibt es für die 10 Stück Torte, falls von jeder Sorte mindestens ein Stück bestellt wird?

Hinweis: Die bestellten Tortenstücke werden nebeneinander aufgereiht, und zwar so, dass gleichartige Tortenstücke in einem (nichtleeren) Block zusammengefasst sind. Zur Markierung der Blockgrenzen denken Sie sich an den entsprechenden Stellen in den Zwischenräumen 2 Fähnchen plaziert. Wie viele Möglichkeiten gibt es dann für die Plazierungen dieser Fähnchen?

4.3. Ein Zufallsgenerator erzeugt mit Ziffern aus $\{0, 1, \ldots, 9\}$ Ziffernblöcke der Länge 4. Geben Sie mit Begründung die Wahrscheinlichkeiten für folgende fünf Ereignisse an:
(a) alle Ziffern verschieden,
(b) genau ein Paar gleicher Ziffern,
(c) genau zwei Paare gleicher Ziffern,
(d) genau drei gleiche Ziffern,
(e) vier gleiche Ziffern.
Berechnen Sie zur Kontrolle die Summe aller Wahrscheinlichkeiten.

4.4. Zeigen Sie Lemma 4.2 d):
Ist $(\Omega, \mathscr{P}(\Omega), \mathbf{P})$ ein Wahrscheinlichkeitsraum, und sind $A_1, \ldots, A_n \subseteq \Omega$, so gilt

$$\mathbf{P}(A_1 \cup A_2 \cup \cdots \cup A_n)$$

$$= \sum_{i=1}^{n} \mathbf{P}(A_i) - \sum_{1 \leq i < j \leq n} \mathbf{P}(A_i \cap A_j) + \sum_{1 \leq i < j < k \leq n} \mathbf{P}(A_i \cap A_j \cap A_k) - + \ldots$$

$$+ (-1)^{n-1} \mathbf{P}(A_1 \cap A_2 \cap \cdots \cap A_n).$$

4.5. Psychologin P. untersucht, ob die Farbe des Löffels, mit dem man einen Joghurt isst, das Geschmacksempfinden beeinflusst. Unter anderem führt sie dabei folgende kontrollierte Studie durch: Sie unterteilt ihre 24 Testpersonen zufällig in zwei gleich große Gruppen, eine Studien- und eine Kontrollgruppe. Jede Person aus einer der beiden Gruppen muss zwei Joghurts probieren. Der eine Joghurt ist pink, der andere ist weiß. Die Studiengruppe isst die Joghurts mit einem weißen Löffel, die Kontrollgruppe mit einem schwarzen Löffel. Beide geben anschließend an, welcher Joghurt ihnen besser geschmeckt hat. Als Versuchsergebnis erhält Psychologin P., dass 11 Personen der Studiengruppe den weißen Joghurt lieber mochten, während aus der Kontrollgruppe nur 6 Person den weißen Joghurt lieber mochten. Kann man ausschließen, dass es sich dabei um Zufall handelt? Genauer gesagt: Prüfen Sie die These, dass Joghurt besser schmeckt, wenn die Farbe des Joghurts mit der Farbe des Löffels übereinstimmt.
Hinweis: Gehen Sie von der Hypothese aus, dass das Testergebnis lediglich auf Zufall zurückzuführen ist, d. h., dass 17 von den 24 Personen den weißen Joghurt lieber mögen und beim zufälligen Aufteilen der Personen in die beiden Gruppen mindestens 11 davon in der Studiengruppe landen. Die Hypothese verwerfen Sie, wenn die Wahrscheinlichkeit dafür kleiner als 0,05 ist.

4.6. Drei Spieler, die ein Team bilden, bekommen jeweils einen Hut aufgesetzt, dessen Farbe (Rot oder Blau) durch einen Münzwurf (Kopf oder Zahl) bestimmt wird. Die Spieler kennen die Farbe ihrer eigenen Kopfbedeckung nicht, sehen aber die Hüte ihrer Mitspieler. Die Kommunikation untereinander ist verboten. Nun muss jeder Spieler entweder die Farbe seines Hutes raten oder passen. Tippt mindestens einer der drei die richtige Farbe und setzt keiner auf die falsche, so gewinnt das Team einen Preis.

Bestimmen Sie unter Verwendung (und expliziter Angabe) eines geeigneten Laplaceschen Wahrscheinlichkeitsraumes die Wahrscheinlichkeit für das Team, einen Preis zu gewinnen, wenn

(a) der erste Spieler immer Rot tippt und die anderen passen,

(b) das Team vereinbart, dass nur derjenige einen Tipp abgibt, der bei seinen beiden Mitspielern dieselbe Farbe sieht. Ist diese Rot, so tippt er auf Blau und umgekehrt.

4.7. Student S. hat die Zahlenkombination für das Schloss seines Koffers vergessen. Damit sich das Schloss öffnen lässt, müssen drei Ziffern aus $\{0, 1, \ldots, 9\}$ jeweils richtig eingegeben werden. Student S. versucht, das Schloss durch sukzessives Ausprobieren von rein zufällig gewählten Ziffernfolgen bestehend aus drei Ziffern aus $\{0, 1, \ldots, 9\}$ zu öffnen. Da er ein schlechtes Gedächtnis hat, kann er sich die bisher eingegebenen Ziffernfolgen nicht merken, sodass er unter Umständen mehrmals die gleiche Ziffernfolge eingibt.

(a) Wie groß ist die Wahrscheinlichkeit, bei rein zufälligem Raten *einer* Ziffernfolge bestehend aus drei Ziffern aus $\{0, 1, \ldots, 9\}$ die richtige Ziffernkombination zu erhalten?

(b) Sei $k \in \mathbb{N}$ fest. Wie groß ist die Wahrscheinlichkeit, dass Student S. genau bei der k-ten Eingabe einer Ziffernfolge zum ersten Mal die richtige Ziffernkombination eingibt?

Hinweis: Betrachten Sie das k-malige Werfen eines Würfels mit 1000 Seiten, die mit den Zahlen 1 bis 1000 beschriftet sind. Wie groß ist die Wahrscheinlichkeit, dass der Würfel beim k-ten Wurf zum ersten Mal mit 1 oben landet?

(c) Wie oben beschrieben, versucht Student S. nun, das Schloss durch sukzessive Eingabe von rein zufällig gewählten Ziffernfolgen zu öffnen. Für das Einstellen einer Ziffernfolge und das Probieren, ob sich das Schloss öffnet, benötigt Student S. 15 Sekunden. Wie groß ist die Wahrscheinlichkeit, dass Student S. das Schloss innerhalb von zwei Stunden öffnen kann?

4.8. Student S. vermutet, dass die zufällige Zeit (in Minuten), die Dozent K. bei seiner Statistik-Vorlesung immer zu früh kommt, durch ein Wahrscheinlichkeitsmaß beschrieben wird, das eine Dichte der Form

$$f(x) = \begin{cases} \beta \cdot x & \text{für} \quad 0 \leq x \leq \alpha, \\[2mm] 0 & \text{für} \quad x < 0 \text{ oder } x > \alpha \end{cases}$$

besitzt. Hierbei sind $\alpha, \beta > 0$ Parameter der Dichte.

(a) Welche Beziehung muss zwischen α und β bestehen, damit f wirklich Dichte eines Wahrscheinlichkeitsmaßes ist?

(b) Bestimmen Sie für $\alpha = 4$ und $\beta = 1/8$ die zu f gehörende Verteilungsfunktion, d. h. die durch

$$F: \mathbb{R} \to \mathbb{R}, \quad F(x) = \int_{-\infty}^{x} f(t)\, dt$$

definierte Funktion F.

(c) Skizzieren Sie die Graphen von f und F für $\alpha = 4$ und $\beta = 1/8$.

(d) Sei wieder $\alpha = 4$ und $\beta = 1/8$. Wie groß ist – sofern f wirklich die zufällige Zeit beschreibt, die Dozent K. zu früh kommt – die Wahrscheinlichkeit, dass Dozent K.

• weniger als zwei Minuten zu früh kommt?
• mehr als zehn Minuten zu früh kommt?

4.9. Die Wahrscheinlichkeit, dass eine S-Bahn Verspätung hat, betrage $0,30$. Sofern die S-Bahn Verspätung hat, kommt Student S. nur mit Wahrscheinlichkeit $0,2$ pünktlich zur Vorlesung. Sofern die S-Bahn aber keine Verspätung hat, kommt er mit Wahrscheinlichkeit $0,99$ pünktlich zur Vorlesung. Wie groß ist die Wahrscheinlichkeit, dass Student S. pünktlich zur Vorlesung kommt?

4.10. An der Kasse eines Kaufhauses steht ein Gerät zur Überprüfung der Echtheit von 50-Euro-Scheinen. Aus Erfahrung weiß man, dass 19 von 10.000 Scheinen gefälscht sind. Weiter ist bekannt, dass das Gerät mit Wahrscheinlichkeit 0,9 aufblinkt, wenn der Schein falsch ist, sowie mit Wahrscheinlichkeit 0,05 aufblinkt, wenn der Schein echt ist. Wie groß ist die Wahrscheinlichkeit, dass ein getesteter Schein falsch ist, wenn das Gerät beim Test aufgeblinkt hat?

4.11. Eine Klausur wird von einem gut vorbereiteten Studenten mit Wahrscheinlichkeit $0,99$, von einem nicht gut vorbereiteten Studenten aber nur mit Wahrscheinlichkeit $0,1$ bestanden. Die Wahrscheinlichkeit, dass ein Student gut vorbereitet ist, sei $0,8$. Wie groß ist die (bedingte) Wahrscheinlichkeit, dass ein Student, der die Klausur nicht bestanden hat, gut vorbereitet war?

4.12. (a) Sei $(\Omega, \mathscr{A}, \mathbf{P})$ ein W-Raum und seien $A_1, \ldots, A_n \in \mathscr{A}$ mit

$$\mathbf{P}(A_1 \cap \cdots \cap A_{n-1}) > 0.$$

Zeigen Sie:

$$\mathbf{P}(A_1 \cap \cdots \cap A_n) = \mathbf{P}(A_1) \cdot \mathbf{P}(A_2|A_1) \cdot \ldots \cdot \mathbf{P}(A_n|A_1 \cap \cdots \cap A_{n-1}).$$

Hinweis: Zeigen Sie die Aussage mit vollständiger Induktion, oder formen Sie die rechte Seite mithilfe der Definition der bedingten Wahrscheinlichkeit um.

(b) Student S. hat das Passwort für seinen Rechnerzugang vergessen. Er erinnert sich gerade noch, dass es aus genau 8 Ziffern $\in \{0, \ldots, 9\}$ besteht. Er versucht nun, durch zufällige Eingabe 8-stelliger Zahlen das Passwort zu erraten. Da er sich alle bereits eingegebenen Zahlen notiert, tippt er keine Zahl doppelt ein. Bestimmen Sie die Wahrscheinlichkeit, dass er bei der n-ten Eingabe einer 8-stelligen Zahl das Passwort findet ($n \in \mathbb{N}$ fest).

Hinweis: Gefragt ist nach

$$\mathbf{P}(B_1^c \cap \cdots \cap B_{n-1}^c \cap B_n),$$

wobei B_i das Ereignis ist, dass der Student bei der i-ten Eingabe das richtige Passwort eintippt.

Zufallsvariablen und ihre Eigenschaften 5

In diesem Kapitel führen wir mit dem Begriff der Zufallsvariablen zuerst ein wichtiges Konzept bei der mathematischen Beschreibung des Zufalls ein, bevor wir einige zentrale Eigenschaften der dabei verwendeten Modelle vorstellen. Verglichen mit der bereits eingeführten Modellierung des Zufalls durch Wahrscheinlichkeitsräume bieten Zufallsvariablen den Vorteil, dass sich mit ihrer Hilfe das unbeeinflusste Durchführen von mehreren Zufallsexperimenten modellieren und beschreiben lässt. Unter anderem zeigen wir, welchen Wert man „im Mittel" beim Durchführen von Zufallsexperimenten erhält und wie man approximativ Summen von Resultaten unbeeinflusster Wiederholungen desselben Zufallsexperiments modellieren kann.

5.1 Der Begriff der Zufallsvariablen

Oft interessieren nur Teilaspekte des Ergebnisses eines Zufallsexperimentes. Dies kann man dadurch modellieren, dass man eine Menge Ω' und eine Abbildung $X : \Omega \rightarrow \Omega'$ wählt und $X(\omega)$ anstelle des Ergebnisses ω des Zufallsexperimentes betrachtet.

▶ **Beispiel 5.1** Bei einer Abstimmung über zwei Vorschläge A und B stimmt eine resolute Gruppe von $r = 3000$ Personen für A, während sich weitere $n = 1.000.000$ Personen unbeeinflusst voneinander rein zufällig entscheiden. Gesucht ist die Wahrscheinlichkeit, dass Vorschlag A angenommen wird.

Um das Abstimmungsverhalten der $n = 1.000.000$ unentschlossenen Personen zu modellieren, fassen wir das individuelle Abstimmungsverhalten dieser Personen zusammen in einem Vektor

$$\omega = (\omega_1, \ldots, \omega_n).$$

© Springer-Verlag GmbH Deutschland 2017
J. Eckle-Kohler, M. Kohler, *Eine Einführung in die Statistik und ihre Anwendungen*,
Springer-Lehrbuch, DOI 10.1007/978-3-662-54094-7_5

Hierbei bedeutet $\omega_i = 1$, dass die i-te Person für A stimmt, während $\omega_i = 0$ bedeutet, dass die i-te Person für B stimmt. Da die n Personen sich unbeeinflusst voneinander rein zufällig entscheiden, gehen wir davon aus, dass jedes der 2^n möglichen Tupel mit der gleichen Wahrscheinlichkeit auftritt. Daher modellieren wir das Abstimmungsverhalten durch einen Laplaceschen Wahrscheinlichkeitsraum $(\Omega, \mathscr{P}(\Omega), \mathbf{P})$, wobei

$$\Omega = \{(\omega_1, \ldots, \omega_n) : \omega_i \in \{0, 1\} \quad (i = 1, \ldots, n)\} = \{0, 1\}^n$$

die Menge aller potenziellen Abstimmungsergebnisse im obigen Sinne ist und $\mathbf{P} : \mathscr{P}(\Omega) \to \mathbb{R}$ gegeben ist durch

$$\mathbf{P}(A) = \frac{|A|}{|\Omega|} = \frac{|A|}{2^n} \quad (A \subseteq \Omega).$$

Das Resultat ω des zugehörigen Zufallsexperiments beschreibt damit genau, wie jede einzelne der n Personen abgestimmt hat. Im Hinblick auf die Frage, ob Vorschlag A angenommen wird, ist aber nur die Anzahl der Stimmen für A entscheidend. Diese wird beschrieben durch

$$X((\omega_1, \ldots, \omega_n)) = \omega_1 + \cdots + \omega_n = \sum_{i=1}^{n} \omega_i.$$

Denn obige Summe, in der je nach Wert von ω_i eine Null oder eine Eins als Summand auftaucht, stimmt mit der Anzahl der Einsen in dem Vektor und damit mit der Anzahl der Stimmen für A (bei den n unentschlossenen Personen) überein.

In diesem Beispiel können wir also eine Abbildung $X : \Omega \to \mathbb{N}_0$ wählen mit

$$X((\omega_1, \ldots, \omega_n)) = \sum_{i=1}^{n} \omega_i \quad ((\omega_1, \ldots, \omega_n) \in \Omega)$$

und zur Berechnung der gesuchten Wahrscheinlichkeit, dass Vorschlag A angenommen wird, statt des genauen Abstimmungsverhaltens ω nur $X(\omega)$ betrachten. Dabei stimmen von den n unentschlossenen Personen $X(\omega)$ für Vorschlag A und $n - X(\omega)$ für Vorschlag B. Berücksichtigen wir noch die r Stimmen der resoluten Minderheit für Vorschlag A, so wird Vorschlag A angenommen, sofern

$$r + X(\omega) > n - X(\omega) \quad \Leftrightarrow \quad X(\omega) > \frac{n - r}{2},$$

d. h. sofern beim Zufallsexperiment mit Ergebnis $X(\omega)$ ein Wert größer $(n - r)/2$ auftritt. Um die Wahrscheinlichkeit dafür berechnen zu können, müssen wir Wahrscheinlichkeiten bei dem Zufallsexperiment mit Ergebnis $X(\omega)$ bestimmen können.

Wir untersuchen im Folgenden zunächst allgemein, wie man einen Wahrscheinlichkeitsraum konstruieren kann, der das Zufallsexperiment mit Ergebnis $X(\omega)$ beschreibt.

$X(\omega)$ liegt genau dann in $A' \subseteq \Omega'$, wenn das zufällige Ergebnis ω des Zufallsexperiments in der Menge

$$\left\{ \bar{\omega} \in \Omega : X(\bar{\omega}) \in A' \right\}$$

liegt. Daher ist es naheliegend, das Zufallsexperiment mit Ergebnis $X(\omega)$ durch ein Wahrscheinlichkeitsmaß $\mathbf{P}_X$ mit

$$\mathbf{P}_X(A') := \mathbf{P}\left(\left\{ \omega \in \Omega : X(\omega) \in A' \right\}\right) \tag{5.1}$$

zu beschreiben. Damit die obige Wahrscheinlichkeit wohldefiniert ist, muss die Menge

$$\left\{ \omega \in \Omega : X(\omega) \in A' \right\}$$

im Definitionsbereich $\mathscr{A}$ von $\mathbf{P}$ liegen, d. h., es muss gelten

$$\left\{ \omega \in \Omega : X(\omega) \in A' \right\} \in \mathscr{A}.$$

Abbildungen X, die das für alle betrachteten Mengen A' erfüllen, heißen *Zufallsvariablen*.

Um die Definition einer Zufallsvariablen kurz formulieren zu können, ist die folgende Definition hilfreich.

Definition 5.1
Sei Ω' eine nichtleere Menge und $\mathscr{A}'$ eine σ-Algebra über Ω'. Dann heißt $(\Omega', \mathscr{A}')$ *Messraum*.

Damit formulieren wir:

Definition 5.2
Sei $(\Omega, \mathscr{A}, \mathbf{P})$ ein Wahrscheinlichkeitsraum und sei $(\Omega', \mathscr{A}')$ ein Messraum. Dann heißt jede Abbildung

$$X : \Omega \to \Omega'$$

mit

$$X^{-1}(A') := \left\{ \omega \in \Omega : X(\omega) \in A' \right\} \in \mathscr{A} \quad \text{für alle } A' \in \mathscr{A}' \tag{5.2}$$

Zufallsvariable. Im Fall $\Omega' = \mathbb{R}$ und $\mathscr{A}' = \mathscr{B}$ heißt X *reelle Zufallsvariable*.

Die Bedingung (5.2) wird auch als $\mathscr{A}$-$\mathscr{A}'$-Messbarkeit der Abbildung X bezeichnet. Ist die Grundmenge unseres Wahrscheinlichkeitsraumes $(\Omega, \mathscr{A}, \mathbf{P})$ endlich oder abzählbar unendlich, so werden wir immer $\mathscr{A} = \mathscr{P}(\Omega)$ setzen. In diesem Fall ist (5.2) für jede Abbildung erfüllt, da $X^{-1}(A')$ nach Definition immer eine Teilmenge von Ω ist. Ist dagegen Ω überabzählbar, so werden wir im Folgenden immer $\Omega = \mathbb{R}$ und $\mathscr{A} = \mathscr{B}$ setzen. Im diesem Fall werden wir im Weiteren nur den Fall $\Omega' = \mathbb{R}$ und $\mathscr{A}' = \mathscr{B}$ betrachten. Ähnlich wie man nur mit großer Mühe Teilmengen von $\mathbb{R}$ konstruieren kann, die nicht in $\mathscr{B}$ sind, kann man auch nur sehr schwer Abbildungen $h : \mathbb{R} \to \mathbb{R}$ konstruieren, für die nicht

$$h^{-1}(B) \in \mathscr{B} \quad \text{für alle } B \in \mathscr{B}$$

gilt.[1] Wir gehen daher im Folgenden stets davon aus, dass die von uns betrachteten Abbildungen $X : \Omega \to \Omega'$ die Bedingung (5.2) erfüllen.

Zufallsvariablen werden wir in Anwendungen immer dann einsetzen, wenn wir Größen, deren Wert vom Zufall abhängt, modellieren wollen. Insofern kann man sich in Anwendungen eine Zufallsvariable in der Tat als eine Variable mit einem in Abhängigkeit des Zufalls gewählten Wert (oder anschaulich gesprochen: als einen Platzhalter für einen zufälligen Wert) vorstellen. Mathematisch betrachtet handelt es sich aber bei einer Zufallsvariablen keineswegs um eine Variable, sondern um eine Abbildung.

Wie der folgende Satz zeigt, hat die Zuweisung (5.1) von Wahrscheinlichkeiten zu Mengen immer die Eigenschaften, die wir für Wahrscheinlichkeitsmaße gefordert haben.

Satz 5.1

Sei $(\Omega, \mathscr{A}, \mathbf{P})$ ein Wahrscheinlichkeitsraum, $(\Omega', \mathscr{A}')$ ein Messraum und $X : \Omega \to \Omega'$ eine Zufallsvariable. Dann ist $(\Omega', \mathscr{A}', \mathbf{P}_X)$ mit

$$\mathbf{P}_X(A') := \mathbf{P}(X^{-1}(A')) = \mathbf{P}\left(\{\omega \in \Omega : X(\omega) \in A'\}\right) \quad (A' \in \mathscr{A}')$$

ein Wahrscheinlichkeitsraum.

Beweis Da X Zufallsvariable ist, gilt $X^{-1}(A') \in \mathscr{A}$ für alle $A' \in \mathscr{A}'$, und daher ist $\mathbf{P}_X$ wohldefiniert. Weiter gilt wegen $\mathbf{P}$ Wahrscheinlichkeitsmaß

$$\mathbf{P}_X(A') = \mathbf{P}(X^{-1}(A')) \geq 0$$

für alle $A' \in \mathscr{A}'$ sowie

$$\mathbf{P}_X(\Omega') = \mathbf{P}(X^{-1}(\Omega')) = \mathbf{P}(\{\omega \in \Omega : X(\omega) \in \Omega'\}) = \mathbf{P}(\Omega) = 1.$$

Sind darüber hinaus $A'_1, A'_2, \ldots \in \mathscr{A}'$ paarweise disjunkt (d. h., gilt $A'_i \cap A'_j = \emptyset$ für alle $i \neq j$), so sind auch $X^{-1}(A'_1), X^{-1}(A'_2), \ldots \in \mathscr{A}$ paarweise disjunkt, denn wegen

$$\omega \in X^{-1}(A'_i) \cap X^{-1}(A'_j) \Leftrightarrow \omega \in X^{-1}(A'_i) \text{ und } \omega \in X^{-1}(A'_j)$$

$$\Leftrightarrow X(\omega) \in A'_i \text{ und } X(\omega) \in A'_j$$

$$\Leftrightarrow X(\omega) \in A'_i \cap A'_j$$

folgt aus $A'_i \cap A'_j = \emptyset$ auch $X^{-1}(A'_i) \cap X^{-1}(A'_j) = \emptyset$. Beachtet man darüber hinaus

$$\omega \in X^{-1}(\cup_{n=1}^{\infty} A'_n) \Leftrightarrow X(\omega) \in \cup_{n=1}^{\infty} A'_n$$

$$\Leftrightarrow \exists n \in \mathbb{N} : X(\omega) \in A'_n$$

$$\Leftrightarrow \exists n \in \mathbb{N} : \omega \in X^{-1}(A'_n)$$

$$\Leftrightarrow \omega \in \cup_{n=1}^{\infty} X^{-1}(A'_n),$$

woraus

$$X^{-1}(\cup_{n=1}^{\infty} A'_n) = \cup_{n=1}^{\infty} X^{-1}(A'_n)$$

folgt, so erhält man aufgrund der σ-Additivität des Wahrscheinlichkeitsmaßes $\mathbf{P}$:

$$\mathbf{P}_X\left(\cup_{n=1}^{\infty} A'_n\right) = \mathbf{P}\left(X^{-1}\left(\cup_{n=1}^{\infty} A'_n\right)\right) = \mathbf{P}\left(\cup_{n=1}^{\infty} X^{-1}\left(A'_n\right)\right)$$

$$= \sum_{n=1}^{\infty} \mathbf{P}\left(X^{-1}\left(A'_n\right)\right) = \sum_{n=1}^{\infty} \mathbf{P}_X\left(A'_n\right).$$

Mit Lemma 4.3 folgt die Behauptung. $\square$

Für das in Satz 5.1 eingeführte Wahrscheinlichkeitsmaß ist die folgende Bezeichnung üblich:

Definition 5.3

Das in Satz 5.1 eingeführte Wahrscheinlichkeitsmaß $\mathbf{P}_X$ heißt *Verteilung* der Zufallsvariablen X.

Bemerkung

Sei $(\Omega, \mathscr{A}, \mathbf{P})$ ein Wahrscheinlichkeitsraum. Dann ist $\mathbf{P}$ Verteilung der Zufallsvariablen

$$Y : \Omega \to \Omega, \quad Y(\omega) = \omega,$$

denn für die Abbildung Y gilt für jedes $A \in \mathscr{A}$

$$Y^{-1}(A) = \{\omega \in \Omega : Y(\omega) \in A\} = \{\omega \in \Omega : \omega \in A\} = A,$$

woraus
$$\mathbf{P}_Y(A) = \mathbf{P}\left(Y^{-1}(A)\right) = \mathbf{P}(A)$$

folgt. Jedes Wahrscheinlichkeitsmaß kann also als Verteilung einer geeigneten Zufallsvariablen aufgefasst werden. Umgekehrt ist nach Definition jede Verteilung ein einer Zufallsvariablen zugeordnetes Wahrscheinlichkeitsmaß. Daher ist es üblich, die Begriffe Wahrscheinlichkeitsmaß und Verteilung synonym zu verwenden.

Als Nächstes bestimmen wir die Verteilung der auf dem Laplaceschen Wahrscheinlichkeitsraum $(\{0,1\}^n, \mathscr{P}(\{0,1\}^n), \mathbf{P})$ definierten Zufallsvariablen

$$X : \{0,1\}^n \to \mathbb{N}_0, \quad X((\omega_1, \dots, \omega_n)) = \sum_{i=1}^{n} \omega_i.$$

Hierbei gehen wir davon aus, dass der Wertebereich $\Omega' = \mathbb{N}_0$ der Zufallsvariablen mit der σ-Algebra $\mathscr{A}' = \mathscr{P}(\mathbb{N}_0)$ versehen ist. Wegen $\mathscr{A} = \mathscr{P}(\Omega)$ erfüllt X die Bedingung (5.2) und ist daher in der Tat eine Zufallsvariable im Sinne von Definition 5.2.

Zur Bestimmung der Verteilung $\mathbf{P}_X$ der Zufallsvariablen X benutzen wir, dass das Wahrscheinlichkeitsmaß $\mathbf{P}_X$ (definiert auf $\mathscr{P}(\mathbb{N}_0)$) wegen

$$\mathbf{P}_X(A) = \sum_{k \in A} \mathbf{P}_X(\{k\}) \quad (A \subseteq \mathbb{N}_0)$$

eindeutig durch seine Zähldichte $(\mathbf{P}_X(\{k\}))_{k \in \mathbb{N}_0}$ bestimmt ist. Für diese wiederum gilt

$$
\begin{aligned}
\mathbf{P}_X(\{k\}) &= \mathbf{P}(\{\omega \in \Omega : X(\omega) \in \{k\}\}) \\
&= \mathbf{P}\left(\{(\omega_1, \dots, \omega_n) \in \{0,1\}^n : \omega_1 + \dots + \omega_n = k\}\right) \\
&= \frac{|\{(\omega_1, \dots, \omega_n) \in \{0,1\}^n : \omega_1 + \dots + \omega_n = k\}|}{2^n}.
\end{aligned}
$$

Die Menge im Zähler des Bruches oben besteht aus allen n-Tupeln von Nullen und Einsen, in denen genau k Einsen vorkommen. Für $k > n$ gibt es kein einziges solches n-Tupel, während es für $k \leq n$ genau

$$\binom{n}{k}$$

viele verschiedene Möglichkeiten gibt, die k Positionen der Einsen auszuwählen. Damit erhalten wir

$$\mathbf{P}_X(\{k\}) = \binom{n}{k} \cdot 2^{-n}$$

für $k \in \{0, 1, \ldots, n\}$ und $\mathbf{P}_X(\{k\}) = 0$ für $k > n$ und können in Beipiel 5.1 die Wahrscheinlichkeit, dass Vorschlag A angenommen wird, berechnen zu

$$\mathbf{P}_X \left(\left\{ k \in \mathbb{N}_0 : k \geq \frac{n-r}{2} \right\} \right) = \sum_{k=\frac{n-r}{2}+1}^{n} \binom{n}{k} \cdot 2^{-n}.$$

Wie man mithilfe der obigen Formel den konkreten Zahlenwert dieser Wahrscheinlichkeit berechnet, ist nicht klar, da in Beispiel 5.1 der Wert von n mit $n = 1.000.000$ sehr groß ist. Am Ende dieses Kapitels werden wir einen Satz kennenlernen, der es uns erlaubt, diese Wahrscheinlichkeit auch für den hier vorliegenden großen Wert von n zumindest approximativ zu bestimmen.

Im Weiteren wird die folgende Schreibweise von Nutzen sein: Ist X eine reelle Zufallsvariable, so setzen wir für $A \in \mathscr{B}$

$$\mathbf{P}[X \in A] := \mathbf{P}_X(A) = \mathbf{P}(\{\omega \in \Omega : X(\omega) \in A\})$$

sowie für $x \in \mathbb{R}$

$$\mathbf{P}[X = x] := \mathbf{P}_X(\{x\}) = \mathbf{P}(\{\omega \in \Omega : X(\omega) \in \{x\}\}) = \mathbf{P}(\{\omega \in \Omega : X(\omega) = x\}).$$

Sofern wir also bei Wahrscheinlichkeiten rechteckige Klammern verwenden, so ist damit die Wahrscheinlichkeit der Menge aller $\omega \in \Omega$ gemeint, bei der $X(\omega)$ die Bedingung innerhalb der rechteckigen Klammer erfüllt. Man beachte, dass Ausdrücke wie $X \in A$ mathematisch betrachtet unsinnig sind, da X eine Abbildung und A eine Teilmenge reeller Zahlen ist.

Im Folgenden werden die bisher eingeführten Bezeichnungen auf Zufallsvariablen übertragen. Dem Begriff *Wahrscheinlichkeitsmaß mit Zähldichte* entspricht der Begriff *diskrete Zufallsvariable*.

Definition 5.4

Sei X eine reelle Zufallsvariable. Dann heißt X *diskrete Zufallsvariable*, falls für eine endliche oder abzählbar unendliche Menge $A \subseteq \mathbb{R}$ gilt:

$$\mathbf{P}_X(A) = 1,$$

d. h., falls X mit Wahrscheinlichkeit Eins nur Werte aus einer endlichen oder abzählbar unendlichen Menge annimmt.

Definition 5.5

Sei X eine diskrete Zufallsvariable, die mit Wahrscheinlichkeit Eins nur einen der Werte $x_1, x_2, \ldots$ bzw. $x_1, \ldots, x_N$ annimmt. Dann heißt

$$(\mathbf{P}[X = x_k])_{k \in \mathbb{N}} \quad \text{bzw.} \quad (\mathbf{P}[X = x_k])_{k=1,\ldots,N}$$

Zähldichte von X.

In den nächsten beiden Definitionen geben wir (basierend auf den in Kap. 4 eingeführten diskreten Wahrscheinlichkeitsmaßen) zwei Beispiele für diskrete Zufallsvariablen.

Definition 5.6

Seien $n \in \mathbb{N}$ und $p \in [0, 1]$. Eine reelle Zufallsvariable X mit

$$\mathbf{P}[X = k] = \binom{n}{k} p^k (1-p)^{n-k} \quad (k \in \{0, \ldots, n\})$$

heißt *binomialverteilt mit Parametern n und p* (kurz: $b(n,p)$-verteilt).

Für eine $b(n,p)$-verteilte Zufallsvariable gilt:

$$\mathbf{P}[X \in \{0, \ldots, n\}] = \sum_{k=0}^{n} \mathbf{P}[X = k] = \sum_{k=0}^{n} \binom{n}{k} p^k (1-p)^{n-k} = (p + (1-p))^n = 1$$

und

$$\mathbf{P}[X \in \mathbb{R} \setminus \{0, \ldots, n\}] = 1 - \mathbf{P}[X \in \{0, \ldots, n\}] = 1 - 1 = 0.$$

Also nimmt eine $b(n,p)$-verteilte Zufallsvariable mit Wahrscheinlichkeit Eins nur Werte aus $\{0, 1, \ldots, n\}$ an.

Definition 5.7

Sei $\lambda > 0$. Eine reelle Zufallsvariable X mit

$$\mathbf{P}[X = k] = \frac{\lambda^k}{k!} \cdot e^{-\lambda}$$

heißt *Poisson-verteilt mit Parameter λ* (kurz: $\pi(\lambda)$-verteilt).

Für eine $\pi(\lambda)$-verteilte Zufallsvariable gilt:

$$\mathbf{P}[X \in \mathbb{N}_0] = \sum_{k=0}^{\infty} \mathbf{P}[X = k] = e^{-\lambda} \cdot \sum_{k=0}^{\infty} \frac{\lambda^k}{k!} = e^{-\lambda} \cdot e^{\lambda} = 1$$

und

$$\mathbf{P}[X \in \mathbb{R} \setminus \mathbb{N}_0] = 1 - \mathbf{P}[X \in \mathbb{N}_0] = 1 - 1 = 0.$$

Also nimmt eine $\pi(\lambda)$-verteilte Zufallsvariable mit Wahrscheinlichkeit Eins nur Werte aus $\mathbb{N}_0$ an.

Als Nächstes übertragen wir den Begriff *Wahrscheinlichkeitsmaß mit Dichte* auf Zufallsvariablen.

Definition 5.8

Sei X eine reelle Zufallsvariable und sei $f : \mathbb{R} \to \mathbb{R}_+$ eine Funktion mit $\int_{-\infty}^{\infty} f(x)\,dx = 1$. Dann heißt X *stetig verteilte Zufallsvariable mit Dichte f*, falls gilt

$$\mathbf{P}[X \in B] = \int_B f(x)\,dx \quad (B \in \mathscr{B}).$$

In diesem Fall heißt f *Dichte* von X bzw. von $\mathbf{P}_X$.

Die nächsten drei Definitionen stellen (basierend auf den in Kap. 4 eingeführten Wahrscheinlichkeitsmaßen mit Dichten) drei Beispiele für stetig verteilte Zufallsvariablen mit Dichten vor.

Definition 5.9

Seien $a, b \in \mathbb{R}$ mit $a < b$ und sei $f : \mathbb{R} \to \mathbb{R}_+$ definiert durch

$$f(x) = \begin{cases} \frac{1}{b-a} & \text{für} \quad a \leq x \leq b, \\ 0 & \text{für} \quad x < a \text{ oder } x > b. \end{cases}$$

Eine reelle Zufallsvariable X mit

$$\mathbf{P}[X \in B] = \int_B f(x)\,dx \quad (B \in \mathscr{B})$$

heißt *gleichverteilt auf* $[a, b]$ (kurz: $U([a, b])$-verteilt).

Definition 5.10

Sei $\lambda > 0$ und sei $f : \mathbb{R} \to \mathbb{R}_+$ definiert durch

$$f(x) = \begin{cases} \lambda \cdot e^{-\lambda \cdot x} & \text{für} \quad x \geq 0, \\ 0 & \text{für} \quad x < 0. \end{cases}$$

Eine reelle Zufallsvariable X mit

$$\mathbf{P}[X \in B] = \int_B f(x)\,dx \quad (B \in \mathscr{B})$$

heißt *exponential-verteilt mit Parameter* λ (kurz: *exp*(λ)-verteilt).

Definition 5.11

Seien $\mu \in \mathbb{R}$, $\sigma \in \mathbb{R}_+$ und sei $f : \mathbb{R} \to \mathbb{R}_+$ definiert durch

$$f(x) = \frac{1}{\sqrt{2\pi}\,\sigma} \cdot e^{-\frac{(x-\mu)^2}{2\sigma^2}} \quad (x \in \mathbb{R}).$$

Eine reelle Zufallsvariable X mit

$$\mathbf{P}[X \in B] = \int_B f(x)\,dx \quad (B \in \mathscr{B})$$

heißt *normalverteilt mit Parametern* μ *und* σ^2 (kurz: $N(\mu, \sigma^2)$-verteilt).

5.2   Der Begriff der Verteilungsfunktion

In diesem Abschnitt führen wir den Begriff der Verteilungsfunktion einer reellen Zufallsvariablen bzw. eines Wahrscheinlichkeitsmaßes ein. Eine Verteilungsfunktion beschreibt die Wahrscheinlichkeiten aller Intervalle der Form $(-\infty, x]$ $(x \in \mathbb{R})$ bei der Verteilung von X. Sie ist insofern von Bedeutung, als sie die zugrunde liegende Verteilung eindeutig charakterisiert. Damit können wir ein Wahrscheinlichkeitsmaß $\mathbf{P}_X : \mathscr{B} \to \mathbb{R}$ eindeutig beschreiben durch eine Funktion $F : \mathbb{R} \to \mathbb{R}$. Um also nachzuweisen, dass zwei Verteilungen übereinstimmen, muss man nicht die Wahrscheinlichkeiten aller Mengen, sondern nur die der obigen Intervalle betrachten.

Wir beginnen unsere Untersuchungen mit

Definition 5.12

Sei X eine reelle Zufallsvariable. Dann heißt die durch

$$F : \mathbb{R} \to \mathbb{R}, \quad F(x) := \mathbf{P}[X \leq x] := \mathbf{P}_X\left((-\infty, x]\right)$$

definierte Funktion die *Verteilungsfunktion* der Zufallsvariablen X (bzw. des Wahrscheinlichkeitsmaßes $\mathbf{P}_X$).

▶ **Beispiel 5.2** Sei X eine exp (λ)-verteilte Zufallsvariable, d. h.

$$\mathbf{P}_X(A) = \int_A f(x)\,dx \quad \text{mit} \quad f(x) = \begin{cases} \lambda \cdot e^{-\lambda \cdot x} & \text{für} \quad x \geq 0, \\ 0 & \text{für} \quad x < 0, \end{cases}$$

wobei $\lambda > 0$. Dann gilt für die Verteilungsfunktion F von X:

$$F(x) = \mathbf{P}_X((-\infty, x]) = \int_{(-\infty, x]} f(u)\,du$$

$$= \begin{cases} \int_{-\infty}^{0} 0\,du + \int_{0}^{x} \lambda \cdot e^{-\lambda \cdot u}\,du = 0 - e^{-\lambda \cdot u}\big|_{u=0}^{x} = 1 - e^{-\lambda \cdot x} & \text{für} \quad x \geq 0, \\ \int_{-\infty}^{x} 0\,du = 0 & \text{für} \quad x < 0. \end{cases}$$

Bemerkung

Sei X eine reelle Zufallsvariable mit Verteilungsfunktion F. Dann gilt für alle $a, b \in \mathbb{R}$ mit $a < b$:

$$\mathbf{P}_X\left((a, b]\right) = \mathbf{P}_X\left((-\infty, b] \setminus (-\infty, a]\right)$$

$$= \mathbf{P}_X\left((-\infty, b]\right) - \mathbf{P}_X\left((-\infty, a]\right)$$

$$= F(b) - F(a).$$

Durch die Verteilungsfunktion F sind also die Werte von $\mathbf{P}_X$ für alle Intervalle $(a, b]$ $(a, b \in \mathbb{R}, \ a < b)$ eindeutig festgelegt. Mithilfe von Sätzen zur eindeutigen Fortsetzung von Maßen kann man daraus folgern, dass dadurch sogar das gesamte Wahrscheinlichkeitsmaß $\mathbf{P}_X : \mathscr{B} \to \mathbb{R}$ eindeutig festgelegt ist.[2] In diesem Sinne beschreiben wir hier ein Wahrscheinlichkeitsmaß $\mathbf{P}_X : \mathscr{B} \to \mathbb{R}$ (d. h. eine Funktion, die beliebigen Mengen aus $\mathscr{B}$ Wahrscheinlichkeiten zuweist) durch eine anschaulich leichter vorstellbare Funktion $F : \mathbb{R} \to \mathbb{R}$ (d. h. durch eine Funktion, die Intervallen der Form $(-\infty, x]$ Wahrscheinlichkeiten zuweist).

Im nächsten Satz beschreiben wir die vier grundlegenden Eigenschaften von Verteilungsfunktionen.

Satz 5.2

(Eigenschaften der Verteilungsfunktion). Sei F die Verteilungsfunktion einer reellen Zufallsvariablen X auf einem Wahrscheinlichkeitsraum $(\Omega, \mathscr{A}, \mathbf{P})$. Dann gilt:

a) $F(x) \in [0, 1]$ für alle $x \in \mathbb{R}$,

b) F ist monoton nichtfallend, d. h., aus $x_1 \leq x_2$ folgt $F(x_1) \leq F(x_2)$,

c) $\lim_{x \to \infty} F(x) = 1$, $\lim_{x \to -\infty} F(x) = 0$,

d) F ist rechtsseitig stetig, d. h.

$$\lim_{\substack{y \to x \\ y > x}} F(y) = F(x)$$

für alle $x \in \mathbb{R}$.

Die obigen Eigenschaften sind insbesondere deshalb von Bedeutung, da sie auch zur Charakterisierung von Wahrscheinlichkeitsmaßen durch Funktionen $F : \mathbb{R} \to \mathbb{R}$ mit den obigen Eigenschaften verwendet werden können. Man kann nämlich zeigen, dass zu jeder Funktion $F : \mathbb{R} \to \mathbb{R}$ mit den Eigenschaften a)–d) aus Satz 5.2 eine reelle Zufallsvariable derart existiert, dass F Verteilungsfunktion von X ist.[3] Auf diese Art kann man auch Verteilungen bzw. Wahrscheinlichkeitsmaße durch Vorgabe von Verteilungsfunktionen definieren.

Im Folgenden beweisen wir Satz 5.2. Dazu benötigen wir das folgende Lemma.

Lemma 5.1

Sei $(\Omega, \mathscr{A}, \mathbf{P})$ ein Wahrscheinlichkeitsraum.

a) Für alle $A, A_n \in \mathscr{A}$ $(n \in \mathbb{N})$ mit

$$A_1 \subseteq A_2 \subseteq A_3 \subseteq \dots \quad \text{und} \quad \bigcup_{k=1}^{\infty} A_k = A$$

gilt

$$\lim_{n \to \infty} \mathbf{P}(A_n) = \mathbf{P}(A)$$

(sogenannte Stetigkeit von unten des Wahrscheinlichkeitsmaßes $\mathbf{P}$).

b) Für alle $A, A_n \in \mathscr{A}$ $(n \in \mathbb{N})$ mit

$$A_1 \supseteq A_2 \supseteq A_3 \supseteq \ldots \quad \text{und} \quad \bigcap_{k=1}^{\infty} A_k = A$$

gilt

$$\lim_{n \to \infty} \mathbf{P}(A_n) = \mathbf{P}(A)$$

(sogenannte Stetigkeit von oben des Wahrscheinlichkeitsmaßes $\mathbf{P}$).

Beweis   a) *Nachweis der Stetigkeit von unten:* Wir zeigen

$$\lim_{n \to \infty} \mathbf{P}(A_n) = \mathbf{P}(A),$$

indem wir beide Seiten separat umformen.

Zur Umformung der linken Seite stellen wir die Menge A_n dar als

$$A_n = A_1 \cup \bigcup_{k=2}^{n} (A_k \setminus A_{k-1}).$$

Wegen $A_1 \subseteq A_2 \subseteq \ldots$ haben dabei die Mengen A_1, $A_2 \setminus A_1$, $\ldots$, $A_n \setminus A_{n-1}$ paarweise leeren Schnitt.

Mit der σ-Additivität von $\mathbf{P}$ folgt:

$$\mathbf{P}(A_n) = \mathbf{P}\left(A_1 \cup \bigcup_{k=2}^{n} (A_k \setminus A_{k-1}) \right) = \mathbf{P}(A_1) + \sum_{k=2}^{n} \mathbf{P}(A_k \setminus A_{k-1}),$$

und somit gilt

$$\lim_{n \to \infty} \mathbf{P}(A_n) = \lim_{n \to \infty} \left(\mathbf{P}(A_1) + \sum_{k=2}^{n} \mathbf{P}(A_k \setminus A_{k-1}) \right)$$

$$= \mathbf{P}(A_1) + \lim_{n \to \infty} \sum_{k=2}^{n} \mathbf{P}(A_k \setminus A_{k-1})$$

$$= \mathbf{P}(A_1) + \sum_{k=2}^{\infty} \mathbf{P}(A_k \setminus A_{k-1}).$$

Zur Umformung der rechten Seite stellen wir die Menge $\cup_{k=1}^{\infty} A_k$ dar als

$$\cup_{k=1}^{\infty} A_k = A_1 \cup \bigcup_{k=2}^{\infty} (A_k \setminus A_{k-1}).$$

Wie oben haben dabei die Mengen A_1, $A_2 \setminus A_1$, $A_3 \setminus A_2$, ... paarweise leeren Schnitt, und mit der σ-Additivität von $\mathbf{P}$ erhalten wir:

$$\mathbf{P}\left(\cup_{k=1}^{\infty} A_k\right) = \mathbf{P}\left(A_1 \cup \bigcup_{k=2}^{\infty} (A_k \setminus A_{k-1})\right) = \mathbf{P}(A_1) + \sum_{k=2}^{\infty} \mathbf{P}(A_k \setminus A_{k-1}).$$

Dies impliziert die Behauptung.

b) *Nachweis der Stetigkeit von oben:*

Es gilt:

$$\Omega \setminus A_1 \subseteq \Omega \setminus A_2 \subseteq \Omega \setminus A_3 \subseteq \ldots$$

und

$$\cup_{k=1}^{\infty} \Omega \setminus A_k = \Omega \setminus \left(\cap_{k=1}^{\infty} A_k\right) = \Omega \setminus A.$$

Anwendung der Stetigkeit von unten ergibt:

$$\lim_{n \to \infty} \mathbf{P}\left(\Omega \setminus A_n\right) = \mathbf{P}\left(\Omega \setminus A\right).$$

Mit

$$\mathbf{P}\left(\Omega \setminus A_n\right) = 1 - \mathbf{P}\left(A_n\right) \quad \text{und} \quad \mathbf{P}\left(\Omega \setminus A\right) = 1 - \mathbf{P}\left(A\right)$$

folgt

$$\lim_{n \to \infty} \left(1 - \mathbf{P}\left(A_n\right)\right) = 1 - \mathbf{P}\left(A\right),$$

also

$$\lim_{n \to \infty} \mathbf{P}(A_n) = \mathbf{P}(A). \qquad \square$$

Beweis von Satz 5.2. a) Da $\mathbf{P}_X$ Wahrscheinlichkeitsmaß ist, gilt

$$F(x) = \mathbf{P}[X \leq x] = \mathbf{P}_X((-\infty, x]) \in [0, 1].$$

b) Für $x_1 \leq x_2$ gilt $(-\infty, x_1] \subseteq (-\infty, x_2]$, und dies wiederum impliziert

$$F(x_1) = \mathbf{P}_X((-\infty, x_1]) \leq \mathbf{P}_X((-\infty, x_2]) = F(x_2).$$

c) *Nachweis von $\lim_{x \to \infty} F(x) = 1$:*

Sei $(x_n)_n$ eine beliebige monoton wachsende Folge reeller Zahlen mit der Eigenschaft $x_n \to \infty$ $(n \to \infty)$. Dann gilt

$$(-\infty, x_1] \subseteq (-\infty, x_2] \subseteq \ldots \quad \text{und} \quad \cup_{n=1}^{\infty} (-\infty, x_n] = \mathbb{R},$$

und mit der Stetigkeit von unten des Wahrscheinlichkeitsmaßes $\mathbf{P}_X$ folgt

$$\lim_{n\to\infty} F(x_n) = \lim_{n\to\infty} \mathbf{P}_X\left((-\infty, x_n]\right) = \mathbf{P}_X(\mathbb{R}) = 1.$$

Dies impliziert die Behauptung, denn aus

$$\lim_{x\to\infty} F(x) \neq 1$$

würde die Existenz einer monoton wachsenden Folge $(x_n)_{n\in\mathbb{N}}$ folgen, für die $F(x_n)$ nicht gegen Eins konvergieren würde.[4]

Nachweis von $\lim_{x\to-\infty} F(x) = 0$:
Sei $(x_n)_n$ eine beliebige monoton fallende Folge reeller Zahlen mit der Eigenschaft $x_n \to -\infty$ $(n \to \infty)$. Dann gilt

$$(-\infty, x_1] \supseteq (-\infty, x_2] \supseteq \ldots \quad \text{und} \quad \cap_{n=1}^{\infty} (-\infty, x_n] = \emptyset,$$

und mit der Stetigkeit von oben des Wahrscheinlichkeitsmaßes $\mathbf{P}_X$ folgt

$$\lim_{n\to\infty} F(x_n) = \lim_{n\to\infty} \mathbf{P}_X\left((-\infty, x_n]\right) = \mathbf{P}_X(\emptyset) = 0.$$

Wie oben folgt daraus die Behauptung.

d) *Nachweis von* $\lim_{y\to x, y>x} F(y) = F(x)$:
Sei $(x_n)_n$ eine beliebige monoton fallende Folge reeller Zahlen mit der Eigenschaft $x_n \to x$ $(n \to \infty)$. Dann gilt

$$(-\infty, x_1] \supseteq (-\infty, x_2] \supseteq \ldots \quad \text{und} \quad \cap_{n=1}^{\infty} (-\infty, x_n] = (-\infty, x],$$

und mit der Stetigkeit von oben des Wahrscheinlichkeitsmaßes $\mathbf{P}_X$ folgt

$$\lim_{n\to\infty} F(x_n) = \lim_{n\to\infty} \mathbf{P}_X\left((-\infty, x_n]\right) = \mathbf{P}_X\left((-\infty, x]\right) = F(x).$$

Wie oben folgt daraus die Behauptung. □

▶ **Beispiel 5.3** Die zufällige Lebensdauer X der Batterie eines Computers sei $\exp(\lambda)$-verteilt. Um die Wahrscheinlichkeit eines plötzlichen Ausfalls des Rechners zu verringern, wird diese spätestens nach einer festen Zeit $t > 0$ ausgetauscht, d. h., für die Betriebszeit Y der Batterie gilt

$$Y(\omega) = \min\{X(\omega), t\} \quad (\omega \in \Omega).$$

Zu ermitteln ist die Verteilungsfunktion G von Y.

Wegen

$$\min\{X(\omega), t\} \leq y \quad \Leftrightarrow \quad X(\omega) \leq y \text{ oder } t \leq y$$

gilt

$$G(y) = \mathbf{P}_Y((-\infty, y]) = \mathbf{P}[\min\{X, t\} \leq y] = \mathbf{P}(\{\omega \in \Omega : \min\{X(\omega), t\} \leq y\})$$

$$= \begin{cases} \mathbf{P}(\Omega) = 1 & \text{für } y \geq t, \\ \mathbf{P}(\{\omega \in \Omega : X(\omega) \leq y\})) = \mathbf{P}[X \leq y] \overset{Bsp.\ 5.2}{=} 1 - e^{-\lambda \cdot y} & \text{für } 0 \leq y < t, \\ \mathbf{P}(\emptyset) = 0 & \text{für } y < 0. \end{cases}$$

5.3   Der Begriff der Unabhängigkeit

In diesem Abschnitt beschäftigen wir uns mit der Frage, wann Ergebnisse von zwei verschiedenen Zufallsexperimenten sich gegenseitig nicht beeinflussen, d. h., wann die Kenntnis des Ergebnisses eines der beiden Zufallsexperimente uns z. B. bei der Vorhersage des Ergebnisses des anderen Zufallsexperimentes nicht weiterhilft. Dafür werden wir den Begriff der Unabhängigkeit von Ereignissen bzw. von Zufallsvariablen einführen.

Wir beginnen mit dem Begriff der Unabhängigkeit zweier Ereignisse. Sei dazu $(\Omega, \mathscr{A}, \mathbf{P})$ ein Wahrscheinlichkeitsraum und seien $A, B \in \mathscr{A}$ zwei Ereignisse. Wir bezeichnen die beiden Ereignisse als unabhängig, falls die Kenntnis des Eintretens eines der beiden Ereignisse keine Auswirkung auf die Wahrscheinlichkeit des Eintretens des anderen Ereignisses hat. Sind $\mathbf{P}(A)$ und $\mathbf{P}(B)$ beide größer als Null, so können wir das unter Verwendung des Begriffes der bedingten Wahrscheinlichkeit fomalisieren durch die Forderung

$$\mathbf{P}(A|B) = \mathbf{P}(A) \quad \text{und} \quad \mathbf{P}(B|A) = \mathbf{P}(B). \tag{5.3}$$

Wegen

$$\mathbf{P}(A|B) = \mathbf{P}(A) \text{ und } \mathbf{P}(B|A) = \mathbf{P}(B)$$

$$\Leftrightarrow \frac{\mathbf{P}(A \cap B)}{\mathbf{P}(B)} = \mathbf{P}(A) \text{ und } \frac{\mathbf{P}(B \cap A)}{\mathbf{P}(A)} = \mathbf{P}(B)$$

$$\Leftrightarrow \mathbf{P}(A \cap B) = \mathbf{P}(A) \cdot \mathbf{P}(B)$$

sind diese beiden Bedingungen im hier betrachteten Fall $\mathbf{P}(A) > 0$ und $\mathbf{P}(B) > 0$ äquivalent zu

$$\mathbf{P}(A \cap B) = \mathbf{P}(A) \cdot \mathbf{P}(B). \tag{5.4}$$

Unsere ursprüngliche Bedingung (5.3) setzt $\mathbf{P}(A) \neq 0$ und $\mathbf{P}(B) \neq 0$ voraus, da ansonsten die bedingten Wahrscheinlichkeiten nicht definiert sind. Die Bedingung (5.4) kann dagegen auch im Fall $\mathbf{P}(A) = 0$ oder $\mathbf{P}(B) = 0$ formuliert werden, was wir in der folgenden Definition ausnützen.

Definition 5.13

Sei $(\Omega, \mathscr{A}, \mathbf{P})$ ein Wahrscheinlichkeitsraum. Zwei Ereignisse $A, B \in \mathscr{A}$ heißen *unabhängig*, falls gilt:

$$\mathbf{P}(A \cap B) = \mathbf{P}(A) \cdot \mathbf{P}(B).$$

Bemerkung

Gemäß obiger Herleitung gilt im Falle $\mathbf{P}(A) > 0$ und $\mathbf{P}(B) > 0$:

$$A, B \text{ unabhängig} \quad \Leftrightarrow \quad \mathbf{P}(A|B) = \mathbf{P}(A) \quad \text{und} \quad \mathbf{P}(B|A) = \mathbf{P}(B).$$

Bei unabhängigen Ereignissen beeinflusst also das Eintreten eines der Ereignisse nicht die Wahrscheinlichkeit des Eintretens des anderen.

▶ **Beispiel 5.4** Wir betrachten das Werfen zweier echter Würfel. Sei A das Ereignis, dass der erste Würfel mit 6 oben landet, und sei B das Ereignis, dass der zweite Würfel mit 3 oben landet. Beschreibt man dieses Zufallsexperiment durch einen Laplaceschen Wahrscheinlichkeitsraum mit Grundmenge

$$\Omega = \{(i,j) : i,j \in \{1, \ldots, 6\}\},$$

so ist

$$A = \{(6,j) : j \in \{1,2,\ldots,6\}\} \quad \text{und} \quad B = \{(i,3) : i \in \{1,2,\ldots,6\}\},$$

und daher gilt

$$\mathbf{P}(A \cap B) = \mathbf{P}(\{(6,3)\}) = \frac{1}{36} = \frac{6}{36} \cdot \frac{6}{36} = \mathbf{P}(A) \cdot \mathbf{P}(B),$$

also sind A und B unabhängig.

Ist C das Ereignis, dass die Summe der Augenzahlen 12 ist, so gilt $C = \{(6,6)\}$, was

$$\mathbf{P}(B \cap C) = \mathbf{P}(\emptyset) = 0 \neq \frac{6}{36} \cdot \frac{1}{36} = \mathbf{P}(B) \cdot \mathbf{P}(C)$$

impliziert. Also sind B und C nicht unabhängig.

Im Folgenden wollen wir den obigen Begriff der Unabhängigkeit von Ereignissen erweitern auf den Begriff der Unabhängigkeit von Zufallsvariablen. Dazu betrachten wir zwei Zufallsvariablen

$$X : (\Omega, \mathscr{A}, \mathbf{P}) \to (\Omega_X, \mathscr{A}_X) \quad \text{und} \quad Y : (\Omega, \mathscr{A}, \mathbf{P}) \to (\Omega_Y, \mathscr{A}_Y)$$

definiert auf dem gleichen Wahrscheinlichkeitsraum $(\Omega, \mathscr{A}, \mathbf{P})$. Wir bezeichnen X und Y als unabhängig, wenn je zwei Ereignisse, die in Abhängigkeit von X und Y definiert sind, unabhängig sind. Dabei sind die betrachteten Ereignisse von der Bauart

$$[X \in A] := X^{-1}(A) = \{\omega \in \Omega : X(\omega) \in A\}$$

für $A \in \mathscr{A}_X$ und

$$[Y \in B] := Y^{-1}(B) = \{\omega \in \Omega : Y(\omega) \in B\}$$

für $B \in \mathscr{A}_Y$. Dies führt auf

Definition 5.14

Sei $(\Omega, \mathscr{A}, \mathbf{P})$ ein Wahrscheinlichkeitsraum, seien $(\Omega_X, \mathscr{A}_X)$ und $(\Omega_Y, \mathscr{A}_Y)$ zwei Messräume und seien $X : \Omega \to \Omega_X$ und $Y : \Omega \to \Omega_Y$ zwei Zufallsvariablen. Dann heißen X und Y unabhängig, falls

$$\mathbf{P}[X \in A, Y \in B] = \mathbf{P}[X \in A] \cdot \mathbf{P}[Y \in B]$$

für alle $A \in \mathscr{A}_X$ und $B \in \mathscr{A}_Y$ gilt.

In der obigen Definition haben wir unsere Konvention zur Verwendung rechteckiger Klammern verwendet. Die Wahrscheinlichkeit links ist die Wahrscheinlichkeit des Ereignisses

$$\begin{aligned}
[X \in A, Y \in B] &= \{\omega \in \Omega : X(\omega) \in A \text{ und } Y(\omega) \in B\} \\
&= \left\{\omega \in \Omega : \omega \in X^{-1}(A) \text{ und } \omega \in Y^{-1}(B)\right\} \\
&= X^{-1}(A) \cap Y^{-1}(B).
\end{aligned}$$

Bei Unabhängigkeit wird gefordert, dass diese gleich dem Produkt der Wahrscheinlichkeiten von

$$[X \in A] = \{\omega \in \Omega : X(\omega) \in A\} = \left\{\omega \in \Omega : \omega \in X^{-1}(A)\right\} = X^{-1}(A)$$

und

$$[Y \in B] = \{\omega \in \Omega : Y(\omega) \in B\} = \left\{\omega \in \Omega : \omega \in Y^{-1}(B)\right\} = Y^{-1}(B)$$

ist.

▶ **Beispiel 5.5** Wir betrachten nochmals das Werfen zweier echter Würfel. Wie in Beispiel 5.4 modellieren wir es durch einen Laplaceschen Wahrscheinlichkeitsraum mit Grundmenge

$$\Omega = \{(i,j) : i,j \in \{1,\ldots,6\}\}.$$

Seien $X : \Omega \to \{1,2,\ldots,6\}$ und $Y : \Omega \to \{1,2,\ldots,6\}$ die Zufallsvariablen, die die Zahl beschreiben, mit der der erste bzw. der zweite Würfel oben landet, d. h., es gilt

$$X((i,j)) = i \quad \text{und} \quad Y((i,j)) = j.$$

Dann sind X und Y unabhängig, da für beliebige Mengen $A, B \subseteq \{1,2,\ldots,6\}$ gilt:

$$\mathbf{P}[X \in A, Y \in B] = \mathbf{P}(\{(i,j) : i \in A, j \in B\}) = \mathbf{P}(A \times B)$$
$$= \frac{|A \times B|}{36} = \frac{|A|}{6} \cdot \frac{|B|}{6} = \mathbf{P}[X \in A] \cdot \mathbf{P}[Y \in B].$$

Ist dagegen Z die Zufallsvariable, die das Quadrat der Zahl beschreibt, mit der der erste Würfel oben landet, d. h. gilt

$$Z((i,j)) = i^2,$$

so sind X und Z nicht unabhängig, da gilt:

$$\mathbf{P}[X \in \{2\}, Z \in \{1\}] = \mathbf{P}\Big(\{(i,j) \in \Omega : i = 2, i^2 = 1\}\Big) = \mathbf{P}(\emptyset) = 0$$

und

$$\mathbf{P}[X \in \{2\}] \cdot \mathbf{P}[Z \in \{1\}] = \mathbf{P}(\{(i,j) \in \Omega : i = 2\}) \cdot \mathbf{P}\Big(\{(i,j) \in \Omega : i^2 = 1\}\Big)$$
$$= \mathbf{P}(\{(i,j) \in \Omega : i = 2\}) \cdot \mathbf{P}(\{(i,j) \in \Omega : i = 1\})$$
$$= \frac{6}{36} \cdot \frac{6}{36} = \frac{1}{36}.$$

Die Definition der Unabhängigkeit von Zufallsvariablen ist eine Verallgemeinerung der Definition der Unabhängigkeit von Ereignissen, wie das folgende Lemma zeigt:

Lemma 5.2

Sei $(\Omega, \mathscr{A}, \mathbf{P})$ ein Wahrscheinlichkeitsraum und seien $A, B \in \mathscr{A}$ zwei Ereignisse. Dann sind äquivalent:

(i) A und B sind unabhängig im Sinne von Definition 5.13.

(ii) Die reellen Zufallsvariablen 1_A und 1_B sind unabhängig im Sinne von Definition 5.14.

Hierbei wird in Bedingung (ii) die Indikatorfunktion eines Ereignisses $C \in \mathscr{A}$ als reelle Abbildung $1_C : \Omega \to \mathbb{R}$ aufgefasst.

Beweis Es ist einfach zu sehen, dass die Bedingung (ii) immer die Bedingung (i) impliziert: Ist nämlich *(ii)* erfüllt, so gilt wegen $\{1\} \in \mathscr{B}$ und $1_C^{-1}(\{1\}) = C$ für alle $C \in \mathscr{A}$ auch

$$\mathbf{P}(A \cap B) = \mathbf{P}[1_A \in \{1\}, 1_B \in \{1\}] \overset{(ii)}{=} \mathbf{P}[1_A \in \{1\}] \cdot \mathbf{P}[1_B \in \{1\}] = \mathbf{P}(A) \cdot \mathbf{P}(B).$$

Um umgekehrt zu sehen, dass bei Vorliegen der Bedingung *(i)* auch die Bedingung *(ii)* erfüllt ist, beachten wir, dass für $C \in \mathscr{A}$ und $D \in \mathscr{B}$ immer gilt:

$$1_C^{-1}(D) \in \{\emptyset, \Omega, C, C^c\}.$$

Da jedes Ereignis trivialerweise mit $\emptyset$ und auch mit Ω unabhängig ist, genügt es, im Folgenden zu zeigen:

Sind zwei Ereignisse A und B unabhängig, dann sind auch A^c und B unabhängig. Dies wiederum folgt aus

$$\mathbf{P}(A^c \cap B) = \mathbf{P}(B \setminus (A \cap B)) = \mathbf{P}(B) - \mathbf{P}(A \cap B) \overset{Vor.}{=} \mathbf{P}(B) - \mathbf{P}(A) \cdot \mathbf{P}(B)$$

$$= \mathbf{P}(B) \cdot (1 - \mathbf{P}(A)) = \mathbf{P}(B) \cdot \mathbf{P}(A^c) = \mathbf{P}(A^c) \cdot \mathbf{P}(B).$$

Dass nun mit A und B auch A^c und B^c unabhängig sind, folgt durch zweimalige Anwendung der obigen Aussage. $\square$

Im Folgenden werden wir den Begriff der Unabhängigkeit zweier Zufallsvariablen verallgemeinern auf den Begriff der Unabhängigkeit einer endlichen Menge von Zufallsvariablen bzw. einer Folge von Zufallsvariablen.

Definition 5.15

a) Sei $(\Omega, \mathscr{A}, \mathbf{P})$ ein Wahrscheinlichkeitsraum. Sei $n \in \mathbb{N}$, seien $(\Omega_i, \mathscr{A}_i)$ Messräume und $X_i : \Omega \to \Omega_i$ Zufallsvariablen $(i = 1, \ldots, n)$. $X_1, \ldots, X_n$ heißen unabhängig, falls für alle $A_1 \in \mathscr{A}_1, \ldots, A_n \in \mathscr{A}_n$ gilt:

$$\mathbf{P}[X_1 \in A_1, \ldots, X_n \in A_n] = \mathbf{P}[X_1 \in A_1] \cdots \mathbf{P}[X_n \in A_n].$$

b) Eine Folge $(X_n)_{n \in \mathbb{N}}$ von Zufallsvariablen definiert auf dem gleichen Wahrscheinlichkeitsraum heißt unabhängig, falls für jedes $n \in \mathbb{N}$ die Zufallsvariablen $X_1, \ldots, X_n$ unabhängig sind.

Unabhängigkeit einer endlichen Menge von Zufallsvariablen bedeutet, dass die Wahrscheinlichkeit, dass die Zufallsvariablen simultan gewisse Bedingungen erfüllen, gleich dem Produkt der Einzelwahrscheinlichkeiten ist. Analog zu oben kann man zeigen, dass dies impliziert, dass sich das wahrscheinlichkeitstheoretische Verhalten einzelner Zufallsvariablen durch Zusatzinformation über die Werte der anderen Zufallsvariablen nicht ändert.

Eine wichtige Eigenschaft unabhängiger Zufallsvariablen ist, dass bei Anwenden von rellen Funktionen auf die einzelnen Zufallsvariablen die neu entstehenden Zufallsvariablen wieder unabhängig sind. Sind also z. B. X_1 und X_2 unabhängig, so sind auch

$$\exp(X_1) \quad \text{und} \quad X_2^2$$

unabhängig. Für reelle Zufallsvariablen formulieren und beweisen wir diese Aussagen im allgemeinen Rahmen im nächsten Lemma.

Lemma 5.3

Seien $X_1, \ldots, X_n$ unabhängige reelle Zufallsvariablen definiert auf dem gleichen Wahrscheinlichkeitsraum $(\Omega, \mathscr{A}, \mathbf{P})$. Sind $h_1, \ldots, h_n : \mathbb{R} \to \mathbb{R} \; \mathscr{B} - \mathscr{B}$-messbare Funktionen, d. h., gilt

$$h_j^{-1}(B) \in \mathscr{B} \quad \text{für alle } B \in \mathscr{B},$$

so sind auch

$$h_1(X_1), \ldots, h_n(X_n)$$

unabhängige reelle Zufallsvariablen. Hierbei ist $h_i(X_i) : \Omega \to \mathbb{R}$ die durch

$$(h_i(X_i))(\omega) = (h_i \circ X_i)(\omega) = h_i(X_i(\omega))$$

definierte Zufallsvariable.

Beweis Man sieht leicht, dass $h_1(X_1), \ldots, h_n(X_n)$ in der Tat reelle Zufallsvariablen sind, d. h., dass in der Tat

$$(h_i(X_i))^{-1}(B) \in \mathscr{A} \quad \text{für alle } B \in \mathscr{B}, i \in \{1, \ldots, n\}$$

gilt.[5] Zu zeigen ist daher nur, dass für beliebige $B_1, \ldots, B_n \in \mathscr{B}$ gilt:

$$\mathbf{P}\left[h_1(X_1) \in B_1, \ldots, h_n(X_n) \in B_n\right] = \mathbf{P}\left[h_1(X_1) \in B_1\right] \cdots \mathbf{P}\left[h_n(X_n) \in B_n\right].$$

Seien dazu $B_1, \ldots, B_n \in \mathscr{B}$ beliebig. Dann gilt

$$\left[h_1(X_1) \in B_1, \ldots, h_n(X_n) \in B_n\right]$$
$$= \left\{\omega \in \Omega : h_1(X_1(\omega)) \in B_1, \ldots, h_n(X_n(\omega)) \in B_n\right\}$$
$$= \left\{\omega \in \Omega : X_1(\omega) \in h_1^{-1}(B_1), \ldots, X_n(\omega) \in h_n^{-1}(B_n)\right\}$$
$$= \left[X_1 \in h_1^{-1}(B_1), \ldots, X_n \in h_n^{-1}(B_n)\right].$$

Wegen der $\mathscr{B} - \mathscr{B}$-Messbarkeit von $h_1, \ldots, h_n$ gilt darüber hinaus

$$h_1^{-1}(B_1), \ldots, h_n^{-1}(B_n) \in \mathscr{B},$$

und unter Verwendung der Unabhängigkeit der $X_1, \ldots, X_n$ erhalten wir die Behauptung wie folgt:

$$\mathbf{P}\left[h_1(X_1) \in B_1, \ldots, h_n(X_n) \in B_n\right]$$
$$= \mathbf{P}\left[X_1 \in h_1^{-1}(B_1), \ldots, X_n \in h_n^{-1}(B_n)\right]$$
$$= \mathbf{P}\left[X_1 \in h_1^{-1}(B_1)\right] \cdots \mathbf{P}\left[X_n \in h_n^{-1}(B_n)\right]$$
$$= \mathbf{P}\left[h_1(X_1) \in B_1\right] \cdots \mathbf{P}\left[h_n(X_n) \in B_n\right].$$

$\square$

Der obige Satz lässt sich verallgemeinern, was wir im Folgenden ohne Beweis machen: Gruppieren wir unabhängige Zufallsvariablen so um, dass keine Zufallsvariable in mehr als einer Gruppe vorkommt, bilden wir dann vektorwertige Zufallsvariablen, bei denen die einzelnen Komponenten gerade die Werte der Zufallsvariablen in den einzelnen Gruppen annehmen, und wenden wir dann auf die einzelnen Vektoren reellwertige (messbare) Funktionen an, so sind die resultierenden reellen Zufallsvariablen wieder unabhängig.[6] Sind z. B. X_1, X_2, X_3 und X_4 unabhängige reelle Zufallsvariablen, so können wir diese z. B. umgruppieren zu (X_1, X_2) und (X_3, X_4), und wir erhalten z. B., dass die Zufallsvariablen

$$\exp\left(X_1 + X_2^2\right) \quad \text{und} \quad X_3 \cdot X_4$$

ebenfalls unabhängig sind.

5.4 Der Erwartungswert einer Zufallsvariablen

In diesem Abschnitt werden wir definieren, was wir unter dem „mittleren Wert" des Ergebnisses eines Zufallsexperimentes verstehen. Dieser beschreibt anschaulich den Wert, den man bei wiederholtem, unbeeinflusstem Durchführen des Zufallsexperiments für große Anzahlen von Wiederholungen im Durchschnitt approximativ erhält. Der im Folgenden dafür eingeführte Begriff ist in vielen Anwendungen von zentraler Bedeutung. Zum Beispiel wird oft versucht, einen möglichst hohen (zufälligen) Gewinn zu erzielen, indem man den „mittleren Gewinn" (z. B. bei Versendung von Werbung, Vergabe von Krediten, Kauf von Aktien etc.) optimiert, das Verfahren dann wiederholt auf zufällige Werte anwendet und hofft, dass der dabei erzielte durchschnittliche Gewinn nahe am optimierten mittleren Gewinn liegt.

Für eine erste Definition dieses Begriffes in einem einfachen Spezialfall betrachten wir eine reelle Zufallsvariable X, die mit Wahrscheinlichkeit Eins nur einen der K verschiedenen Werte $z_1, \ldots, z_K \in \mathbb{R}$ annimmt. Wir führen das zugehörige Zufallsexperiment n-mal unbeeinflusst voneinander durch. Seien $x_1, \ldots, x_n \in \{z_1, \ldots, z_K\}$ die konkreten Werte, die wir dabei als Ergebnisse des Zufallsexperimentes erhalten. Dann gilt für das arithmetische Mittel dieser Ergebnisse

$$\frac{1}{n} \sum_{i=1}^{n} x_i = \frac{1}{n} \sum_{k=1}^{K} |\{1 \leq i \leq n : x_i = z_k\}| \cdot z_k,$$

denn in der Summe rechts sind die Werte links nur so in ihrer Reihenfolge der Summation verändert, dass immer zuerst die Summe all der x_i gebildet wird, die den gleichen Wert haben (was auf die Ausdrücke

$$|\{1 \leq i \leq n : x_i = z_k\}| \cdot z_k \quad (k \in \{1, \ldots, K\})$$

führt), und dann diese aufsummiert werden. Nach dem empirischen Gesetz der großen Zahlen strebt die relative Häufigkeit

$$\frac{|\{1 \leq i \leq n : x_i = z_k\}|}{n}$$

des Auftretens von z_k für großes n gegen die entsprechende Wahrscheinlichkeit. Damit strebt

$$\frac{1}{n} \sum_{i=1}^{n} x_i = \sum_{k=1}^{K} \frac{|\{1 \leq i \leq n : x_i = z_k\}|}{n} \cdot z_k$$

gegen

$$\sum_{k=1}^{K} \mathbf{P}[X = z_k] \cdot z_k,$$

und diesen Wert definieren wir im Folgenden als Erwartungswert („Mittelwert")
von X.

Definition 5.16

Sei X eine diskrete reelle Zufallsvariable, die mit Wahrscheinlichkeit Eins nur
einen der (paarweise verschiedenen) Werte $z_1, \ldots, z_K \in \mathbb{R}$ bzw. $z_1, z_2, \ldots \in \mathbb{R}$
annimmt. Dann heißt

$$EX = \sum_{k=1}^{K} z_k \cdot P[X = z_k]$$

bzw. (sofern existent)

$$EX = \sum_{k=1}^{\infty} z_k \cdot P[X = z_k]$$

Erwartungswert von X.

▶   **Beispiel 5.6**   Ein „echter" Würfel wird so lange geworfen, bis er zum
ersten Mal mit 6 oben landet. Wie oft wird der Würfel dann „im Mittel"
geworfen?
Für die zufällige Anzahl X der Würfe des Würfels gilt nach (4.3)

$$P[X = k] = \left(\frac{5}{6}\right)^{k-1} \cdot \frac{1}{6}.$$

Damit erhält man

$$EX = \sum_{k=1}^{\infty} k \cdot \frac{1}{6} \cdot \left(\frac{5}{6}\right)^{k-1} = \frac{1}{6} \cdot \sum_{k=1}^{\infty} k \cdot x^{k-1}\Big|_{x=5/6} = \frac{1}{6} \cdot \left(\frac{d}{dx} \sum_{k=0}^{\infty} x^k\right)\Big|_{x=5/6}$$

$$= \frac{1}{6} \cdot \left(\frac{d}{dx} \frac{1}{1-x}\right)\Big|_{x=5/6} = \frac{1}{6} \cdot \frac{1}{(1-x)^2}\Big|_{x=5/6} = 6.$$

Der Würfel wird also im Mittel sechsmal geworfen, bis er zum ersten Mal
mit 6 oben landet.

▶   **Beispiel 5.7**   Sei X eine $b(n, p)$-verteilte Zufallsvariable ($n \in \mathbb{N}, p \in$
$[0, 1]$), d. h.

$$P[X = k] = \binom{n}{k} p^k (1 - p)^{n-k} \quad (k \in \{0, \ldots, n\}).$$

Wegen

$$\binom{n}{k} = \frac{n!}{k! \cdot (n-k)!} = \frac{n}{k} \cdot \frac{(n-1)!}{(k-1)! \cdot (n-k)!} = \frac{n}{k} \cdot \binom{n-1}{k-1}$$

gilt dann

$$
\begin{aligned}
\mathbf{E}X &= \sum_{k=0}^{n} k \cdot \binom{n}{k} p^k (1-p)^{n-k} \\
&= \sum_{k=1}^{n} k \cdot \frac{n}{k} \binom{n-1}{k-1} p^k (1-p)^{n-k} \\
&= n \cdot p \cdot \sum_{k=1}^{n} \binom{n-1}{k-1} p^{k-1} (1-p)^{(n-1)-(k-1)} \\
&= n \cdot p \cdot \sum_{l=0}^{n-1} \binom{n-1}{l} p^l (1-p)^{(n-1)-l} \\
&\overset{Bsp.\,4.9}{=} n \cdot p \cdot (p + (1-p))^{n-1} \\
&= n \cdot p.
\end{aligned}
$$

▶   **Beispiel 5.8**   Sei X eine $\pi(\lambda)$-verteilte Zufallsvariable ($\lambda > 0$), d. h.

$$
\mathbf{P}[X = k] = \frac{\lambda^k}{k!} \cdot e^{-\lambda} \quad (k \in \mathbb{N}_0).
$$

Dann gilt

$$
\mathbf{E}X = \sum_{k=0}^{\infty} k \cdot \frac{\lambda^k}{k!} \cdot e^{-\lambda} = \lambda \cdot \left(\sum_{k=1}^{\infty} \frac{\lambda^{k-1}}{(k-1)!} \right) \cdot e^{-\lambda} = \lambda \cdot \left(\sum_{l=0}^{\infty} \frac{\lambda^l}{l!} \right) \cdot e^{-\lambda}
$$
$$
= \lambda \cdot e^{\lambda} \cdot e^{-\lambda} = \lambda.
$$

Als Nächstes wollen wir Definition 5.16 auf den Fall von Zufallsvariablen mit einer Dichte übertragen. Dazu gehen wir analog zur Übertragung der Formel zur Berechnung von Wahrscheinlichkeiten mithilfe von Zähldichten auf die Formel zur Berechnung der Wahrscheinlichkeiten anhand von Dichten in Kap. 4 vor und ersetzen die Summe durch ein entsprechendes Integral. Dies führt auf

Definition 5.17

Sei X eine stetig verteilte Zufallsvariable mit Dichte f. Dann heißt

$$
\mathbf{E}X = \int_{-\infty}^{\infty} x \cdot f(x)\, dx
$$

– sofern existent – der *Erwartungswert* von X.

▶ **Beispiel 5.9** Dozent K. fährt nach seiner Statistik-Vorlesung am Campus Lichtwiese der TU Darmstadt immer mit dem Bus zu seinem Büro in der Stadtmitte von Darmstadt. Der Bus fährt alle 10 Minuten von der Bushaltestelle ab. Da Dozent K. sich die genauen Abfahrtszeiten nicht merken kann, trifft er rein zufällig innerhalb eines zehnminütigen Intervalls zwischen zwei aufeinanderfolgenden Abfahrtszeiten an der Bushaltestelle ein. Wie lange muss Dozent K. dann „im Mittel" warten?

Die zufällige Wartezeit auf den Bus im obigen Beispiel wird durch eine auf [0, 10] gleichverteilte Zufallsvariable X beschrieben, d. h. durch eine stetig verteilte Zufallsvariable mit Dichte

$$f(x) = \begin{cases} \frac{1}{10} & \text{für} \quad 0 \le x \le 10, \\ 0 & \text{für} \quad x < 0 \text{ oder } x > 10. \end{cases}$$

Damit folgt für die mittlere Wartezeit:

$$\mathbf{E}X = \int_{\mathbb{R}} x \cdot f(x)\, dx = \int_0^{10} x \cdot \frac{1}{10}\, dx = \frac{x^2}{20}\Big|_{x=0}^{10} = \frac{10^2}{20} - 0 = 5.$$

▶ **Beispiel 5.10** X sei eine exp(λ)-verteilte Zufallsvariable, d. h.

$$\mathbf{P}_X(A) = \int_A f(x)\, dx \quad \text{mit} \quad f(x) = \begin{cases} \lambda \cdot e^{-\lambda \cdot x} & \text{für} \quad x \ge 0, \\ 0 & \text{für} \quad x < 0, \end{cases}$$

wobei $\lambda > 0$. Dann gilt

$$\mathbf{E}X = \int_0^\infty x \cdot \lambda \cdot e^{-\lambda \cdot x} dx.$$

Anwenden der Formel

$$\int_a^b u(x) \cdot v'(x)\, dx = u(x) \cdot v(x)\Big|_{x=a}^b - \int_a^b u'(x) \cdot v(x)\, dx \tag{5.5}$$

(vgl. Satz A.3 c)) mit $u(x) = x$ und $v'(x) = \lambda \cdot e^{-\lambda \cdot x}$ liefert

$$\mathbf{E}X = -x \cdot e^{-\lambda \cdot x}\Big|_{x=0}^\infty + \int_0^\infty e^{-\lambda \cdot x} dx = 0 - \frac{1}{\lambda} \cdot e^{-\lambda \cdot x}\Big|_{x=0}^\infty = \frac{1}{\lambda}.$$

▶ **Beispiel 5.11** X sei eine $N(a, \sigma^2)$-verteilte Zufallsvariable, d, h.

$$\mathbf{P}_X(A) = \int_A f(x)\, dx \quad \text{mit} \quad f(x) = \frac{1}{\sqrt{2\pi}\,\sigma} \cdot e^{-(x-a)^2/(2\sigma^2)}.$$

Dann gilt

$$\mathbf{E}X = \int_{-\infty}^{\infty} x \cdot \frac{1}{\sqrt{2\pi}\,\sigma} \cdot e^{-(x-a)^2/(2\sigma^2)}\, dx$$

$$= \int_{-\infty}^{\infty} \frac{x-a}{\sqrt{2\pi}\,\sigma} \cdot e^{-(x-a)^2/(2\sigma^2)}\, dx + a \cdot \int_{-\infty}^{\infty} \frac{1}{\sqrt{2\pi}\,\sigma} \cdot e^{-(x-a)^2/(2\sigma^2)}\, dx$$

$$= 0 + a = a.$$

Dabei wurde beim dritten Gleichheitszeichen ausgenutzt, dass der erste Integrand punktsymmetrisch bezüglich $x = a$ ist und dass beim zweiten Integral über eine Dichte integriert wird.

Im Weiteren werden wir die obigen beiden Definitionen des Erwartungswertes zu einer allgemeinen Definition dieses Begriffes erweitern, die für diskrete Zufallsvariablen und für Zufallsvariablen mit Dichten mit den beiden obigen Definitionen übereinstimmen wird. Diese allgemeine Definition wird es uns ermöglichen, einerseits Eigenschaften simultan für die beiden obigen Spezialfälle zu beweisen und andererseits weitere Formeln für die Berechnung von Erwartungswerten herzuleiten.

Der Rest dieses Abschnitts ist mathematisch etwas anspruchsvoller. Der mathematisch nicht so interessierte Leser kann ihn aber auch überspringen, sich nur die Aussagen der Korollare 5.1 und 5.2 klarmachen sowie die Beispiele dazu durcharbeiten und dann in Abschn. 5.5 weiterlesen.

Hilfsmittel dabei ist der Begriff des Maßintegrals, den wir sinnvollerweise nicht nur für Wahrscheinlichkeitsmaße, sondern gleich allgemein für sogenannte Maßräume einführen. Dabei unterscheidet sich ein Maßraum nur dadurch von einem Wahrscheinlichkeitsraum, dass wir nicht länger $\mathbf{P}(\Omega) = 1$ forden. Stattdessen werden wir als Werte eines Maßes erweitert reelle Zahlen aus

$$\bar{\mathbb{R}} = \mathbb{R} \cup \{\infty, -\infty\}$$

zulassen, für die wir die Rechenregeln

$$a + \infty = \infty + a = \infty, a - \infty = -\infty + a = -\infty, \infty + \infty = \infty, -\infty - \infty = -\infty$$

für $a \in \mathbb{R}$ und

$$b \cdot \infty = \infty \cdot b = \infty, \infty \cdot \infty = \infty \quad \text{und} \quad 0 \cdot \infty = 0$$

für $b \in \mathbb{R}$ mit $b > 0$ verwenden.

Definition 5.18

Sei Ω eine nichtleere Menge und $\mathscr{A}$ eine σ-Algebra über Ω. Eine Abbildung

$$\mu:\mathscr{A} \to \bar{\mathbb{R}}$$

heißt *Maß*, falls gilt:

(i) $\mu(A) \geq 0$ für alle $A \in \mathscr{A}$.

(ii) $\mu(\emptyset) = 0$.

(iii) Für alle $A, B \in \mathscr{A}$ mit $A \subseteq B$ gilt

$$\mu(A) \leq \mu(B).$$

(iv) Für alle $A, B \in \mathscr{A}$ mit $A \cap B = \emptyset$ gilt

$$\mu(A \cup B) = \mu(A) + \mu(B).$$

(v) Für alle $A_1, A_2, \ldots, A_n \in \mathscr{A}$ mit $A_i \cap A_j = \emptyset$ für alle $i \neq j$ gilt

$$\mu\left(\bigcup_{k=1}^{n} A_k\right) = \sum_{k=1}^{n} \mu(A_k).$$

(vi) Für alle $A_1, A_2, \cdots \in \mathscr{A}$ mit $A_i \cap A_j = \emptyset$ für alle $i \neq j$ gilt

$$\mu\left(\bigcup_{n=1}^{\infty} A_n\right) = \sum_{n=1}^{\infty} \mu(A_n)$$

(sogenannte σ-Additivität).

In diesem Falle heißt $(\Omega, \mathscr{A}, \mu)$ *Maßraum*.

Vergleicht man obige Definition mit der Definition des Wahrscheinlichkeitsmaßes in Definition 4.7 und beachtet man Lemma 4.3, so sieht man, dass ein Maß μ genau dann ein Wahrscheinlichkeitsmaß ist, wenn $\mu(\Omega) = 1$ gilt.

Den Begriff einer reellen Zufallsvariablen auf einem Wahrscheinlichkeitsraum $(\Omega, \mathscr{A}, \mathbf{P})$, also einer Abbildung $X : \Omega \to \mathbb{R}$ mit

$$X^{-1}(B) \in \mathscr{A} \quad \text{für alle } B \in \mathscr{B},$$

können wir in Maßräumen nicht verwenden, da wir dabei ja ein Wahrscheinlichkeitsmaß als gegeben vorausgesetzt haben. Stattdessen führen wir den Begriff der $\mathscr{A}$-$\mathscr{B}$-messbaren Abbildung ein.

Definition 5.19

Sei $(\Omega, \mathscr{A})$ ein Messraum. Eine Funktion $f : \Omega \to \mathbb{R}$ heißt $\mathscr{A} - \mathscr{B}$-*messbar* (kurz: messbar), falls gilt:

$$f^{-1}(B) = \{\omega \in \Omega : f(\omega) \in B\} \in \mathscr{A} \quad \text{für alle } B \in \mathscr{B}.$$

Im Folgenden werden wir in Maßräumen $(\Omega, \mathscr{A}, \mu)$ ein Integral

$$\int h \, d\mu$$

für messbare Funktionen $h : \Omega \to \mathbb{R}$ definieren. Dabei werden wir in drei Schritten vorgehen: Zunächst werden wir das Integral für nichtnegative Funktionen definieren, die nur endlich viele verschiedene Werte annehmen und dann diese Definition zuerst auf den Fall einer nichtnegativen Funktion und danach auf den Fall einer allgemeinen Funktion übertragen.

Im ersten Schritt wird also davon ausgegangen, dass die messbare Funktion $h : \Omega \to \mathbb{R}$ nur endlich viele verschiedene Werte annimmt. Eine solche Funktion hat immer eine Darstellung der Form

$$h = \sum_{i=1}^{n} \alpha_i \cdot 1_{A_i},$$

wobei $n \in \mathbb{N}$, $\alpha_1, \ldots, \alpha_n \in \mathbb{R}_+$ und $A_1, \ldots, A_n \in \mathscr{A}$ eine Partition von Ω ist, also

$$\cup_{i=1}^{n} A_i = \Omega \quad \text{und} \quad A_i \cap A_j = \emptyset \text{ für alle } i \neq j$$

erfüllt. Eine solche Darstellung kann man z. B. konstruieren, indem man für die Werte von $\alpha_1, \ldots, \alpha_n$ die n verschiedenen Funktionswerte von h wählt und dann $A_i = h^{-1}(\{\alpha_i\})$ setzt. Funktionen der obigen Bauart bezeichnen wir als einfache Funktionen.

Definition 5.20

Sei $(\Omega, \mathscr{A})$ ein Messraum. Jede Funktion $h : \Omega \to \mathbb{R}$ mit

$$h = \sum_{i=1}^{n} \alpha_i \cdot 1_{A_i}, \tag{5.6}$$

wobei $n \in \mathbb{N}$, $\alpha_1, \ldots, \alpha_n \in \mathbb{R}$, $A_1, \ldots, A_n \in \mathscr{A}$ und $\{A_1, \ldots, A_n\}$ Partition von Ω ist, heißt *einfache Funktion*.

Ist nun h eine nichtnegative einfache Funktion mit der Darstellung (5.6), so definieren wir

$$\int h \, d\mu = \sum_{i=1}^{n} \alpha_i \cdot \mu(A_i). \tag{5.7}$$

Hierbei wird für jede Menge A_i der konstante Funktionswert auf der Menge A_i mit dem Maß von A_i multipliziert, und die entstehenden Produkte werden aufaddiert. Dies entspricht der Vorgehensweise bei der Berechnung des Flächeninhalts zwischen der x-Achse und einer stückweise konstanten Funktion. Die dabei auftretende Fläche besteht aus Rechtecken und ist gleich der Summe der Flächeninhalte dieser Rechtecke. Der Flächeninhalt eines solchen Rechtecks ist dabei das Produkt aus Länge der Grundseite (d. h. der Länge des zugrunde liegenden Intervalls) und der Höhe des Rechtecks (die mit dem Funktionswert der stückweise konstanten Funktion übereinstimmt). Beim obigen Maßintegral wird nun die Länge des zugrunde liegenden Intervalls ersetzt durch den Wert, den das Maß dem Intervall zuweist.

Definition (5.7) ist zunächst einmal für jede Darstellung (5.6) von h wohldefiniert, da die α_i nichtnegativ sind und daher auch im Falle von $\mu(A_i) = \infty$ niemals während der Summation der Fall $\infty - \infty$ auftreten kann. Darüber hinaus hängt der Wert der obigen Summe nicht von der speziellen Wahl der (im Allgemeinen nicht eindeutigen) Darstellung (5.6) ab: Ist nämlich

$$h = \sum_{i=1}^{n} \alpha_i 1_{A_i} = \sum_{j=1}^{m} \beta_j 1_{B_j}$$

mit $\alpha_i, \beta_j \in \mathbb{R}$, $A_i, B_j \in \mathscr{A}$, $\{A_i : i = 1, \ldots, n\}$ und $\{B_j : j = 1, \ldots, m\}$ Partitionen von Ω, so gilt

$$\sum_{i=1}^{n} \alpha_i \cdot \mu(A_i) = \sum_{j=1}^{m} \beta_j \cdot \mu(B_j). \tag{5.8}$$

Begründung Da $\{B_j : j = 1, \ldots, m\}$ Partition von Ω ist, gilt

$$A_i = A_i \cap \Omega = A_i \cap \left(\cup_{j=1}^{m} B_j \right) = \cup_{j=1}^{m} A_i \cap B_j,$$

wobei die Mengen in der letzten Vereinigung paarweise leeren Schnitt haben. Aufgrund der σ-Additivität von μ folgt daraus

$$\sum_{i=1}^{n} \alpha_i \cdot \mu(A_i) = \sum_{i=1}^{n} \alpha_i \cdot \mu\left(\cup_{j=1}^{m} A_i \cap B_j \right) = \sum_{i=1}^{n} \sum_{j=1}^{m} \alpha_i \cdot \mu(A_i \cap B_j).$$

Analog erhält man

$$\sum_{j=1}^{m} \beta_j \cdot \mu(B_j) = \sum_{j=1}^{m} \beta_j \cdot \mu\left(\cup_{i=1}^{n} A_i \cap B_j\right) = \sum_{j=1}^{m} \sum_{i=1}^{n} \beta_j \cdot \mu(A_i \cap B_j)$$

$$= \sum_{i=1}^{n} \sum_{j=1}^{m} \beta_j \cdot \mu(A_i \cap B_j).$$

Ist nun $A_i \cap B_j \neq \emptyset$, so können wir ein $\omega \in A_i \cap B_j$ wählen und können folgern:

$$h(\omega) = \sum_{k=1}^{n} \alpha_k 1_{A_k}(\omega) = \alpha_i \quad \text{sowie} \quad h(\omega) = \sum_{k=1}^{m} \beta_k 1_{B_k}(\omega) = \beta_j,$$

also gilt in diesem Fall $\alpha_i = \beta_j$ und damit auch

$$\alpha_i \cdot \mu(A_i \cap B_j) = \beta_j \cdot \mu(A_i \cap B_j).$$

Letzteres gilt aber auch im Falle $A_i \cap B_j = \emptyset$, da dann $\mu(A_i \cap B_j) = 0$ ist. Dies impliziert (5.8), was zu zeigen war.

Als Nächstes betrachten wir nichtnegativ messbare Integranden, die nicht notwendigerweise einfach sind. Um auch für diese ein Maßintegral zu definieren, wählen wir eine Folge nichtnegativer einfacher Funktionen, die in einem geeigneten Sinne gegen diese Funktion konvergieren. Sodann definieren wir das gesuchte Integral als Grenzwert der Integrale der obigen Folge.

Als Konvergenzbegriff stellt sich dabei die punktweise Konvergenz von unten als sinnvoll heraus, die wir als Nächstes einführen.

Definition 5.21

Eine Folge von Funktionen $f_n : \Omega \to \mathbb{R}$ *konvergiert von unten* gegen $f : \Omega \to \mathbb{R}$, falls gilt:

$$f_1(\omega) \leq f_2(\omega) \leq \ldots \quad \text{und} \quad \lim_{n \to \infty} f_n(\omega) = f(\omega) \quad \text{für alle } \omega \in \Omega.$$

Als Schreibweise verwenden wir dafür: $f_n \uparrow f$.

Ist nun $f : \Omega \to \mathbb{R}$ eine nichtnegativ messbare Funktion, so wählen wir zunächst nichtnegativ einfache Funktionen $f_n : \Omega \to \mathbb{R}$ mit $f_n \uparrow f$. Solche Funktionen existieren immer, da z. B. die einfachen Funktionen

$$f_n = n \cdot 1_{\{\omega \in \Omega \,:\, f(\omega) \geq n\}} + \sum_{k=0}^{n \cdot 2^n - 1} \frac{k}{2^n} \cdot 1_{\left\{\omega \in \Omega \,:\, \frac{k}{2^n} \leq f(\omega) < \frac{k+1}{2^n}\right\}}$$

diese Eigenschaft haben.[7] Sodann definieren wir:

$$\int f\,d\mu = \lim_{n\to\infty} \int f_n d\mu.$$

Mithilfe eines etwas technischen Beweises kann man zeigen, dass der Grenzwert oben existiert und unabhängig von der Wahl der f_n mit $f_n \uparrow f$ ist.[8]

Im dritten Schritt der Definition des Maßintegrals betrachten wir allgemeine messbare Funktionen $f : \Omega \to \mathbb{R}$. In diesem Fall setzen wir

$$f^+(\omega) = \max\{f(\omega), 0\},$$
$$f^-(\omega) = \max\{-f(\omega), 0\}$$

(so dass gilt: $f(\omega) = f^+(\omega) - f^-(\omega)$, wobei $f^+(\omega) \geq 0, f^-(\omega) \geq 0$), und im Falle

$$\int f^+ d\mu < \infty \quad \text{oder} \quad \int f^- d\mu < \infty$$

definieren wir:

$$\int f\,d\mu = \int f^+ d\mu - \int f^- d\mu.$$

Man sieht leicht, dass f^+ und f^- beide nichtnegativ messbar sind,[9] so dass die links stehenden Integrale bereits im vorigen Schritt der Definition definiert wurden. Da wir den Fall $\infty - \infty$ rechts ausschließen, ist daher auch im letzten Teil der Definition das Integral wohldefiniert.

Zusammengefasst erhalten wir die folgende Definition des Maßintegrals:

Definition 5.22

Allgemeine Definition des Maßintegrals.

Sei $(\Omega, \mathscr{A}, \mu)$ ein Maßraum und sei $f : \Omega \to \mathbb{R}$ messbar.

a) Ist $f = \sum_{i=1}^{n} \alpha_i \cdot 1_{A_i}$ eine nichtnegative einfache Funktion, so wird definiert:

$$\int f\,d\mu = \sum_{i=1}^{n} \alpha_i \cdot \mu(A_i).$$

b) Ist f nichtnegativ, so wird definiert:

$$\int f\,d\mu = \lim_{n\to\infty} \int f_n d\mu,$$

wobei $(f_n)_{n\in\mathbb{N}}$ eine beliebige Folge nichtnegativer einfacher Funktionen ist mit $f_n \uparrow f$.

c) Nimmt f auch negative Werte an, so wird

$$f^+(\omega) = \max\{f(\omega), 0\},$$
$$f^-(\omega) = \max\{-f(\omega), 0\}$$

gesetzt, und im Falle

$$\int f^+ d\mu < \infty \quad \text{oder} \quad \int f^- d\mu < \infty$$

wird definiert:

$$\int f\, d\mu = \int f^+ d\mu - \int f^- d\mu.$$

Für das obige Integral verwenden wir die folgenden vier Schreibweisen:

$$\int f\, d\mu = \int_\Omega f\, d\mu = \int f(\omega)\mu(d\omega) = \int_\Omega f(\omega)\mu(d\omega).$$

Mithilfe des Begriffs des Maßintegrals wird der allgemeine Begriff des Erwartungswertes einer reellen Zufallsvariablen wie folgt eingeführt:

Definition 5.23

Sei $(\Omega, \mathscr{A}, \mathbf{P})$ ein Wahrscheinlichkeitsraum und $X : \Omega \to \mathbb{R}$ eine reelle Zufallsvariable. Dann heißt

$$\mathbf{E}X := \int X\, d\mathbf{P}$$

– sofern existent – der *Erwartungswert* der Zufallsvariablen X.

Der Erwartungswert einer Zufallsvariablen ist also das Maßintegral der Zufallsvariablen über die Grundmenge des Wahrscheinlichkeitsraumes. Wir werden im Folgenden zeigen, dass diese Definition sowohl für diskrete Zufallsvariablen als auch für Zufallsvariablen mit Dichten in der Tat mit den bisherigen Definitionen des Erwartungswertes übereinstimmt (vgl. Korollar 5.2 unten). In Abschn. 5.6 werden wir darüber hinaus noch sehen, dass der so definierte Erwartungswert aufgrund der Gesetze der großen Zahlen in der Tat als eine Art „Mittelwert" betrachtet werden kann. Vorher beweisen wir aber noch einige nützliche Eigenschaften des Maßintegrals. Wir beginnen mit

Satz 5.3

Sei $(\Omega, \mathscr{A}, \mu)$ ein Maßraum, seien $f, g : \Omega \to \mathbb{R}$ messbar mit $\int f \, d\mu \in \mathbb{R}$ und $\int g \, d\mu \in \mathbb{R}$, und sei $\alpha \in \mathbb{R}$. Dann gilt:

a)
$$\int (f + g) \, d\mu = \int f \, d\mu + \int g \, d\mu.$$

b)
$$\int (\alpha \cdot f) \, d\mu = \alpha \cdot \int f \, d\mu.$$

c)
$$f(\omega) \leq g(\omega) \text{ für alle } \omega \in \Omega \quad \Rightarrow \quad \int f \, d\mu \leq \int g \, d\mu.$$

Als Folgerung erhalten wir folgende Aussagen über Erwartungswerte:

Korollar 5.1

Sei $(\Omega, \mathscr{A}, \mathbf{P})$ ein Wahrscheinlichkeitsraum, seien X, X_1 und X_2 reelle Zufallsvariablen auf $(\Omega, \mathscr{A}, \mathbf{P})$ mit $\mathbf{E}X_1 \in \mathbb{R}$ und $\mathbf{E}X_2 \in \mathbb{R}$, und sei $\alpha \in \mathbb{R}$. Dann gilt:

a)
$$\mathbf{E}(X_1 + X_2) = \mathbf{E}X_1 + \mathbf{E}X_2,$$

wobei $X_1 + X_2$ die Zufallsvariable mit Werten $X_1(\omega) + X_2(\omega)$ ist.

b)
$$\mathbf{E}(\alpha \cdot X) = \alpha \cdot \mathbf{E}X,$$

wobei $\alpha \cdot X$ die Zufallsvariable mit Werten $\alpha \cdot X(\omega)$ ist.

c) Aus $X_1(\omega) \leq X_2(\omega)$ für alle $\omega \in \Omega$ folgt $\mathbf{E}X_1 \leq \mathbf{E}X_2$.

Beweis Das obige Korollar folgt unmittelbar aus der Definition des Erwartungswertes als Maßintegral und Satz 5.3. □

Wir illustrieren zunächst die Nützlichkeit des obigen Korollars an einem Beispiel, bevor wir Satz 5.3 beweisen.

▶ **Beispiel 5.12** Zehn perfekten Schützen stehen zehn unschuldige Enten gegenüber. Jeder Schütze wählt zufällig und unbeeinflusst von den anderen Schützen eine Ente aus, auf die er schießt. Wie viele Enten überleben im Mittel?

Sei X die zufällige Anzahl der überlebenden Enten. Dann ist X eine diskrete Zufallsvariable, die nur Werte in $\{0, \ldots, 9\}$ annimmt. Damit erhält man den Erwartungswert von X zu

$$\mathbf{E}X = \sum_{i=0}^{9} i \cdot \mathbf{P}[X = i].$$

Problematisch daran ist, dass die Wahrscheinlichkeiten $\mathbf{P}[X = i]$ schwierig zu bestimmen sind. Als Ausweg bietet sich die folgende Darstellung von X an:

$$X = \sum_{i=1}^{10} X_i,$$

wobei

$$X_i = \begin{cases} 1, & \text{falls} \quad \text{Ente } i \text{ überlebt,} \\ 0, & \text{falls} \quad \text{Ente } i \text{ nicht überlebt.} \end{cases}$$

Da jeder Schütze zufällig und unbeeinflusst von den anderen Schützen die Ente auswählt, auf die er schießt, gilt

$\mathbf{P}[X_i = 1]$

$= \mathbf{P}\big[\text{Schütze 1 zielt nicht auf Ente } i, \ldots, \text{Schütze 10 zielt nicht auf Ente } i\big]$

$= \prod_{j=1}^{10} \mathbf{P}[\text{Schütze } j \text{ zielt nicht auf Ente } i] = \left(\frac{9}{10}\right)^{10}.$

Damit folgt

$$\mathbf{E}X_i = 1 \cdot \mathbf{P}[X_i = 1] = \left(\frac{9}{10}\right)^{10},$$

und Anwenden von Korollar 5.1 liefert

$$\mathbf{E}X = \mathbf{E}\left\{\sum_{i=1}^{10} X_i\right\} = \sum_{i=1}^{10} \mathbf{E}\{X_i\} = 10 \cdot \left(\frac{9}{10}\right)^{10} \approx 3,49.$$

Beweis von Satz 5.3.

a) Gemäß der schrittweisen Definition des Integrals erfolgt der Beweis schrittweise für nichtnegative einfache Funktionen, nichtnegative Funktionen und beliebige messbare Funktionen.

Fall 1: *Seien f und g nichtnegativ einfach.*
Sei $f = \sum_{i=1}^{n} \alpha_i \mathbf{1}_{A_i}$ und $g = \sum_{j=1}^{m} \beta_j \mathbf{1}_{B_j}$, wobei $A_i, B_j \in \mathscr{A}$ und $\{A_1, \ldots, A_n\}$ bzw. $\{B_1, \ldots, B_m\}$ Partitionen von Ω sind. Wegen

$$A_i = A_i \cap \Omega = A_i \cap (\cup_{j=1}^{m} B_j) = \cup_{j=1}^{m} A_i \cap B_j$$

und $A_i \cap B_1, \ldots, A_i \cap B_m$ paarweise disjunkt, gilt dann

$$1_{A_i} = \sum_{j=1}^{m} 1_{A_i \cap B_j},$$

woraus folgt

$$f = \sum_{i=1}^{n} \sum_{j=1}^{m} \alpha_i 1_{A_i \cap B_j}.$$

Analog erhält man

$$g = \sum_{i=1}^{n} \sum_{j=1}^{m} \beta_j 1_{A_i \cap B_j}.$$

Damit gilt

$$f + g = \sum_{i=1}^{n} \sum_{j=1}^{m} (\alpha_i + \beta_j) \cdot 1_{A_i \cap B_j}, \tag{5.9}$$

und aus der Definition des Integrals folgt

$$\int (f + g)\, d\mu \stackrel{Def.}{=} \sum_{i=1}^{n} \sum_{j=1}^{m} (\alpha_i + \beta_j) \cdot \mu(A_i \cap B_j)$$

$$= \sum_{i=1}^{n} \sum_{j=1}^{m} \alpha_i \cdot \mu(A_i \cap B_j) + \sum_{i=1}^{n} \sum_{j=1}^{m} \beta_j \cdot \mu(A_i \cap B_j)$$

$$\stackrel{Def.}{=} \int f\, d\mu + \int g\, d\mu.$$

Fall 2: *Seien f und g nichtnegativ.*
Wähle nichtnegative einfache Funktionen f_n und g_n mit $f_n \uparrow f$ und $g_n \uparrow g$. Dann sind $f_n + g_n$ ebenfalls nichtnegative einfache Funktionen (vgl. (5.9)), und man sieht leicht, dass gilt: $f_n + g_n \uparrow f + g$. Aus der Definition des Integrals bzw. aus Fall 1 folgt daher

$$\int (f + g)\, d\mu \stackrel{Def.}{=} \lim_{n \to \infty} \int (f_n + g_n)\, d\mu$$

$$\stackrel{Fall\ 1}{=} \lim_{n \to \infty} \left(\int f_n\, d\mu + \int g_n\, d\mu \right)$$

$$= \lim_{n \to \infty} \int f_n\, d\mu + \lim_{n \to \infty} \int g_n\, d\mu$$

$$\stackrel{Def.}{=} \int f\, d\mu + \int g\, d\mu.$$

Fall 3: *Seien f und g beliebig messbare Funktionen.*
Aus

$$f + g = (f + g)^+ - (f + g)^-$$

und

$$f + g = (f^+ - f^-) + (g^+ - g^-)$$

folgt

$$(f^+ + g^+) + f^- + g^- = f^+ + g^+ + (f + g)^-.$$

Anwendung des Integrals auf beiden Seiten dieser Gleichung und Verwendung des Resultats von Fall 2 ergibt

$$\int (f + g)^+ \, d\mu + \int f^- \, d\mu + \int g^- \, d\mu = \int f^+ \, d\mu + \int g^+ \, d\mu + \int (f + g)^- \, d\mu.$$

Wegen

$$(f + g)^+(x) = \max\{f(x) + g(x), 0\} \leq \max\{f(x), 0\} + \max\{g(x), 0\}$$
$$= f^+(x) + g^+(x)$$

gilt nach Fall 2

$$\int f^+ d\mu + \int g^+ d\mu = \int \left(f^+ + g^+ - (f + g)^+\right) d\mu + \int (f + g)^+ d\mu$$

$$\geq \int (f + g)^+ d\mu.$$

Analog zeigt man

$$\int f^- d\mu + \int g^- d\mu \geq \int (f + g)^- d\mu.$$

Damit sind in der Gleichung oben alle Summanden in $\mathbb{R}$, woraus folgt

$$\int (f + g) \, d\mu \overset{Def.}{=} \int (f + g)^+ \, d\mu - \int (f + g)^- \, d\mu$$

$$\overset{s.o.}{=} \int f^+ d\mu - \int f^- d\mu + \int g^+ d\mu - \int g^- \, d\mu$$

$$\overset{Def.}{=} \int f \, d\mu + \int g \, d\mu.$$

b) Für $\alpha > 0$ folgt die Behauptung analog zu a) durch Fallunterscheidung gemäß der schrittweisen Definition des Integrals, und für $\alpha = 0$ ist die Behauptung trivial. Für $\alpha < 0$ gilt wegen $-\alpha > 0$

$$(\alpha \cdot f)^+(\omega) = \max\{(\alpha \cdot f)(\omega), 0\} = \max\{(-\alpha) \cdot (-f(\omega)), 0\}$$
$$= (-\alpha) \cdot \max\{(-f(\omega)), 0\} = (-\alpha) \cdot f^-(\omega)$$

und

$$(\alpha \cdot f)^-(\omega) = \max\{-(\alpha \cdot f)(\omega), 0\} = \max\{(-\alpha) \cdot f(\omega), 0\}$$
$$= (-\alpha) \cdot \max\{f(\omega), 0\} = (-\alpha) \cdot f^+(\omega).$$

Unter Verwendung des Resultates für den Fall $\alpha > 0$ und der Definition des Integrals folgt daraus

$$\int (\alpha \cdot f) d\mu \overset{Def.}{=} \int (\alpha \cdot f)^+ d\mu - \int (\alpha \cdot f)^- d\mu$$

$$\overset{s.o.}{=} \int (-\alpha) \cdot f^- d\mu - \int (-\alpha) \cdot f^+ d\mu$$

$$\overset{-\alpha>0}{=} (-\alpha) \cdot \left(\int f^- d\mu - \int f^+ d\mu \right)$$

$$= \alpha \cdot \left(\int f^+ d\mu - \int f^- d\mu \right)$$

$$\overset{Def.}{=} \alpha \cdot \int f d\mu.$$

c) Aus $f(\omega) \leq g(\omega)$ für alle $\omega \in \Omega$ folgt $g(\omega) - f(\omega) \geq 0$ für alle $\omega \in \Omega$. Nach Definition des Integrals ist das Integral im Falle nichtnegativer Funktionen nichtnegativ, was impliziert

$$\int (g-f) d\mu \geq 0.$$

Mit a) und b) folgt

$$\int g \, d\mu - \int f \, d\mu = \int (g-f) \, d\mu \geq 0,$$

was die Behauptung impliziert.   □

Die nächsten beiden Sätze benötigen wir zum Beweis von Korollar 5.2, in dem allgemeine Formeln zur Berechnung von Erwartungswerten beschrieben werden.

Satz 5.4

(Transformationssatz für Integrale).

Sei $(\Omega, \mathscr{A}, \mathbf{P})$ ein Wahrscheinlichkeitsraum, sei $X : \Omega \rightarrow \mathbb{R}$ eine (reelle) Zufallsvariable und sei $h : \mathbb{R} \rightarrow \mathbb{R}$ messbar. Dann gilt

$$\int_{\Omega} h(X(\omega))\, d\mathbf{P}(\omega) = \int_{\mathbb{R}} h(x) d\mathbf{P}_X(x),$$

wobei $\mathbf{P}_X$ die Verteilung von X ist, d. h.

$$\mathbf{P}_X(B) = \mathbf{P}(X^{-1}(B)) \quad (B \in \mathscr{B}).$$

Beweis Gemäß der schrittweisen Definition des Integrals erfolgt der Beweis wieder schrittweise für nichtnegative einfache Funktionen, nichtnegative Funktionen und beliebige messbare Funktionen.

Im ersten Schritt des Beweises wird die Behauptung für h nichtnegativ einfach gezeigt. Sei also $h = \sum_{i=1}^{n} \alpha_i \cdot 1_{A_i}$ nichtnegativ und einfach. Wir beachten zuerst, dass dann auch $h(X(\omega))$ nichtnegativ einfach ist. Dies folgt aus

$$h(X(\omega)) = \sum_{i=1}^{n} \alpha_i \cdot 1_{A_i}(X(\omega))$$

$$= \sum_{i=1}^{n} \alpha_i \cdot 1_{X^{-1}(A_i)}(\omega),$$

wobei die letzte Gleichheit aufgrund von

$$1_{A_i}(X(\omega)) = 1 \Leftrightarrow X(\omega) \in A_i \Leftrightarrow \omega \in X^{-1}(A_i) \Leftrightarrow 1_{X^{-1}(A_i)}(\omega) = 1$$

gilt. Aus der Definition des Integrals und der Definition der Verteilung von X folgt nun die Behauptung im ersten Fall:

$$\int_{\Omega} h(X(\omega))\, d\mathbf{P}(\omega) \overset{Def.\ Integral}{=} \sum_{i=1}^{n} \alpha_i \cdot \mathbf{P}\Big(X^{-1}(A_i)\Big)$$

$$\overset{Def.\ Verteilung}{=} \sum_{i=1}^{n} \alpha_i \cdot \mathbf{P}_X(A_i)$$

$$\overset{Def.\ Integral}{=} \int_{\mathbb{R}} h(x)\, d\mathbf{P}_X(x).$$

Im zweiten Schritt des Beweises zeigen wir die Behauptung für nichtnegativ messbares h. Dazu wählen wir nichtnegative einfache Funktionen h_n mit $h_n \uparrow h$ und beachten, dass in diesem Falle auch

$$h_1(X(\omega)) \le h_2(X(\omega)) \le \dots \quad \text{und} \quad \lim_{n\to\infty} h_n(X(\omega)) = h(X(\omega))$$

für alle $\omega \in \Omega$ gilt, was $h_n \circ X \uparrow h \circ X$ impliziert. Im ersten Schritt des Beweises haben wir darüber hinaus auch gesehen, dass die Funktionen $h_n \circ X$ nichtnegativ einfache Funktionen sind. Mit der Definition des Integrals und dem Ergebnis des ersten Schrittes des Beweises erhalten wir daher

$$\int_\Omega h(X(\omega))\,d\mathbf{P}(\omega) \overset{Def.}{=} \lim_{n\to\infty} \int_\Omega h_n(X(\omega))\,d\mathbf{P}(\omega)$$
$$\overset{Schritt\ 1}{=} \lim_{n\to\infty} \int_{\mathbb{R}} h_n(x)\,d\mathbf{P}_X(x)$$
$$\overset{Def.}{=} \int_{\mathbb{R}} h(x)\,d\mathbf{P}_X(x).$$

Im dritten und letzten Schritt des Beweises zeigen wir die Behauptung für allgemeines messbares h. Dazu stellen wir h in der Form $h = h^+ - h^-$ dar, wobei für die beiden nichtnegativen Funktionen h^+ und h^- die Behauptung bereits nach dem zweiten Schritt des Beweises gilt. Daraus folgern wir

$$\int_\Omega h(X(\omega))\,d\mathbf{P}(\omega) = \int_\Omega (h^+(X(\omega)) - h^-(X(\omega)))\,d\mathbf{P}(\omega)$$
$$\overset{Satz\ 5.3}{=} \int_\Omega h^+(X(\omega))\,d\mathbf{P}(\omega) - \int_\Omega h^-(X(\omega))\,d\mathbf{P}(\omega)$$
$$\overset{Schritt\ 2}{=} \int_{\mathbb{R}} h^+(x)\,d\mathbf{P}_X(x) - \int_{\mathbb{R}} h^-(x)\,d\mathbf{P}_X(x)$$
$$\overset{Def.}{=} \int_{\mathbb{R}} h(x)\,d\mathbf{P}_X(x).$$

$\square$

Satz 5.5

Sei $(\Omega, \mathscr{A}, \mathbf{P})$ ein Wahrscheinlichkeitsraum, sei $X : \Omega \to \mathbb{R}$ eine (reelle) Zufallsvariable und sei $g : \mathbb{R} \to \mathbb{R}$ messbar.

a) Ist X eine diskrete Zufallsvariable, die mit Wahrscheinlichkeit Eins nur einen der paarweise verschiedenen Werte $x_1, x_2, \dots$ annimmt, so gilt

$$\int_{\mathbb{R}} g(x)\,d\mathbf{P}_X(x) = \sum_{k=1}^{\infty} g(x_k) \cdot \mathbf{P}[X = x_k].$$

Hierbei existiert das Integral links insbesondere dann, wenn die Reihe rechts absolut konvergiert, d. h., wenn gilt: $\sum_{k=1}^{\infty} |g(x_k)| \cdot P[X = x_k] < \infty$.

b) Ist X eine stetig verteilte Zufallsvariable mit Dichte f, so gilt

$$\int_{\mathbb{R}} g(x)\, d\mathbf{P}_X(x) = \int_{\mathbb{R}} g(x) \cdot f(x)\, dx.$$

Hierbei existiert das Integral links genau dann, wenn das Integral rechts existiert.

Beweis a) Sei zunächst g nichtnegativ und messbar und sei

$$A = \{x_1, x_2, \dots \}$$

die Menge der paarweise verschiedenen Werte, die X mit Wahrscheinlichkeit Eins annimmt. Wegen

$$g(x) = g(x) \cdot 1_A(x) + g(x) \cdot 1_{\mathbb{R} \setminus A}(x) \quad (x \in \mathbb{R})$$

und Satz 5.3 gilt dann

$$\int g(x)\, d\mathbf{P}_X(x) = \int g(x) \cdot 1_A(x)\, d\mathbf{P}_X(x) + \int g(x) \cdot 1_{\mathbb{R} \setminus A}(x)\, d\mathbf{P}_X(x). \qquad (5.10)$$

Wir zeigen zunächst, dass das zweite Integral auf der rechten Seite von (5.10) Null ist. Dies ist einfach zu sehen, sofern g nichtnegativ einfach ist. Gilt nämlich

$$g = \sum_{i=1}^{n} \alpha_i \cdot 1_{A_i},$$

so ist

$$g \cdot 1_{\mathbb{R} \setminus A} = \sum_{i=1}^{n} \alpha_i \cdot 1_{A_i} \cdot 1_{\mathbb{R} \setminus A} = \sum_{i=1}^{n} \alpha_i \cdot 1_{A_i \cap (\mathbb{R} \setminus A)}$$

ebenfalls nichtnegativ einfach, und wegen

$$\mathbf{P}_X (A_i \cap (\mathbb{R} \setminus A)) \leq \mathbf{P}_X (\mathbb{R} \setminus A) = \mathbf{P}_X(\mathbb{R}) - \mathbf{P}_X(A) = 1 - 1 = 0$$

folgt

$$\int g(x) \cdot 1_{\mathbb{R} \setminus A}(x)\, d\mathbf{P}_X(x) = \sum_{i=1}^{n} \alpha_i \cdot \mathbf{P}_X (A_i \cap (\mathbb{R} \setminus A)) = 0.$$

Ist dagegen g nichtnegativ messbar, so wählen wir nichtnegativ einfache g_n mit $g_n \uparrow g$. Für diese gilt dann auch

$$g_n \cdot 1_{\mathbb{R} \setminus A} \uparrow g \cdot 1_{\mathbb{R} \setminus A},$$

und die Definition des Integrals impliziert

$$\int g(x) \cdot 1_{\mathbb{R} \setminus A}(x) \, d\mathbf{P}_X(x) = \lim_{n \to \infty} \int g_n(x) \cdot 1_{\mathbb{R} \setminus A}(x) \, d\mathbf{P}_X(x) = \lim_{n \to \infty} 0 = 0.$$

Zur Berechnung des ersten Integrals auf der rechten Seite von (5.10) beachten wir

$$g(x) \cdot 1_A(x) = \sum_{k=1}^{\infty} g(x_k) \cdot 1_{\{x_k\}}(x) = \lim_{n \to \infty} \sum_{k=1}^{n} g(x_k) \cdot 1_{\{x_k\}}(x).$$

Wegen

$$\sum_{k=1}^{n} g(x_k) \cdot 1_{\{x_k\}} \uparrow \sum_{k=1}^{\infty} g(x_k) \cdot 1_{\{x_k\}} = g(x) \cdot 1_A$$

folgt mit der Definition des Integrals

$$\int g(x) \cdot 1_A(x) \, d\mathbf{P}_X(x) = \lim_{n \to \infty} \int \sum_{k=1}^{n} g(x_k) \cdot 1_{\{x_k\}} \, d\mathbf{P}_X(x)$$

$$= \lim_{n \to \infty} \sum_{k=1}^{n} g(x_k) \cdot \mathbf{P}_X(\{x_k\})$$

$$= \sum_{k=1}^{\infty} g(x_k) \cdot \mathbf{P}[X = x_k].$$

Damit ist die Behauptung im Falle g nichtnegativ messbar bewiesen.

Für allgemeines messbares g verwenden wir die Darstellung $g = g^+ - g^-$ und erhalten durch Anwenden der Definition des Integrals und des obigen Resultats

$$\int g(x) \, d\mathbf{P}_X(x) = \int g^+(x) \, d\mathbf{P}_X(x) - \int g^-(x) \, d\mathbf{P}_X(x)$$

$$= \sum_{k=1}^{\infty} g^+(x_k) \cdot \mathbf{P}[X = x_k] - \sum_{k=1}^{\infty} g^-(x_k) \cdot \mathbf{P}[X = x_k]$$

$$= \sum_{k=1}^{\infty} (g^+(x_k) - g^-(x_k)) \cdot \mathbf{P}[X = x_k] = \sum_{k=1}^{\infty} g(x_k) \cdot \mathbf{P}[X = x_k].$$

Dabei existiert das Integral oben genau dann, wenn die Integrale über g^+ und g^- nicht beide gleich Unendlich sind, was wegen

$$\int g^+(x)\,d\mathbf{P}_X(x) = \sum_{k=1}^{\infty} g^+(x_k) \cdot \mathbf{P}[X = x_k] \leq \sum_{k=1}^{\infty} |g(x_k)| \cdot \mathbf{P}[X = x_k]$$

insbesondere aus

$$\sum_{k=1}^{\infty} |g(x_k)| \cdot \mathbf{P}[X = x_k] < \infty$$

folgt.

b) Gemäß der schrittweisen Definition des Integrals erfolgt der Beweis wieder schrittweise für nichtnegative einfache Funktionen, nichtnegative Funktionen und beliebige messbare Funktionen. Sei also im ersten Schritt $g = \sum_{i=1}^{n} \alpha_i \cdot 1_{A_i}$ nichtnegativ und einfach. Aus der Definition des Integrals, der Annahme, dass f Dichte von X ist, und aus $g(x) = \alpha_i$ für $x \in A_i$ folgt:

$$\int_{\mathbb{R}} g(x)\,d\mathbf{P}_X(x) = \sum_{i=1}^{n} \alpha_i \cdot \mathbf{P}_X(A_i) = \sum_{i=1}^{n} \alpha_i \cdot \int_{A_i} f(x)\,dx = \sum_{i=1}^{n} \int_{A_i} \alpha_i \cdot f(x)\,dx$$

$$= \sum_{i=1}^{n} \int_{A_i} g(x) \cdot f(x)\,dx = \int_{\mathbb{R}} g(x) \cdot f(x)\,dx,$$

wobei für die letzte Gleichheit benutzt wurde, dass $\{A_1, \ldots, A_n\}$ eine Partition von $\mathbb{R}$ ist.

Im zweiten Schritt wird nun der Fall einer nichtnegativen messbaren Funktion g betrachtet. In diesem Fall wählen wir nichtnegativ einfache g_n mit $g_n \uparrow g$ und erhalten

$$\int_{\mathbb{R}} g(x)\,d\mathbf{P}_X(x) = \lim_{n \to \infty} \int_{\mathbb{R}} g_n(x)\,d\mathbf{P}_X(x) \overset{Schritt\ 1}{=} \lim_{n \to \infty} \int_{\mathbb{R}} g_n(x) \cdot f(x)\,dx.$$

Die Funktionen $g_n \cdot f$ sind nichtnegativ messbar und erfüllen $g_n \cdot f \uparrow g \cdot f$. Man kann zeigen, dass daraus

$$\lim_{n \to \infty} \int_{\mathbb{R}} g_n(x) \cdot f(x)\,dx = \int_{\mathbb{R}} g(x) \cdot f(x)\,dx$$

folgt,[10] was die Behauptung für nichtnegatives messbares g impliziert.

Im dritten und letzten Schritt betrachten wir den Fall einer allgemeinen messbaren Funktion g. In diesem Fall gilt nach der Definition des Integrals und dem Resultat von Schritt 2

$$\int_{\mathbb{R}} g(x)\, d\mathbf{P}_X(x) = \int_{\mathbb{R}} g^+(x)\, d\mathbf{P}_X(x) - \int_{\mathbb{R}} g^-(x)\, d\mathbf{P}_X(x)$$

$$= \int_{\mathbb{R}} g^+(x) \cdot f(x)\, dx - \int_{\mathbb{R}} g^-(x) \cdot f(x)\, dx$$

$$= \int_{\mathbb{R}} (g^+(x) - g^-(x)) \cdot f(x)\, dx$$

$$= \int_{\mathbb{R}} g(x) \cdot f(x)\, dx.$$

Hierbei existiert das obere Integral genau dann, wenn in der drittletzten Zeile nicht der Fall $\infty - \infty$ auftritt, und genau dann existiert auch das untere Integral. $\qquad\square$

Korollar 5.2 Sei X eine reelle Zufallsvariable und sei $h : \mathbb{R} \to \mathbb{R}$ messbar.

a) Ist X eine diskrete Zufallsvariable, die mit Wahrscheinlichkeit Eins nur einen der paarweise verschiedenen Werte $x_1, x_2, \ldots$ annimmt, so gilt:

$$\mathbf{E}h(X) = \sum_{k=1}^{\infty} h(x_k) \cdot \mathbf{P}[X = x_k]$$

sowie insbesondere (im Falle $h(x) = x$)

$$\mathbf{E}X = \sum_{k=1}^{\infty} x_k \cdot \mathbf{P}[X = x_k].$$

b) Ist X stetig verteilte Zufallsvariable mit Dichte f, so gilt

$$\mathbf{E}h(X) = \int_{\mathbb{R}} h(x) \cdot f(x)\, dx$$

sowie insbesondere (im Falle $h(x) = x$)

$$\mathbf{E}X = \int_{\mathbb{R}} x \cdot f(x)\, dx.$$

Beweis Gemäß der Definition des Erwartungswertes und Satz 5.4 gilt

$$\mathbf{E}h(X) = \int_{\Omega} h(X(\omega))\, d\mathbf{P}(\omega) = \int_{\mathbb{R}} h(x)\, d\mathbf{P}_X(x).$$

Mit Satz 5.5 folgt daraus die Behauptung. $\qquad\square$

► **Beispiel 5.13**   Die zufällige Zeit, die eine Internet-Suchmaschine bis zum Finden der Antwort auf die Anfrage eines Benutzers benötigt, werde durch eine $\exp(\lambda)$-verteilte reelle Zufallsvariable X angegeben. Um genügend Zeit für die Präsentation von Werbung zu haben, wird dem Benutzer die Antwort aber grundsätzlich nicht vor Ablauf einer festen Zeit $t > 0$ gegeben, d. h., für die zufällige Zeit Y bis zur Beantwortung der Anfrage des Benutzers gilt

$$Y(\omega) = \max\{X(\omega), t\} \quad (\omega \in \Omega).$$

Wie lange muss der Benutzer dann im Mittel warten, bis die Antwort auf seine Anfrage angezeigt wird?

Mit $h(x) = \max\{x, t\}$ gilt $Y = h(X)$. Anwenden von Korollar 5.2 liefert:

$$\begin{aligned}
\mathbf{E}Y &= \int_0^\infty h(x) \cdot \lambda \cdot e^{-\lambda \cdot x} dx \\
&= \int_0^\infty \max\{x, t\} \cdot \lambda \cdot e^{-\lambda \cdot x} dx \\
&= \int_0^t \max\{x, t\} \cdot \lambda \cdot e^{-\lambda \cdot x} dx + \int_t^\infty \max\{x, t\} \cdot \lambda \cdot e^{-\lambda \cdot x} dx \\
&= \int_0^t t \cdot \lambda \cdot e^{-\lambda \cdot x} dx + \int_t^\infty x \cdot \lambda \cdot e^{-\lambda \cdot x} dx.
\end{aligned}$$

Durch Anwenden von Formel (5.5) auf das zweite Integral mit $u(x) = x$ und $v'(x) = \lambda \cdot e^{-\lambda \cdot x}$ erhalten wir

$$\begin{aligned}
\mathbf{E}Y &= -t \cdot e^{-\lambda \cdot x}\Big|_{x=0}^t + (-x) \cdot e^{-\lambda \cdot x}\Big|_{x=t}^\infty + \int_t^\infty e^{-\lambda \cdot x} dx \\
&= -t \cdot e^{-\lambda \cdot t} + t - 0 + t \cdot e^{-\lambda \cdot t} - \frac{1}{\lambda} \cdot e^{-\lambda \cdot x}\Big|_{x=t}^\infty \\
&= t + \frac{1}{\lambda} \cdot e^{-\lambda \cdot t}.
\end{aligned}$$

5.5   Die Varianz einer Zufallsvariablen

Der Erwartungswert beschreibt den Wert, den man „im Mittel" bei Durchführung eines Zufallsexperiments erhält. In vielen Anwendungen reicht diese Information aber keineswegs aus. Interessiert man sich z. B. für den Kauf einer Aktie, so möchte man nicht nur wissen, was man im Mittel daran verdient. Vielmehr möchte man im Hinblick auf die Beurteilung des Risikos, das man eingeht, unter anderem auch wissen, wie stark der zukünftige Erlös um diesen mittleren Wert schwankt. Ein Kriterium zur Beurteilung der zufälligen Schwankung des Resultats eines Zufallsexperiments ist die sogenannte Varianz, die die mittlere quadratische Abweichung zwischen einem zufälligen Wert und seinem Mittelwert beschreibt:

Definition 5.24

Sei X eine reelle Zufallsvariable, für die $\mathbf{E}X$ existiert. Dann heißt

$$V(X) = \mathbf{E}(|X - \mathbf{E}X|^2)$$

die *Varianz* von X.

Man beachte, dass für $x \in \mathbb{R}$ immer $x^2 = |x|^2$ gilt. Die Verwendung der Betragsstriche in Definition 5.24 dient daher nur zur übersichtlicheren Darstellung des Ausdruckes.

Wir illustrieren diesen neu eingeführten Begriff zunächst anhand zweier Beispiele.

▶ **Beispiel 5.14** Beim Glücksspiel Roulette wird eine Kugel in eine Apparatur mit einer rotierenden Scheibe geworfen. Die Kugel bleibt anschließend rein zufällig in einem von insgesamt 37 gleich großen Fächern in der Scheibe liegen. Die Fächer sind mit den Zahlen 0 bis 36 durchnummeriert, wobei 18 dieser Zahlen rot sind, nämlich:

$$1, 3, 5, 7, 9, 12, 14, 16, 18, 19, 21, 23, 25, 27, 30, 32, 34, 36.$$

Die restlichen Zahlen sind schwarz. Man kann nun beim Roulette vor dem Werfen der Kugel sein Geld z. B. darauf setzen, ob die Kugel in einem Feld mit einer geraden, einer ungeraden, einer roten oder einer schwarzen Zahl landet. Sofern dann der Fall eintritt, auf den man gesetzt hat, und die Kugel außerdem nicht auf der Null landet, wird der doppelte Einsatz ausgezahlt. Andernfalls verliert man seinen Einsatz.

Wir betrachten nun ein Roulette-Spiel, bei dem wir insgesamt zwei Euro einsetzen, und wollen wissen, ob es günstiger ist, beide Euro auf Gerade oder simultan je einen Euro auf Gerade und Schwarz zu setzen.

Um die Frage zu beantworten, betrachten wir zwei Zufallsvariablen X_1 und X_2, die die Auszahlung bei einem Spiel mit Einsatz gemäß der ersten bzw. der zweiten Strategie beschreiben. X_1 nimmt den Wert 4 an, falls die Kugel auf einem der 18

Felder $2, 4, \ldots, 36$ landet, was mit Wahrscheinlichkeit $18/37$ passiert. Andernfalls tritt der Wert Null ein. Daher gilt

$$\mathbf{E}X_1 = 4 \cdot \mathbf{P}[X_1 = 4] + 0 \cdot \mathbf{P}[X_1 = 0] = 4 \cdot \frac{18}{37} + 0 \cdot \frac{19}{37} = \frac{72}{37} \approx 1,946.$$

X_2 nimmt den Wert 4 an, falls die Kugel auf einem der 10 geraden und schwarzen Felder $2, 4, 6, 8, 10, 20, 22, 24, 26, 28$ landet. Tritt dagegen eine der 8 roten und geraden Zahlen $12, 14, 16, 18, 30, 32, 34, 36$ oder eine der 8 schwarzen und ungeraden Zahlen $11, 13, 15, 17, 29, 31, 33, 35$ auf, so nimmt X_2 den Wert 2 an. Bei den restlichen 11 Zahlen ist der Wert von X_2 Null. Damit gilt

$$\mathbf{E}X_2 = 4 \cdot \mathbf{P}[X_2 = 4] + 2 \cdot \mathbf{P}[X_2 = 2] + 0 \cdot \mathbf{P}[X_2 = 0] = 4 \cdot \frac{10}{37} + 2 \cdot \frac{16}{37} + 0 \cdot \frac{11}{37} = \frac{72}{37},$$

also führen beide Strategien im Mittel zur gleichen Auszahlung, die kleiner als der Einsatz ist.

Für die Einschätzung der Höhe eines möglichen Verlustes des eingesetzten Geldes ist es aber auch interessant, wie stark die zufällige Auszahlung um den mittleren Wert schwankt. Um dies beurteilen zu können, berechnen wir die Varianz der Auszahlungen. Für X_1 erhalten wir

$$V(X_1) = \mathbf{E}\left((X_1 - \mathbf{E}X_1)^2\right) = \mathbf{E}\left(\left(X_1 - \frac{72}{37}\right)^2\right)$$

$$= \left(4 - \frac{72}{37}\right)^2 \cdot \mathbf{P}[X_1 = 4] + \left(0 - \frac{72}{37}\right)^2 \cdot \mathbf{P}[X_1 = 0]$$

$$= \left(4 - \frac{72}{37}\right)^2 \cdot \frac{18}{37} + \left(0 - \frac{72}{37}\right)^2 \cdot \frac{19}{37} \approx 3,997.$$

während wir die Varianz von X_2 berechnen zu

$$V(X_2) = \mathbf{E}\left((X_2 - \mathbf{E}X_2)^2\right) = \mathbf{E}\left(\left(X_2 - \frac{72}{37}\right)^2\right)$$

$$= \left(4 - \frac{72}{37}\right)^2 \cdot \mathbf{P}[X_2 = 4] + \left(2 - \frac{72}{37}\right)^2 \cdot \mathbf{P}[X_2 = 2] + \left(0 - \frac{72}{37}\right)^2 \cdot \mathbf{P}[X_2 = 0]$$

$$= \left(4 - \frac{72}{37}\right)^2 \cdot \frac{10}{37} + \left(2 - \frac{72}{37}\right)^2 \cdot \frac{16}{37} + \left(0 - \frac{72}{37}\right)^2 \cdot \frac{11}{37} \approx 2,267.$$

Folglich ist die Varianz von X_2 deutlich kleiner als die von X_1, und wir sehen, dass zwar die Mittelwerte der Auszahlung in beiden Fällen gleich sind, die Auszahlung bei der ersten Strategie jedoch mehr um den Mittelwert schwankt. Wenn wir nun große Angst vor hohen potenziellen Verlusten haben, so würden wir die zweite Strategie vorziehen.

▶ **Beispiel 5.15** Sei X $N(a, \sigma^2)$-verteilt. Dann gilt $\mathbf{E}X = a$ (vgl. Beispiel 5.11) und

$$V(X) = \mathbf{E}(|X - a|^2) = \int_{-\infty}^{\infty} (x-a)^2 \frac{1}{\sqrt{2\pi}\,\sigma} \cdot e^{-\frac{(x-a)^2}{2\sigma^2}}\,dx.$$

Mit der Substitution $z = (x - a)/\sigma$ folgt

$$V(X) = \sigma^2 \int_{-\infty}^{\infty} z^2 \frac{1}{\sqrt{2\pi}} \cdot e^{-\frac{z^2}{2}}\,dz$$

$$= \sigma^2 \int_{-\infty}^{\infty} z \cdot \left(z \frac{1}{\sqrt{2\pi}} \cdot e^{-\frac{z^2}{2}} \right)\,dz.$$

Anwenden der Formel (5.5) mit $u(z) = z$ und $v'(z) = z \cdot 1/\sqrt{2\pi}\,\exp(-z^2/2)$ (was auf $v(z) = -1/\sqrt{2\pi}\,\exp(-z^2/2)$ führt) liefert

$$V(X) = \sigma^2 \left(z \cdot \frac{-1}{\sqrt{2\pi}} \cdot e^{-\frac{z^2}{2}} \Big|_{z=-\infty}^{\infty} + \int_{-\infty}^{\infty} \frac{1}{\sqrt{2\pi}} \cdot e^{-\frac{z^2}{2}}\,dz \right)$$

$$= \sigma^2 (0 + 1) = \sigma^2,$$

wobei wir bei der Berechnung des letzten Integrals ausgenützt haben, dass wir dabei über eine Dichte integrieren.

Als Nächstes leiten wir einige nützliche Rechenregeln für die Berechnung von Varianzen her:

Satz 5.6

Sei X eine reelle Zufallsvariable, für die $\mathbf{E}X$ existiert. Dann gilt:

a)
$$V(X) = \mathbf{E}(X^2) - (\mathbf{E}X)^2.$$

b) Für alle $\alpha \in \mathbb{R}$:
$$V(\alpha \cdot X) = \alpha^2 \cdot V(X),$$

wobei $\alpha \cdot X$ die Zufallsvariable mit Werten $(\alpha \cdot X)(\omega) = \alpha \cdot X(\omega)$ ist.

c) Für alle $\beta \in \mathbb{R}$:
$$V(X + \beta) = V(X),$$

wobei $X + \beta$ die Zufallsvariable mit Werten $(X + \beta)(\omega) = X(\omega) + \beta$ ist.

Beweis a) Aufgrund der Linearität des Erwartungswertes gilt:

$$V(X) = \mathbf{E}((X - \mathbf{E}X)^2) = \mathbf{E}\left(X^2 - 2 \cdot X \cdot \mathbf{E}(X) + (\mathbf{E}X)^2\right)$$

$$= \mathbf{E}(X^2) - 2 \cdot \mathbf{E}(X) \cdot \mathbf{E}(X) + (\mathbf{E}X)^2 = \mathbf{E}(X^2) - (\mathbf{E}X)^2.$$

b) Aufgrund der Linearität des Erwartungswertes gilt:

$$V(\alpha \cdot X) = \mathbf{E}\left(|\alpha \cdot X - \mathbf{E}(\alpha \cdot X)|^2\right) = \mathbf{E}\left(\alpha^2 \cdot |X - \mathbf{E}(X)|^2\right) = \alpha^2 \cdot V(X).$$

c) Aufgrund der Linearität des Erwartungswertes gilt:

$$V(X + \beta) = \mathbf{E}\left(|(X + \beta) - \mathbf{E}(X + \beta)|^2\right)$$

$$= \mathbf{E}\left(|X + \beta - (\mathbf{E}(X) + \beta)|^2\right)$$

$$= \mathbf{E}\left(|X - \mathbf{E}(X)|^2\right) = V(X).$$

$\square$

▶ **Beispiel 5.16** Sei X $\pi(\lambda)$-verteilt, d. h.

$$\mathbf{P}[X = k] = \frac{\lambda^k}{k!} \cdot e^{-\lambda} \quad (k \in \mathbb{N}_0).$$

Dann gilt $\mathbf{E}X = \lambda$ (siehe Beispiel 5.8) und

$$\mathbf{E}(X^2) = \sum_{k=0}^{\infty} k^2 \cdot \frac{\lambda^k}{k!} \cdot e^{-\lambda}$$

$$= \sum_{k=1}^{\infty} k \cdot (k - 1) \cdot \frac{\lambda^k}{k!} \cdot e^{-\lambda} + \sum_{k=1}^{\infty} k \cdot \frac{\lambda^k}{k!} \cdot e^{-\lambda}$$

$$= \lambda^2 \cdot \sum_{k=2}^{\infty} \frac{\lambda^{k-2}}{(k-2)!} \cdot e^{-\lambda} + \lambda \cdot \sum_{k=1}^{\infty} \frac{\lambda^{k-1}}{(k-1)!} \cdot e^{-\lambda}$$

$$= \lambda^2 + \lambda.$$

Mit Satz 5.6 folgt

$$V(X) = \mathbf{E}(X^2) - (\mathbf{E}X)^2 = (\lambda^2 + \lambda) - \lambda^2 = \lambda.$$

Bei der Poisson-Verteilung stimmt also die Varianz mit dem Erwartungswert überein. Folglich schwanken die Werte umso mehr um den mittleren Wert, je größer dieser ist.

Der folgende Satz zeigt, dass die Varianz zur Abschätzung der Abweichung zwischen $X(\omega)$ und EX verwendet werden kann:

Satz 5.7

Sei X eine reelle Zufallsvariable, für die EX existiert, und sei $\varepsilon > 0$ beliebig. Dann gilt:

a)
$$P[|X| \geq \varepsilon] \leq \frac{E(|X|^r)}{\varepsilon^r} \quad \text{für alle } r \geq 0$$

(Markovsche Ungleichung.)

b)
$$P[|X - EX| \geq \varepsilon] \leq \frac{V(X)}{\varepsilon^2}$$

(Tschebyscheffsche Ungleichung).

Beweis a) Wir definieren zusätzliche Zufallsvariablen Y und Z wie folgt: $Y(\omega)$ sei 1, falls $|X(\omega)| \geq \varepsilon$ und andernfalls 0, und Z sei definiert durch

$$Z(\omega) = \frac{|X(\omega)|^r}{\varepsilon^r}.$$

Ist dann $Y(\omega) = 1$, so folgt $Z(\omega) \geq 1 = Y(\omega)$, und ist $Y(\omega) = 0$, so erhalten wir $Z(\omega) \geq 0 = Y(\omega)$. Also gilt $Y(\omega) \leq Z(\omega)$ für alle ω, was gemäß Korollar 5.1 die Abschätzung $EY \leq EZ$ impliziert. Mit der Definition des Erwartungswertes folgt:

$$P[|X| \geq \varepsilon] = EY \leq EZ = \frac{E(|X|^r)}{\varepsilon^r}.$$

b) Setze $Y = (X - EX)$. Dann folgt aus a) mit $r = 2$:

$$P[|X - EX| \geq \varepsilon] = P[|Y| \geq \varepsilon] \leq \frac{E(Y^2)}{\varepsilon^2} = \frac{V(X)}{\varepsilon^2}.$$

$\square$

Als Nächstes überlegen wir uns, wie die Varianz einer Summe von Zufallsvariablen mit den Varianzen der einzelnen Zufallsvariablen zusammenhängt. Im Falle von Unabhängigkeit zeigen wir, dass die Varianz der Summe gleich der Summe der Varianzen ist. Hierzu benötigen wir den folgenden Satz, dessen Beweis über das Niveau dieses Buches hinausgeht und den wir daher ohne Beweis angeben.[11]

Satz 5.8
Sind X_1, X_2 unabhängige reelle Zufallsvariablen definiert auf dem gleichen Wahrscheinlichkeitsraum, für die $E(X_1)$, $E(X_2)$ und $E(X_1 \cdot X_2)$ existieren, so gilt:
$$E(X_1 \cdot X_2) = E(X_1) \cdot E(X_2)$$

Damit können wir zeigen:

Satz 5.9
Sind X_1, X_2 unabhängige reelle Zufallsvariablen definiert auf dem gleichen Wahrscheinlichkeitsraum, für die $E(X_1)$, $E(X_2)$ und $E(X_1 \cdot X_2)$ existieren, so gilt:
$$V(X_1 + X_2) = V(X_1) + V(X_2)$$

Beweis Nach Korollar 5.1 gilt

$$
\begin{aligned}
&V(X_1 + X_2) \\
&= E\left(\left((X_1 - EX_1) + (X_2 - EX_2)\right)^2\right) \\
&= E\left(|X_1 - EX_1|^2 + |X_2 - EX_2|^2 + 2 \cdot (X_1 - EX_1) \cdot (X_2 - EX_2)\right) \\
&= E\left(|X_1 - EX_1|^2\right) + E\left(|X_2 - EX_2|^2\right) + 2 \cdot E\left((X_1 - EX_1) \cdot (X_2 - EX_2)\right) \\
&= V(X_1) + V(X_2) + 2 \cdot E\left((X_1 - EX_1) \cdot (X_2 - EX_2)\right).
\end{aligned}
$$

Erneute Anwendung von Korollar 5.1 liefert für den letzten Term in der obigen Summe

$$
\begin{aligned}
&E\left((X_1 - EX_1) \cdot (X_2 - EX_2)\right) \\
&= E\left(X_1 X_2 - X_1 E(X_2) - X_2 E(X_1) + E(X_1) \cdot E(X_2)\right) \\
&= E(X_1 \cdot X_2) - E(X_1) \cdot E(X_2) - E(X_2) \cdot E(X_1) + E(X_1) \cdot E(X_2) \\
&= E(X_1 \cdot X_2) - E(X_1) \cdot E(X_2).
\end{aligned}
$$

Nach Satz 5.8 ist dieser Ausdruck gleich Null, was die Behauptung impliziert. $\square$

Bemerkung

Der letzte Satz gilt analog auch für beliebige endliche Summen unabhängiger Zufallsvariablen. Sind nämlich $X_1, \ldots, X_n$ unabhängige reelle Zufallsvariablen definiert auf dem gleichen Wahrscheinlichkeitsraum, für die $\mathbf{E}X_i$ und $\mathbf{E}(X_i \cdot X_j)$ existieren für alle $i, j \in \{1, \ldots, n\}$ mit $j \neq i$, so gilt:

$$
V\left(\sum_{i=1}^{n} X_i\right) = \mathbf{E}\left(\left|\sum_{i=1}^{n} (X_i - \mathbf{E}X_i)\right|^2\right)
$$

$$
= \mathbf{E}\left(\sum_{i=1}^{n} (X_i - \mathbf{E}X_i)^2 + \sum_{\substack{1 \leq i,j \leq n \\ i \neq j}} (X_i - \mathbf{E}X_i) \cdot (X_j - \mathbf{E}X_j)\right)
$$

$$
= \sum_{i=1}^{n} \mathbf{E}\left((X_i - \mathbf{E}X_i)^2\right) + \sum_{\substack{1 \leq i,j \leq n \\ i \neq j}} \mathbf{E}\left((X_i - \mathbf{E}X_i) \cdot (X_j - \mathbf{E}X_j)\right)
$$

$$
= \sum_{i=1}^{n} V(X_i) + \sum_{\substack{1 \leq i,j \leq n \\ i \neq j}} 0
$$

$$
= \sum_{i=1}^{n} V(X_i).
$$

▶ **Beispiel 5.17** Zur Illustration der Nützlichkeit der obigen Beziehung stellen wir eine einfache Methode zur Berechnung der Varianz einer $b(n, p)$-verteilten Zufallsvariablen vor. Seien dazu $X_1, \ldots, X_n$ unabhängige, jeweils $b(1, p)$-verteilte Zufallsvariablen. Dann gilt $\mathbf{P}[X_1 = 1] = p$ und $\mathbf{P}[X_1 = 0] = 1 - p$, was

$$
\mathbf{E}X_1 = 1 \cdot \mathbf{P}[X_1 = 1] + 0 \cdot \mathbf{P}[X_1 = 0] = p,
$$

$$
\mathbf{E}(X_1^2) = 1^2 \cdot \mathbf{P}[X_1 = 1] + 0^2 \cdot \mathbf{P}[X_1 = 0] = p
$$

und (gemäß Satz 5.6)

$$
V(X_1) = \mathbf{E}(X_1^2) - (\mathbf{E}X_1)^2 = p - p^2 = p \cdot (1 - p)
$$

impliziert. Der Trick ist nun zu zeigen, dass

$$
X = X_1 + \cdots + X_n
$$

$b(n, p)$-verteilt ist. Dazu betrachten wir als Hilfsmittel die sogenannte erzeugende Funktion $g:(-1, 1) \to \mathbb{R}$ von X definiert durch

$$g(s) = \mathbf{E}\left(s^X\right).$$

Da $X_1 + \cdots + X_n$ mit Wahrscheinlichkeit Eins nur Werte aus $\{0, 1, \ldots, n\}$ annimmt, gilt

$$g(s) = \mathbf{E}\left(s^X\right) = \sum_{k=0}^{n} s^k \cdot \mathbf{P}[X = k]. \tag{5.11}$$

Wegen der Unabhängigkeit der $X_1, \ldots, X_n$, woraus nach Lemma 5.3 für $s \geq 0$ auch die Unabhängigkeit von

$$s^{X_1}, \ldots, s^{X_n}$$

folgt, gilt aber darüber hinaus nach Satz 5.8

$$
\begin{aligned}
g(s) \quad &= \quad \mathbf{E}\left(s^{X_1 + \cdots + X_n}\right) = \mathbf{E}\left(\prod_{i=1}^{n} s^{X_i}\right) = \prod_{i=1}^{n} \mathbf{E}s^{X_i} \\
&= \quad \prod_{i=1}^{n} \left(s^1 \cdot \mathbf{P}[X_i = 1] + s^0 \cdot \mathbf{P}[X_i = 0]\right) = (s \cdot p + (1 - p))^n \\
&\overset{Bsp.\ 4.9}{=} \quad \sum_{k=0}^{n} \binom{n}{k} \cdot p^k \cdot (1 - p)^{n-k} \cdot s^k.
\end{aligned}
$$

Vergleicht man nun diese Darstellung von g mit (5.11), so sieht man, dass wir ein Polynom (in s) vom Grad n auf zwei verschiedene Weisen dargestellt haben. Da die Koeffizienten bei einem Polynom aber eindeutig sind, muss gelten

$$\mathbf{P}[X = k] = \binom{n}{k} \cdot p^k \cdot (1 - p)^{n-k},$$

was wie gewünscht zeigt, dass $X = X_1 + \cdots + X_n$ $b(n, p)$-verteilt ist. Damit stimmt die Varianz der $b(n, p)$-Verteilung mit der Varianz von $X = X_1 + \cdots + X_n$ überein, und aufgrund der Unabhängigkeit der X_i erhalten wir für diese

$$V(X) = V(X_1 + \cdots + X_n) = V(X_1) + \cdots + V(X_n) = n \cdot V(X_1) = n \cdot p \cdot (1 - p).$$

5.6   Gesetze der großen Zahlen

In diesem Abschnitt begründen wir, dass der Erwartungswert auch in seiner allgemeinen Form in Definition 5.23 als eine Art „Mittelwert" aufgefasst werden kann. Genauer zeigen wir, dass bei unbeeinflusster, wiederholter Durchführung desselben Zufallsexperiments das arithmetische Mittel der beobachteten Ergebnisse sich dem Erwartungswert des Ergebnisses des Zufallsexperiments im geeigneten Sinne annähert, sofern die Anzahl der Wiederholungen gegen Unendlich strebt.

Wir illustrieren diese Aussage zunächst anhand eines Beispiels.

▶ **Beispiel 5.18** Ein echter Würfel wird wiederholt unbeeinflusst voneinander geworfen. Seien x_1, x_2, … die Zahlen, mit denen der Würfel oben landet. Diese können als Realisierung einer Zufallsvariablen X mit

$$\mathbf{P}[X = 1] = \mathbf{P}[X = 2] = \mathbf{P}[X = 3] = \mathbf{P}[X = 4] = \mathbf{P}[X = 5] = \mathbf{P}[X = 6] = \frac{1}{6}$$

aufgefasst werden. Uns interessiert nun, inwiefern sich das arithmetische Mittel

$$\frac{1}{n} \sum_{i=1}^{n} x_i$$

der gewürfelten Zahlen in der Tat dem Erwartungswert

$$\mathbf{E}X = \sum_{k=1}^{6} k \cdot \mathbf{P}[X = k] = \sum_{k=1}^{6} k \cdot \frac{1}{6} = \frac{21}{6} = 3,5$$

annähert.

Dazu werfen wir den Würfel zunächst 100-mal und plotten in Abb. 5.1 die Punkte

$$\left(n, \frac{1}{n} \sum_{i=1}^{n} x_i \right)$$

für $n \in \{10, 20, \dots, 100\}$. In Abb. 5.1 ist nicht erkennbar, dass sich die arithmetischen Mittel wirklich dem Wert 3,5 annähern. Allerdings behaupten wir im Folgenden auch nur, dass dies für große Anzahlen von Würfen gilt.

Um abzuschätzen, ob sich für große Anzahlen von Würfen die arithmetischen Mittel tatsächlich dem Erwartungswert von 3,5 annähern, simulieren wir das Zufallsexperiment am Rechner. Für 10.000 simulierte Würfe sind einige der arithmetischen Mittel in Abb. 5.2 dargestellt. Mithilfe einer Linie ist der Erwartungswert von X markiert. Man erkennt, dass es auch wirklich so scheint, als ob sich in diesem Beispiel die arithmetischen Mittel dem Erwartungswert annähern.

Um die Beobachtung aus dem vorigen Beispiel mathematisch formulieren zu können, betrachten wir einen Wahrscheinlichkeitsraum $(\Omega, \mathscr{A}, \mathbf{P})$, auf dem reelle Zufallsvariablen X, X_1, X_2, … definiert sind. Die Zufallsvariablen sollen die unbeeinflusste Wiederholung des gleichen Zufallsexperiments beschreiben. Wir fordern

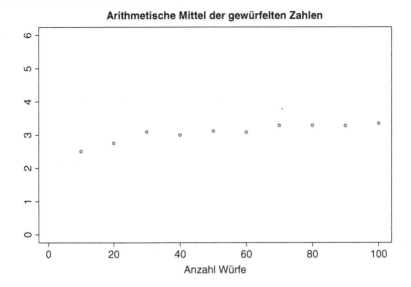

Abb. 5.1 Arithmetische Mittel der geworfenen Würfelzahlen bei 100-maligem Werfen eines echten Würfels

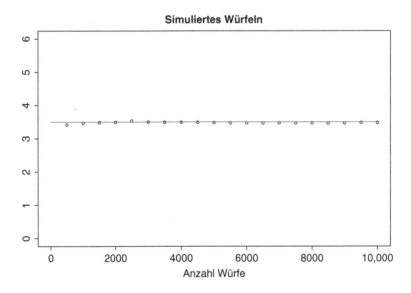

Abb. 5.2 Arithmetische Mittel der geworfenen Würfelzahlen bei 10.000-maligem simuliertem Werfen eines echten Würfels

daher, dass sie unabhängig sind und alle die gleiche Verteilung haben. Für Letzteres verwenden wir im Weiteren die folgende Abkürzung:

Definition 5.25
Zufallsvariablen $X_1, \ldots, X_n$ heißen *identisch verteilt*, falls gilt:

$$\mathbf{P}_{X_1} = \cdots = \mathbf{P}_{X_n}.$$

Eine Folge $(X_i)_{i \in \mathbb{N}}$ von Zufallsvariablen heißt *identisch verteilt*, falls gilt: $\mathbf{P}_{X_1} = \mathbf{P}_{X_2} = \ldots$

Bei n-maliger, unbeeinflusster Wiederholung des durch die Zufallsvariable X beschriebenen Zufallsexperiments ist das arithmetische Mittel der zufälligen Beobachtungen $X_1, X_2, \ldots, X_n$ gegeben durch

$$\frac{1}{n} \cdot (X_1 + \cdots + X_n) = \frac{1}{n} \cdot \sum_{i=1}^{n} X_i.$$

Im Folgenden wollen wir zeigen, dass dieses (zufällige) arithmetische Mittel gegen den Erwartungswert $\mathbf{E}X$ strebt. Dazu verwenden wir die beiden folgenden Begriffe:

Definition 5.26
Sei $(\Omega, \mathscr{A}, \mathbf{P})$ ein Wahrscheinlichkeitsraum, auf dem reelle Zufallsvariablen $Z, Z_1, Z_2, \ldots$ definiert sind. Dann sagen wir:

a) Z_n *konvergiert nach Wahrscheinlichkeit* gegen Z, falls für jedes $\varepsilon > 0$ gilt:

$$\mathbf{P}\left[|Z_n - Z| > \varepsilon\right] \to 0 \quad (n \to \infty).$$

Als abkürzende Schreibweise verwenden wir dafür: $Z_n \to^{\mathbf{P}} Z$.

b) Z_n *konvergiert fast sicher* gegen Z, falls gilt:

$$\mathbf{P}(\{\omega \in \Omega : Z_n(\omega) \to Z(\omega) \quad (n \to \infty)\}) = 1.$$

Als abkürzende Schreibweise verwenden wir dafür: $Z_n \to Z f.s.$

Die Konvergenz nach Wahrscheinlichkeit bedeutet, dass für jedes $\varepsilon > 0$ die Wahrscheinlichkeit, dass der Wert von Z_n um mehr als ε vom Wert von Z abweicht, gegen Null konvergiert für $n \to \infty$. Fast sichere Konvergenz bedeutet dagegen, dass mit Wahrscheinlichkeit Eins ein ω auftritt, für das $Z_n(\omega)$ gegen $Z(\omega)$ konvergiert für

$n \to \infty$. Man kann zeigen, dass Letzteres die Konvergenz nach Wahrscheinlichkeit impliziert, d. h., dass

$$Z_n \to Z f.s \quad \Rightarrow \quad Z_n \to^{\mathbf{P}} Z$$

gilt.[12] Die Umkehrung ist jedoch im Allgemeinen falsch.

Mit der Konvergenz fast sicher kann man rechnen wie mit der Konvergenz von Zahlenfolgen. Zum Beispiel folgt aus $X_n \to X$ f.s. und $Y_n \to Y$ f.s., dass für beliebige $\alpha, \beta \in \mathbb{R}$ gilt

$$\alpha \cdot X_n + \beta \cdot Y_n \to \alpha \cdot X + \beta \cdot Y \quad f.s.^{[13]}$$

Unter Verwendung von Definition 5.26 wollen wir im Folgenden zeigen, dass für unabhängige identisch verteilte Zufallsvariablen $X, X_1, X_2, \ldots$ mit existierendem Erwartungswert $\mathbf{E}X$ das arithmetische Mittel

$$\frac{1}{n} \sum_{i=1}^{n} X_i$$

gegen

$$\mathbf{E}X$$

konvergiert. Wir zeigen dazu zunächst unter der Zusatzvoraussetzung $\mathbf{E}X^2 < \infty$ die Konvergenz nach Wahrscheinlichkeit, was relativ einfach geht.

Satz 5.10 (Schwaches Gesetz der großen Zahlen).
Seien $X, X_1, X_2, \ldots$ unabhängige und identisch verteilte reelle Zufallsvariablen mit $\mathbf{E}X^2 < \infty$, die auf demselben Wahrscheinlichkeitsraum definiert sind. Dann gilt

$$\frac{1}{n} \sum_{i=1}^{n} X_i \to^{\mathbf{P}} \mathbf{E}X,$$

d. h., für jedes $\varepsilon > 0$ gilt

$$\lim_{n \to \infty} \mathbf{P}\left[\left| \frac{1}{n} \sum_{i=1}^{n} X_i - \mathbf{E}X \right| > \varepsilon \right] = 0.$$

Beweis Mit der Ungleichung von Markov (Satz 5.7) folgt:

$$\mathbf{P}\left[\left| \frac{1}{n} \sum_{i=1}^{n} X_i - \mathbf{E}X \right| > \varepsilon \right] \leq \frac{\mathbf{E}\left(Y^2 \right)}{\varepsilon^2},$$

wobei

$$Y = \frac{1}{n} \sum_{i=1}^{n} X_i - \mathbf{E}X.$$

Unter Ausnützung der Linearität des Erwartungswertes (vgl. Korollar 5.1) und der identischen Verteiltheit von $X_1, \ldots, X_n$ erhalten wir

$$\mathbf{E}Y = \mathbf{E} \left(\frac{1}{n} \sum_{i=1}^{n} X_i - \mathbf{E}X \right) = \frac{1}{n} \sum_{i=1}^{n} \mathbf{E}X_i - \mathbf{E}X = \frac{1}{n} \sum_{i=1}^{n} \mathbf{E}X - \mathbf{E}X = 0.$$

Damit und mit der Unabhängigkeit und der identischen Verteiltheit von $X_1, \ldots, X_n$ sowie Satz 5.9 gilt:

$$\mathbf{E}\left(Y^2 \right) = V(Y) = V\left(\frac{1}{n} \sum_{i=1}^{n} X_i \right) = \frac{1}{n^2} V\left(\sum_{i=1}^{n} X_i \right) = \frac{1}{n^2} \sum_{i=1}^{n} V(X_i) = \frac{V(X)}{n}.$$

Mit $0 \leq V(X) = \mathbf{E}(X^2) - (\mathbf{E}X)^2 \leq \mathbf{E}(X^2) < \infty$ folgt daraus

$$\mathbf{P}\left[\left| \frac{1}{n} \sum_{i=1}^{n} X_i - \mathbf{E}X \right| > \varepsilon \right] \leq \frac{V(X)}{n \cdot \varepsilon^2} \to 0 \quad (n \to \infty).$$

$\square$

Der obige Satz gilt auch unter der schwächeren Voraussetzung $\mathbf{E}|X| < \infty$. Dies folgt z. B. aus dem folgenden Satz, der unter dieser schwächeren Voraussetzung sogar fast sichere Konvergenz zeigt.

Satz 5.11 (Starkes Gesetz der großen Zahlen von Kolmogoroff).
Seien $X, X_1, X_2, \ldots$ unabhängige und identisch verteilte reelle Zufallsvariablen mit $\mathbf{E}|X| < \infty$, die auf demselben Wahrscheinlichkeitsraum definiert sind. Dann gilt

$$\frac{1}{n} \sum_{i=1}^{n} X_i \to \mathbf{E}X \quad f.s.,$$

d. h.

$$\mathbf{P}\left(\left\{ \omega \in \Omega : \lim_{n \to \infty} \frac{1}{n} \sum_{i=1}^{n} X_i(\omega) = \mathbf{E}X \right\} \right) = 1.$$

Der etwas anspruchsvollere Beweis wird in Abschn. 5.7 präsentiert. Vom mathematisch nicht so interessierten Leser kann er übersprungen werden.

Mit dem starken Gesetz der großen Zahlen steht nun das Hilfsmittel bereit, mit dem wir begründen können, dass im mathematischen Modell des Zufalls in der Tat ein Analogon zum empirischen Gesetz der großen Zahlen gilt. Dazu seien $X, X_1, X_2, \ldots$ unabhängige und identisch verteilte reelle Zufallsvariablen. Für $A \in \mathscr{B}$ interessieren wir uns für die Wahrscheinlichkeit $\mathbf{P}[X \in A]$. Bei gegebenen $X_1, \ldots, X_n$ können wir dazu die empirische Häufigkeit des Auftretens des Ereignisses, dass der Wert von X_i in A liegt, betrachten. Diese ist gegeben durch

$$h_n(A) = \frac{|\{1 \leq i \leq n : X_i \in A\}|}{n} = \frac{1}{n} \sum_{i=1}^{n} 1_A(X_i),$$

wobei die Anzahl der Einsen in der Summe rechts die gleiche ist wie die Anzahl der Elemente auf der linken Seite. Da $X, X_1, X_2, \ldots$ unabhängig identisch verteilt sind, sind auch

$$Z = 1_A(X), Z_1 = 1_A(X_1), Z_2 = 1_A(X_2), \ldots$$

unabhängig identisch verteilt (vgl. auch Lemma 5.3). Da Z nur die Werte Null und Eins annimmt, gilt außerdem trivialerweise $\mathbf{E}|Z| < \infty$. Also sind die Voraussetzungen des starken Gesetzes der großen Zahlen erfüllt, und mit diesem folgt

$$h_n(A) = \frac{1}{n} \sum_{i=1}^{n} 1_A(X_i) \to \mathbf{E} 1_A(X) = 1 \cdot \mathbf{P}[X \in A] + 0 \cdot \mathbf{P}[X \notin A] = \mathbf{P}[X \in A] \quad f.s.$$

Also konvergieren innerhalb des mathematischen Modells des Zufalls in der Tat relative Häufigkeiten fast sicher gegen Wahrscheinlichkeiten.

5.7 Der Beweis des starken Gesetzes der großen Zahlen

Im Beweis benötigen wir das folgende Lemma.

Lemma 5.4

Sei $(\Omega, \mathscr{A}, \mathbf{P})$ ein Wahrscheinlichkeitsraum. Seien $X, X_1, X_2, \ldots$ reelle Zufallsvariablen auf $(\Omega, \mathscr{A}, \mathbf{P})$ mit

$$\sum_{n=1}^{\infty} \mathbf{P}[|X_n - X| > \varepsilon] < \infty$$

für jedes $\varepsilon > 0$. Dann gilt

$$X_n \to X \quad f.s.$$

Beweis Für $l \in \mathbb{N}$ gilt nach Voraussetzung

$$\sum_{n=1}^{\infty} \mathbf{P}\left[|X_n - X| > \frac{1}{l}\right] < \infty.$$

Mit dem Lemma von Borel-Cantelli (Lemma 4.5) folgt daraus

$$\mathbf{P}\left\{\cap_{n=1}^{\infty} \cup_{k=n}^{\infty} \left[|X_k - X| > \frac{1}{l}\right]\right\} = 0,$$

was wegen Lemma 4.4 b)

$$\mathbf{P}\left\{\cup_{l=1}^{\infty} \cap_{n=1}^{\infty} \cup_{k=n}^{\infty} \left[|X_k - X| > \frac{1}{l}\right]\right\} = 0$$

impliziert. Das zum Ereignis in der obigen Wahrscheinlichkeit komplementäre Ereignis

$$A = \left(\cup_{l=1}^{\infty} \cap_{n=1}^{\infty} \cup_{k=n}^{\infty} \left[|X_k - X| > \frac{1}{l}\right]\right)^c \overset{de\ Morgan}{=} \cap_{l=1}^{\infty} \cup_{n=1}^{\infty} \cap_{k=n}^{\infty} \left[|X_k - X| \leq \frac{1}{l}\right]$$

hat daher die Wahrscheinlichkeit Eins.

Wir zeigen nun, dass für $\omega \in A$ die Beziehung

$$X_n(\omega) \to X(\omega) \quad (n \to \infty)$$

gilt. Dazu beachten wir, dass für $\omega \in A$ für jedes $l \in \mathbb{N}$

$$|X_k(\omega) - X(\omega)| \leq \frac{1}{l} \quad \text{für } k \text{ genügend groß}$$

erfüllt ist, was

$$\lim_{k \to \infty} \sup |X_k(\omega) - X(\omega)| \leq \frac{1}{l}$$

für jedes $l \in \mathbb{N}$ bzw.

$$\lim_{k \to \infty} \sup |X_k(\omega) - X(\omega)| = 0$$

impliziert. Damit haben wir

$$X_n(\omega) \to X(\omega) \quad (n \to \infty)$$

für $\omega \in A$ gezeigt, woraus wegen $\mathbf{P}(A) = 1$ die Behauptung folgt. $\square$

Beweis von Satz 5.11. Der Beweis erfolgt in sieben Schritten.

Im ersten Schritt des Beweises zeigen wir, dass es genügt, die Behauptung für nichtnegative Zufallsvariablen zu beweisen. Denn ist die Aussage für nichtnegative Zufallsvariablen bereits gezeigt, so folgt daraus der allgemeine Fall wie folgt:

$$\frac{1}{n}\sum_{i=1}^{n}X_i = \frac{1}{n}\sum_{i=1}^{n}X_i^+ - \frac{1}{n}\sum_{i=1}^{n}X_i^-$$
$$\rightarrow \mathbf{E}(X_1^+) - \mathbf{E}(X_1^-) = \mathbf{E}X_1 \quad \text{f.s.}$$

Dabei haben wir bei der Bildung des Grenzwertes ausgenutzt, dass einerseits die Behauptung für nichtnegative Zufallsvariablen bereits gilt und dass andererseits mit $X_1, X_2, \dots$ auch $X_1^+, X_2^+, \dots$ und $X_1^-, X_2^-, \dots$ unabhängig, identisch verteilt und integrierbar sind.

Sei im Folgenden $X_1 \geq 0$ f.s. und

$$X_i' = X_i \cdot 1_{[X_i \leq i]}, \; S_n' = \sum_{i=1}^{n} X_i', \; S_n = \sum_{i=1}^{n} X_i$$

und $k_n = \lfloor \vartheta^n \rfloor$ für ein beliebiges $\vartheta > 1$, wobei für $z \in \mathbb{R}$ die größte ganze Zahl, die kleiner oder gleich z ist, mit $\lfloor z \rfloor$ bezeichnet wird. *Im zweiten Schritt des Beweises* zeigen wir, dass für $\varepsilon > 0$ gilt:

$$\sum_{n=1}^{\infty} \mathbf{P}\left(\frac{|S_{k_n}' - \mathbf{E}S_{k_n}'|}{k_n} > \varepsilon\right) \leq \sum_{n=1}^{\infty} \frac{1}{\varepsilon^2} \cdot \frac{1}{k_n} \cdot \mathbf{E}(X_1^2 \cdot 1_{[X_1 \leq k_n]}).$$

Um dies zu zeigen, folgern wir aus der Ungleichung von Tschebyscheff (siehe Satz 5.7 b)) sowie der Unabhängigkeit von $X_1', \dots, X_n'$

$$\sum_{n=1}^{\infty} \mathbf{P}\left(\frac{|S_{k_n}' - \mathbf{E}S_{k_n}'|}{k_n} > \varepsilon\right) = \sum_{n=1}^{\infty} \mathbf{P}\left(|S_{k_n}' - \mathbf{E}S_{k_n}'| > k_n \cdot \varepsilon\right)$$

$$\leq \sum_{n=1}^{\infty} \frac{V(S_{k_n}')}{\varepsilon^2 \cdot k_n^2}$$

$$= \sum_{n=1}^{\infty} \frac{1}{\varepsilon^2 \cdot k_n^2} \cdot \sum_{k=1}^{k_n} V(X_k')$$

$$\leq \sum_{n=1}^{\infty} \frac{1}{\varepsilon^2 \cdot k_n^2} \sum_{k=1}^{k_n} \mathbf{E}(X_k^2 \cdot 1_{[X_k \leq k]})$$

$$\leq \sum_{n=1}^{\infty} \frac{1}{\varepsilon^2 \cdot k_n^2} \cdot \sum_{k=1}^{k_n} \mathbf{E}(X_k^2 \cdot 1_{[X_k \leq k_n]})$$

$$= \sum_{n=1}^{\infty} \frac{1}{\varepsilon^2} \cdot \frac{1}{k_n} \cdot \mathbf{E}(X_1^2 \cdot 1_{[X_1 \leq k_n]}).$$

Im dritten Schritt des Beweises zeigen wir

$$\sum_{n=1}^{\infty} \mathbf{P}\left(\frac{|S_{k_n}' - \mathbf{E}S_{k_n}'|}{k_n} > \varepsilon \right) < \infty \quad \text{für jedes } \varepsilon > 0. \qquad (5.12)$$

Setze für $x > 0$

$$n_0 = \min\{n \in \mathbb{N} : x \leq k_n\} = \min\{n \in \mathbb{N} : x \leq \lfloor \vartheta^n \rfloor\}.$$

Dann gilt

$$x \leq \lfloor \vartheta^{n_0} \rfloor \leq \vartheta^{n_0}.$$

Man sieht (mit Fallunterscheidung $z < 2$ und $z \geq 2$) leicht, dass für $z > 1$ die Beziehung

$$\lfloor z \rfloor > z/2$$

gilt, woraus wir

$$\lfloor \vartheta^n \rfloor \geq \frac{\vartheta^n}{2}$$

folgern können. Folglich gilt

$$\sum_{n=1}^{\infty} \frac{1}{k_n} \cdot 1_{[x \leq k_n]} = \sum_{n=n_0}^{\infty} \frac{1}{\lfloor \vartheta^n \rfloor} \leq \sum_{n=n_0}^{\infty} \frac{2}{\vartheta^n} = \frac{2}{\vartheta^{n_0}} \cdot \frac{1}{1 - \frac{1}{\vartheta}} \leq \frac{2}{x} \cdot \frac{\vartheta}{\vartheta - 1},$$

was (unter Beachtung des Satzes von der monotonen Konvergenz[14])

$$\sum_{n=1}^{\infty} \frac{1}{\varepsilon^2} \cdot \frac{1}{k_n} \cdot \mathbf{E}(X_1^2 \cdot 1_{[X_1 \leq k_n]}) = \frac{1}{\varepsilon^2} \cdot \mathbf{E}\left(X_1^2 \cdot \sum_{n=1}^{\infty} \frac{1}{k_n} \cdot 1_{[X_1 \leq k_n]} \right)$$

$$\overset{s.o.}{\leq} \frac{1}{\varepsilon^2} \cdot \mathbf{E}\left(X_1^2 \cdot \frac{2}{X_1} \cdot \frac{\vartheta}{\vartheta - 1} \right) = \frac{1}{\varepsilon^2} \cdot \frac{2\vartheta}{\vartheta - 1} \cdot \mathbf{E}X_1 < \infty$$

impliziert.

Im vierten Schritt des Beweises beachten wir, dass (5.12) zusammen mit Lemma 5.4 die Beziehung

$$\frac{S_{k_n}' - \mathbf{E}S_{k_n}'}{k_n} \to 0 \quad f.s.$$

impliziert.

Im fünften Schritt des Beweises zeigen wir

$$\frac{1}{k_n} \mathbf{E} S'_{k_n} \to \mathbf{E} X_1 \quad (n \to \infty).$$

Dies folgt aus

$$\frac{1}{k_n} \mathbf{E} S'_{k_n} = \frac{1}{k_n} \sum_{k=1}^{k_n} \mathbf{E}[X_k \cdot 1_{[X_k \leq k]}] = \frac{1}{k_n} \sum_{k=1}^{k_n} \mathbf{E}[X_1 \cdot 1_{[X_1 \leq k]}] \to \mathbf{E} X_1 \quad (n \to \infty),$$

wobei wir verwendet haben, dass aufgrund der Nichtnegativität von X_1 nach dem Satz von der monotonen Konvergenz[14] gilt:

$$\lim_{k \to \infty} \mathbf{E}[X_1 \cdot 1_{[X_1 \leq k]}] = \mathbf{E} X_1.$$

Im sechsten Schritt des Beweises zeigen wir

$$\frac{S_{k_n}}{k_n} \to \mathbf{E} X_1 \quad f.s.$$

Es gilt:

$$\sum_{n=1}^{\infty} \mathbf{P}[X_n \neq X'_n] = \sum_{n=1}^{\infty} \mathbf{P}[X_1 > n] \leq \sum_{n=1}^{\infty} \int_{n-1}^{n} \mathbf{P}[X_1 > t] dt = \int_{0}^{\infty} \mathbf{P}[X_1 > t] dt$$

$$= \mathbf{E} X_1 < \infty,$$

wobei wir beim vorletzten Gleichheitszeichen den Satz von der monotonen Konvergenz[14] angewendet haben und beim letzten Gleichheitszeichen die Formel

$$\mathbf{E} Z = \int_0^\infty \mathbf{P}[Z > t] \, dt$$

für nichtnegative reelle Zufallsvariablen Z.[15]

Nach dem Lemma von Borel-Cantelli (Lemma 4.5) gilt damit mit Wahrscheinlichkeit Eins, dass X_n mit X'_n für alle bis auf endlich viele Indices übereinstimmt, woraus

$$\frac{S_{k_n} - S'_{k_n}}{k_n} \to 0 \quad f.s.$$

folgt. Unter Verwendung dieses Resultats sowie der Resultate der Schritte vier und fünf des Beweises erhält man insgesamt

$$\frac{S_{k_n}}{k_n} = \frac{S_{k_n} - S'_{k_n}}{k_n} + \frac{S'_{k_n} - \mathbf{E}S'_{k_n}}{k_n} + \frac{\mathbf{E}S'_{k_n}}{k_n} \to 0 + 0 + \mathbf{E}X_1 = \mathbf{E}X_1 \quad f.s.$$

Im siebten Schritt des Beweises zeigen wir die Behauptung des Satzes. Wegen $X_i \geq 0$ f. s. gilt für $k_n \leq i \leq k_{n+1}$ mit Wahrscheinlichkeit Eins:

$$\frac{k_n}{k_{n+1}} \cdot \frac{S_{k_n}}{k_n} \leq \frac{k_n \cdot S_i}{(k_{n+1}) \cdot k_n} \leq \frac{S_i}{i} \leq \frac{S_{k_{n+1}}}{i} \leq \frac{S_{k_{n+1}}}{k_{n+1}} \cdot \frac{k_{n+1}}{k_n}.$$

Mit

$$\frac{k_{n+1}}{k_n} = \frac{\lfloor \vartheta^{n+1} \rfloor}{\lfloor \vartheta^n \rfloor} \leq \frac{\vartheta^{n+1}}{\vartheta^n - 1} \to \vartheta \ (n \to \infty) \text{ wegen } \vartheta^n \to \infty \ (n \to \infty)$$

und

$$\frac{k_n}{k_{n+1}} = \frac{\lfloor \vartheta^n \rfloor}{\lfloor \vartheta^{n+1} \rfloor} \geq \frac{\vartheta^n - 1}{\vartheta^{n+1}} \to \frac{1}{\vartheta} \quad (n \to \infty)$$

folgt daraus zusammen mit dem Resultat des sechsten Schrittes:

$$\frac{1}{\vartheta}\mathbf{E}X_1 \leq \liminf_{n\to\infty} \frac{S_n}{n} \leq \limsup_{n\to\infty} \frac{S_n}{n} \leq \mathbf{E}X_1 \cdot \vartheta \quad f.s.$$

Mit $\vartheta \downarrow 1$ folgt die Behauptung.   □

5.8 Der Zentrale Grenzwertsatz

In Abschn. 5.6 haben wir gesehen, dass bei unabhängigen und identisch verteilten reellen Zufallsvariablen $X, X_1, X_2, \ldots$ mit $\mathbf{E}|X| < \infty$ das arithmetische Mittel

$$\frac{1}{n}\sum_{i=1}^{n} X_i$$

für $n \to \infty$ fast sicher gegen den Erwartungswert $\mathbf{E}X$ konvergiert. Anders ausgedrückt bedeutet dies, dass

$$Z_n = \frac{1}{n}\sum_{i=1}^{n} X_i - \mathbf{E}X$$

fast sicher gegen Null konvergiert.

In diesem Abschnitt stellen wir eine weitere Aussage über die Verteilung von Z_n vor. Dazu machen wir uns zuerst klar, dass der Erwartungswert von Z_n wegen der identischen Verteiltheit der X_i gegeben ist durch

$$\mathbf{E}Z_n = \mathbf{E}\left(\frac{1}{n}\sum_{i=1}^{n}X_i - \mathbf{E}X\right) = \frac{1}{n}\sum_{i=1}^{n}\mathbf{E}X_i - \mathbf{E}X = \frac{1}{n}\sum_{i=1}^{n}\mathbf{E}X - \mathbf{E}X = 0,$$

und dass wir (unter Ausnützung der Unabhängigkeit und identischen Verteiltheit der X_i) die Varianz von Z_n berechnen können zu

$$V(Z_n) = V\left(\frac{1}{n}\sum_{i=1}^{n}X_i - \mathbf{E}X\right) \overset{Satz\ 5.6,\ Satz\ 5.9}{=} \frac{1}{n^2}\sum_{i=1}^{n}V(X_i) = \frac{1}{n^2}\sum_{i=1}^{n}V(X) = \frac{V(X)}{n}.$$

Teilen wir nun im Falle $0 < V(X) < \infty$ (was $0 < V(Z_n) < \infty$ impliziert) Z_n durch die Wurzel aus seiner Varianz, d. h., bilden wir

$$\frac{Z_n}{\sqrt{V(Z_n)}} = \frac{\sqrt{n}}{\sqrt{V(X)}} \cdot \left(\frac{1}{n}\sum_{i=1}^{n}X_i - \mathbf{E}X\right),$$

so hat die entstehende Zufallsvariable nach wie vor Erwartungswert Null, und für die Varianz dieser Zufallsvariablen gilt

$$V\left(\frac{Z_n}{\sqrt{V(Z_n)}}\right) = \frac{1}{V(Z_n)} \cdot V(Z_n) = 1.$$

Der zentrale Satz dieses Abschnitts besagt nun, dass sich diese Zufallsvariable für n groß wie eine $N(0, 1)$-verteilte Zufallsvariable verhält.

Vor Formulieren des Satzes illustrieren wir die Gültigkeit dieser Aussage anhand eines Beispiels.

▶   **Beispiel 5.19**   Wir betrachten das n-malige Werfen eines echten Würfels. Die dabei auftretenden Augenzahlen können wir als Realisierungen von unabhängigen und identisch verteilten Zufallsvariablen X_1, X_2, $\ldots$, X_n auffassen, für die gilt:

$$\mathbf{P}[X_1 = 1] = \mathbf{P}[X_1 = 2] = \mathbf{P}[X_1 = 3] = \mathbf{P}[X_1 = 4] = \mathbf{P}[X_1 = 5] = \mathbf{P}[X_1 = 6] = \frac{1}{6}.$$

Erwartungswert und Varianz dieser Zufallsvariablen können wir berechnen zu

$$\mathbf{E}X_i = \sum_{k=1}^{6}k \cdot \mathbf{P}[X_i = k] = \sum_{k=1}^{6}k \cdot \frac{1}{6} = \frac{7}{2}$$

und

$$V(X_i) = \mathbf{E}(X_i^2) - (\mathbf{E}X_i)^2 = \sum_{k=1}^{6} k^2 \cdot \frac{1}{6} - \left(\frac{7}{2}\right)^2 = \frac{91}{6} - \frac{49}{4} = \frac{35}{12}.$$

Wir wollen nun im Folgenden anhand von gewürfelten Zahlen überprüfen, ob sich für n groß

$$\frac{\sqrt{n}}{\sqrt{V(X)}} \cdot \left(\frac{1}{n} \sum_{i=1}^{n} X_i - \mathbf{E}X\right) = \frac{\sqrt{n}}{\sqrt{35/12}} \cdot \left(\frac{1}{n} \sum_{i=1}^{n} X_i - \frac{7}{2}\right) \qquad (5.13)$$

in der Tat wie eine $N(0, 1)$-verteilte Zufallsvariable verhält. Dazu werfen
wir einen echten Würfel $n = 15$-mal und notieren uns die gewürfelten
Zahlen $x_1, \ldots, x_{15}$. Anschließend bilden wir

$$\frac{\sqrt{15}}{\sqrt{35/12}} \cdot \left(\frac{1}{15} \sum_{i=1}^{15} x_i - \frac{7}{2}\right)$$

und haben damit eine Realisierung der Zufallsvariablen (5.13) für $n = 15$
erzeugt. Diesen Vorgang wiederholen wir $N = 40$-mal. Als Ergebnis erhalten wir 40 Realisierungen der Zufallsvariablen (5.13). Um ausgehend
von diesen Realisierungen eine Aussage über die Verteilung der Zufallsvariablen zu erhalten, bilden wir ein Histogramm dieser Werte. Dieses
fassen wir als Schätzung der Dichte der Zufallsvariablen (5.13) auf und
vergleichen es mit der Dichte einer $N(0, 1)$-verteilten Zufallsvariablen.
Für eine konkrete Durchführung dieses Zufallsexperiments ist das Resultat in Abb. 5.3 dargestellt. Bei dieser geringen Anzahl von Würfen
des Würfels ist keineswegs offensichtlich, dass die Dichte der $N(0, 1)$-
Verteilung in der Tat eine gute Approximation des Histogrammes ist. Um
dies deutlicher zu sehen, führen wir das Experiment mit einer viel größeren Zahl von Würfen am Rechner durch. Simulierte Daten liefern die in
Abb. 5.4 dargestellten Resultate, bei denen tatsächlich die Histogramme
die Dichte der $N(0, 1)$-Verteilung mit wachsendem Wert von n immer
besser approximieren.

Als Nächstes formulieren wir den Satz, der dem obigen Beispiel zugrunde liegt.

Satz 5.12 (Zentraler Grenzwertsatz von Lindeberg-Lévy).
Sei $(\Omega, \mathscr{A}, \mathbf{P})$ ein Wahrscheinlichkeitsraum und seien $X_1, X_2, \ldots$ unabhängige identisch verteilte reelle Zufallsvariablen definiert auf $(\Omega, \mathscr{A}, \mathbf{P})$ mit

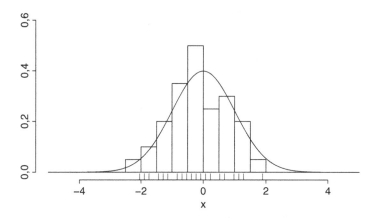

Abb. 5.3 Histogramm zu $N = 40$ standardisierten Summen von $n = 15$ Würfelergebnissen

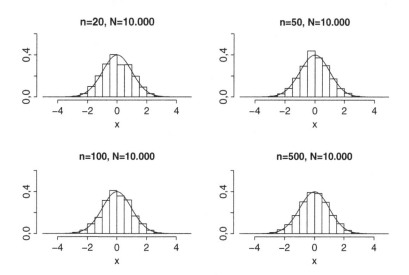

Abb. 5.4 Histogramme zu N standardisierten Summen von n simulierten Würfelergebnissen

$E(X_1^2) < \infty$ und $V(X_1) \neq 0$. Dann gilt, dass die Verteilungsfunktion von

$$\frac{\frac{1}{n}\sum_{i=1}^{n}X_i - EX_1}{\sqrt{V\left(\frac{1}{n}\sum_{i=1}^{n}X_i - EX_1\right)}} = \frac{\sqrt{n}}{\sqrt{V(X_1)}}\cdot\left(\frac{1}{n}\sum_{i=1}^{n}X_i - EX_1\right)$$

punktweise gegen die Verteilungsfunktion Φ einer $N(0,1)$-verteilten Zufallsvariablen konvergiert, d.h., dass für alle $x \in \mathbb{R}$ gilt:

$$\lim_{n\to\infty} \mathbf{P}\left[\frac{\sqrt{n}}{\sqrt{V(X_1)}} \cdot \left(\frac{1}{n}\sum_{i=1}^{n} X_i - \mathbf{E}X_1\right) \leq x\right] = \Phi(x) = \frac{1}{\sqrt{2\pi}}\int_{-\infty}^{x} e^{-t^2/2}\, dt.$$

Bemerkung

a) Die Aussage des obigen Satzes lässt sich wie folgt leicht merken: Betrachtet wird eine Summe unabhängiger identisch verteilter Zufallsvariablen.
Gemäß obigem Satz lässt sich diese asymptotisch durch eine Normalverteilung approximieren. Dazu renormalisiert man diese Summe so, dass sie
Erwartungswert Null und Varianz Eins hat, d.h., man ersetzt $\sum_{i=1}^{n} X_i$ durch

$$\frac{1}{\sqrt{V(\sum_{i=1}^{n} X_i)}}\left(\sum_{i=1}^{n} X_i - \mathbf{E}(\sum_{j=1}^{n} X_j)\right) = \frac{\sqrt{n}}{\sqrt{V(X_1)}} \cdot \left(\frac{1}{n}\sum_{i=1}^{n} X_i - \mathbf{E}X_1\right).$$

Anschließend kann man die Werte der Verteilungsfunktion der obigen
normalisierten Summe durch die einer $N(0,1)$-Verteilung approximativ
berechnen.

b) Aus obigem Satz folgt für $-\infty \leq \alpha < \beta \leq \infty$:

$$\mathbf{P}\left[\alpha < \frac{\sqrt{n}}{\sqrt{V(X_1)}} \cdot \left(\frac{1}{n}\sum_{i=1}^{n} X_i - \mathbf{E}X_1\right) \leq \beta\right]$$

$$= \mathbf{P}\left[\frac{\sqrt{n}}{\sqrt{V(X_1)}} \cdot \left(\frac{1}{n}\sum_{i=1}^{n} X_i - \mathbf{E}X_1\right) \leq \beta\right]$$

$$- \mathbf{P}\left[\frac{\sqrt{n}}{\sqrt{V(X_1)}} \cdot \left(\frac{1}{n}\sum_{i=1}^{n} X_i - \mathbf{E}X_1\right) \leq \alpha\right]$$

$$\overset{(n\to\infty)}{\to} \Phi(\beta) - \Phi(\alpha) = \frac{1}{\sqrt{2\pi}}\int_{\alpha}^{\beta} e^{-t^2/2}\, dt.$$

Der Beweis des Zentralen Grenzwertsatzes geht über das Niveau dieses Buches hinaus und wird daher im Folgenden nicht präsentiert.[16] Stattdessen illustrieren wir seine Nützlichkeit anhand zweier Beispiele. Zunächst betrachten wir nochmals Beispiel 5.1.

▶ **Beispiel 5.20**   Bei einer Abstimmung über zwei Vorschläge A und B stimmt eine resolute Gruppe von $r = 3000$ Personen für A, während sich weitere $n = 1.000.000$ Personen unabhängig voneinander rein zufällig entscheiden. Wie wir bereits in Beispiel 5.1 gesehen haben, gilt dann für die Wahrscheinlichkeit p, dass A angenommen wird:

$$p = \mathbf{P}\left[X + r > n - X\right],$$

wobei X die Anzahl der Stimmen für Vorschlag A bei den unentschlossenen Wählern ist. Von der Zufallsvariablen X haben wir im Rahmen der Behandlung von Beispiel 5.1 gezeigt, dass sie $b(n, 0, 5)$-verteilt ist. Gemäß Beispiel 5.17 lässt sie sich daher als Summe von n unabhängigen Zufallsvariablen $X_1, \ldots, X_n$ mit

$$\mathbf{P}[X_i = 0] = \mathbf{P}[X_i = 1] = \frac{1}{2} \quad (i = 1, \ldots, n)$$

darstellen. Gefragt ist dann nach der Wahrscheinlichkeit

$$p = \mathbf{P}\left[\sum_{i=1}^{n} X_i + r > n - \sum_{i=1}^{n} X_i\right].$$

Im Folgenden wollen wir deren Wert numerisch berechnen.

Einfaches Umformen liefert:

$$\begin{aligned} p &= \mathbf{P}\left[\sum_{i=1}^{n} X_i + r > n - \sum_{i=1}^{n} X_i\right] \\ &= \mathbf{P}\left[2\sum_{i=1}^{n} X_i > n - r\right] \\ &= \mathbf{P}\left[\frac{1}{n}\sum_{i=1}^{n} X_i - \frac{1}{2} > -\frac{r}{2n}\right] \end{aligned}$$

$$= \mathbf{P}\left[\frac{\sqrt{n}}{\sqrt{V(X_1)}} \left(\frac{1}{n}\sum_{i=1}^{n} X_i - \frac{1}{2} \right) > -\frac{r}{2\sqrt{n}\sqrt{V(X_1)}} \right]$$

$$= 1 - \mathbf{P}\left[\frac{\sqrt{n}}{\sqrt{V(X_1)}} \left(\frac{1}{n}\sum_{i=1}^{n} X_i - \frac{1}{2} \right) \leq -\frac{r}{2\sqrt{n}\sqrt{V(X_1)}} \right].$$

Nun können wir auf die letzte Wahrscheinlichkeit den Zentralen Grenzwertsatz anwenden, was auf

$$p \approx 1 - \Phi\left(-\frac{r}{2\sqrt{n}\sqrt{V(X_1)}} \right)$$

führt. Mit

$$\mathbf{E}X_1 = 0 \cdot \frac{1}{2} + 1 \cdot \frac{1}{2} = \frac{1}{2},$$

$$\mathbf{E}(X_1^2) = 0^2 \cdot \frac{1}{2} + 1^2 \cdot \frac{1}{2} = \frac{1}{2},$$

und

$$V(X_1) = \mathbf{E}(X_1^2) - (\mathbf{E}X_1)^2 = \frac{1}{2} - \frac{1}{4} = \frac{1}{4}$$

erhalten wir

$$p \approx 1 - \Phi\left(-\frac{3000}{2 \cdot 1000 \cdot \frac{1}{2}} \right) = 1 - \Phi(-3) = \Phi(3) \approx 0,9986.$$

Also wird Vorschlag A mit einer Wahrscheinlichkeit von mehr als $0,99$ angenommen.

▶ **Beispiel 5.21** Ein Flugunternehmen weiß aus Erfahrung, dass im Mittel 7 % derjenigen Personen, die ein Flugticket erworben haben, nicht bzw. zu spät zum Abflug erscheinen. Um die Zahl der somit ungenutzten Plätze nicht zu groß werden zu lassen, werden daher für einen Flug, bei dem 240 Plätze zur Verfügung stehen, mehr als 240 Flugtickets verkauft.
Wie viele Flugscheine dürfen höchstens verkauft werden, dass mit Wahrscheinlichkeit größer oder gleich $0,99$ alle rechtzeitig zum Abflug erscheinenden Personen, die ein Flugticket haben, auch einen Platz im Flugzeug bekommen?

Zur stochastischen Modellierung des obigen Beispiels betrachten wir unabhängige $b(1,p)$-verteilte Zufallsvariablen $X_1, \ldots, X_n$. Dabei gelte $X_i = 1$ genau dann, falls die Person, die das i-te Flugticket gekauft hat, (rechtzeitig) zum Abflug erscheint. Die Wahrscheinlichkeit, dass der Käufer des i-ten Flugtickets (rechtzeitig) zum Abflug erscheint, ist $p = 1 - 0,07 = 0,93$, und n ist die Anzahl der verkauften Flugtickets.

Dann gibt $\sum_{i=1}^{n} X_i$ die Anzahl der zum Abflug erschienenen Personen an, die ein Flugticket haben, und damit ist die Wahrscheinlichkeit, dass alle zum Abflug erschienenen Personen, die ein Flugticket haben, auch einen Platz im Flugzeug bekommen, gegeben durch

$$\mathbf{P} \left[\sum_{i=1}^{n} X_i \le 240 \right].$$

Gesucht ist das größte $n \in \mathbb{N}$ mit

$$\mathbf{P} \left[\sum_{i=1}^{n} X_i \le 240 \right] \ge 0,99.$$

Es gilt:

$$\mathbf{P} \left[\sum_{i=1}^{n} X_i \le 240 \right]$$

$$= \mathbf{P} \left[\frac{1}{n} \sum_{i=1}^{n} X_i - \mathbf{E}X_1 \le \frac{240}{n} - \mathbf{E}X_1 \right]$$

$$= \mathbf{P} \left[\frac{\sqrt{n}}{\sqrt{V(X_1)}} \left(\frac{1}{n} \sum_{i=1}^{n} X_i - \mathbf{E}X_1 \right) \le \frac{240 - n \cdot \mathbf{E}X_1}{\sqrt{n} \cdot \sqrt{V(X_1)}} \right].$$

Nach dem Zentralen Grenzwertsatz stimmt die letzte Wahrscheinlichkeit approximativ mit

$$\Phi \left(\frac{240 - n \cdot \mathbf{E}X_1}{\sqrt{n} \cdot \sqrt{V(X_1)}} \right)$$

überein, wobei Φ die Verteilungsfunktion der $N(0, 1)$-Verteilung ist.

Mit

$$\mathbf{E}X_1 = p, \ V(X_1) = p(1 - p) \text{ und } p = 0,93$$

folgt, dass die obige Bedingung approximativ äquivalent ist zu

$$\Phi \left(\frac{240 - n \cdot p}{\sqrt{n} \cdot \sqrt{p \cdot (1 - p)}} \right) \ge 0,99.$$

Wegen $\Phi(2,4) \approx 0,99$ und der Monotonie von Φ ist dies wiederum genau dann erfüllt, wenn gilt:

$$\frac{240 - n \cdot p}{\sqrt{n} \cdot \sqrt{p \cdot (1 - p)}} \ge 2,4.$$

Quadrieren der letzten Ungleichung liefert die notwendige Bedingung

$$\frac{(240 - n \cdot p)^2}{n \cdot p \cdot (1 - p)} \ge 2,4^2. \tag{5.14}$$

Diese impliziert aber nur dann die vorige Bedingung, wenn gleichzeitig

$$240 - n \cdot p \geq 0, \text{ d. h. } n \leq \frac{240}{p} = \frac{240}{0,93} \approx 258,1 \tag{5.15}$$

gilt.

Ungleichung (5.14) führt auf

$$(240 - n \cdot p)^2 \geq 2,4^2 n \cdot p \cdot (1-p)$$

bzw. auf

$$240^2 - (480p + 2,4^2 p \cdot (1-p)) \cdot n + p^2 n^2 \geq 0.$$

Bestimmt man die Nullstellen des quadratischen Polynoms auf der linken Seite, so erhält man

$$n_1 \approx 247,7 \text{ und } n_2 \approx 268,8.$$

Also ist die obige Ungleichung erfüllt für $n \leq 247$ oder $n \geq 269$.

Unter Berücksichtigung von $n \leq 258,1$ (vgl. (5.15)) erhält man als Resultat: Es dürfen höchstens 247 Flugtickets verkauft werden, damit mit Wahrscheinlichkeit größer oder gleich $0,99$ alle rechtzeitig zum Abflug erschienenen Personen, die ein Flugticket haben, auch einen Platz im Flugzeug bekommen.

Aufgaben

5.1. Eine Versicherung investiert einen Teil ihrer Rücklagen in einen Immobilienfonds. Aus Erfahrung weiß die Versicherung, dass der für 1 Euro erzielte zukünftige Erlös beschrieben wird durch ein Wahrscheinlichkeitsmaß mit Dichte

$$f(x) = \begin{cases} \frac{x}{5} & \text{für} \quad 0 \leq x \leq 1, \\[2mm] \frac{9}{10} \cdot x^{-2} & \text{für} \quad x > 1. \end{cases}$$

(a) Bestimmen und skizzieren Sie die zur Dichte f gehörende Verteilungsfunktion $F : \mathbb{R} \to \mathbb{R}$,

$$F(x) = \int_{-\infty}^{x} f(u)\, du.$$

(b) Berechnen Sie (Skizze von F verwenden!) den Value at Risk VaR, d. h. denjenigen Wert $VaR \in \mathbb{R}$, für den gilt:

$$F(VaR) = 0,05.$$

(c) Interpretieren Sie den *VaR* anschaulich.

   Hinweis: Ist X stetig verteilte Zufallsvariable mit Dichte f, was gilt dann für die Wahrscheinlichkeiten

$$\mathbf{P}[X \leq VaR] \text{ bzw. } \mathbf{P}[X > VaR]?$$

5.2. Die Funktion

$$f(x) = \begin{cases} 6 \cdot x \cdot (1 - x) & \text{für} \quad 0 \leq x \leq 1, \\ \\ 0 & \text{für} \quad x \notin [0, 1] \end{cases}$$

sei Dichte einer Zufallsvariablen Y. Bestimmen Sie den Erwartungswert und die Varianz von Y.

5.3. An einem Flughafen wird für das Abstellen eines Autos für x Minuten die Gebühr

$$h(x) = \begin{cases} 10 & \text{für} \quad 0 \leq x \leq 60, \\ \frac{x}{6} & \text{für} \quad 60 < x < 600, \\ 800 & \text{für} \quad x \geq 600 \end{cases}$$

verlangt. (Im Falle $x \geq 600$ wird das Auto abgeschleppt.)

Student S. holt seine Oma vom Flughafen ab. Dazu fährt er exakt zur geplanten Ankunftszeit des Flugzeugs in den Parkplatz ein. Leider hat das Flugzeug X Minuten Verspätung, wobei X eine exp(λ)-verteilte ZV ist. Daher erreicht er die Parkaufsicht, bei der er die Gebühren bezahlen muss, erst wieder nach $X + 30$ Minuten.

Wie groß ist im Mittel die Gebühr, die Student S. bezahlen muss?

Hinweis: Berechnet werden soll

$$\mathbf{E}(h(X + 30)),$$

wobei X eine exp(λ)-verteilte ZV ist.

5.4. Eine Versicherung investiert einen Teil ihrer Rücklagen in einen Immobilienfonds. Aus Erfahrung weiß die Versicherung, dass der für 1 Euro erzielte zukünftige Erlös beschrieben wird durch eine stetig verteilte Zufallsvariable X mit Dichte

$$f(x) = \begin{cases} \frac{3}{10} \cdot x^2 & \text{für} \quad 0 \leq x \leq 1, \\ \\ \frac{10-x}{45} & \text{für} \quad 1 < x \leq 10, \\ \\ 0 & \text{für} \quad x < 0 \text{ oder } x > 10. \end{cases}$$

(a) Wie groß ist der „mittlere" zukünftige Erlös, und wie groß ist die „mittlere" quadratische Abweichung zwischen dem zukünftigen Erlös und diesem Wert?

(b) In der Bilanz des Unternehmens kann der heutige Wert der Investition eines Euros in den Immobilienfonds berücksichtigt werden durch den *Value at Risk*, d. h. durch denjenigen Wert, den der zukünftige Erlös genau mit Wahrscheinlichkeit $0,95$ überschreitet. Bestimmen Sie diesen Wert.

(c) Statt des Value at Risk wird nun der Wert $0,8$ in der Bilanz des Unternehmens zur Beschreibung des heutigen Wertes der Investition eines Euros in den Immobilienfonds verwendet. Um eine Aussage darüber zu erhalten, wie stark dieser Wert im Mittel unterschritten wird, falls der Fall eintritt, dass er wirklich unterschritten wird, kann der sogenannte *expected shortfall* berechnet werden. Dies ist der mittlere Wert von X, der sich ergibt, falls $0,8$ unterschritten wird. Dieser Wert kann berechnet werden gemäß

$$\frac{\mathbf{E}\left[X \cdot 1_{[X<0,8]}\right]}{\mathbf{P}[X < 0,8]} := \frac{\mathbf{E}h(X)}{\mathbf{P}[X < 0,8]},$$

wobei $h : \mathbb{R} \to \mathbb{R}$ definiert ist gemäß

$$h(x) = \begin{cases} x & \text{für} \quad x < 0,8, \\ 0 & \text{für} \quad x \geq 0,8. \end{cases}$$

Berechnen Sie diesen Wert.

5.5. Zehn perfekten Schützen stehen zehn unschuldige Enten gegenüber. Jeder Schütze wählt zufällig und unbeeinflusst von den anderen Schützen eine Ente aus, auf die er schießt. Sei X die zufällige Zahl der überlebenden Enten. In Abschn. 5.4 wurde unter Verwendung der Darstellung

$$X = \sum_{i=1}^{10} X_i, \quad \text{wobei} \quad X_i = \begin{cases} 1, & \text{falls} \quad \text{Ente } i \text{ überlebt,} \\ 0, & \text{falls} \quad \text{Ente } i \text{ nicht überlebt,} \end{cases}$$

der Erwartungswert von X bestimmt als

$$\mathbf{E}X = \mathbf{E}\left\{\sum_{i=1}^{10} X_i\right\} = \sum_{i=1}^{10} \mathbf{E}\{X_i\} = 10 \cdot \left(\frac{9}{10}\right)^{10} \approx 3,49.$$

Bestimmen Sie unter Verwendung dieses Resultats die Varianz von X.

5.6. Ein Eremit am Südpol hat sich für die einbrechende Polarnacht mit 24 Glühbirnen eingedeckt. Da er sich im Dunkeln unwohl fühlt, will er, dass zu jeder Zeit des halben Nachtjahres eine Birne brennt. Sollte die aktuelle Birne durchbrennen, wird er sie sofort auswechseln. Die Polarnacht dauert 4400 Stunden, und der Hersteller der Glühbirnen hat eine exponentialverteilte Haltbarkeit seiner Produkte mit Parameter $\lambda = 1/200$ zugesichert. Während der Eremit die erste Birne einschraubt, beginnen Zweifel an ihm zu nagen...

(a) Bestimmen Sie Erwartungswert und Varianz der Haltbarkeit einer solchen Glühbirne.

(b) Sei X_i Zufallsvariable, die die Lebensdauer der i-ten Birne beschreibt. Dann ist

$$Z := \sum_{i=1}^{24} X_i$$

die Zufallsvariable, die den Zeitpunkt beschreibt, zu dem die letzte Birne durchbrennt. Bestimmen Sie auch hiervon Erwartungswert und Varianz.

(c) Brennend interessiert den Eremiten die Wahrscheinlichkeit dafür, dass ihm vor Ende der Polarnacht die Glühbirnen ausgehen könnten. Berechnen Sie diese näherungsweise mit dem Zentralen Grenzwertsatz.

Hinweis: Für die Verteilungsfunktion Φ der $N(0, 1)$-Verteilung gilt

$$\Phi(-0, 41) \approx 0, 34.$$

Induktive Statistik

6

In diesem Kapitel geben wir eine Einführung in die induktive (oder schließende) Statistik. Die Grundidee dabei ist, beobachtete Daten als Realisierungen von Zufallsvariablen (wie sie in Kap. 5 eingeführt wurden) aufzufassen und unter Verwendung von mehr oder weniger restriktiven Annahmen Aussagen über deren Verteilungen (z. B. Aussagen über Kennzahlen dieser Verteilungen wie Erwartungswert oder Varianz) herzuleiten.

Die grundlegenden Problemstellungen werden im ersten Abschnitt vorgestellt und in den weiteren Abschnitten behandelt. Dabei werden wir einigen der statistischen Maßzahlen wiederbegegnen, die in Kap. 3 eingeführt worden sind.

6.1 Fragestellungen

In konkreten Anwendungen werden die auftretenden Daten häufig als „zufällig" im Sinne der Wahrscheinlichkeitstheorie modelliert, da sie z. B. fehlerhaft oder unvollständig erhoben wurden oder bei ihrer Erhebung künstlich der Zufall eingeführt wurde. Beispiele hierfür sind die Positionsbestimmung durch ein GPS-System (fehlerhafte Daten, vgl. Kap. 1), die Vorhersage der Abnutzung von Bauteilen eines Kraftfahrzeuges (unvollständige Daten, vgl. Kap. 1) sowie Wahlumfragen (künstliche Einführung des Zufalls, vgl. Kap. 2).

Bei der Analyse solcher Daten im Rahmen der Statistik geht man in drei Schritten vor: In einem ersten Schritt werden die Beobachtungen als Realisierungen geeignet definierter Zufallsvariablen aufgefasst. Dabei sind die Verteilungen der beobachteten Zufallsvariablen je nach verwendetem Modell mehr oder weniger vollständig festgelegt (z. B. könnte man eine Folge von unabhängigen, identisch normalverteilten Zufallsvariablen mit unbekanntem Erwartungswert und unbekannter Varianz zugrunde legen oder allgemeiner nur eine Folge von unabhängigen, identisch verteilten Zufallsvariablen). In einem zweiten Schritt zieht man innerhalb dieses Modells Rückschlüsse auf noch nicht eindeutig festgelegte Parameter wie

© Springer-Verlag GmbH Deutschland 2017   195
J. Eckle-Kohler, M. Kohler, *Eine Einführung in die Statistik und ihre Anwendungen*,
Springer-Lehrbuch, DOI 10.1007/978-3-662-54094-7_6

z. B. Erwartungswert oder Varianz. Anschließend überträgt man die Resultate im dritten und letzten Schritt auf die Realität.

Die in diesem Kapitel vorgestellten Verfahren der *induktiven* (oder auch *schlie-ßenden*) *Statistik* beschäftigen sich mit Schritt 2, d. h., aufgrund von Beobachtungen eines zufälligen Vorgangs werden Rückschlüsse auf die zugrunde liegenden Gesetz-mäßigkeiten, d. h. auf Eigenschaften des zugrunde liegenden Wahrscheinlichkeits-raumes, gezogen.

Betrachtet man aber den oben beschriebenen, aus drei Schritten bestehenden Prozess der Analyse von konkret auftretenden Daten als Ganzes, so ist sofort klar, dass dieser Prozess nur dann zu sinnvollen Ergebnissen führen kann, wenn alle drei Schritte richtig durchgeführt werden. Kritisch dabei ist vor allem der erste Schritt, bei dem ein wahrscheinlichkeitstheoretisches Modell gewählt werden muss, wel-ches die Realität gut beschreiben kann. Für die Wahl dieses Modells lassen sich keine einfachen Regeln aufstellen, vielmehr stellt die richtige Durchführung des ersten Schrittes die eigentliche Kunst der Anwendung der Statistik dar.

Im Folgenden wollen wir den gesamten Prozess an einem (einfachen) Beispiel verdeutlichen.

▶ **Beispiel 6.1** Ein Produzent stellt Sicherungen her. Beim Produktions-prozess lässt es sich nicht vermeiden, dass einige der produzierten Sicherungen defekt sind. Wie kann man feststellen, wie groß der Aus-schussanteil $p \in [0, 1]$ ist?

Im Prinzip ist das keine stochastische Fragestellung. Man kann z. B. so viele Si-cherungen herstellen, wie man insgesamt herstellen möchte, dann alle Sicherungen auf Defekte hin prüfen und daraus den relativen Anteil defekter Sicherungen genau bestimmen. Dies ist aber aus zwei Gründen nicht sinnvoll: Zum einen ist das Testen aller Sicherungen sehr aufwendig (bzw. unmöglich, sofern im Rahmen des Tests Si-cherungen zerstört werden), zum anderen könnte das Ergebnis sein, dass sehr viele defekt sind, so dass man eine große Zahl defekter Sicherungen hergestellt hätte. Wünschenswert wäre, das schon früher festzustellen, um dann noch Einfluss auf den Produktionsprozess nehmen zu können.

Eine naheliegende Idee ist, nur eine kleine Menge von Sicherungen zu testen und daraus Rückschlüsse zu ziehen auf den Ausschussanteil in einer großen Menge von Sicherungen, die später nach der gleichen Methode hergestellt werden. Dazu entnimmt man der laufenden Produktion n Sicherungen und setzt

$$x_i = \begin{cases} 1, & \text{falls die } i\text{-te Sicherung defekt ist,} \\ 0, & \text{sonst} \end{cases}$$

für $i = 1, \ldots, n$. Man versucht dann, ausgehend von $(x_1, \ldots, x_n) \in \{0, 1\}^n$ Rückschlüsse auf p zu ziehen.

Der gesamte Vorgang kann stochastisch wie folgt modelliert werden: Man fasst die $x_1, \ldots, x_n$ als Realisierungen (d. h. als beobachtete Werte) von Zufallsvariablen $X_1, \ldots, X_n$ mit

$$X_i = \begin{cases} 1, & \text{falls die } i\text{-te Sicherung defekt ist,} \\ 0, & \text{sonst} \end{cases}$$

auf, wobei diese Zufallsvariablen unabhängig identisch verteilt sind mit

$$\mathbf{P}[X_1 = 1] = p, \quad \mathbf{P}[X_1 = 0] = 1 - p. \tag{6.1}$$

$x_1, \ldots, x_n$ wird dann als *Stichprobe* der Verteilung von X_1 bezeichnet.

Das obige Modell ist naheliegend: Da eine Sicherung entweder defekt ist oder nicht defekt ist, wird man zwangsläufig $\{0, 1\}$-wertige Zufallsvariablen verwenden, die immer wie in (6.1) binomialverteilt sind. Kritisch sind aber die Annahmen der Unabhängigkeit und der identischen Verteiltheit der Zufallsvariablen, die zwar einigermaßen plausibel erscheinen, letztendlich aber primär zur Vereinfachung des Modells eingeführt wurden.

In diesem Modell beschäftigt man sich mit den folgenden drei Fragestellungen:

Fragestellung 1

Wie kann man ausgehend von $(x_1, \ldots, x_n) \in \{0, 1\}^n$ den Wert von p schätzen?

Gesucht ist hier eine Funktion $T_n : \{0, 1\}^n \to [0, 1]$, für die $T_n(x_1, \ldots, x_n)$ eine „möglichst gute" Schätzung von p ist. Hierbei wird $T_n : \{0, 1\}^n \to [0, 1]$ als *Schätzfunktion* und $T_n(X_1, \ldots, X_n)$ als *Schätzstatistik* bezeichnet.

Beachtet man, dass $p = \mathbf{E}X_1$ gilt, so ist (aufgrund der Deutung des Erwartungswertes als Mittelwert, siehe auch Abschn. 6.2 unten) das (empirische) arithmetische Mittel

$$T_n(x_1, \ldots, x_n) = \frac{x_1 + \cdots + x_n}{n}$$

der Stichprobe eine naheliegende Schätzung von p. Diese hat die folgenden beiden Eigenschaften:

Nach dem starken Gesetz der großen Zahlen gilt

$$T_n(X_1, \ldots, X_n) = \frac{1}{n} \sum_{i=1}^{n} X_i \to \mathbf{E}X_1 = p \quad (n \to \infty) \quad f.s.,$$

d. h., für großen Stichprobenumfang n nähert sich der geschätzte Wert mit Wahrscheinlichkeit Eins immer mehr dem „richtigen" Wert an. Man bezeichnet T_n daher als *konsistente Schätzung für* p.

Darüber hinaus gilt

$$\mathbf{E}T_n(X_1, \ldots, X_n) = \frac{1}{n} \sum_{i=1}^{n} \mathbf{E}X_i = \mathbf{E}X_1 = p,$$

d. h., für festen Stichprobenumfang n ergibt sich im Mittel (also bei wiederholter Stichprobenerhebung, Durchführung der Schätzung und Mittelung der Ergebnisse) der „richtige" Wert, so dass der „richtige" Wert durch $T_n(x_1, \ldots, x_n)$ weder systematisch über- noch unterschätzt wird. Schätzfunktionen mit dieser Eigenschaft werden als *erwartungstreue* Schätzfunktionen bezeichnet.

Bei obiger Fragestellung wird der unbekannte Parameter durch eine reelle Zahl geschätzt. Beachtet man, dass diese im Allgemeinen nicht genau mit dem unbekannten Wert übereinstimmen wird, so ist es realistischer, diesen Parameter statt durch eine feste Zahl durch Angabe eines Intervalls zu schätzen. Dabei soll der Parameter mit möglichst großer Wahrscheinlichkeit in diesem Intervall liegen, andererseits kann man durch die Größe des Intervalls die Unsicherheit ausdrücken, die mit der Schätzung verbunden ist. Dies führt auf

---

Fragestellung 2

Wie kann man ausgehend von $(x_1, \ldots, x_n) \in \{0, 1\}^n$ ein (möglichst kleines) Intervall angeben, in dem der Wert von p mit (möglichst großer) Wahrscheinlichkeit liegt?

Hierbei möchte man $x_1, \ldots, x_n$ zur Konstruktion eines Intervalls

$$[U(x_1, \ldots, x_n), O(x_1, \ldots, x_n)] \subseteq \mathbb{R}$$

verwenden, in dem der wahre Wert p mit möglichst großer Wahrscheinlichkeit liegt.

Ein solches Intervall $[U(X_1, \ldots, X_n), O(X_1, \ldots, X_n)]$ heißt *Konfidenzintervall* zum *Konfidenzniveau* $1 - \alpha$, falls

$$\mathbf{P}\big[p \in [U(X_1, \ldots, X_n), O(X_1, \ldots, X_n)]\big] \geq 1 - \alpha$$

für alle $p \in [0, 1]$ gilt. Aufgrund von (6.1) hängen die bei der Berechnung der obigen Wahrscheinlichkeit verwendeten Zufallsvariablen von p ab.

Häufig wird hier $\alpha = 0,05$ bzw. $\alpha = 0,01$ gewählt, d. h., man fordert, dass der wahre Wert p mit Wahrscheinlichkeit $1 - \alpha = 0,95$ bzw. $1 - \alpha = 0,99$ im Konfidenzintervall liegt.

Die dritte häufig in Anwendungen auftretende Fragestellung ist:

Fragestellung 3

Wie kann man ausgehend von $(x_1, \ldots, x_n) \in \{0, 1\}^n$ feststellen, ob der wahre Ausschussanteil p einen gewissen Wert p_0 überschreitet oder nicht?

Hier interessiert nicht so sehr der genaue Wert des unbekannten Parameters, vielmehr möchte man nur wissen, ob dieser eine gewisse Eigenschaft hat oder nicht

(z. B. ob der Ausschussanteil unter einer als akzeptabel angesehenen Grenze liegt oder nicht). In diesem Fall möchte man zwischen zwei *Hypothesen*

$$H_0 : p \leq p_0 \quad \text{und} \quad H_1 : p > p_0$$

entscheiden. Ein *statistischer Test* dazu wird festgelegt durch Angabe eines *Ablehnungsbereichs* $K \subseteq \{0, 1\}^n$ für H_0: Man lehnt H_0 ab, falls $(x_1, \ldots, x_n) \in K$, und man lehnt H_0 nicht ab, falls $(x_1, \ldots, x_n) \notin K$. Ziel ist die Konstruktion von statistischen Tests, bei denen eine irrtümliche Ablehnung von H_0 oder H_1 nur selten vorkommt.

6.2 Punktschätzverfahren

Im Folgenden werden Verfahren vorgestellt, mit deren Hilfe man ausgehend von einer Stichprobe mit unbekannter Verteilung Kennzahlen (wie z. B. Erwartungswert oder Varianz) oder Parameter eines angenommenen Verteilungsmodells (wie z. B. den Parameter λ der Exponentialverteilung) schätzen kann.

Ausgangspunkt sind Realisierungen $x_1, \ldots, x_n \in \mathbb{R}$ von unabhängigen, identisch verteilten reellen Zufallsvariablen $X_1, \ldots, X_n$. $x_1, \ldots, x_n$ wird als *Stichprobe* der Verteilung von X_1 bezeichnet. Die Verteilung $\mathbf{P}_{X_1}$ von X_1 sei unbekannt, es sei aber bekannt, dass diese aus einer vorgegebenen Klasse

$$\{w_\theta : \theta \in \Theta\}$$

von Verteilungen stammt, d. h., es gelte

$$\mathbf{P}_{X_1} = w_{\theta_0}$$

für ein $\theta_0 \in \Theta$. Die Verteilung w_{θ_0} hängt dabei von einem $\theta_0 \in \Theta$ ab, welches die Verteilung w_{θ_0} eindeutig bestimmt.

▶ **Beispiel 6.2** Gegeben sei eine Stichprobe einer $b(1, p)$-Verteilung. Hier würde man als Parameter θ naheliegenderweise den Erwartungswert p der Verteilung wählen. In diesem Fall würde man $\Theta = [0, 1]$ setzen, und θ_0 wäre der Erwartungswert der Verteilung der Stichprobe.

Mit einer Funktion $g : \Theta \rightarrow \mathbb{R}$ wird das unter Umständen mehrdimensionale θ_0 auf eine reelle Zahl $g(\theta_0)$ abgebildet. Gesucht ist nun eine *Schätzfunktion*

$$T_n : \mathbb{R}^n \rightarrow \mathbb{R},$$

mit deren Hilfe man ausgehend von der Stichprobe $x_1, \ldots, x_n$ den unbekannten Wert $g(\theta_0)$ durch $T_n(x_1, \ldots, x_n)$ schätzen kann.

▶   **Beispiel 6.3** Gegeben sei eine Stichprobe einer Normalverteilung mit unbekanntem Erwartungswert μ und unbekannter Varianz σ^2. In diesem Fall ist $\theta = (\mu, \sigma) \in \Theta$ mit $\Theta = \mathbb{R} \times (\mathbb{R}_+ \setminus \{0\})$, und w_θ ist die Normalverteilung mit Erwartungswert μ und Varianz σ^2. Hier wird also angenommen, dass eine Stichprobe einer Normalverteilung gegeben ist, und der unbekannte Parameter $\theta_0 = (\mu_0, \sigma_0)$ beschreibt den Erwartungswert und die Varianz dieser Verteilung.

   Interessiert man sich nun für die Varianz der Verteilung der Stichprobe, so ist $g\colon \Theta \to \mathbb{R}$ definiert durch $g(\mu, \sigma) = \sigma^2$.

Im Sinne von Abschn. 6.1 werden bei der obigen Problemstellung folgende Modellannahmen an die beobachteten Daten gemacht: Zum einen werden die Daten als Realisierungen von unabhängigen und identisch verteilten Zufallsvariablen aufgefasst. Zum anderen wird angenommen, dass die Verteilung dieser Zufallsvariablen aus einer gegebenen Klasse von Verteilungen stammt.

Zwei wünschenswerte Eigenschaften von Schätzfunktionen sind Erwartungstreue (d. h., für festen Stichprobenumfang ergibt sich im Mittel der richtige Wert) und Konsistenz (d. h. asymptotisch, also für einen gegen Unendlich strebenden Stichprobenumfang, ergibt sich der richtige Wert). Letzteres formulieren wir hier der Einfachheit halber nur mit der fast sicheren Konvergenz.

Definition 6.1

a) T_n heißt *erwartungstreue* Schätzung von $g(\theta)$, falls für alle $\theta \in \Theta$ gilt:

$$\mathbf{E}_\theta T_n(X_1, \dots, X_n) = g(\theta).$$

Dabei seien bei der Bildung des Erwartungswertes $\mathbf{E}_\theta$ die Zufallsvariablen $X_1, \dots, X_n$ unabhängig identisch verteilt mit $\mathbf{P}_{X_1} = w_\theta$.

b) T_n heißt *konsistente* Schätzung von $g(\theta)$, falls für alle $\theta \in \Theta$ gilt:

$$\mathbf{P}_\theta \left[\lim_{n \to \infty} T_n(X_1, \dots, X_n) \neq g(\theta) \right] = 0.$$

Dabei seien bei der Bildung der Wahrscheinlichkeit $\mathbf{P}_\theta$ die Zufallsvariablen $X_1, X_2, \dots$ wieder unabhängig identisch verteilt mit $\mathbf{P}_{X_1} = w_\theta$.

Wir betrachten nun zunächst die Schätzung von Kennzahlen der Verteilung der Stichprobe, wie z. B. Erwartungswert und Varianz.

Schätzproblem 1

Wie schätzt man den Erwartungswert der Verteilung der Stichprobe?

Bei wiederholter unbeeinflusster Erzeugung von Werten einer festen Verteilung nähert sich für große Anzahlen von Wiederholungen das empirische arithmetische Mittel der Stichprobe immer mehr dem Erwartungswert der Verteilung an. Daraus ergibt sich als naheliegende Schätzung des Erwartungswertes das Stichprobenmittel:

$$T_n(x_1, \ldots, x_n) = \frac{x_1 + \cdots + x_n}{n}.$$

Diese Schätzung ist erwartungstreu, da

$$\mathbf{E}T_n(X_1, \ldots, X_n) = \frac{1}{n} \sum_{i=1}^{n} \mathbf{E}X_i = \frac{1}{n} \sum_{i=1}^{n} \mathbf{E}X_1 = \mathbf{E}X_1.$$

Sie ist darüber hinaus konsistent, da nach dem starken Gesetz der großen Zahlen gilt:

$$T_n(X_1, \ldots, X_n) = \frac{1}{n} \sum_{i=1}^{n} X_i \to \mathbf{E}X_1 \quad (n \to \infty) \quad f.s.$$

Schätzproblem 2

Wie schätzt man die Varianz der Verteilung der Stichprobe?

Die Idee bei der Konstruktion einer Schätzung von

$$V(X_1) = \mathbf{E}[(X_1 - \mathbf{E}X_1)^2]$$

ist, zunächst den Erwartungswert von $(X_1 - \mathbf{E}X_1)^2$ wie oben durch

$$\frac{1}{n} \sum_{i=1}^{n} (X_i - \mathbf{E}X_1)^2$$

zu schätzen und dann für den darin auftretenden Wert $\mathbf{E}X_1$ die Schätzung von oben zu verwenden. Dies führt auf

$$\bar{T}_n(x_1, \ldots, x_n) = \frac{1}{n} \sum_{i=1}^{n} (x_i - \bar{x})^2 \quad \text{mit} \quad \bar{x} = \frac{1}{n} \sum_{i=1}^{n} x_i.$$

$\bar{T}_n$ ist konsistent, da nach dem starken Gesetz der großen Zahlen und den Rechenregeln für fast sichere Konvergenz gilt:

$$\bar{T}_n(X_1,\ldots,X_n) = \frac{1}{n}\sum_{i=1}^{n}X_i^2 - 2\cdot\bar{X}\cdot\frac{1}{n}\sum_{i=1}^{n}X_i + \frac{1}{n}\sum_{i=1}^{n}\bar{X}^2$$

$$= \frac{1}{n}\sum_{i=1}^{n}X_i^2 - 2\cdot\bar{X}\cdot\bar{X} + \bar{X}^2$$

$$= \frac{1}{n}\sum_{i=1}^{n}X_i^2 - \left(\frac{1}{n}\sum_{i=1}^{n}X_i\right)^2$$

$$\rightarrow \mathbf{E}(X_1^2) - (\mathbf{E}X_1)^2 = V(X_1) \quad (n\rightarrow\infty) \quad f.s.$$

$\bar{T}_n$ ist aber nicht erwartungstreu, da aufgrund der Unabhängigkeit und der identischen Verteiltheit der $X_1,\ldots,X_n$ gilt:

$$\mathbf{E}\bar{T}_n(X_1,\ldots,X_n) \overset{s.o.}{=} \mathbf{E}\left(\frac{1}{n}\sum_{i=1}^{n}X_i^2 - \left(\frac{1}{n}\sum_{i=1}^{n}X_i\right)^2\right)$$

$$= \frac{1}{n}\sum_{i=1}^{n}\mathbf{E}X_i^2 - \frac{1}{n^2}\sum_{i=1}^{n}\sum_{j=1}^{n}\mathbf{E}(X_iX_j)$$

$$= \mathbf{E}X_1^2 - \frac{1}{n^2}\sum_{i=1}^{n}\mathbf{E}(X_iX_i) - \frac{1}{n^2}\sum_{i=1}^{n}\sum_{j=1,\ldots,n,j\neq i}\mathbf{E}(X_iX_j)$$

$$\overset{Satz\ 5.8}{=} \mathbf{E}X_1^2 - \frac{n}{n^2}\mathbf{E}(X_1^2) - \frac{1}{n^2}\sum_{i=1}^{n}\sum_{j=1,\ldots,n,j\neq i}\mathbf{E}(X_i)\cdot\mathbf{E}(X_j)$$

$$= \left(1-\frac{1}{n}\right)\mathbf{E}X_1^2 - \left(1-\frac{1}{n}\right)(\mathbf{E}X_1)^2$$

$$= \frac{n-1}{n}\cdot V(X_1).$$

Aus Obigem folgt aber, dass die empirische Varianz

$$\tilde{T}_n(x_1,\ldots,x_n) = \frac{n}{n-1}\cdot\bar{T}_n(x_1,\ldots,x_n) = \frac{1}{n-1}\sum_{i=1}^{n}(x_i-\bar{x})^2 \quad \text{mit} \quad \bar{x}=\frac{1}{n}\sum_{i=1}^{n}x_i$$

eine konsistente und erwartungstreue Schätzung der Varianz ist. Denn für diese Schätzung gilt einerseits

$$\tilde{T}_n(X_1,\ldots,X_n) = \frac{n}{n-1} \cdot \bar{T}_n(X_1,\ldots,X_n) \to 1 \cdot V(X_1) = V(X_1) \quad f.s.$$

sowie andererseits auch

$$\mathbf{E}\tilde{T}_n(X_1,\ldots,X_n) = \frac{n}{n-1} \cdot \mathbf{E}\bar{T}_n(X_1,\ldots,X_n) = \frac{n}{n-1} \cdot \frac{n-1}{n} \cdot V(X_1) = V(X_1).$$

Als Nächstes wird eine systematische Methode zur Konstruktion von Schätzfunktionen spezifischer Parameter eines angenommenen Verteilungsmodells vorgestellt. Zur Motivation dabei dient

▶ **Beispiel 6.4** Banken sind daran interessiert, Rückstellungen für sogenannte operationelle Risiken zu bilden. Dabei versteht man unter dem operationellen Risiko einer Bank die Gefahr von Verlusten, die wegen der Unangemessenheit oder des Versagens von internen Verfahren, Menschen und Systemen oder infolge von externen Ereignissen eintreten. Beispiele dafür sind menschliche Fehler, Ausfälle in der Informationstechnologie oder betrügerisches Verhalten von Mitarbeitern. Der im Rahmen des operationellen Risikos im nächsten Jahr auftretende jährliche Gesamtschaden, d.h. die Summe aller Schäden im entsprechenden Jahr, ist unbestimmt, daher bietet es sich an, ihn durch eine reelle Zufallsvariable S zu modellieren. Ist deren Verteilung bekannt, so kann man eine Rückstellung x so bestimmen, dass S nur mit sehr kleiner Wahrscheinlichkeit den Wert x übersteigt, z. B. so, dass gilt:

$$\mathbf{P}[S \geq x] \approx 0{,}001. \tag{6.2}$$

Wir gehen im Folgenden davon aus, dass in einer Bank in den vergangenen $k = 5$ Jahren jeweils $n_1 = 7$, $n_2 = 12$, $n_3 = 5$, $n_4 = 15$ und $n_5 = 3$ Schäden in Zusammenhang mit dem operationellen Risiko aufgetreten und deren Schadenhöhen $s_1,\ldots,s_n$ (mit $n = \sum_{i=1}^{5} n_i = 42$) gegeben sind. Ausgehend von diesen Daten wollen wir dann die Verteilung von S ermitteln, sodass anschließend die Rückstellung $x \geq 0$ aus Bedingung (6.2) ermittelt werden kann.

Ohne weitere Annahmen ist die Ermittlung von x in (6.2) ausgehend von beobachteten Schadenhöhen sehr schwierig, da man jährliche Gesamtschäden, die ungefähr so groß wie oder größer als x sind, nur sehr selten beobachten wird. Eine übliche Modellannahme in der Schadenversicherungsmathematik in diesem Zusammenhang ist das sogenannte *kollektive Modell*, in dem der jährliche Gesamtschaden als Summe der in dem jeweiligen Jahr auftretenden Einzelschäden modelliert wird. Genauer wird hierbei angesetzt:

$$S = \sum_{i=1}^{N} S_i = \sum_{k=0}^{\infty} \left(\sum_{i=1}^{k} S_i \right) \cdot 1_{\{N=k\}}, \tag{6.3}$$

wobei $S_1, S_2, \ldots$ die Höhen der einzelnen Schäden sind und N die zufällige Zahl der Schäden in einem Jahr angibt. Hierbei wird angenommen, dass die Schadenhöhen $S_1, S_2, \ldots$ unabhängige und identisch verteilte reelle Zufallsvariablen sind und dass die sogenannte *Schadenzahl* N eine von $S_1, S_2, \ldots$ unabhängige Zufallsvariable ist mit Werten in $\mathbb{N}_0$. Die letzte Annahme dient dabei zur Vereinfachung der Schätzung des jährlichen Gesamtschadens. Sie bedeutet anschaulich, dass kein Zusammenhang zwischen der Anzahl und den Höhen der Schäden in einem Jahr besteht. Sie wäre z. B. dann nicht erfüllt, wenn das Auftreten von vielen Schäden in einem Jahr zur Folge haben würde, dass besonders viele kleine Schäden auftreten.

Die Verteilung von S ist nun festgelegt durch die Verteilungen der Schadenzahl N und der Schadenhöhe X_1, die wir im Folgenden separat an beobachtete Daten anpassen. In beiden Fällen haben wir eine Stichprobe $x_1, \ldots, x_n$ von unabhängigen, identisch verteilten reellen Zufallsvariablen $X_1, \ldots, X_n$ gegeben, deren Verteilung wir ermitteln wollen.

Wir beginnen dazu mit der Anpassung einer Verteilung an die Schadenzahl N. Dabei handelt es sich um eine diskrete Verteilung, die durch die Wahrscheinlichkeiten

$$\mathbf{P}[N = k] \quad (k \in \mathbb{N}_0)$$

bestimmt wird. Im Folgenden geben wir dabei die Art der Verteilung (z. B. Binomialverteilung oder Poisson-Verteilung) vor und wählen dann den Parameter dieser Verteilung so, dass er gut zu den beobachteten Daten passt. Dies führt abstrakt auf

---

Schätzproblem 3

X_1 sei eine diskrete Zufallsvariable mit Werten $z_1, z_2, \ldots$ Die Verteilung von X_1 sei w_θ, wobei $\theta \in \Theta \subseteq \mathbb{R}^l$ gelte. Geschätzt werden soll θ aufgrund einer Realisierung $x_1, \ldots, x_n$ von $X_1, \ldots, X_n$.

In Beispiel 6.4 bietet sich hierbei folgende Modellannahme an: Wir gehen davon aus, dass es in einem Jahr insgesamt n Möglichkeiten gibt, dass ein operationeller Schaden auftritt, wobei jeder einzelne operationelle Schaden unbeeinflusst von den anderen mit Wahrscheinlichkeit $p \in (0, 1)$ eintritt. In diesem Fall ist die zufällige Zahl der Schäden binomialverteilt mit Parametern n und p. Da n hier eher groß sein wird, bietet es sich an, diese Binomialverteilung durch eine Poisson-Verteilung mit Parameter $\theta = n \cdot p$ zu approximieren (vgl. Lemma 4.6). Daher wird im Folgenden angenommen, dass die zufällige Zahl N der Schäden $\pi(\theta)$-verteilt ist für ein $\theta \in (0, \infty)$, d. h., dass für ein $\theta \in (0, \infty)$ gilt:

$$\mathbf{P}[N = k] = \frac{\theta^k}{k!} \cdot e^{-\theta} \quad (k \in \mathbb{N}_0).$$

In Beispiel 6.4 steht man dann im Hinblick auf die Modellierung der Schadenzahl vor der im nächsten Beispiel beschriebenen Situation:

▶ **Beispiel 6.5** Beobachtet werden $n = 5$ Werte einer Poisson-Verteilung mit Parameter θ, und zwar $x_1 = 7, x_2 = 12, x_3 = 5, x_4 = 15$ und $x_5 = 3$. Wie schätzt man ausgehend von dieser Stichprobe den Wert von θ?

In Beispiel 6.5 ist X_1 eine diskrete Zufallsvariable mit Werten 0, 1, 2, ..., und für $\theta \in \Theta$ ist die Verteilung von X_1 eine $\pi(\theta)$-Verteilung, d. h.

$$\mathbf{P}[X_1 = k] = w_\theta(\{k\}) = \frac{\theta^k}{k!} \cdot e^{-\theta}.$$

Geschätzt werden soll θ ausgehend von $x_1, \ldots, x_n$.

In obiger Situation haben wir für jedes $\theta \in \Theta$ ein anderes Modell, das die Daten mutmaßlich erzeugt. Halten wir θ und damit das Modell fest, so können wir die Wahrscheinlichkeit ausrechnen, dass dieses Modell die beobachteten Daten erzeugt. Dazu berechnen wir für $\theta \in \Theta$ fest die Wahrscheinlichkeit, dass gerade $x_1, \ldots, x_n$ als Realisierungen von $X_1, \ldots, X_n$ auftreten, wobei wir für die Berechnung annehmen, dass die Zufallsvariablen $X_1, \ldots, X_n$ wirklich die Verteilung w_θ haben. Intuitiv würde man das betrachtete Modell zumindest immer dann nicht auswählen, wenn in diesem Modell die beobachteten Daten nicht oder nur mit Wahrscheinlichkeit Null auftreten und gleichzeitig in einem anderen betrachteten Modell die beobachteten Daten mit einer Wahrscheinlichkeit größer als Null vorkommen können. Beim Maximum-Likelihood-Prinzip wird diese Idee nun weiterentwickelt. Die Idee ist, als Schätzer für θ denjenigen Wert aus Θ zu nehmen, bei dem die Wahrscheinlichkeit, dass gerade die beobachteten $x_1, \ldots, x_n$ als Realisierung der Zufallsvariablen $X_1, \ldots, X_n$ auftreten, maximal ist, d. h. bei dem

$$\mathbf{P}_\theta [X_1 = x_1, \ldots, X_n = x_n]$$

maximal bzgl. $\theta \in \Theta$ ist.

Unter Ausnützung der Unabhängigkeit der Zufallsvariablen $X_1, \ldots, X_n$ lässt sich die obige Wahrscheinlichkeit umschreiben zu

$$\mathbf{P}_\theta [X_1 = x_1, \ldots, X_n = x_n] = \mathbf{P}_\theta [X_1 = x_1] \cdot \ldots \cdot \mathbf{P}_\theta [X_n = x_n]$$

$$= \prod_{i=1}^{n} w_\theta(\{x_i\}) =: L(\theta; x_1, \ldots, x_n).$$

$L(\theta; x_1, \ldots, x_n)$ ist die sogenannte *Likelihood-Funktion*.

Bei der *Maximum-Likelihood-Methode* verwendet man als Schätzer

$$\hat{\theta}(x_1, \ldots, x_n) = \arg \max_{\theta \in \Theta} L(\theta; x_1, \ldots, x_n),$$

d. h., man verwendet als Schätzung dasjenige

$$\hat{\theta} = \hat{\theta}(x_1, \ldots, x_n) \in \Theta,$$

für das gilt:

$$L\left(\hat{\theta}(x_1, \ldots, x_n); x_1, \ldots, x_n\right) = \max_{\theta \in \Theta} L\left(\theta; x_1, \ldots, x_n\right).$$

▶ **Fortsetzung von Beispiel 6.5:** In Beispiel 6.5 sind $X_1, \ldots, X_n$ unabhängig identisch $\pi(\theta)$-verteilt, d. h., es gilt

$$\mathbf{P}[X_1 = k] = \frac{\theta^k}{k!} \cdot e^{-\theta} \quad (k \in \mathbb{N}_0).$$

Bestimmt werden soll der Maximum-Likelihood Schätzer für θ.
Dazu muss die Likelihood-Funktion

$$L\left(\theta; x_1, \ldots, x_n\right) = \prod_{i=1}^{n} \frac{\theta^{x_i}}{x_i!} \cdot e^{-\theta} = e^{-n \cdot \theta} \cdot \frac{\theta^{x_1 + \ldots + x_n}}{x_1! \cdot \ldots \cdot x_n!}$$

bezüglich $\theta \in \mathbb{R}_+$ maximiert werden.
Beachtet man, dass für $x > 0$ die Funktion $\ln(x)$ streng monoton wachsend ist, so sieht man, dass

$$L\left(\theta; x_1, \ldots, x_n\right)$$

genau dann maximal wird, wenn

$$\ln L\left(\theta; x_1, \ldots, x_n\right)$$

maximal wird. Die Anwendung des Logarithmus auf die Likelihood-Funktion vor der Maximierung derselben führt hier zu einer Vereinfachung der Rechnung, da das Produkt

$$\prod_{i=1}^{n} w_\theta(\{x_i\})$$

in die Summe

$$\ln\left(\prod_{i=1}^{n} w_\theta(\{x_i\})\right) = \sum_{i=1}^{n} \ln w_\theta(\{x_i\})$$

umgewandelt wird. Diese Vereinfachung ist aber nur möglich, sofern $L\left(\theta; x_1, \ldots, x_n\right)$ für alle θ ungleich Null ist.
Es genügt also im Folgenden,

$$\ln L\left(\theta; x_1, \ldots, x_n\right) = -n \cdot \theta + (x_1 + \ldots + x_n) \cdot \ln(\theta) - \ln(x_1! \cdot \ldots \cdot x_n!)$$

bezüglich θ zu maximieren.

Da diese Funktion im hier vorliegenden Beispiel differenzierbar ist, ist eine notwendige Bedingung für das Vorliegen einer Maximalstelle

$$\frac{\partial}{\partial \theta} \ln L\left(\theta; x_1, \ldots, x_n\right) = 0.$$

Nullsetzen von

$$\frac{\partial}{\partial \theta} \ln L\left(\theta; x_1, \ldots, x_n\right) = -n + \frac{x_1 + \ldots + x_n}{\theta} - 0$$

führt auf

$$-n + \frac{x_1 + \ldots + x_n}{\theta} = 0 \quad \text{bzw.} \quad \theta = \frac{x_1 + \cdots + x_n}{n}.$$

Damit hat $\ln L\left(\theta; x_1, \ldots, x_n\right)$ und auch $L\left(\theta; x_1, \ldots, x_n\right)$ höchstens an der Stelle

$$\theta = \frac{x_1 + \cdots + x_n}{n}$$

eine Maximalstelle in $(0, \infty)$. Da $L\left(\theta; x_1, \ldots, x_n\right)$ als Funktion von θ aber stetig auf $(0, \infty)$ ist und darüber hinaus

$$L(\theta; x_1, \ldots, x_n) = e^{-n \cdot \theta} \cdot \frac{\theta^{x_1 + \cdots + x_n}}{x_1! \cdots x_n!} \to 0 \quad \text{für} \quad \theta \to 0 \quad \text{oder} \quad \theta \to \infty$$

gilt, muss diese Funktion auch mindestens eine Maximalstelle in $(0, \infty)$ haben. Daraus folgt, dass obige Nullstelle der Ableitung in der Tat die einzige Maximalstelle ist, und somit ist der Maximum-Likelihood Schätzer gegeben durch

$$\hat{\theta}(x_1, \ldots, x_n) = \frac{x_1 + \ldots + x_n}{n}.$$

Für die Daten aus Beispiel 6.5 erhalten wir

$$\hat{\theta}(x_1, \ldots, x_n) = \frac{7 + 12 + 5 + 15 + 3}{5} = 8{,}4$$

als Schätzung für θ.

Als Nächstes betrachten wir die Modellierung der Verteilung der Schadenhöhen, für die wir eine Verteilung mit einer Dichte aus einer gegebenen Klasse von Verteilungen wählen. Abstrakt betrachten wir in diesem Fall

---

Schätzproblem 4

$X_1, \ldots, X_n$ seien unabhängige und identisch verteilte reelle Zufallsvariablen mit Dichte $f_\theta \colon \mathbb{R} \to [0, 1]$ für ein $\theta \in \Theta \subseteq \mathbb{R}^l$. Geschätzt werden soll θ aufgrund einer Realisierung $x_1, \ldots, x_n$ von $X_1, \ldots, X_n$.

Hierbei ist es nicht sinnvoll, θ durch Maximierung der Wahrscheinlichkeit

$$\mathbf{P}_\theta \left[X_1 = x_1, \ldots, X_n = x_n \right] = \prod_{i=1}^{n} \mathbf{P}_\theta \left[X_i = x_i \right]$$

zu bestimmen, da diese Wahrscheinlichkeit für alle Werte $x_1, \ldots, x_n$ Null ist. Statt die Wahrscheinlichkeit für das Auftreten der beobachteten Werte zu maximieren, versucht man daher, die Wahrscheinlichkeit für „Umgebungen" dieser Werte zu maximieren. Diese nimmt man vereinfachend als proportional zu den Werten der Dichte f_θ an den Datenpunkten an, und man definiert dann die Likelihood-Funktion durch

$$L(\theta; x_1, \ldots, x_n) := \prod_{i=1}^{n} f_\theta(x_i).$$

Der Maximum-Likelihood-Schätzer wird dann wieder durch Maximierung der Likelihood-Funktion bzgl. θ gewählt.

Im Folgenden bestimmen wir den Maximum-Likelihood-Schätzer für die Verteilung der Schadenhöhen in Beispiel 6.4. Hierzu müssen wir zunächst die Klasse der betrachteten Verteilungen festlegen. Eine Möglichkeit dazu, die in der Schadenversicherungsmathematik häufig als sinnvoll angesehen wird, ist die Einschränkung auf sogenannte *Lognormalverteilungen*. Hierbei heißt eine Zufallsvariable Y lognormalverteilt, falls $\ln(Y)$ normalverteilt ist, d. h., falls es eine normalverteilte Zufallsvariable Z gibt mit

$$Y = \exp(Z).$$

Nehmen wir nun an, dass die beobachteten Schadenhöhen $s_1, \ldots, s_n$ lognormalverteilt sind, so ist

$$x_1 = \ln(s_1), \ldots, x_n = \ln(s_n)$$

eine Stichprobe der bei der Lognormalverteilung zugrunde liegenden Normalverteilung, und wir stehen dann vor dem in dem nächsten Beispiel beschriebenen Schätzproblem:

▶ **Beispiel 6.6** $X_1, \ldots, X_n$ seien unabhängig identisch $N(\mu, \sigma^2)$-verteilt, d. h., X_1 hat die Dichte

$$f(x) = \frac{1}{\sqrt{2\pi}\,\sigma} \cdot e^{-\frac{(\mu-a)^2}{2\sigma^2}}.$$

Hierbei seien $\mu \in \mathbb{R}$ und $\sigma > 0$ unbekannt. Geschätzt werden soll $\theta = (\mu, \sigma^2)$ ausgehend von beobachteten Werten $x_1, \ldots, x_n$ von $X_1, \ldots, X_n$.

Die Likelihood-Funktion ist hier gegeben durch

$$L(\theta; x_1, \ldots, x_n) = L((\mu, \sigma^2); x_1, \ldots, x_n)$$

$$= \prod_{i=1}^{n} \frac{1}{\sqrt{2\pi \cdot \sigma^2}} \cdot e^{-\frac{(x_i-\mu)^2}{2\sigma^2}}$$

$$= (2\pi)^{-n/2}(\sigma^2)^{-n/2} e^{-\frac{\sum_{i=1}^{n}(x_i-\mu)^2}{2\sigma^2}}.$$

Maximierung von

$$\ln L((\mu, \sigma^2); x_1, \ldots, x_n) = \ln\left((2\pi)^{-n/2}\right) - \frac{n}{2} \cdot \ln(\sigma^2) - \frac{\sum_{i=1}^{n}(x_i-\mu)^2}{2\sigma^2}$$

führt auf

$$0 \overset{!}{=} \frac{\partial \ln(L((\mu, \sigma^2); x_1, \ldots, x_n))}{\partial \mu} = \frac{\sum_{i=1}^{n}(x_i-\mu)}{\sigma^2},$$

was äquivalent ist zu

$$\mu = \frac{1}{n} \sum_{i=1}^{n} x_i,$$

sowie auf

$$0 \overset{!}{=} \frac{\partial \ln(L((\mu, \sigma^2); x_1, \ldots, x_n))}{\partial \sigma^2} = -\frac{n}{2} \cdot \frac{1}{\sigma^2} + \frac{\sum_{i=1}^{n}(x_i-\mu)^2}{2(\sigma^2)^2},$$

woraus folgt

$$\sigma^2 = \frac{1}{n} \sum_{i=1}^{n}(x_i-\mu)^2.$$

Damit ergibt sich der Maximum-Likelihood-Schätzer zu

$$\left(\hat{\mu}, \hat{\sigma}^2\right) = \left(\frac{1}{n} \sum_{i=1}^{n} x_i, \frac{1}{n} \sum_{i=1}^{n}\left(x_i - \frac{1}{n} \sum_{j=1}^{n} x_j\right)^2\right).$$

Wie wir im Rahmen der Behandlung des Problems der Schätzung der Varianz bereits gesehen haben, ist der Schätzer

$$\hat{\sigma}^2(x_1, \ldots, x_n) = \frac{1}{n} \sum_{i=1}^{n}\left(x_i - \frac{1}{n} \sum_{j=1}^{n} x_j\right)^2$$

zwar konsistent, aber nicht erwartungstreu. Man sieht also, dass Maximum-Likelihood-Schätzer nicht erwartungstreu sein müssen.

▶ **Fortsetzung von Beispiel 6.4:** In Beispiel 6.4 wurde die Situation betrachtet, dass in einer Bank in den vergangenen $k = 5$ Jahren jeweils
$n_1 = 7, n_2 = 12, n_3 = 5, n_4 = 15$ und $n_5 = 3$ Schäden im Zusammenhang
mit dem operationellen Risiko aufgetreten sind, wobei deren Schadenhöhen $s_1, \ldots, s_n$ (mit $n = \sum_{i=1}^{5} n_i = 42$) gegeben waren. Aufgabe war
es, die Verteilung des jährlichen Gesamtschadens zu schätzen, sodass
daraus eine Rückstellung gemäß (6.2) hergeleitet werden kann. Dazu
modellieren wir den jährlichen Gesamtschaden im kollektiven Modell
durch

$$S = \sum_{i=1}^{N} \exp(X_i), \qquad\qquad (6.4)$$

wobei N eine $\pi(\theta)$-verteilte Zufallsvariable ist und $X_1, X_2, \ldots$ unabhängige
idendentisch normalverteilte Zufallsvariablen sind, die auch unabhängig
von N sind. Wie oben hergeleitet, setzen wir nun

$$\theta = \frac{n_1 + n_2 + n_3 + n_4 + n_5}{5} = 8{,}4$$

und wählen X_1 als normalverteilt mit Erwartungswert $\mu = \frac{1}{n} \sum_{i=1}^{n} \ln(s_i)$
und Varianz $\sigma^2 = \frac{1}{n} \sum_{i=1}^{n} (\ln(s_i) - \mu)^2$. Damit ist dann die Verteilung des jährlichen Gesamtschadens bestimmt. Approximiert man nun
in (6.4) die Zufallsvariablen $\exp(X_i)$ durch eine diskrete Zufallsvariable
(z. B. mit Werten in $\{k \cdot h : k = 0, \ldots, K\}$ mit h klein und K groß), so
ist die entstehende Zufallsvariable ebenfalls diskret verteilt, und man
kann ihre Zähldichte mithilfe der sogenannten Formeln von Panjer[1]
aus der Schadenversicherungsmathematik bestimmen. Damit lässt sich
dann leicht eine Rückstellung x mit der Eigenschaft (6.2) approximativ
bestimmen.

Abschließend betrachten wir noch ein weiteres Beispiel zum Maximum-Likelihood-Prinzip.

▶ **Beispiel 6.7** Student S. fährt immer mit dem Auto zur Universität. Auf
dem Weg dorthin passiert er eine Ampelanlage. In der Vergangenheit
war diese mehrfach rot, wobei die letzten $n = 6$ Wartezeiten $x_1 = 10$,
$x_2 = 60, x_3 = 45, x_4 = 50, x_5 = 5$ und $x_6 = 30$ Sekunden betrugen.
Da das Eintreffen von Student S. an der Ampel als rein zufällig innerhalb
der Rotphase der Ampel (vorausgesetzt die Ampel ist nicht grün!) betrachtet werden kann, ist es naheliegend, die zufällige Wartezeit X von
Student S. an der roten Ampel durch eine auf einem Intervall $[0, a]$ gleichverteilte Zufallsvariable X zu modellieren, d. h. durch eine stetig verteilte
Zufallsvariable X mit Dichte

$$f_a(x) = \begin{cases} \frac{1}{a} & \text{für} \quad 0 \leq x \leq a, \\ 0 & \text{für} \quad x < 0 \text{ oder } x > a. \end{cases}$$

Wie schätzt man ausgehend von den obigen Daten die Dauer a der Rotphase?

Anwendung des Maximum-Likelihood-Prinzips erfordert hier Maximierung von

$$L(a) = \prod_{i=1}^{n} f_a(x_i).$$

Zur Bestimmung der Werte von $L(a)$ bietet sich die folgende Überlegung an: $L(a)$ ist Null, falls einer der Faktoren Null ist. Ist dies nicht der Fall, sind alle $f_a(x_i)$ gleich $1/a$, und damit ist $L(a) = 1/a^n$.

Da $f_a(x_i)$ für $x_i \geq 0$ genau dann Null ist, falls $a < x_i$ gilt, folgt, dass $L(a)$ genau dann Null ist, falls $a < \max\{x_1, \ldots, x_n\}$ ist.

Insgesamt ist damit gezeigt:

$$L(a) = \begin{cases} \frac{1}{a^n} & \text{für} \quad a \geq \max\{x_1, \ldots, x_n\}, \\ 0 & \text{für} \quad a < \max\{x_1, \ldots, x_n\}. \end{cases}$$

Da $a \mapsto 1/a^n$ auf $(0, \infty)$ streng monoton fallend ist, sieht man, dass $L(a)$ maximal wird für

$$\hat{a} = \max\{x_1, \ldots, x_n\}.$$

Im Falle der Daten aus Beispiel 6.7 liefert das Maximum-Likelihood-Prinzip die Schätzung

$$\hat{a} = \max\{10, 60, 45, 50, 5, 30\} = 60.$$

6.3 Bereichsschätzungen

In Abschn. 6.2 haben wir unabhängige und identisch verteilte Zufallsvariablen $X_1, \ldots, X_n$ betrachtet mit

$$\mathbf{P}_{X_1} = w_{\theta_0} \in \{w_\theta : \theta \in \Theta\}$$

und versucht, eine Schätzung $T_n(X_1, \ldots, X_n)$ von $g(\theta_0)$ für eine gegebene Funktion $g : \Theta \to \mathbb{R}$ zu konstruieren.

Intuitiv ist aber klar, dass im Allgemeinen mit großer Wahrscheinlichkeit die Schätzung nicht genau mit dem zu schätzenden Term übereinstimmen wird. Daher ist es unter Umständen realistischer zu versuchen, eine Menge

$$C(X_1, \ldots, X_n) \subseteq \mathbb{R}$$

zu konstruieren mit

$$g(\theta_0) \in C(X_1, \ldots, X_n).$$

Wünschenswert ist dabei zweierlei:

(1) Die Wahrscheinlichkeit

$$\mathbf{P}_\theta[g(\theta) \in C(X_1, \ldots, X_n)]$$

soll „möglichst groß" sein für alle $\theta \in \Theta$ und alle unabhängigen und identisch verteilten Zufallsvariablen $X_1, \ldots, X_n$ mit $P_{X_1} = w_\theta$.

(2) Die Menge $C(X_1, \ldots, X_n)$ soll „möglichst klein" sein.

Die folgende Definition formalisiert (1).

Definition 6.2

a) $C(X_1, \ldots, X_n)$ heißt *Konfidenzbereich zum Konfidenzniveau* $1 - \alpha$, falls für alle $\theta \in \Theta$ und alle unabhängigen und identisch verteilten Zufallsvariablen $X_1, \ldots, X_n$ mit $\mathbf{P}_{X_1} = w_\theta$ gilt:

$$\mathbf{P}_\theta[g(\theta) \in C(X_1, \ldots, X_n)] \geq 1 - \alpha.$$

Hierbei wird vorausgesetzt, dass die Wahrscheinlichkeit auf der linken Seite existiert.

b) Ist $C(X_1, \ldots, X_n)$ in a) ein Intervall, dann heißt $C(X_1, \ldots, X_n)$ *Konfidenzintervall zum Konfidenzniveau* $1 - \alpha$.

Im Folgenden behandeln wir die Konstruktion von Bereichsschätzungen mithilfe von sogenannten stochastischen Pivots. Die Idee dabei ist die folgende: Wir konstruieren eine Zufallsvariable

$$Q = Q(X_1, \ldots, X_n, g(\theta_0)),$$

die von $X_1, \ldots, X_n$ und $g(\theta_0)$ abhängt derart, dass die Verteilung dieser Zufallsvariablen Q im Falle $\mathbf{P}_{X_1} = w_{\theta_0}$ nicht von $\theta_0 \in \Theta$ abhängt. Eine solche Zufallsvariable bezeichnen wir als *stochastisches Pivot*. Anschließend wählen wir dann eine Menge B mit

$$\mathbf{P}[Q \in B] = 1 - \alpha$$

und formen

$$Q(X_1, \ldots, X_n, g(\theta_0)) \in B$$

um zu

$$g(\theta_0) \in C(X_1, \ldots, X_n).$$

Um dies im Zusammenhang mit normalverteilten Daten durchführen zu können, müssen wir zunächst einige aus der Normalverteilung abgeleiteten Verteilungen einführen. Dazu benötigen wir:

Definition 6.3

a) Sind $X_1, \ldots, X_n$ unabhängige $N(0, 1)$-verteilte Zufallsvariablen, so heißt die Verteilung von

$$\sum_{i=1}^{n} X_i^2$$

(zentrale) χ^2-*Verteilung mit n Freiheitsgraden* (kurz: χ_n^2-Verteilung).

b) Sind X und Y unabhängige reelle Zufallsvariablen mit X $N(0, 1)$-verteilt und Y χ_n^2-verteilt, so heißt die Verteilung von

$$\frac{X}{\sqrt{Y/n}}$$

(zentrale) t-*Verteilung mit n Freiheitsgraden* (kurz: t_n-Verteilung).

c) Sind X, Y unabhängig mit X χ_r^2-verteilt und Y χ_s^2-verteilt, so heißt die Verteilung von

$$\frac{X/r}{Y/s}$$

(zentrale) F-*Verteilung mit r und s Freiheitsgraden* (kurz: $F_{r,s}$-Verteilung).

Bemerkung

Die obigen Verteilungen besitzen Dichten bzgl. des LB-Maßes. Die Werte dieser Dichten, oder auch die zugehörigen Verteilungsfunktionen und Quantile, sind vertafelt bzw. können in gängigen Softwarepaketen zur Statistik leicht berechnet werden.

Wie der folgende Satz zeigt, den wir ohne Beweis angeben,[2] treten t-, χ^2- und F-Verteilungen als Verteilungen von statistischen Maßzahlen wie empirischer Varianz und Variationskoeffizient bei normalverteilten Daten auf.

Satz 6.1

$X_1, \ldots, X_n$ seien unabhängig $N(\mu, \sigma^2)$-verteilte Zufallsvariablen. Setze

$$\overline{X} = \frac{1}{n} \sum_{i=1}^{n} X_i \quad \text{und} \quad S^2 = \frac{1}{n-1} \sum_{i=1}^{n} (X_i - \overline{X})^2.$$

Dann gilt:

a) $\overline{X}$ und S^2 sind unabhängig.

b) $\overline{X}$ ist $\mathcal{N}(\mu, \frac{\sigma^2}{n})$-verteilt.

c) $\frac{n-1}{\sigma^2} \cdot S^2$ ist χ_{n-1}^2-verteilt

d) $\sqrt{n} \cdot \frac{\overline{X} - \mu}{S}$ ist t_{n-1}-verteilt.

Aus c) folgt weiter, dass für unabhängig normalverteilte Zufallsvariablen $X_1, \ldots,$ $X_n, Y_1, \ldots, Y_m$ mit $X_1, \ldots, X_n$ $N(\mu_X, \sigma^2)$-verteilt und $Y_1, \ldots, Y_m$ $N(\mu_Y, \sigma^2)$-verteilt für die empirischen Varianzen

$$S_X^2 = \frac{1}{n-1} \sum_{i=1}^{n} (X_i - \overline{X})^2 \quad \text{und} \quad S_Y^2 = \frac{1}{m-1} \sum_{j=1}^{m} (Y_j - \overline{Y})^2$$

gilt:

$$\frac{S_X^2}{S_Y^2} = \frac{\frac{1}{n-1} \cdot \left(\frac{n-1}{\sigma^2} \cdot S_X^2 \right)}{\frac{1}{m-1} \cdot \left(\frac{m-1}{\sigma^2} \cdot S_Y^2 \right)}$$

ist $F_{n-1,m-1}$-verteilt (da die Werte in Klammern in Zähler und Nenner als Funktionen unabhängiger Zufallsvariablen unabhängig sind und nach c) eine χ_{n-1}^2- bzw. χ_{m-1}^2-Verteilung haben).

Abschließend benötigen wir noch die Definition des sogenannten α-Fraktils einer Verteilung, die wir der Einfachheit halber nur für den Spezialfall einführen, dass die Verteilungsfunktion dieser Verteilung streng monoton wachsend und stetig ist:

Definition 6.4

Ist Q die Verteilung einer reellen Zufallsvariablen X mit stetiger und streng monoton wachsender Verteilungsfunktion $F : \mathbb{R} \rightarrow [0, 1]$, so heißt für $\alpha \in (0, 1)$ diejenige Stelle $Q_\alpha \in \mathbb{R}$ mit

$$F(Q_\alpha) = 1 - \alpha$$

das α-*Fraktil* von Q bzw. X.

Bemerkung

Ist Q_α das α-Fraktil einer reellen Zufallsvariablen X, so gilt

$$\mathbf{P}[X \leq Q_\alpha] = 1 - \alpha \quad \text{und} \quad \mathbf{P}[X > Q_\alpha] = 1 - \mathbf{P}[X \leq Q_\alpha] = \alpha.$$

Damit haben wir alle Hilfsmittel zusammen, um vorzuführen, wie man ein Konfidenzintervall mithilfe eines stochastischen Pivots konstruieren kann. Dazu betrachten wir

▶ **Beispiel 6.8** Ein Psychologe interessiert sich für die Reaktionszeit von 10-jährigen Schülern im Straßenverkehr. Bei $n = 51$ Schülern wurde eine mittlere Reaktionszeit $\bar{x} = 0{,}8$ [*sec.*] mit empirischer Varianz $s^2 = 0{,}04$ [*sec.*^{2}] gemessen. Wie bestimmt man daraus ein (möglichst kleines) Intervall, das die mittlere Reaktionszeit mit Wahrscheinlichkeit größer oder gleich 0,95 überdeckt?

Dazu treffen wir die vereinfachende Annahme, dass $X_1, \ldots, X_n$ unabhängig $\mathcal{N}(\mu, \sigma^2)$-verteilt sind, wobei $\sigma^2 = \sigma_0^2 = s^2$ bekannt ist. Nun betrachten wir eine neue Zufallsvariable, das stochastische Pivot, welche von den $X_1, \ldots, X_n$ und μ abhängt und die wie folgt konstruiert ist:

$$\frac{1}{\sqrt{n}} \cdot \frac{1}{\sigma} \cdot \sum_{i=1}^{n} (X_i - \mu).$$

Man kann allgemein zeigen, dass Linearkombinationen von unabhängig normalverteilten Zufallsvariablen selbst immer normalverteilt sind.[3] Wegen

$$\mathbf{E}\left(\frac{1}{\sqrt{n}} \cdot \frac{1}{\sigma} \cdot \sum_{i=1}^{n} (X_i - \mu)\right) = 0 \quad \text{und} \quad V\left(\frac{1}{\sqrt{n}} \cdot \frac{1}{\sigma} \cdot \sum_{i=1}^{n} (X_i - \mu)\right) = 1$$

ist daher

$$\frac{1}{\sqrt{n}} \frac{1}{\sigma} \sum_{i=1}^{n} (X_i - \mu) \quad \mathcal{N}(0,1) - \text{verteilt}.$$

Sei $u_{\alpha/2}$ das $\alpha/2$-Fraktil von $N(0,1)$, d. h., für die Verteilungsfunktion Φ von $N(0,1)$ gelte $\Phi(u_{\alpha/2}) = 1 - \alpha/2$. Wegen der Symmetrie der Dichte von $N(0,1)$ ist dann $\Phi(-u_{\alpha/2}) = \alpha/2$, und mit Obigem folgt

$$\mathbf{P}_\mu\left[\left|\frac{1}{\sqrt{n}} \frac{1}{\sigma} \sum_{i=1}^{n} (X_i - \mu)\right| \leq u_{\alpha/2}\right]$$

$$= \mathbf{P}_\mu\left[\frac{1}{\sqrt{n}}\frac{1}{\sigma}\sum_{i=1}^{n}(X_i - \mu) \le u_{\alpha/2}\right] - \mathbf{P}_\mu\left[\frac{1}{\sqrt{n}}\frac{1}{\sigma}\sum_{i=1}^{n}(X_i - \mu) < -u_{\alpha/2}\right]$$

$$= \Phi(u_{\alpha/2}) - \Phi(-u_{\alpha/2}) = 1 - \alpha/2 - \alpha/2 = 1 - \alpha$$

für alle $\mu \in \mathbb{R}$. Mit

$$\left|\frac{1}{\sqrt{n}}\frac{1}{\sigma}\sum_{i=1}^{n}(X_i - \mu)\right| \le u_{\alpha/2}$$

$$\Leftrightarrow -u_{\alpha/2} \le \frac{\sqrt{n}}{\sigma}\left(\frac{1}{n}\sum_{i=1}^{n}X_i - \mu\right) \le u_{\alpha/2}$$

$$\Leftrightarrow -u_{\alpha/2} \le \frac{\sqrt{n}}{\sigma}\left(\mu - \frac{1}{n}\sum_{i=1}^{n}X_i\right) \le u_{\alpha/2}$$

$$\Leftrightarrow \frac{1}{n}\sum_{i=1}^{n}X_i - \frac{\sigma}{\sqrt{n}}u_{\alpha/2} \le \mu \le \frac{1}{n}\sum_{i=1}^{n}X_i + \frac{\sigma}{\sqrt{n}}u_{\alpha/2}$$

folgt:

$$C(X_1,\ldots,X_n) = \left[\frac{1}{n}\sum_{i=1}^{n}X_i - \frac{\sigma}{\sqrt{n}}u_{\alpha/2}, \frac{1}{n}\sum_{i=1}^{n}X_i + \frac{\sigma}{\sqrt{n}}u_{\alpha/2}\right] \qquad (6.5)$$

ist Konfidenzintervall zum Konfidenzniveau $1 - \alpha$.

In Beispiel 6.8 folgt konkret mit $\bar{x} = 0,8, \sigma = s = \sqrt{0,04}$ und $\alpha = 0,05$ (woraus $u_{\alpha/2} = 1,96$ folgt): Das gesuchte Konfidenzintervall zum Konfidenzniveau 0,95 ist

$$C(x_1,\ldots,x_n) = [0,8 - 1,96 \cdot \frac{0,2}{\sqrt{51}}, 0,8 + 1,96 \cdot \frac{0,2}{\sqrt{51}}]$$

$$\approx [0,745 \quad , \quad 0,855].$$

Die in diesem Beispiel gemachte Annahme, dass die Varianz bekannt ist, ist unrealistisch. Ohne diese Annahme folgt mit der Bezeichnung

$$S^2 = \frac{1}{n-1}\sum_{i=1}^{n}(X_i - \overline{X})^2$$

aus Satz 6.1, dass

$$\sqrt{n}\frac{\overline{X} - \mu}{S} \quad t_{n-1} - \text{verteilt ist.}$$

Also gilt

$$\mathbf{P}_\mu\left[\left|\sqrt{n}\frac{\overline{X} - \mu}{S}\right| \le t_{n-1;\alpha/2}\right] = 1 - \alpha$$

für alle $\mu \in \mathbb{R}$, wobei $t_{n-1;\alpha/2}$ das $\alpha/2$-Fraktil der t_{n-1}-Verteilung ist.

Die analoge Rechnung zu oben ergibt:

$$C(X_1, \ldots, X_n) = \left[\frac{1}{n} \sum_{i=1}^{n} X_i - \frac{S}{\sqrt{n}} t_{n-1;\alpha/2}, \frac{1}{n} \sum_{i=1}^{n} X_i + \frac{S}{\sqrt{n}} t_{n-1;\alpha/2} \right] \qquad (6.6)$$

ist Konfidenzintervall zum Konfidenzniveau $1 - \alpha$.

Konkret folgt daraus mit den Zahlenwerten aus Beispiel 6.8, also mit $\bar{x} = 0,8$, $S = \sqrt{0,04}$, $n = 51$ und $\alpha = 0,05$ bzw. $t_{n-1;\alpha/2} = t_{50;0,025} \approx 2,01$:

$$C(x_1, \ldots, x_n) = [0,743, \, 0,856]$$

ist Konfidenzintervall zum Konfidenzniveau $0,95$. Da die Varianz jetzt als unbekannt vorausgesetzt wird (und damit mehr Unsicherheit über die zugrunde liegende Verteilung besteht) ist dieses Konfidenzintervall etwas größer als das Konfidenzintervall (6.5).

Kritisch bei der Modellierung der Daten in Beispiel 6.8 ist insbesondere die Annahme, dass die Daten normalverteilt sind. Aber auch wenn diese nicht erfüllt ist, handelt es sich bei dem ersten Konfidenzintervall zumindest um ein approximatives Konfidenzintervall. Der Grund dafür ist, dass nach dem Zentralen Grenzwertsatz

$$\frac{1}{\sqrt{n}} \cdot \frac{1}{\sigma} \cdot \sum_{i=1}^{n} (X_i - \mu)$$

für großes n annähernd $N(0, 1)$-verteilt ist. Insbesondere kann man für das obige Konfidenzintervall für den Erwartungswert μ aus dem Zentralen Grenzwertsatz folgern:

$$\lim_{n \to \infty} \mathbf{P}_\mu \left[\mu \in C(X_1, \ldots, X_n) \right] = \lim_{n \to \infty} \mathbf{P}_\mu \left[\left| \frac{1}{\sqrt{n}} \cdot \frac{1}{\sigma} \cdot \sum_{i=1}^{n} (X_i - \mu) \right| \le u_{\alpha/2} \right] = 1 - \alpha$$

für alle $\mu \in \mathbb{R}$ und alle unabhängigen und identisch verteilten Zufallsvariablen X_1, $X_2, \ldots$ mit $\mathbf{E}X_1 = \mu$ und $V(X_1) = \sigma^2$. In diesem Sinne ist dann $C(x_1, \ldots, x_n)$ ein approximatives Konfidenzintervall zum Konfidenzniveau $1 - \alpha$.

Da S^2 ein konsistenter Schätzer für σ^2 ist, gilt diese Beziehung auch für das Konfidenzintervall (6.6), dort allerdings ohne die Voraussetzung, dass die Varianz von X_1 bekannt ist.[4]

Als weiteres Beispiel betrachten wir

▶ **Beispiel 6.9** Bei einer Umfrage ca. 3 Wochen vor der Bundestagswahl 2002 gaben von $n = 2000$ Befragten 912 bzw. 927 an, für Rot-Grün bzw. für Schwarz-Gelb stimmen zu wollen. Wie bestimmt man daraus möglichst kleine Intervalle, die mit Wahrscheinlichkeit größer oder gleich 0,95 den Anteil der entsprechenden Wähler in der Menge aller Wahlberechtigten überdecken?

Hier modellieren wir die Antwort der Befragten durch unabhängig $b(1, p)$-verteilte Zufallsvariablen. Dabei ist die Deutung der Werte der Zufallsvariablen wie folgt: Interessieren wir uns z. B. für ein Konfidenzintervall für den Anteil der Wähler, die für Rot-Grün stimmen würden, so bedeutet der Wert Eins einer der Zufallsvariablen, dass der zugehörige Befragte für diese Parteien stimmen würde. Seien also $X_1, \ldots, X_n$ unabhängig $b(1, p)$-verteilte Zufallsvariablen, wobei $p \in (0, 1)$ fest ist. Nach dem Zentralen Grenzwertsatz ist dann für große n

$$\frac{1}{\sqrt{n}} \cdot \frac{1}{\sqrt{p(1-p)}} \cdot \sum_{i=1}^{n} (X_i - p) \tag{6.7}$$

annähernd $N(0, 1)$-verteilt. Insbesondere gilt:

$$\lim_{n \to \infty} \mathbf{P}_p \left[\left| \frac{1}{\sqrt{n}} \frac{1}{\sqrt{p(1-p)}} \sum_{i=1}^{n} (X_i - p) \right| \le u_{\alpha/2} \right] = 1 - \alpha.$$

Man bezeichnet (6.7) daher als approximatives stochastisches Pivot.

Zur Konstruktion eines approximativen Konfidenzintervalls zum Konfidenzniveau $1 - \alpha$ verwenden wir nun diejenigen $p \in (0, 1)$ mit

$$\left| \frac{1}{\sqrt{n}} \frac{1}{\sqrt{p(1-p)}} \left(\sum_{i=1}^{n} X_i - n \cdot p \right) \right| \le u_{\alpha/2}$$

$$\Leftrightarrow \left(\sum_{i=1}^{n} X_i - n \cdot p \right)^2 \le n \cdot p \cdot (1-p) \cdot u_{\alpha/2}^2$$

$$\Leftrightarrow \left(\frac{1}{n} \sum_{i=1}^{n} X_i \right)^2 - 2 \cdot \frac{1}{n} \sum_{i=1}^{n} X_i \cdot p + p^2 \le p(1-p) \cdot \frac{u_{\alpha/2}^2}{n}$$

$$\Leftrightarrow \left(1 + \frac{u_{\alpha/2}^2}{n} \right) \cdot p^2 - \left(2 \cdot \frac{1}{n} \sum_{i=1}^{n} X_i + \frac{u_{\alpha/2}^2}{n} \right) \cdot p + \left(\frac{1}{n} \sum_{i=1}^{n} X_i \right)^2 \le 0.$$

Mit

$$\overline{X} = \frac{1}{n} \sum_{i=1}^{n} X_i$$

folgt für die Nullstellen des obigen Polynoms:

$$p_{1,2} = \frac{2\overline{X} + \frac{u_{\alpha/2}^2}{n} \pm \sqrt{\left(2\overline{X} + \frac{u_{\alpha/2}^2}{n} \right)^2 - 4 \cdot \left(1 + \frac{u_{\alpha/2}^2}{n} \right) \cdot (\overline{X})^2}}{2 \left(1 + \frac{u_{\alpha/2}^2}{n} \right)}$$

$$= \frac{2\overline{X} + \frac{u_{\alpha/2}^2}{n} \pm \sqrt{4(\overline{X})^2 + 4\overline{X} \cdot \frac{u_{\alpha/2}^2}{n} + \frac{u_{\alpha/2}^4}{n^2} - 4(\overline{X})^2 - 4(\overline{X})^2 \cdot \frac{u_{\alpha/2}^2}{n}}}{2\left(1 + \frac{u_{\alpha/2}^2}{n}\right)}$$

$$= \frac{\left(\overline{X} + \frac{u_{\alpha/2}^2}{2n}\right) \pm u_{\alpha/2} \cdot \sqrt{\overline{X} \cdot (1 - \overline{X}) \cdot \frac{1}{n} + \frac{u_{\alpha/2}^2}{4n^2}}}{1 + \frac{u_{\alpha/2}^2}{n}}.$$

Damit erhält man

$$C(X_1, \ldots, X_n) = [p_1, p_2]$$

als approximatives Konfidenzintervall zum Konfidenzniveau $1 - \alpha$.

In Beispiel 6.9 erhält man mit $\alpha = 0,05$, also $u_{\alpha/2} = 1,96$, $n = 2000$ und

$$\overline{X} = \frac{1}{n} \sum_{i=1}^{n} X_i = \frac{912}{2000} = 0,456$$

für den Anteil der Wähler, die für Rot-Grün stimmen, das folgende $(1 - \alpha)$-Konfidenzintervall:

$$C(X_1, \ldots, X_n) = [0,434, \, 0,478].$$

Und für den Anteil der Wähler, die für Schwarz-Gelb stimmen, verwendet man

$$\overline{X} = \frac{927}{2000} = 0,4635$$

und erhält:

$$C(X_1, \ldots, X_n) = [0,442, \, 0,485].$$

Bei großem Stichprobenumfang bietet sich wegen

$$\frac{1}{n} \sum_{i=1}^{n} X_i (1 - \frac{1}{n} \sum_{i=1}^{n} X_i) \to p \cdot (1 - p) \quad f.s.$$

an, die Rechnung zu vereinfachen, indem man in (6.7) $p(1-p)$ durch $\overline{X}(1-\overline{X})$ ersetzt. Wegen

$$\left| \frac{1}{\sqrt{n}} \cdot \frac{1}{\sqrt{\overline{X} \cdot (1 - \overline{X})}} \sum_{i=1}^{n} (X_i - p) \right| \leq u_{\alpha/2}$$

$$\Leftrightarrow -u_{\alpha/2} \cdot \frac{\sqrt{\overline{X} \cdot (1 - \overline{X})}}{\sqrt{n}} \leq \frac{1}{n} \sum_{i=1}^{n} X_i - p \leq u_{\alpha/2} \cdot \frac{\sqrt{\overline{X} \cdot (1 - \overline{X})}}{\sqrt{n}}$$

$$\Leftrightarrow p \in \left[\overline{X} - u_{\alpha/2} \cdot \frac{\sqrt{\overline{X} \cdot (1 - \overline{X})}}{\sqrt{n}}, \overline{X} + u_{\alpha/2} \cdot \frac{\sqrt{\overline{X} \cdot (1 - \overline{X})}}{\sqrt{n}} \right]$$

erhält man dann als approximatives Konfidenzintervall zum Konfidenzniveau $1 - \alpha$:

$$C(X_1, \ldots, X_n) = \left[\overline{X} - \frac{\sqrt{\overline{X} \cdot (1 - \overline{X})}}{\sqrt{n}} \cdot u_{\alpha/2}, \overline{X} + \frac{\sqrt{\overline{X} \cdot (1 - \overline{X})}}{\sqrt{n}} \cdot u_{\alpha/2} \right].$$

▶ **Beispiel 6.10** Im Jahr 1999 wurden in Deutschland 374.448 Mädchen und 396.296 Jungen geboren. Man gebe ein möglichst kleines Intervall an, das mit Wahrscheinlichkeit größer oder gleich 0,95 die Wahrscheinlichkeit für eine „Jungengeburt" überdeckt.

Unter Beachtung von $\alpha = 0,05$, woraus $u_{\alpha/2} = 1,96$ folgt,

$$n = 374.448 + 396.296 = 770.744 \quad \text{und} \quad \bar{x} = \frac{396.296}{770.744} \approx 0,5142$$

erhalten wir hier das folgende approximative Konfidenzintervall für die Wahrscheinlichkeit einer „Jungengeburt":

$$C(X_1, \ldots, X_n) \approx [0,512, 0,516].$$

Hat man unabhängig identisch normalverteilte Zufallsvariablen $X_1, \ldots, X_n$ gegeben und interessiert sich für deren Varianz $\sigma^2 = V(X_1)$, so kann man ein Konfidenzintervall dafür aus Satz 6.1 c) konstruieren. Gemäß diesem ist

$$\frac{1}{\sigma^2} \cdot \sum_{i=1}^{n} (X_i - \bar{X})^2$$

χ^2-verteilt mit $n - 1$ Freiheitsgraden. Daher gilt unter Verwendung der Bezeichnungen $\chi^2_{n-1;\alpha/2}$ und $\chi^2_{n-1;1-\alpha/2}$ für die $\alpha/2$- bzw. $(1-\alpha/2)$-Fraktile der χ^2_{n-1}-Verteilung:

$$\mathbf{P}_\sigma \left[\chi^2_{n-1;1-\alpha/2} \leq \frac{1}{\sigma^2} \cdot \sum_{i=1}^{n} (X_i - \bar{X})^2 \leq \chi^2_{n-1;\alpha/2} \right] = 1 - \alpha \quad \text{für alle } \sigma > 0$$

bzw.

$$\mathbf{P}_\sigma \left[\sigma^2 \in \left[\frac{\sum_{i=1}^{n}(X_i - \bar{X})^2}{\chi^2_{n-1;\alpha/2}}, \frac{\sum_{i=1}^{n}(X_i - \bar{X})^2}{\chi^2_{n-1;1-\alpha/2}} \right] \right] = 1 - \alpha \quad \text{für alle } \sigma > 0.$$

Die obigen Konstruktionen lassen sich analog auch zur Erzeugung von einseitigen Konfidenzintervallen, d. h. von Konfidenzintervallen der Form $(-\infty, b]$ bzw. $[a, \infty)$, durchführen. Interessiert man sich z. B. für eine obere Schranke für die Varianz normalverteilter Daten, so startet man mit der Beziehung

$$\mathbf{P}_\sigma \left[\chi^2_{n-1;1-\alpha} \leq \frac{1}{\sigma^2} \cdot \sum_{i=1}^{n} (X_i - \bar{X})^2 \right] = 1 - \alpha \quad \text{für alle } \sigma > 0$$

und formt diese dann um zu

$$\mathbf{P}_\sigma \left[\sigma^2 \in \left(-\infty, \frac{\sum_{i=1}^{n} (X_i - \bar{X})^2}{\chi^2_{n-1;1-\alpha}} \right] \right] = 1 - \alpha \quad \text{für alle } \sigma > 0.$$

Man erhält dann

$$\left(-\infty, \frac{\sum_{i=1}^{n} (X_i - \bar{X})^2}{\chi^2_{n-1;1-\alpha}} \right]$$

als einseitiges Konfidenzintervall zum Konfidenzniveau $1 - \alpha$ für die Varianz einer normalverteilten Stichprobe.

6.4 Statistische Testverfahren

Statistische Testverfahren werden anhand der folgenden Fragestellung eingeführt.

▶ **Beispiel 6.11** Um festzustellen, ob ein neu entwickelter teurer Schoko-
    ladenaufstrich potenziellen Kunden besser schmeckt als ein herkömm-
    licher billiger, lässt man $n = 30$ Personen beide Produkte probieren und
    setzt dann

$$x_i = \begin{cases} 1, & \text{falls } i\text{-ter Person der teurere Aufstrich besser schmeckt,} \\ 0, & \text{sonst.} \end{cases}$$

Wie kann man daraus schließen, ob der teurere Schokoladenaufstrich
besser schmeckt oder nicht?

Ein naiver Zugang im obigen Beispiel ist,

$$\bar{x} = \frac{1}{n} \sum_{i=1}^{n} x_i$$

zu betrachten und im Falle $\bar{x} > 0,5$ zu schließen, dass der teurere Schokoladenaufstrich besser schmeckt. Es stellt sich dabei aber unmittelbar die Frage, ob das
Ergebnis der Befragung primär aufgrund der zufälligen Auswahl der n teilnehmenden Testpersonen zustande kommt und nicht aufgrund des unterschiedlichen
Geschmacks der beiden Schokoladenaufstriche. Diese zufällige Auswahl hat vor

allem dann einen großen Einfluss, wenn $\bar{x}$ „nahe bei" $0,5$ ist und n „klein" ist (für große n würden sich zufällige Schwankungen bei den Werten der x_i bei der Bildung des arithmetischen Mittels $\bar{x}$ „herausmitteln").

Man steht dann vor dem Problem, ausgehend von der Größe von $\bar{x}$ und vom Stichprobenumfang n zu entscheiden, ob der teurere Schokoladenaufstrich besser schmeckt oder nicht.

▶ **Zahlenbeispiel zu Beispiel 6.11:** $n = 30$ und $\bar{x} = 21/30$. Was folgt daraus?

Wir modellieren die Fragestellung stochastisch wie folgt: Wir fassen die $x_1, \ldots, x_n$ als Realisierungen von unabhängigen, identisch verteilten reellen Zufallsvariablen $X_1, \ldots, X_n$ auf. Aufgrund dieser Realisierungen möchten wir entscheiden, ob $\mathbf{E}X_1$ größer als $0,5$ ist oder nicht.

Zwecks Vereinfachung der Problemstellung schränken wir die Klasse der betrachteten Verteilungen ein. Wir nehmen an, dass die Verteilung $\mathbf{P}_{X_1}$ von X_1 aus einer gegebenen Klasse

$$\{w_\theta : \theta \in \Theta\}$$

von Verteilungen stammt.

Die zu Beispiel 6.11 gehörenden Zufallsvariablen nehmen nur die Werte 0 und 1 an, daher ist es klar, dass man als betrachtete Verteilungen $b(1, \theta)$-Verteilungen mit $\theta \in [0,1]$ wählt. Also wählen wir $\Theta = [0,1]$ und w_θ als $b(1, \theta)$-Verteilung für $\theta \in \Theta$.

Wir betrachten eine Aufteilung der Parametermenge Θ in zwei Teile:

$$\Theta = \Theta_0 \cup \Theta_1 \quad \text{wobei } \Theta_0 \neq \emptyset, \Theta_1 \neq \emptyset \text{ und } \Theta_0 \cap \Theta_1 = \emptyset.$$

Die Aufgabe ist, aufgrund von $x_1, \ldots, x_n$ zu entscheiden („zu testen"), ob die sogenannte *Nullhypothese*

$$H_0 : \theta \in \Theta_0$$

abgelehnt, d. h., ob die sogenannte *Alternativhypothese*

$$H_1 : \theta \in \Theta_1$$

angenommen werden kann oder nicht.

In Beispiel 6.11 wollen wir uns zwischen den *Hypothesen*

$$H_0 : \theta \leq \theta_0 \quad \text{versus} \quad H_1 : \theta > \theta_0$$

mit $\theta_0 = 0,5$ entscheiden. Dabei bedeutet $\theta \leq 0,5$, dass der teurere Schokoladenaufstrich nicht besser schmeckt, während er für $\theta > 0,5$ doch besser schmeckt.

Andere häufig auftretende Beispiele für das Aufteilen der Parametermenge Θ in zwei Mengen Θ_0 und Θ_1 werden durch die Hypothesen

$$H_0 : \theta \geq \theta_0 \quad \text{und} \quad H_1 : \theta < \theta_0$$

oder

$$H_0 : \theta = \theta_0 \quad \text{und} \quad H_1 : \theta \neq \theta_0$$

beschrieben. Bei Letzterem interessieren sowohl Abweichungen von θ_0 nach oben als auch Abweichungen nach unten, und man spricht daher von einem *zweiseitigen Testproblem*. Bei den anderen beiden Beispielen handelt es sich um sogenannte *einseitige Testprobleme*. Hier möchte man entweder eine Abweichung von θ_0 nach oben oder eine Abweichung nach unten feststellen.

Zur Entscheidung zwischen den beiden Hypothesen H_0 und H_1 verwenden wir sogenannte statistische Tests.

Definition 6.5
In der obigen Situation heißt jede Abbildung $\varphi : \mathbb{R}^n \to \{0, 1\}$ ein *statistischer Test*.

Die vorläufige Deutung eines statistischen Tests ist die folgende: Mithilfe von unseren beobachteten Daten $x_1, \ldots, x_n$ berechnen wir zunächst $\varphi(x_1, \ldots, x_n)$ und entscheiden uns dann im Falle $\varphi(x_1, \ldots, x_n) = 0$ für die Hypothese H_0 und im Falle $\varphi(x_1, \ldots, x_n) = 1$ für die Hypothese H_1.

Alternativ können wir einen statistischen Test auch durch Angabe eines *Ablehnungsbereichs* (oder *kritischen Bereichs*) $K \subseteq \mathbb{R}^n$ festlegen: H_0 wird abgelehnt, falls $(x_1, \ldots, x_n) \in K$. Ist dagegen $(x_1, \ldots, x_n) \notin K$, so wird H_0 nicht abgelehnt. Hierbei gilt also

$$\varphi(x_1, \ldots, x_n) = \begin{cases} 1, & \text{falls } (x_1, \ldots, x_n) \in K, \\ 0, & \text{falls } (x_1, \ldots, x_n) \notin K. \end{cases}$$

Bei einem solchen Test können zwei Arten von Fehlern auftreten: Ein *Fehler 1. Art* ist die Entscheidung für H_1, obwohl H_0 richtig ist. Ein *Fehler 2. Art* ist die Entscheidung für H_0, obwohl H_1 richtig ist.

In Beispiel 6.11 bedeutet das Auftreten eines Fehlers 1. Art, dass wir zu dem Schluss kommen, dass der teurere Schokoladenaufstrich besser schmeckt, obwohl das in Wahrheit nicht der Fall ist. Dagegen bedeutet ein Fehler 2. Art, dass wir zum Schluss kommen, dass der teurere Schokoladenaufstrich nicht besser schmeckt, obwohl das in Wahrheit doch der Fall ist.

Die Funktion $g\!:\!\Theta \rightarrow [0,1]$ mit

$$g(\theta) = \mathbf{E}_\theta\,[\varphi(X_1,\ldots,X_n)] = \mathbf{P}_\theta\,[\varphi(X_1,\ldots,X_n) = 1] = \mathbf{P}_\theta\,[(X_1,\ldots,X_n) \in K]$$

heißt *Gütefunktion* des Tests. Hierbei gibt $\mathbf{P}_\theta\,[(X_1,\ldots,X_n) \in K]$ die Wahrscheinlichkeit an, dass H_0 abgelehnt wird; die obige Wahrscheinlichkeit wird berechnet für unabhängig identisch verteilte Zufallsvariablen $X_1,\ldots,X_n$ mit $\mathbf{P}_{X_1} = w_\theta$.
Im Fall $\theta \in \Theta_0$ gilt:

$g(\theta) =$ Wahrscheinlichkeit, H_0 abzulehnen, obwohl H_0 richtig ist

$=:$ *Fehlerwahrscheinlichkeit 1. Art.*

Im Fall $\theta \in \Theta_1$ gilt:

$$1 - g(\theta) = \mathbf{P}_\theta\left[(X_1,\ldots,X_n) \notin K\right]$$

$=$ Wahrscheinlichkeit, H_0 nicht abzulehnen, obwohl H_1 richtig ist

$=:$ *Fehlerwahrscheinlichkeit 2. Art.*

Die ideale Gütefunktion ist gegeben durch

$$g(\theta) = \begin{cases} 0, & \text{falls } \theta \in \Theta_0, \\ 1, & \text{falls } \theta \in \Theta_1. \end{cases}$$

Leider existieren nur in trivialen Fällen Tests mit dieser Gütefunktion. Darüber hinaus existieren im Allgemeinen auch keine Tests, die alle Fehlerwahrscheinlichkeiten 1. und 2. Art gleichmäßig bzgl. $\theta \in \Theta$ minimieren.

Als Ausweg bietet sich eine asymmetrische Betrachtungsweise der Fehler 1. und 2. Art an. In vielen Anwendungen ist eine der beiden Fehlerarten als schwerwiegender zu betrachten als die andere. So führt in Beispiel 6.11 ein Fehler 1. Art (Entscheidung für $p > 0,5$, obwohl $p \leq 0,5$ gilt) zu der Entscheidung, ein neues teures Produkt auf den Markt zu bringen, das den Kunden nicht besser schmeckt als das herkömmliche billigere Produkt. Aus Sicht der Firma, die dieses Produkt verkaufen will, wäre dies ein deutlich schwerwiegenderer Fehler als ein Fehler 2. Art, der dazu führen würde, dass ein neues teures und besser schmeckendes Produkt nicht auf den Markt gebracht würde.

Was man daher macht, ist, eine Schranke für die Fehlerwahrscheinlichkeiten 1. Art vorzugeben und unter dieser Nebenbedingung die Fehlerwahrscheinlichkeiten 2. Art zu minimieren.

Dazu gibt man ein $\alpha \in (0,1)$ vor (sogenanntes *Niveau*, meist wählt man $\alpha = 0,05$ oder $\alpha = 0,01$) und betrachtet nur noch Tests, deren Fehlerwahrscheinlichkeiten 1. Art alle kleiner oder gleich α sind, d. h. für die gilt:

$$g(\theta) \leq \alpha \quad \text{für alle } \theta \in \Theta_0$$

(sogenannter *Tests zum Niveau α*).

Unter allen Tests zum Niveau α sucht man dann denjenigen Test, für den für *alle* $\theta \in \Theta_1$ die zugehörige Fehlerwahrscheinlichkeit 2. Art $1 - g(\theta)$ am kleinsten ist.

Der Ablehnungsbereich solcher Tests hat häufig die Form

$$K = \left\{ (x_1, \ldots, x_n) \in \mathbb{R}^n : T(x_1, \ldots, x_n) > c \right\}$$

(evtl. mit $> c$ ersetzt durch $< c$) für eine Funktion $T : \mathbb{R}^n \to \mathbb{R}$ und ein $c \in \mathbb{R}$. Die Zufallsvariable $T(X_1, \ldots, X_n)$ heißt in diesem Fall *Testgröße* oder *Teststatistik*, c heißt *kritischer Wert*.

Bemerkung

a) Bei den obigen Tests werden die Fehlerwahrscheinlichkeiten 1. und 2. Art unsymmetrisch behandelt. Als Konsequenz sollte man die Hypothesen so wählen, dass der Fehler 1. Art als gravierender angesehen wird als der Fehler 2. Art, bzw. dass das statistisch zu sichernde Resultat als Alternativhypothese formuliert wird. Die Deutung des Tests ändert sich durch die asymmetrische Betrachtungsweise der Hypothesen dahingehend ab, dass $\varphi(x_1, \ldots, x_n) = 1$ als Ablehnung von H_0 und Annahme von H_1 betrachtet wird, während man im Falle $\varphi(x_1, \ldots, x_n) = 0$ nur von einer Nicht-Ablehnung von H_0 spricht.

b) Aufgrund der Konstruktion der obigen Tests wird bei einem Test zum Niveau $\alpha = 5\,\%$ bei wiederholtem Durchführen des Tests für unabhängige Daten bei Gültigkeit von H_0 in bis zu $5\,\%$ der Fälle H_0 fälschlicherweise abgelehnt.

c) Führt man mehrere verschiedene Tests zum Niveau α hintereinander aus, und gelten jeweils die Nullhypothesen, so ist die Wahrscheinlichkeit, mindestens bei einem dieser Tests die Nullhypothese abzulehnen, im Allgemeinen größer als α. Sind z. B. die Prüfgrößen der einzelnen Tests unabhängig und ist der Fehler 1. Art bei jedem der Tests genau $\alpha = 0,05$, so ist beim Durchführen von $n = 3$ solchen Tests die Wahrscheinlichkeit, kein einziges Mal die Nullhypothese abzulehnen, gegeben durch

$$(1 - \alpha)^n = (1 - \alpha)^3,$$

d. h., die Wahrscheinlichkeit, bei mindestens einem der Tests die Nullhypothese abzulehnen, beträgt

$$1 - (1 - \alpha)^n = 1 - 0,95^3 \approx 0,14$$

(sogenanntes *Problem des multiplen Testens*).

d) Betrachtet man erst die Daten und wählt dann einen zu diesen Daten passenden Test aus, so führt dies analog zu c) eventuell zu einem Verfälschen des Niveaus.

e) Häufig betrachtet man den sogenannten *p-Wert* eines Tests. Dieser gibt dasjenige Niveau an, bei dem die Nullhypothese H_0 bei den gegebenen Daten gerade noch abgelehnt werden kann. Für einen Test mit Ablehnungsbereich

$$K = \{(x_1, \ldots, x_n) \in \mathbb{R}^n : T(x_1, \ldots, x_n) > c\}$$

lässt sich dieser *p*-Wert wie folgt beschreiben: Das minimale Niveau eines solchen Tests ist die maximale Fehlerwahrscheinlichkeit 1. Art, also

$$\max_{\theta \in \Theta_0} \mathbf{P}_\theta \left[T(X_1, \ldots, X_n) > c \right].$$

Dieses minimale Niveau wird immer kleiner, je größer der Wert von c ist. Für jeden festen Wert von c kann die Hypothese H_0 bei gegebenen Daten $x_1, \ldots, x_n$ genau dann abgelehnt werden, wenn $T(x_1, \ldots, x_n) > c$ ist. Daher ist (sofern die Verteilungsfunktion von $T(X_1, \ldots, X_n)$ stetig ist, was impliziert, dass Einpunktmengen immer die Wahrscheinlichkeit Null haben) das minimale Niveau, bei dem H_0 gerade noch abgelehnt werden kann, gegeben durch

$$p = \max_{\theta \in \Theta_0} \mathbf{P}[T(X_1, \ldots, X_n) > T(x_1, \ldots, x_n)].$$

Aus dem *p*-Wert kann man auch bestimmen, ob der Test H_0 ablehnt oder nicht: Ist das vorgegebene Niveau α größer oder gleich dem *p*-Wert, so kann H_0 zum Niveau α abgelehnt werden, andernfalls kann H_0 nicht abgelehnt werden.

Man beachte, dass der *p*-Wert *nicht* die Wahrscheinlichkeit angibt, dass die Nullhypothese falsch ist. Denn in dem oben beschriebenen Modell für statistische Tests ist diese entweder richtig oder falsch, daher gibt es keine Wahrscheinlichkeit zwischen Null und Eins, mit der diese richtig ist.

In Beispiel 6.11 bietet sich die Wahl

$$T(x_1, \ldots, x_n) = x_1 + \cdots + x_n$$

für die Teststatistik an, d. h., man wählt ein $c \in \mathbb{R}$ und setzt

$$\varphi(x_1, \ldots, x_n) = \begin{cases} 1, & \text{falls } x_1 + \cdots + x_n \geq c, \\ 0, & \text{falls } x_1 + \cdots + x_n < c. \end{cases}$$

Damit dieser Test ein Test zum Niveau α ist, muss für alle $\theta \in [0, 0,5]$ gelten:

$$\mathbf{P}_\theta \left[\sum_{i=1}^n X_i \geq c \right] \leq \alpha.$$

Die obige Wahrscheinlichkeit ist monoton wachsend in θ. Da für $X_1, \ldots, X_n$ unabhängig $b(1, \theta)$-verteilt $\sum_{i=1}^n X_i$ $b(n, \theta)$-verteilt ist (vgl. Beispiel 5.17), müssen wir $c \in \mathbb{R}$ so wählen, dass für eine $b(n, 0,5)$-verteilte Zufallsvariable X gilt:

$$\mathbf{P}[X \geq c] \leq \alpha.$$

Im Hinblick auf die Minimierung des Fehlers 2. Art (H_0 nicht ablehnen, obwohl H_1 gilt) sollte dabei c so klein wie möglich sein. Wir wählen daher $c \in \{0, 1, \ldots, n+1\}$ so klein wie möglich, dass

$$\mathbf{P}[X \geq c] \leq \alpha$$

gilt.

In Beispiel 6.11 haben wir $n = 30$ und $\sum_{i=1}^n x_i = 21$ gegeben. Wir wählen nun für das Niveau $\alpha = 0,05$. Da für eine $b(30, 0,5)$-verteilte Zufallsvariable X gilt

$$\mathbf{P}[X \geq 20] \approx 0,0494 \quad \text{und} \quad \mathbf{P}[X \geq 19] \approx 0,10,$$

wählen wir $c = 20$ und erhalten als Test:

$$\varphi(x_1, \ldots, x_{30}) = \begin{cases} 1, & \text{falls } x_1 + \cdots + x_{30} \geq 20, \\ 0, & \text{falls } x_1 + \cdots + x_{30} < 20. \end{cases}$$

Für die Daten oben erhalten wir $\varphi(x_1, \ldots, x_{30}) = 1$, und wir lehnen daher H_0 zum Niveau $\alpha = 0,05$ ab. Somit kommen wir zu dem Schluss, dass der neue teurere Schokoladenaufstrich besser schmeckt als der billigere.

Bemerkung

Um im Fall oben das Niveau voll auszuschöpfen, würde man eigentlich im Falle $x_1 + \cdots + x_{30} = 20$ ein Zufallsexperiment zur Entscheidung heranziehen und sich dabei genau mit Wahrscheinlichkeit $0,5 - \mathbf{P}[X \geq 20]$ für die Hypothese H_1 entscheiden. Dies führt auf den Begriff des sogenannten randomisierten statistischen Tests, den wir in diesem Buch der Einfachheit halber aber nicht behandeln.

Tests im Zusammenhang mit der Normalverteilung:

Als Beispiel betrachten wir

▶ **Beispiel 6.12** Um festzustellen, ob eine geplante Vereinfachung des
   Steuerrechts zu Mindereinnahmen des Staates führt oder nicht, berechnet man für n = 100 zufällig ausgewählte Steuererklärungen des
   vergangenen Jahres die Differenzen

$$x_i = \text{Steuer im Fall } i \text{ bei neuem Steuerrecht}$$

$$- \text{Steuer im Fall } i \text{ bei altem Steuerrecht}$$

($i = 1, \dots, n$). Dabei erhält man $\bar{x}$ = 120 und s = 725.
   Wir fassen nun die gegebenen Daten als Stichprobe einer Normalverteilung mit Erwartungswert μ auf. Zu testen ist dann:

$$H_0{:}\mu \le 0 \quad \text{versus} \quad H_1{:}\mu > 0.$$

a) Einseitiger Gauß-Test
Hier wird davon ausgegangen, dass die Zufallsvariablen $X_1, \dots, X_n$ unabhängig
identisch $N(\mu, \sigma_0^2)$-verteilt sind, wobei $\mu \in \mathbb{R}$ unbekannt ist und $\sigma_0 > 0$ bekannt ist.
Zu testen sei

$$H_0{:}\mu \le \mu_0 \quad \text{versus} \quad H_1{:}\mu > \mu_0.$$

Als Testgröße wird verwendet

$$T(X_1, \dots, X_n) = \frac{\sqrt{n}}{\sigma_0} \left(\bar{X}_n - \mu_0 \right)$$

mit

$$\bar{X}_n = \frac{1}{n} \sum_{i=1}^{n} X_i.$$

Da $\bar{X}_n$ ein Schätzer für μ ist, werden die Werte von $T(X_1, \dots, X_n)$ (mit großer
Wahrscheinlichkeit) umso größer sein, je größer μ ist. Sinnvollerweise entscheidet
man sich daher vor allem dann für eine Ablehnung von $H_0{:}\mu \le \mu_0$, wenn der Wert
von $T(X_1, \dots, X_n)$ groß ist.
   Beim einseitigen Gauß-Test wird H_0 abgelehnt, falls $(x_1, \dots, x_n)$ im Ablehnungsbereich

$$K = \left\{ (x_1, \dots, x_n) \in \mathbb{R}^n : T(x_1, \dots, x_n) > c \right\}$$

enthalten ist.
   Zur Bestimmung von c wird wie folgt vorgegangen: Wie bereits oben schon
erwähnt, sind Linearkombinationen von unabhängig normalverteilten Zufallsvariablen immer selbst normalverteilt.[3] Daher ist für $\mu = \mu_0$ die Testgröße $T(X_1, \dots, X_n)$
$N(0, 1)$-verteilt, da gilt:

$$\mathbf{E}_{\mu_0} T(X_1, \ldots, X_n) = \frac{\sqrt{n}}{\sigma_0} \left(\frac{1}{n} \sum_{i=1}^{n} \mathbf{E}_{\mu_0} X_i - \mu_0 \right) = \frac{\sqrt{n}}{\sigma_0} \left(\frac{1}{n} \sum_{i=1}^{n} \mu_0 - \mu_0 \right) = 0$$

und

$$V_{\mu_0} \left(T(X_1, \ldots, X_n) \right) = \left(\frac{\sqrt{n}}{\sigma_0} \right)^2 \frac{1}{n^2} \sum_{i=1}^{n} \sigma_0^2 = 1.$$

Sei $\alpha \in (0, 1)$ das vorgegebene Niveau. Dann wählt man c so, dass die Fehlerwahrscheinlichkeit 1. Art des Tests im Falle $\mu = \mu_0$ gerade gleich α ist, d. h., dass gilt:

$$\mathbf{P}_{\mu_0} [(X_1, \ldots, X_n) \in K] = \alpha$$

bzw.

$$\mathbf{P}_{\mu_0} \left[\frac{\sqrt{n}}{\sigma_0} (\bar{X}_n - \mu_0) > c \right] = \alpha.$$

Die linke Seite oben ist gleich $1 - \Phi(c)$, wobei Φ die Verteilungsfunktion zur $N(0, 1)$-Verteilung ist. Also ist die obige Forderung äquivalent zu

$$1 - \Phi(c) = \alpha \quad \text{bzw.} \quad \Phi(c) = 1 - \alpha$$

(d. h., c ist das sogenannte α-Fraktil der $N(0, 1)$-Verteilung). Aus dieser Beziehung kann man c z. B. unter Zuhilfenahme von Tabellen für die Verteilungsfunktion bzw. die Fraktile der $N(0, 1)$-Verteilung bestimmen.

Für diese Wahl von c gilt, dass der resultierende Test ein Test zum Niveau α ist. Ist nämlich $\mu = \bar{\mu}$ für ein $\bar{\mu} \in \mathbb{R}$, so ist

$$\frac{\sqrt{n}}{\sigma_0} (\bar{X}_n - \bar{\mu})$$

$N(0, 1)$-verteilt, und daher gilt für die Gütefunktion des obigen Tests:

$$g(\bar{\mu}) = \mathbf{P}_{\bar{\mu}} \left[\frac{\sqrt{n}}{\sigma_0} (\bar{X}_n - \mu_0) > c \right]$$

$$= \mathbf{P}_{\bar{\mu}} \left[\frac{\sqrt{n}}{\sigma_0} (\bar{X}_n - \bar{\mu}) + \frac{\sqrt{n}}{\sigma_0} (\bar{\mu} - \mu_0) > c \right]$$

$$= \mathbf{P}_{\bar{\mu}} \left[\frac{\sqrt{n}}{\sigma_0} (\bar{X}_n - \bar{\mu}) > c + \frac{\sqrt{n}}{\sigma_0} (\mu_0 - \bar{\mu}) \right]$$

$$= 1 - \Phi \left(c + \frac{\sqrt{n}}{\sigma_0} (\mu_0 - \bar{\mu}) \right).$$

Also ist für $\bar{\mu} \le \mu_0$ die Fehlerwahrscheinlichkeit 1. Art des einseitigen Gauß-Tests wegen

$$c + \frac{\sqrt{n}}{\sigma_0}(\mu_0 - \bar{\mu}) \ge c$$

und Φ monoton wachsend gegeben durch

$$g(\bar{\mu}) = 1 - \Phi\left(c + \frac{\sqrt{n}}{\sigma_0}(\mu_0 - \bar{\mu})\right) \le 1 - \Phi(c) = \alpha,$$

d. h., alle Fehlerwahrscheinlichkeiten 1. Art sind kleiner oder gleich α.

Aus der obigen Überlegung sieht man auch, dass für $\bar{\mu} > \mu_0$ die Fehlerwahrscheinlichkeit 2. Art gleich

$$1 - g(\bar{\mu}) = \Phi\left(c + \frac{\sqrt{n}}{\sigma_0}(\mu_0 - \bar{\mu})\right)$$

ist, d. h. für $\bar{\mu}$ nahe bei μ_0 nahe bei

$$\Phi(c) = 1 - \alpha$$

liegt, sowie für $\bar{\mu}$ sehr groß nahe bei

$$\lim_{x \to -\infty} \Phi(x) = 0$$

ist.

▶ **Anwendung in Beispiel 6.12:** Gegeben war eine Stichprobe $x_1, \ldots, x_n$ einer Normalverteilung mit $n = 100$, $\bar{x} = 120$ und $s = 725$. Zu testen ist

$$H_0\!:\!\mu \le 0 \quad \text{versus} \quad H_1\!:\!\mu > 0.$$

Vereinfachend gehen wir hier zunächst davon aus, dass die Varianz gleich der empirischen Varianz sei, d. h., dass gilt: $\sigma_0 = s = 725$. Anwendung des Gauß-Tests mit $\mu_0 = 0$ und $\alpha = 5\,\%$ ergibt $1 - \Phi(c) = 0,05$ bzw. $\Phi(c) = 0,95$, woraus $c \approx 1,645$ folgt. Wegen

$$\frac{\sqrt{n}}{\sigma_0}(\bar{x} - \mu_0) = \frac{\sqrt{100}}{725}(120 - 0) \approx 1,655 > c$$

kann hier H_0 abgelehnt werden.

Der obige einseitige Gauß-Test kann nach naheliegender Modifikation auch zum Testen der Hypothesen

$$H_0\!:\!\mu \ge \mu_0 \quad \text{versus} \quad H_1\!:\!\mu < \mu_0$$

verwendet werden. Dazu beachte man, dass bei der obigen Testgröße große (bzw. kleine) Werte eine Entscheidung für große (bzw. kleine) Werte von μ nahelegen. Daher entscheidet man sich jetzt für Ablehnung von $H_0{:}\mu \geq \mu_0$, falls $(x_1, \ldots, x_n)$ im Ablehnungsbereich

$$K = \left\{ (x_1, \ldots, x_n) \in \mathbb{R}^n : T(x_1, \ldots, x_n) < c \right\}$$

enthalten ist. c wird dabei wieder so gewählt, dass für $\mu = \mu_0$ die Fehlerwahrscheinlichkeit 1. Art gleich α ist, d. h., dass gilt:

$$\mathbf{P}_{\mu_0} \left[\frac{\sqrt{n}}{\sigma_0} \left(\bar{X}_n - \mu_0 \right) < c \right] = \alpha.$$

Analog zu oben folgt daraus

$$\Phi(c) = \alpha,$$

d. h., c wird hier als $(1 - \alpha)$-Fraktil der $N(0, 1)$-Verteilung gewählt.

Problematisch bei Anwendung des Gauß-Tests in Beispiel 6.12 ist, dass die Varianz unbekannt war und aus den Daten geschätzt wurde und damit die Voraussetzungen des Gauß-Tests nicht erfüllt waren. Daher ist eigentlich eine Anwendung des sogenannten t-Tests nötig, der als Nächstes behandelt wird.

b) Einseitiger t-Test
Hier wird davon ausgegangen, dass die Zufallsvariablen $X_1, \ldots, X_n$ unabhängig identisch $N(\mu, \sigma^2)$-verteilt sind, wobei $\mu \in \mathbb{R}$ und $\sigma^2 > 0$ *beide* unbekannt sind. Zu testen sei wieder

$$H_0{:}\mu \leq \mu_0 \quad \text{versus} \quad H_1{:}\mu > \mu_0.$$

Als Testgröße wird

$$T(X_1, \ldots, X_n) = \sqrt{n} \cdot \frac{(\bar{X}_n - \mu_0)}{S_n}$$

verwendet, wobei

$$\bar{X}_n = \frac{1}{n} \sum_{i=1}^{n} X_i \quad \text{und} \quad S_n^2 = \frac{1}{n-1} \sum_{i=1}^{n} |X_i - \bar{X}|^2.$$

Die Testgröße wird also analog zum Gauß-Test bestimmt, nur dass jetzt anstelle der Varianz σ_0^2 eine Schätzung derselben verwendet wird.

Wie bei der Testgröße des einseitigen Gauß-Tests gilt auch hier, dass die Werte von $T(X_1, \ldots, X_n)$ (mit großer Wahrscheinlichkeit) umso größer sind, je größer μ ist. H_0 wird wieder abgelehnt, falls $(x_1, \ldots, x_n)$ im Ablehnungsbereich

$$K = \left\{ (x_1, \ldots, x_n) \in \mathbb{R}^n : T(x_1, \ldots, x_n) > c \right\}$$

enthalten ist.

Ausgangspunkt zur Bestimmung des Wertes von c ist, dass für $\mu = \mu_0$ die Testgröße

$$\sqrt{n} \cdot \frac{(\bar{X}_n - \mu_0)}{S_n}$$

t_{n-1}-verteilt ist (vgl. Satz 6.1). Man wählt daher c so, dass für eine t_{n-1}-verteilte Zufallsvariable Z gilt:

$$\mathbf{P}_{\mu_0}[Z > c] = \alpha.$$

▶ **Anwendung in Beispiel 6.12** mit $\mu_0 = 0$ und $\alpha = 5\%$ (woraus $c = 1{,}660$ folgt). Mit $n = 100$, $\bar{x} = 120$ und $s = 725$ folgt

$$\sqrt{n}\frac{(\bar{x} - \mu_0)}{s} = \sqrt{100}\frac{(120 - 0)}{725} \approx 1{,}655 < c,$$

d. h., H_0 kann jetzt nicht mehr abgelehnt werden.

Im Vergleich zur Anwendung des einseitigen Gauß-Tests fällt auf, dass der kritische Wert c jetzt größer ist und daher die Nullhypothese seltener abgelehnt wird. Dies liegt daran, dass beim t-Test die Varianz als unbekannt vorausgesetzt wird, folglich weniger Informationen über die zugrunde liegende Verteilung bekannt sind und man sich daher seltener für die Ablehnung der Nullhypothese entscheiden muss, um sicherzustellen, dass eine fälschliche Ablehnung der Nullhypothese nur mit Wahrscheinlichkeit α erfolgt.

Der einseitige t-Test kann analog zum einseitigen Gauß-Test auch zum Testen der Hypothesen

$$H_0 : \mu \geq \mu_0 \quad \text{und} \quad H_1 : \mu \leq \mu_0$$

verwendet werden.

c) Zweiseitiger Gauß- bzw. t-Test
Zu testen ist hier

$$H_0 : \mu = \mu_0 \quad \text{versus} \quad H_1 : \mu \neq \mu_0,$$

wobei die Stichprobe wieder normalverteilt mit unbekanntem Erwartungswert μ und bekannter bzw. unbekannter Varianz σ_0^2 bzw. σ^2 ist. Die Teststatistik T wird wie beim einseitigen Gauß- bzw. t-Test gebildet. H_0 wird abgelehnt, falls $(x_1, \ldots, x_n)$ im Ablehnungsbereich

$$K = \left\{ (x_1, \ldots, x_n) \in \mathbb{R}^n : |T(x_1, \ldots, x_n)| > c \right\}$$

enthalten ist, wobei c durch die Forderung

$$\mathbf{P}_{\mu_0}\left[\left| \frac{\sqrt{n}}{\sigma_0} (\bar{X}_n - \mu_0) \right| > c \right] = \alpha$$

bestimmt wird. Da hier die Verteilung von $T(X_1, \ldots, X_n)$ mit der Verteilung von $(-1) \cdot T(X_1, \ldots, X_n)$ übereinstimmt, ist dies äquivalent zu

$$\mathbf{P}_{\mu_0} \left[\frac{\sqrt{n}}{\sigma_0} (\bar{X}_n - \mu_0) > c \right] = \frac{\alpha}{2},$$

und c ergibt sich im Falle des zweiseitigen Gauß-Tests, bei dem die Varianz als bekannt vorausgesetzt wird, als $\alpha/2$-Fraktil der $N(0,1)$-Verteilung, und im Falle des zweiseitigen t-Tests, bei dem die Varianz unbekannt ist, als $\alpha/2$-Fraktil der t_{n-1}-Verteilung.

Eine Übersicht über die bisher eingeführten Tests findet man in Tab. 6.1.

Bei den obigen Tests wurde der Erwartungswert mit einem festen Wert verglichen. Manchmal ist allerdings kein solcher Wert vorgegeben, stattdessen hat man Stichproben zweier unterschiedlicher Verteilungen gegeben und möchte deren (unbekannte) Erwartungswerte vergleichen. Die zugehörigen Tests bezeichnet man als *Tests für zwei Stichproben* (im Gegensatz zu den oben vorgestellten *Tests für eine Stichprobe*).

▶   **Beispiel 6.13**   Im Rahmen einer prospektiv kontrollierten Studie mit Randomisierung soll die Wirksamkeit eines Medikaments überprüft werden. Dazu werden die Überlebenszeiten $x_1, \ldots, x_n$ der Studiengruppe (die mit dem neuen Medikament behandelt wurde) sowie die Überlebenszeiten $y_1, \ldots, y_m$ der Kontrollgruppe (die aus Personen besteht, die nicht mit dem neuen Medikament behandelt wurden) ermittelt. Durch Vergleich dieser Überlebenszeiten möchte man feststellen, ob die Einnahme des neuen Medikaments eine Wirkung auf die Überlebenszeit hat oder nicht.

Zur stochastischen Modellierung fassen wir $x_1, \ldots, x_n$ bzw. $y_1, \ldots, y_m$ als Realisierungen von Zufallsvariablen $X_1, \ldots, X_n$ bzw. $Y_1, \ldots, Y_m$ auf. Hierbei seien die

Tab. 6.1 Gauß- und t-Test für eine Stichprobe. Vorausgesetzt ist jeweils, dass $x_1, \ldots, x_n$ eine Stichprobe einer Normalverteilung mit unbekanntem Erwartungswert μ und bekannter Varianz σ_0^2 bzw. unbekannter Varianz σ^2 sind. u_α bzw. $t_{n-1,\alpha}$ ist das α-Fraktil der $N(0,1)$- bzw. der t_{n-1}-Verteilung. Es werden die Abkürzungen $\bar{x}_n = 1/n \sum_{i=1}^n x_i$ und $s_n^2 = 1/(n-1) \sum_{i=1}^n (x_i - \bar{x}_n)^2$ verwendet

Hypothesen	Varianz	$T(x_1, \ldots, x_n)$	Ablehnung von H_0, falls
$H_0{:}\mu \le \mu_0, H_1{:}\mu > \mu_0$	bekannt	$\sqrt{n} \cdot \frac{\bar{x}_n - \mu_0}{\sigma_0}$	$T(x_1, \ldots, x_n) > u_\alpha$
$H_0{:}\mu \ge \mu_0, H_1{:}\mu < \mu_0$	bekannt	$\sqrt{n} \cdot \frac{\bar{x}_n - \mu_0}{\sigma_0}$	$T(x_1, \ldots, x_n) < u_{1-\alpha}$
$H_0{:}\mu = \mu_0, H_1{:}\mu \ne \mu_0$	bekannt	$\sqrt{n} \cdot \frac{\bar{x}_n - \mu_0}{\sigma_0}$	$|T(x_1, \ldots, x_n)| > u_{\alpha/2}$
$H_0{:}\mu \le \mu_0, H_1{:}\mu > \mu_0$	unbekannt	$\sqrt{n} \cdot \frac{\bar{x}_n - \mu_0}{s_n}$	$T(x_1, \ldots, x_n) > t_{n-1,\alpha}$
$H_0{:}\mu \ge \mu_0, H_1{:}\mu < \mu_0$	unbekannt	$\sqrt{n} \cdot \frac{\bar{x}_n - \mu_0}{s_n}$	$T(x_1, \ldots, x_n) < t_{n-1,1-\alpha}$
$H_0{:}\mu = \mu_0, H_1{:}\mu \ne \mu_0$	unbekannt	$\sqrt{n} \cdot \frac{\bar{x}_n - \mu_0}{s_n}$	$|T(x_1, \ldots, x_n)| > t_{n-1,\alpha/2}$

Zufallsvariablen

$$X_1, \ldots, X_n, Y_1, \ldots, Y_m$$

unabhängig, wobei $X_1, \ldots, X_n$ identisch verteilt seien mit Erwartungswert μ_X und $Y_1, \ldots, Y_m$ identisch verteilt seien mit Erwartungswert μ_Y.

Aufgrund der obigen Stichprobe wollen wir uns zwischen der Nullhypothese

$$H_0: \mu_X = \mu_Y$$

und der Alternativhypothese

$$H_1: \mu_X \neq \mu_Y$$

entscheiden.

Eine Möglichkeit dafür ist der sogenannte *zweiseitige Gauß-Test für zwei Stichproben*. Bei diesem geht man davon aus, dass die $X_1, \ldots, X_n$ unabhängig identisch $N(\mu_X, \sigma_0^2)$-verteilt sind und dass die $Y_1, \ldots, Y_m$ unabhängig identisch $N(\mu_Y, \sigma_0^2)$-verteilt sind. Hierbei sind μ_X, μ_Y unbekannt, die Varianz σ_0^2 wird aber als bekannt vorausgesetzt. Man beachte, dass hier insbesondere vorausgesetzt wird, dass die $X_1, \ldots, X_n$ die gleiche Varianz wie die $Y_1, \ldots, Y_m$ haben.

Betrachtet wird hier die Testgröße

$$T(x_1, \ldots, x_n, y_1, \ldots, y_m) = \frac{\bar{x} - \bar{y}}{\sigma_0 \cdot \sqrt{\frac{1}{n} + \frac{1}{m}}},$$

wobei

$$\bar{x} = \frac{1}{n} \sum_{i=1}^{n} x_i \quad \text{und} \quad \bar{y} = \frac{1}{m} \sum_{j=1}^{m} y_j.$$

Ist die Differenz von μ_X und μ_Y betragsmäßig groß, so wird, da $\bar{x}$ und $\bar{y}$ Schätzungen von μ_X bzw. μ_Y sind, auch $T(x_1, \ldots, y_m)$ betragsmäßig groß sein. Dies legt nahe, H_0 abzulehnen, sofern $T(x_1, \ldots, y_m)$ betragsmäßig einen kritischen Wert c übersteigt.

Ausgangspunkt zur Bestimmung von c ist, dass bei Gültigkeit von H_0 (d. h. für $\mu_X = \mu_Y$)

$$T(X_1, \ldots, X_n, Y_1, \ldots, Y_m) = \frac{\frac{1}{n} \sum_{i=1}^{n} X_i - \frac{1}{m} \sum_{j=1}^{m} Y_j}{\sigma_0 \cdot \sqrt{\frac{1}{n} + \frac{1}{m}}}$$

$N(0, 1)$-verteilt ist. Dazu beachte man, dass $T(X_1, \ldots, Y_m)$ normalverteilt ist, da Linearkombinationen unabhängiger normalverteilter Zufallsvariablen immer normalverteilt sind.[3] Des Weiteren gilt

$$\mathbf{E}T(X_1, \ldots, Y_m) = \frac{\frac{1}{n} \sum_{i=1}^{n} \mathbf{E}X_i - \frac{1}{m} \sum_{j=1}^{m} \mathbf{E}Y_j}{\sigma_0 \cdot \sqrt{\frac{1}{n} + \frac{1}{m}}} = \frac{\mu_X - \mu_Y}{\sigma_0 \cdot \sqrt{\frac{1}{n} + \frac{1}{m}}} = 0$$

für $\mu_X = \mu_Y$ sowie

$$V(T(X_1, \ldots, Y_m)) = \frac{V\left(\frac{1}{n}\sum_{i=1}^n X_i - \frac{1}{m}\sum_{j=1}^m Y_j\right)}{\sigma_0^2 \cdot \left(\frac{1}{n} + \frac{1}{m}\right)}$$

$$= \frac{V\left(\frac{1}{n}\sum_{i=1}^n X_i\right) + V\left(\frac{1}{m}\sum_{j=1}^m Y_j\right)}{\sigma_0^2 \cdot \left(\frac{1}{n} + \frac{1}{m}\right)}$$

$$= \frac{\frac{1}{n^2}\sum_{i=1}^n V(X_i) + \frac{1}{m^2}\sum_{j=1}^m V(Y_j)}{\sigma_0^2 \cdot \left(\frac{1}{n} + \frac{1}{m}\right)}$$

$$= \frac{\frac{\sigma_0^2}{n} + \frac{\sigma_0^2}{m}}{\sigma_0^2 \cdot \left(\frac{1}{n} + \frac{1}{m}\right)} = 1.$$

Man wählt nun c als $\alpha/2$-Fraktil der $N(0,1)$-Verteilung. Es gilt dann bei Gültigkeit von H_0: Die Wahrscheinlichkeit, H_0 fälschlicherweise abzulehnen, ist gegeben durch

$$\mathbf{P}[|T(X_1, \ldots, X_n, Y_1, \ldots, Y_m)| > c] = 2 \cdot \mathbf{P}[T(X_1, \ldots, X_n, Y_1, \ldots, Y_m) > c] = \alpha.$$

Damit erhält man als Vorschrift für den zweiseitigen Gauß-Test für zwei Stichproben: Lehne H_0 ab, falls

$$\left| \frac{\bar{x} - \bar{y}}{\sigma_0 \cdot \sqrt{\frac{1}{n} + \frac{1}{m}}} \right| > u_{\alpha/2},$$

wobei $u_{\alpha/2}$ das $\alpha/2$-Fraktil der $N(0,1)$-Verteilung ist.

Beim zweiseitigen Gauß-Test für zwei Stichproben wird vorausgesetzt, dass die Varianz σ_0^2 bekannt ist. In Anwendungen ist diese aber üblicherweise unbekannt und muss aus den Daten geschätzt werden.

Beim *zweiseitigen t-Test für zwei Stichproben* geht man davon aus, dass die $X_1, \ldots, X_n, Y_1, \ldots, Y_m$ unabhängig sind, wobei die $X_1, \ldots, X_n$ $N(\mu_X, \sigma^2)$-verteilt und die $Y_1, \ldots, Y_m$ $N(\mu_Y, \sigma^2)$-verteilt sind. Hierbei sind μ_X, μ_Y und σ^2 unbekannt. Man beachte, dass wieder vorausgesetzt wird, dass die Varianz der X_i mit der der Y_j übereinstimmt.

Zu testen ist wieder

$$H_0 : \mu_X = \mu_Y \quad \text{versus} \quad H_1 : \mu_X \neq \mu_Y.$$

In einem ersten Schritt schätzt man σ^2 durch die sogenannte *gepoolte Stichproben-varianz*

$$S_p^2 = \frac{\sum_{i=1}^n (X_i - \bar{X}_n)^2 + \sum_{j=1}^m (Y_j - \bar{Y}_m)^2}{m + n - 2}.$$

Wegen

$$E[S_p^2] = \frac{1}{m + n - 2}\left((n-1) \cdot E\left[\frac{1}{n-1}\sum_{i=1}^n (X_i - \bar{X}_n)^2\right]\right.$$

$$\left. + (m-1) \cdot E\left[\frac{1}{m-1}\sum_{j=1}^m (Y_j - \bar{Y}_m)^2\right]\right)$$

$$= \frac{1}{m+n-2}\left((n-1) \cdot \sigma^2 + (m-1) \cdot \sigma^2\right) = \sigma^2$$

(vgl. die Schätzung der Varianz einer Stichprobe) handelt es sich hierbei um eine erwartungstreue Schätzung der Varianz.

Man bildet dann analog zum zweiseitigen Gauß-Test für zwei Stichproben die Teststatistik

$$T = \frac{\bar{X}_n - \bar{Y}_m}{\sqrt{S_p^2} \cdot \sqrt{\frac{1}{n} + \frac{1}{m}}}.$$

Man kann zeigen, dass bei Gültigkeit von $\mu_X = \mu_Y$ diese Teststatistik t-verteilt ist mit $m + n - 2$ Freiheitsgraden.[5] Daher lehnt man beim *zweiseitigen t-Test für zwei Stichproben* $H_0 : \mu_X = \mu_Y$ genau dann ab, falls

$$|T| > t_{m+n-2, \alpha/2},$$

wobei $t_{m+n-2, \alpha/2}$ das $\alpha/2$-Fraktil der t-Verteilung mit $m + n - 2$ Freiheitsgraden ist.

Beim obigen Test wurde vorausgesetzt, dass die Varianzen in beiden Stich-proben gleich groß sind. Diese Annahme lässt sich mit dem sogenannten F-Test überprüfen. Dazu seien $X_1, \ldots, X_n, Y_1, \ldots, Y_m$ unabhängige reelle Zufallsvariablen, wobei die $X_1, \ldots, X_n$ $N(\mu_X, \sigma_X^2)$-verteilt und die $Y_1, \ldots, Y_m$ $N(\mu_Y, \sigma_Y^2)$-verteilt sind. Hierbei sind μ_X, μ_Y, σ_X^2 und σ_Y^2 unbekannt. Zu testen sei

$$H_0 : \sigma_X^2 = \sigma_Y^2 \quad \text{versus} \quad H_1 : \sigma_X^2 \neq \sigma_Y^2.$$

Setze

$$S_X^2 = \frac{1}{n-1}\sum_{i=1}^n (X_i - \bar{X})^2 \quad \text{und} \quad S_Y^2 = \frac{1}{m-1}\sum_{j=1}^m (Y_j - \bar{Y})^2.$$

Wie wir bereits im Anschluss an Satz 6.1 gesehen haben, gilt dann bei Gültigkeit von H_0, dass

$$T(X_1, \ldots, Y_m) = \frac{S_X^2}{S_Y^2}$$

$F_{n-1,m-1}$-verteilt ist. Beim F-Test wird H_0 abgelehnt, falls $T(X_1, \ldots, Y_m)$ größer als das $\alpha/2$-Fraktil oder kleiner als das $(1 - \alpha/2)$-Fraktil der $F_{n-1,m-1}$-Verteilung ist.

Mit der gleichen Idee kann man auch die Varianzen σ_X^2 und σ_Y^2 vergleichen. Möchte man z. B.

$$H_0{:}\sigma_X^2 \leq \sigma_Y^2 \quad \text{versus} \quad H_1{:}\sigma_X^2 > \sigma_Y^2$$

testen, so sprechen große Werte von $T(X_1, \ldots, Y_m)$ gegen H_0, und man lehnt H_0 ab, falls $T(X_1, \ldots, Y_m)$ größer als das α-Fraktil der $F_{n-1,m-1}$-Verteilung ist.

Hat man nur eine Stichprobe $X_1, \ldots, X_n$ gegeben, die unabhängig $N(\mu, \sigma^2)$-verteilt ist, und möchte man wissen, ob deren Varianz einen gewissen Wert σ_0^2 überschreitet, so kann man den sogenannten χ^2-Streuungstest verwenden. Hier möchte man

$$H_0{:}\sigma^2 \leq \sigma_0^2 \quad \text{versus} \quad H_1{:}\sigma^2 > \sigma_0^2$$

testen. Die Idee dieses Tests ist, dass große Werte von

$$T(X_1, \ldots, X_n) = \frac{n-1}{\sigma_0^2} \cdot \frac{1}{n-1} \sum_{i=1}^{n} (X_i - \overline{X})^2$$

gegen H_0 sprechen und dass für $\sigma = \sigma_0$ diese Testgröße gemäß Satz 6.1 eine χ_{n-1}^2-Verteilung hat. Daher lehnt man hier H_0 ab, falls $T(X_1, \ldots, X_n)$ größer als das α-Fraktil der χ_{n-1}^2-Verteilung ist.

6.5 Tests zur Überprüfung von Verteilungsmodellen

In diesem Abschnitt interessieren wir uns für Verfahren, mit denen man konkrete Modelle für in Anwendungen vermutete Verteilungen (z. B. die Annahme einer Normalverteilung) überprüfen kann.

▶ **Beispiel 6.14** Die zufällige Auswahl von 10 Pkws eines festen Typs ergab den folgenden Benzinverbrauch in l/100 km: 10,8, 11,3, 10,4, 9,8, 10,0, 10,6, 11,0, 10,5, 9,5, 11,2. Ist der Benzinverbrauch in l/100 km normalverteilt mit Erwartungswert $\mu = 10$ und Varianz $\sigma^2 = 1$?

▶ **Beispiel 6.15** Die folgende Tabelle beschreibt die Anzahl der Toten durch Hufschlag in 10 verschiedenen preußischen Kavallerieregimentern pro Regiment und Jahr, beobachtet über einen Zeitraum von 20 Jahren (insgesamt liegen der Tabelle $n = 10 \cdot 20 = 200$ Datenpunkte zugrunde):

Anzahl der Toten pro Jahr	0	1	2	3	4	≥ 5
Anzahl der Regimenter	109	65	22	3	1	0

Kann man diese Anzahlen sinnvollerweise durch eine Poisson-Verteilung approximieren?

Um festzustellen, ob eine gegebene Stichprobe $X_1, \ldots, X_n$ von einer Verteilung mit vorgegebener Verteilungsfunktion $F_0 : \mathbb{R} \to \mathbb{R}$ stammt, vergleichen wir eine Schätzung der unbekannten Verteilungsfunktion mit F_0. Die Schätzung konstruieren wir, indem wir ein Wahrscheinlichkeitsmaß betrachten, das an jedem Datenpunkt die Masse $1/n$ hat. Dieses wird beschrieben durch die sogenannte empirische Verteilungsfunktion F_n, definiert durch

$$F_n : \mathbb{R} \to \mathbb{R}, \quad F_n(t) = \frac{1}{n} \sum_{i=1}^{n} 1_{(-\infty, t]}(X_i).$$

Da mit $X_1, X_2, \ldots$ auch die Zufallsvariablen $1_{(-\infty, t]}(X_1), 1_{(-\infty, t]}(X_2), \ldots$ unabhängig und identisch verteilt sind, gilt nach dem starken Gesetz der großen Zahlen für jedes feste $t \in \mathbb{R}$

$$F_n(t) = \frac{1}{n} \sum_{i=1}^{n} 1_{(-\infty, t]}(X_i) \to \mathbf{E} 1_{(-\infty, t]}(X_1) = \mathbf{P}[1_{(-\infty, t]}(X_1) = 1] = \mathbf{P}[X_1 \leq t] = F(t)$$

$f.s.$, wobei F die Verteilungsfunktion von X_1 ist.

Diese Aussage lässt sich verschärfen: Nach dem Satz von Glivenko-Cantelli[6] gilt darüber hinaus sogar

$$\sup_{t \in \mathbb{R}} |F_n(t) - F(t)| \to 0 \quad f.s., \tag{6.8}$$

sofern die Zufallsvariablen $X_1, X_2, \ldots$ unabhängig und identisch verteilt sind mit Verteilungsfunktion F. Dies führt auf die naheliegende Idee,

$$H_0 : F = F_0$$

abzulehnen, falls die Teststatistik

$$T_n(X_1, \ldots, X_n) = \sup_{t \in \mathbb{R}} |F_n(t) - F_0(t)|$$

einen kritischen Wert $c \in \mathbb{R}_+$ übersteigt.

Dabei kann das Supremum in der Teststatistik leicht berechnet werden, da $F_n(t)$ stückweise konstant mit Sprungstellen an den $X_1, \ldots, X_n$ ist, $F_n(t)$ und $F_0(t)$ monoton wachsend sind und daher das Supremum entweder an den Punkten $X_1, \ldots, X_n$ oder an den „linksseitigen Grenzwerten" dieser Punkte angenommen wird.

Die Festlegung des kritischen Wertes c in Abhängigkeit des Niveaus α erfordert Kenntnisse über die Verteilung von $T_n(X_1, \ldots, X_n)$ bei Gültigkeit von H_0. Dazu ist der folgende Satz hilfreich:

Satz 6.2
Sind $X_1, \ldots, X_n$ unabhängig und identisch verteilte reelle Zufallsvariablen mit stetiger Verteilungsfunktion F, so hängt die Verteilung von

$$\sup_{t \in \mathbb{R}} |F_n(t) - F(t)|$$

nicht von F ab.

Folglich kann bei *stetigem* F_0 das α-Fraktil $Q_{n;\alpha}$ der Verteilung Q_n der Zufallsvariablen

$$\sup_{t \in [0,1]} \left| \frac{1}{n} \sum_{i=1}^{n} 1_{(-\infty,t]}(U_i) - t \right|$$

(mit unabhängigen und auf $[0,1]$ gleichverteilten Zufallsvariablen $U_1, \ldots, U_n$) als kritischer Wert c des obigen Tests verwendet werden, d. h., man lehnt H_0 ab, falls $T_n(X_1, \ldots, X_n)$ den kritischen Wert $Q_{n;\alpha}$ übersteigt. Dieses Fraktil ist zum Teil vertafelt bzw. kann durch Simulationen erzeugt werden.

Damit testen wir bei gegebenen Werten der Stichprobe $x_1, \ldots, x_n$, gegebenem *stetigem* F_0 und $\alpha \in (0,1)$

$$H_0 : F = F_0 \quad \text{versus} \quad H_1 : F \neq F_0$$

zum Niveau α mittels

$$\varphi(x_1, \ldots, x_n) = \begin{cases} 1 & \text{, falls} \quad \sup_{t \in \mathbb{R}} |F_n(t) - F_0(t)| > Q_{n;\alpha}, \\ 0 & \text{, sonst,} \end{cases}$$

wobei

$$F_n(t) = \frac{1}{n} \sum_{i=1}^{n} 1_{(-\infty,t]}(x_i).$$

Bei Anwendung in Beispiel 6.14 erhalten wir

$$T_n(x_1, \ldots, x_n) \approx 0,3555$$

und – mittels Simulationen –

$$Q_{10;0,05} \approx 0,41.$$

Wegen $T_n(x_1, \ldots, x_n) < Q_{10;0,05}$ kann hier H_0 zum Niveau $\alpha = 0,05$ nicht abgelehnt werden.

Bemerkung

Wie immer bei Tests zum Niveau α ist dieses Ergebnis eigentlich nicht aussagekräftig, da der Fehler 2. Art hier nicht kontrolliert wird.

Beweis von Satz 6.2

1. Schritt: Wir zeigen: Für eine reelle Zufallsvariable X mit stetiger Verteilungsfunktion F ist $F(X)$ auf $[0, 1]$ gleichverteilt.

Dazu setzen wir

$$F^{-1}(u) = \min\{t \in \mathbb{R} | F(t) \geq u\} \quad (u \in (0, 1)),$$

wobei das Minimum wegen der rechtsseitigen Stetigkeit von F angenommen wird. Dann gilt:

(i) F^{-1} ist monoton wachsend.

  (Denn aus $u \leq v$ folgt $\{t \in \mathbb{R} | F(t) \geq u\} \supseteq \{t \in \mathbb{R} | F(t) \geq v\}$ und daher

$$\min\{t \in \mathbb{R} | F(t) \geq u\} \leq \min\{t \in \mathbb{R} | F(t) \geq v\}.)$$

(ii) Für alle $u \in (0, 1)$ gilt $F(F^{-1}(u)) = u$.

  (Denn aus

$$F^{-1}(u) \in \{t \in \mathbb{R} | F(t) \geq u\}$$

folgt

$$F(F^{-1}(u)) \geq u,$$

und wäre

$$F(F^{-1}(u)) > u,$$

so wäre (wegen der Stetigkeit von F) für $\varepsilon > 0$ klein auch

$$F(F^{-1}(u) - \varepsilon) \geq u,$$

woraus der Widerspruch

$$F^{-1}(u) \leq F^{-1}(u) - \varepsilon$$

folgen würde.)

(iii) $\forall u \in (0, 1) \quad \forall x \in \mathbb{R}: F^{-1}(u) \leq x \Leftrightarrow u \leq F(x)$

  (denn „$\Rightarrow$" folgt mit (ii) aus der Montonie von F, und „$\Leftarrow$" gilt, da $u \leq F(x)$ die Beziehung

$$x \in \{t \in \mathbb{R} | F(t) \geq u\}$$

impliziert, woraus

$$F^{-1}(u) = \min\{t \in \mathbb{R} | F(t) \geq u\} \leq x$$

folgt).

Damit gilt für $u \in (0, 1)$ beliebig:

$$\mathbf{P}[F(X) \geq u] = \mathbf{P}[X \geq F^{-1}(u)] \text{ (nach (iii))}$$

$$= \mathbf{P}[X > F^{-1}(u)]$$

(da F stetig ist, und daher gilt: $\mathbf{P}[X = x] = 0$ für alle $x \in \mathbb{R}$)

$$= 1 - \mathbf{P}[X \leq F^{-1}(u)]$$

$$= 1 - F(F^{-1}(u))$$

(nach Definition von F)

$$= 1 - u \quad \text{(nach (ii))}.$$

Mit $\mathbf{P}[F(X) \leq v] = 0$ für $v < 0$ und $\mathbf{P}[F(X) \leq v] = 1$ für $v \geq 1$ (was aus $F(x) \in [0, 1]$ $(x \in \mathbb{R})$ folgt) und der rechtsseitigen Stetigkeit der Verteilungsfunktion folgt daraus

$$\mathbf{P}[F(X) \leq v] = \begin{cases} 0 , & v < 0, \\ v , & 0 \leq v \leq 1, \\ 1 , & v > 1, \end{cases}$$

also ist $F(X)$ auf $[0, 1]$ gleichverteilt.

2. Schritt: Wir zeigen: Mit Wahrscheinlichkeit Eins gilt:

$$X_i \leq t \quad \Leftrightarrow \quad F(X_i) \leq F(t).$$

Dazu: Wegen der Monotonie von F gilt

$$[X_i \leq t] \subseteq [F(X_i) \leq F(t)].$$

Daraus folgt

$$F(t) = \mathbf{P}[X_i \leq t] \leq \mathbf{P}[F(X_i) \leq F(t)] \overset{Schritt\ 1}{=} F(t),$$

was

$$\mathbf{P}[X_i \leq t] = \mathbf{P}[F(X_i) \leq F(t)]$$

impliziert. Also stimmen die beiden (ineinander enthaltenen) Mengen bis auf eine Menge vom Maß Null überein, was zu zeigen war.

3. Schritt: Wir zeigen die Behauptung des Satzes.
Dazu beachten wir, dass mit Wahrscheinlichkeit Eins gilt:

$$\sup_{t \in \mathbb{R}} |F_n(t) - F(t)| = \sup_{t \in \mathbb{R}} \left| \frac{1}{n} \sum_{i=1}^{n} 1_{(-\infty, t]}(X_i) - F(t) \right|$$

$$= \sup_{t \in \mathbb{R}} \left| \frac{1}{n} \sum_{i=1}^{n} 1_{(-\infty, F(t)]}(F(X_i)) - F(t) \right| \quad \text{(nach Schritt 2)}$$

$$= \sup_{u \in [0,1]} \left| \frac{1}{n} \sum_{i=1}^{n} 1_{(-\infty, u]}(F(X_i)) - u \right|,$$

wobei die letzte Gleichheit aus der (aus der Stetigkeit der Verteilungsfunktion F folgenden) Beziehung

$$(0, 1) \subseteq \{F(t) : t \in \mathbb{R}\} \subseteq [0, 1]$$

folgt.

Die Verteilung von

$$\sup_{u \in [0,1]} \left| \frac{1}{n} \sum_{i=1}^{n} 1_{(-\infty, u]}(F(X_i)) - u \right|$$

hängt nun nur von der Verteilung von

$$F(X_1), \ldots, F(X_n)$$

ab, die nach Schritt 1 nicht von F abhängt. $\qquad\qquad\qquad\qquad\qquad\square$

Die Beziehung (6.8) lässt sich dahingehend präzisieren, dass man im Falle einer stetigen Verteilungsfunktion sogar die asymptotische Verteilung der linken Seite von (6.8) beschreiben kann.[7]

Satz 6.3

Sind $X_1, \ldots, X_n$ unabhängige und identisch verteilte Zufallsvariablen mit stetiger Verteilungsfunktion F, und ist F_n die zu $X_1, \ldots, X_n$ gehörende empirische Verteilungsfunktion, so gilt für jedes $\lambda > 0$:

$$\lim_{n \to \infty} \mathbf{P} \left\{ \sup_{t \in \mathbb{R}} |F_n(t) - F(t)| \leq \frac{\lambda}{\sqrt{n}} \right\} = Q(\lambda),$$

wobei

$$Q(\lambda) = 1 - 2 \cdot \sum_{j=1}^{\infty} (-1)^{j-1} \cdot e^{-2j^2 \cdot \lambda^2},$$

d. h.,

$$\sqrt{n} \cdot \sup_{t \in \mathbb{R}} |F_n(t) - F(t)|$$

verhält sich asymptotisch wie eine reelle Zufallsvariable mit Verteilungsfunktion Q.

Die Anwendung dieses Satzes ergibt den *Test von Kolmogoroff-Smirnow:*
Lehne

$$H_0 : F = F_0$$

zum Niveau $\alpha \in (0, 1)$ ab, falls gilt

$$\sup_{t \in \mathbb{R}} |F_n(t) - F(t)| > \frac{\lambda_\alpha}{\sqrt{n}},$$

wobei $\lambda_\alpha \in \mathbb{R}_+$ so gewählt ist, dass gilt: $1 - Q(\lambda_\alpha) = \alpha$.
Die Werte von λ_α sind tabelliert, z. B. gilt

$$\lambda_{0,05} = 1,36 \text{ und } \lambda_{0,01} = 1,63.$$

Gemäß Satz 6.3 ist dieser Test bei stetigem F_0 für große n näherungsweise ein Test
zum Niveau α.
Anwendung in Beispiel 6.14 mit $\alpha = 0,05$, $\frac{\lambda_\alpha}{\sqrt{n}} = \frac{1,36}{\sqrt{10}} \approx 0,43$ ergibt wegen

$$\sup_{t \in \mathbb{R}} |F_n(t) - F_0(t)| \approx 0,36 < 0,43:$$

H_0 kann hier zum Niveau $\alpha = 0,05$ nicht abgelehnt werden.

Der χ^2-Anpassungstest
$X_1, \ldots, X_n$ seien unabhängige, identisch verteilte reelle Zufallsvariablen mit Verteilungsfunktion F. Für eine gegebene Verteilungsfunktion F_0 sei wieder zu
testen:

$$H_0 : F = F_0 \quad \text{versus} \quad H_1 : F \neq F_0. \tag{6.9}$$

Dazu unterteilen wir den Bildbereich $\mathbb{R}$ von X_1 in messbare disjunkte Mengen
$C_1, \ldots, C_r$ mit

$$\mathbb{R} = \bigcup_{j=1}^{r} C_j \text{ und } C_i \cap C_j = \emptyset \text{ für } i \neq j.$$

Wir setzen

$$p_i^0 = \mathbf{P}_{F=F_0}[X_1 \in C_i] \qquad (i = 1, \ldots, r)$$

und

$$p_i = \mathbf{P}_F[X_1 \in C_i].$$

Anstelle von (6.9) testen wir dann die „schwächeren Hypothesen"

$$H_0 : (p_1, \ldots, p_r) = (p_1^0, \ldots, p_r^0) \quad \text{versus} \quad H_1 : (p_1, \ldots, p_r) \neq (p_1^0, \ldots, p_r^0).$$

Dazu setzen wir

$$Y_j = \sum_{i=1}^{n} 1_{C_j}(X_i) \ (j = 1, \ldots, r),$$

d. h., Y_j gibt die Anzahl der $X_1, \ldots, X_n$ an, deren zufälliger Wert in der Menge C_j liegt. Dann ist Y_j $b(n, p_j)$-verteilt $(j = 1, \ldots, r)$, und wegen

$$Y_1 + \ldots + Y_r = n \qquad f.s.$$

sind die Zufallsvariablen $Y_1, \ldots, Y_r$ *nicht* unabhängig (da aus den Werten von $Y_1, \ldots, Y_{r-1}$ der Wert von Y_r berechnet werden kann).
Genauer kann man zeigen:

$$\mathbf{P}[Y_1 = k_1, \ldots, Y_r = k_r] = \frac{n!}{k_1! \cdot \ldots \cdot k_r!} \cdot p_1^{k_1} \cdot p_2^{k_2} \cdot \ldots \cdot p_r^{k_r}$$

für alle $k_1, \ldots, k_r \in \mathbb{N}_0$ mit $k_1 + \ldots + k_r = n$.
Für den Zufallsvektor $(Y_1, \ldots, Y_r)$ ist die folgende Sprechweise üblich:

Definition 6.6
Ein Zufallsvektor $(Y_1, \ldots, Y_r)$ mit

$$\mathbf{P}[Y_1 = k_1, \ldots, Y_r = k_r] = \frac{n!}{k_1! \cdot \ldots \cdot k_r!} \cdot p_1^{k_1} \cdot p_2^{k_2} \cdot \ldots \cdot p_r^{k_r}$$

für alle $k_1, \ldots, k_r \in \mathbb{N}_0$ mit $k_1 + \ldots + k_r = n$ heißt multinomialverteilt mit Parametern n und $p_1, \ldots, p_r$.

Bei Gültigkeit von H_0 ist

$$\mathbf{E}_{F=F_0}\{Y_0\} = n \cdot p_j^0$$

der „erwartete Wert" der $b(n, p_j^0)$-verteilten Zufallsvariablen Y_j. Zur Entscheidung zwischen H_0 und H_1 betrachten wir die Abweichung zwischen

$$Y_j \text{ und } n \cdot p_j^0 \quad (j = 1, \ldots, r).$$

Hierzu gilt:[8]

Satz 6.4
Bei Gültigkeit von $H_0 : (p_1, \ldots, p_r) = (p_1^0, \ldots, p_r^0)$ konvergiert die Verteilungsfunktion von

$$T_n(X_1, \ldots, X_n) = \sum_{j=1}^{r} \frac{(Y_j - n \cdot p_j^0)^2}{n \cdot p_j^0}$$

für $n \to \infty$ punktweise gegen die Verteilungsfunktion einer χ^2_{r-1}-verteilten Zufallsvariablen, d. h., asymptotisch verhält sich $T_n(X_1, \ldots, X_n)$ wie eine χ^2_{r-1}-verteilte Zufallsvariable.

Satz 6.4 führt auf den χ^2-*Anpassungstest*:
Lehne H_0 ab, falls

$$T_n(X_1, \ldots, X_n) > \chi^2_{r-1;\alpha},$$

wobei $\chi^2_{r-1;\alpha}$ das α-Fraktil der χ^2_{r-1}-Verteilung ist. Nach Satz 6.4 ist dieser Test für $n \to \infty$ ein Test zum Niveau α.

Bei der Berechnung der Prüfgröße ist der folgende Zusammenhang hilfreich:

$$
\begin{aligned}
T_n(X_1, \ldots, X_n) &= \sum_{j=1}^{r} \frac{Y_j^2 - 2 \cdot n \cdot p_j^0 \cdot Y_j + n^2 \cdot (p_j^0)^2}{n \cdot p_j^0} \\
&= \sum_{j=1}^{r} \frac{Y_j^2}{n \cdot p_j^0} - 2 \cdot \sum_{j=1}^{r} Y_j + n \cdot \sum_{j=1}^{r} p_j^0 \\
&= \sum_{j=1}^{r} \frac{Y_j^2}{n \cdot p_j^0} - n,
\end{aligned}
$$

da

$$\sum_{j=1}^{r} Y_i = n \quad \text{und} \quad \sum_{j=1}^{r} p_j^0 = 1.$$

Bemerkung
Beim χ^2-Anpassungstest gibt es die folgende Faustregel: $C_1, \ldots, C_r$ und n sollten so gewählt sein, dass für

$$p_j^0 = \mathbf{P}_{F=F_0}[X_1 \in C_i] \text{ gilt: } n \cdot p_j^0 \geq 5 \quad (j = 1, \ldots, r).$$

Oft möchte man wissen, ob eine Verteilung aus einer vorgegebenen Klasse von Verteilung stammt, z. B. ob, wie in Beispiel 6.15, eine $\pi(\theta)$-Verteilung für ein $\theta \in \Theta$ vorliegt. Dann kann man wie folgt vorgehen:
Sei $\{w_\theta : \theta \in \Theta\}$ mit $\Theta \subseteq \mathbb{R}$ die gegebene Klasse von Verteilungen. Setze

$$p_j^0(\theta) = \mathbf{P}_\theta[X_1 \in C_j] = w_\theta(C_j) \quad (j = 1, \ldots, r).$$

Seien $y_1, \ldots, y_r$ die beobachteten Werte von $Y_1, \ldots, Y_r$. Dann kann θ mithilfe des Maximum-Likelihood-Prinzips geschätzt werden durch

$$\widehat{\theta} = \text{argmax}_{\theta \in \Theta} \frac{n!}{y_1! \cdots y_r!} \left(p_1^0(\theta)\right)^{y_1} \cdot \ldots \cdot \left(p_r^0(\theta)\right)^{y_r}.$$

Anschließend kann

$$H_0 : \mathbf{P}_{X_1} = w_{\widehat{\theta}} \quad \text{versus} \quad H_1 : \mathbf{P}_{X_1} \neq w_{\widehat{\theta}}$$

durch Betrachtung von

$$T_n(X_1, \ldots, X_n) = \sum_{j=1}^{r} \frac{(Y_j - n \cdot p_j^0(\widehat{\theta}))^2}{n \cdot p_j^0(\widehat{\theta})}$$

getestet werden.
Man kann zeigen: Für n groß ist bei Gültigkeit von H_0

$$T_n(X_1, \ldots, X_n) \text{ annähernd } \chi^2_{r-1-1}$$

verteilt.[9] Daher lehnt man hier H_0 ab, falls

$$T_n(X_1, \ldots, X_n) > \chi^2_{r-2;\alpha},$$

wobei $\chi^2_{r-2;\alpha}$ das α-Fraktil der χ^2-Verteilung mit $r - 2$ Freiheitsgraden ist.

▶ **Anwendung in Beispiel 6.15:**
Hier möchten wir wissen, ob die Anzahl der Toten durch Hufschlag wirklich durch eine $\pi(\theta)$-verteilte Zufallsvariable beschrieben werden kann.
Die Darstellung der Daten legt die Klasseneinteilung

$$C_1 = (-\infty, 0], C_2 = (0, 1], C_3 = (1, 2], C_4 = (2, 3], C_5 = (3, 4] \text{ und } C_6 = (4, \infty)$$

nahe. Für $j < 6$ gilt hier

$$p_j^0(\theta) = \mathbf{P} \, (\text{„Poisson}(\theta)\text{-verteilte ZV nimmt Wert } j - 1 \text{ an“})$$

$$= \frac{\theta^{j-1}}{(j-1)!} \cdot e^{-\theta}.$$

Unter Beachtung von $y_6 = 0$ ergibt sich als Maximum-Likelihood-Schätzer

$$
\begin{aligned}
\widehat{\theta} &= \operatorname{argmax}_{\theta \in (0,\infty)} \frac{n!}{y_1! \cdot y_2! \cdot \ldots \cdot y_6!} \cdot (p_1^0(\theta))^{y_1} \cdot \ldots \cdot (p_6^0(\theta))^{y_6} \\
&= \operatorname{argmax}_{\theta \in (0,\infty)} \frac{200}{109! \cdot 65! \cdot 22! \cdot 3! \cdot 1! \cdot 0!} \cdot \left(\frac{\theta^0}{0!} \cdot e^{-\theta} \right)^{109} \cdot \left(\frac{\theta^1}{1!} \cdot e^{-\theta} \right)^{65} \\
&\qquad \cdot \left(\frac{\theta^2}{2!} \cdot e^{-\theta} \right)^{22} \cdot \left(\frac{\theta^3}{3!} \cdot e^{-\theta} \right)^{3} \cdot \left(\frac{\theta^4}{4!} \cdot e^{-\theta} \right)^{1} \\
&= \operatorname{argmax}_{\theta \in (0,\infty)} \operatorname{const}(n, y_1, \ldots, y_r) \cdot \theta^{0 \cdot 109 + 1 \cdot 65 + 2 \cdot 22 + 3 \cdot 4 + 4 \cdot 1} \cdot e^{-200 \cdot \theta} \\
&= \operatorname{argmax}_{\theta \in (0,\infty)} \operatorname{const}(n, y_1, \ldots, y_r) \cdot \theta^{122} \cdot e^{-200 \cdot \theta} \\
&= \frac{122}{200} = 0,61
\end{aligned}
$$

(da $f(\theta) = \theta^k \cdot e^{-n \cdot \theta}$ sein Maximum in $(0, \infty)$ an der Stelle $\widehat{\theta} = \frac{k}{n}$ annimmt). Damit gilt

$$
p_j^0(\widehat{\theta}) = \frac{0,61^{j-1}}{(j-1)!} \cdot e^{-0,61} \quad (j = 1, \ldots, 5),
$$

und mit $n = 200$ erhalten wir:

# Tote/Jahr	0	1	2	3	4	≥ 5
# Regimenter	109	65	22	3	1	0
Gehört zur Klasse	C_1	C_2	C_3	C_4	C_5	C_6
$p_0^0(\widehat{\theta})$	0,543	0,331	0,101	0,02	0,003	0,002
Erwarteter Wert $n \cdot p_j^0(\widehat{\theta})$	108,7	66,3	20,2	4,1	0,63	0,4

Man sieht, dass bei dieser Klasseneinteilung C_4, C_5 und C_6 nicht die Faustregel $n \cdot p_j^0 \geq 5$ erfüllen.

Daher verwenden wir für den χ^2-Test die neue Klasseneinteilung:

$$
\overline{C}_1 = (-\infty, 0], \overline{C}_2 = (0, 1], \overline{C}_3 = (1, 2] \text{ und } \overline{C}_4 = (2, \infty].
$$

Für diese Klasseneinteilung gilt

$$
p_j^0(\theta) = \frac{\theta^{(j-1)}}{(j-1)!} \cdot e^{-\theta} \text{ für } \theta \in \{1, 2, 3\}
$$

und

$$
\begin{aligned}
p_4^0(\theta) &= 1 - p_1^0(\theta) - p_2^0(\theta) - p_3^0(\theta) \\
&= 1 - e^{-\theta} \left(1 + \theta + \frac{\theta^2}{2} \right).
\end{aligned}
$$

Damit ist der Maximum-Likelihood-Schätzer bei dieser Klasseneinteilung gegeben durch

$$\widehat{\theta} = \mathrm{argmax}_{\theta \in (0,\infty)} \frac{n!}{y_1! \cdot y_2! \cdot y_3! \cdot (y_4 + y_5 + y_6)!} \cdot (p_1^0(\theta))^{y_1} \cdot (p_2^0(\theta))^{y_2} \cdot (p_3^0(\theta))^{y_3}$$

$$\cdot (p_4^0(\theta))^{y_4 + y_5 + y_6}$$

$$= \mathrm{argmax}_{\theta \in (0,\infty)} \mathrm{const} \cdot (e^{-\theta})^{109} \cdot (\theta \cdot e^{-\theta})^{65} \cdot (\frac{\theta^2}{2} \cdot e^{-\theta})^{22}$$

$$\cdot (1 - e^{-\theta}(1 + \theta + \frac{\theta^2}{2}))^4$$

$$= \mathrm{argmax}_{\theta \in (0,\infty)} \mathrm{const}' \cdot \theta^{0 \cdot 109 + 1 \cdot 65 + 2 \cdot 22} \cdot e^{-196 \cdot \theta}(1 - e^{-\theta}(1 + \theta + \frac{\theta^2}{2}))^4.$$

Man kann zeigen, dass die Maximalstelle hier wieder approximativ gleich $0,61$ ist, d. h., dass gilt

$$\widehat{\theta} \approx 0,61.$$

Damit gilt jetzt für die erwarteten Werte

j	1	2	3	4
$n \cdot p_j^0(\widehat{\theta})$	108,7	66,3	20,2	5

und die Prüfgröße berechnet sich zu

$$
\begin{aligned}
T(x_1, \ldots, x_n) &= \frac{y_1^2}{n \cdot p_1^0(\theta)} + \frac{y_2^2}{n \cdot p_2^0(\theta)} + \frac{y_3^2}{n \cdot p_3^0(\theta)} + \frac{(y_4 + y_5 + y_6)^2}{n \cdot p_4^0(\theta)} - n \\
&\approx \frac{109^2}{108,7} + \frac{65^2}{66,3} + \frac{22^2}{20,2} + \frac{4^2}{5} - 200 \\
&\approx 0,187.
\end{aligned}
$$

Als Niveau wählen wir $\alpha = 0,05$. In diesem Fall ist

$$\chi_{r-2;\alpha}^2 = \chi_{4-2;0,05}^2 = \chi_{2;0,05}^2 \approx 5,99,$$

und wegen

$$T(x_1, \ldots, x_n) \approx 0,187 < 5,99$$

kommt man zu dem Schluss, dass H_0 bei dem vorliegenden Datenmaterial zum Niveau $\alpha = 5\%$ nicht abgelehnt werden kann.

6.6   Die einfaktorielle Varianzanalyse

In diesem Abschnitt betrachten wir zwei auf dem gleichen Wahrscheinlichkeitsraum definierte Zufallsvariablen F und X. Wie bei der linearen Regression bzw. der nichtparametrischen Regressionsschätzung interessieren wir uns für den Zusammenhang zwischen F und X. Neu ist jetzt aber, dass in diesem Abschnitt F nur endlich viele verschiedene Werte annimmt (man spricht hier von einem sogenannten *Faktor* mit endlich vielen verschiedenen *Faktorstufen*), und uns interessiert primär, ob der Wert von F überhaupt einen Einfluss auf den Wert von X hat.

▶ **Beispiel 6.16**   Nach der Eiszeit gab es in Nordamerika so gut wie keine Regenwürmer mehr. Erst in jüngster Zeit nimmt deren Zahl durch menschliche Einflüsse (z. B. Holzfäller, die diese in den Wald hinein-tragen, oder Angler, die überzählige Köder wegwerfen) wieder zu. Dies bietet Biologen die Möglichkeit, zu untersuchen, wie sich der Boden in einem Laubwald im Rahmen der Invasion von Regenwürmern ver-ändert. Dabei wird in Wäldern in Nordamerika unter anderem unter-sucht, inwieweit sich die Anzahl der Regenwürmer mit der Entfernung zum Waldrand ändert und ob die Zahl der vorhandenen Regenwürmer die Beschaffenheit des Waldbodens, z. B. die Dicke der Humusschicht, verändert.

Daten zur Beantwortung solcher Fragen wurden in Eisenhauer et al. (2007) wie folgt erhoben: In einem Wald in Kanada wurden drei verschie-dene, gerade Strecken zwischen Waldrand und Waldmitte gebildet, auf jeder dieser Strecken wurden zehn gleichweit entfernte Stellen ausge-wählt, auf denen jeweils der Waldboden untersucht wurde. Die Untersu-chung bestand darin, den Waldboden auf einer Fläche von einem Viertel Quadratmeter und bis zu einer Tiefe von 10 cm komplett zu entfernen und die Anzahl sowie die Arten der darin vorhandenen Regenwürmer zu bestimmen. Anschließend wurde der Boden mit Formalin behandelt, um auch Regenwürmer aus tieferen Schichten zum Auftauchen aus der Erde zu zwingen und deren Anzahl und Arten zu ermitteln. Zusätzlich wurde noch die Dicke der Humusschicht des Waldbodens an dieser Stelle gemessen.

Aus den so erhobenen Daten kann man nun mehrere verschiedene Datensätze gewinnen, die man mit der in diesem Abschnitt vorgestell-ten einfaktoriellen Varianzanalyse untersuchen kann. Um festzustellen, ob sich die Anzahl der Regenwürmer mit der Entfernung zum Waldrand verändert, kann man pro Entfernung vom Waldrand für jede der 3 Stre-cken jeweils angeben, wie viele Regenwürmer dort vorhanden waren. Diese Anzahlen fasst man als Beobachtungen von Zufallsvariablen F und X auf, wobei F die Entfernung zum Waldrand beschreibt (die eigentlich deterministisch und nicht zufällig ist) und X die Zahl der Regenwürmer angibt. Man erhält dann einen Datensatz mit 10 Faktorstufen (den Bezei-chungen für die verschiedenen Entfernungen) und 3 Beobachtungen pro

Faktorstufe (d. h. den 3 verschiedenen Werten für die Anzahl der Würmer bei dieser Entfernung).

Möchte man dagegen wissen, ob die Zahl der vorhandenen Regenwürmer die Dicke der Humusschicht verändert, so kann man zunächst zur Vereinfachung die Zahl der Regenwürmer in endlich viele Klassen unterteilen. Denkbar wäre z. B. eine Unterteilung in vier Klassen, kodiert durch die Zahlen 1 bis 4, wobei die Zahlen 1 bis 4 für sehr wenige bzw. wenige bzw. viele bzw. sehr viele Regenwürmer stehen. Dieser Zahlenwert wird nun als Realisierung einer Zufallsvariablen F aufgefasst, die nur die Werte 1 bis 4 annimmt. Als Wert der Zufallsvariablen X kann man die Dicke der Humusschicht betrachten. Auf diese Art erhält man dann einen zweiten Datensatz mit 4 Faktorstufen und insgesamt 30 Beobachtungen, die aber diesmal ungleich auf die einzelnen Faktorstufen verteilt sind.

Bei beiden Datensätzen interessieren wir uns dafür, ob der Wert von F einen Einfluss auf den mittleren Wert von X hat oder nicht.

Falls der Datensatz genau zwei Faktorstufen hat, kann man (unter geeigneten Normalverteilungsannahmen) den Zweistichproben-t-Test zum Testen auf die Gleichheit von Erwartungswerten anwenden. Im Folgenden wollen wir diesen Test auf den Fall verallgemeinern, dass der Datensatz mehr als zwei Faktorstufen hat.

Dazu stellen wir zunächst ein Modell auf, das die Entstehung der Daten beschreibt. Die Anzahl der verschiedenen Faktorstufen bezeichnen wir mit k, und wir gehen davon aus, dass wir Realisierungen unabhängiger, normalverteilter Zufallsvariablen vorliegen haben, die alle die gleiche Varianz σ^2 haben, deren Erwartungswerte aber von der Faktorstufe abhängen.

Genauer betrachten wir eine Realisierung

$$x_1^{(1)}, \ldots, x_{n_1}^{(1)}, x_1^{(2)}, \ldots, x_{n_2}^{(2)}, \ldots x_1^{(k)}, \ldots, x_{n_k}^{(k)}$$

von unabhängigen Zufallsvariablen

$$X_1^{(1)}, \ldots, X_{n_1}^{(1)}, X_1^{(2)}, \ldots, X_{n_2}^{(2)}, \ldots X_1^{(k)}, \ldots, X_{n_k}^{(k)},$$

wobei für $j \in \{1, \ldots, k\}$ die $X_1^{(j)}, \ldots, X_{n_j}^{(j)}$ jeweils normalverteilt sind mit Erwartungswert μ_j und Varianz σ^2. Zu testen sei

$$H_0 : \mu_1 = \mu_2 = \cdots = \mu_k \quad \text{versus} \quad H_1 : \text{Es existieren } 1 \le i < j \le k \text{ mit } \mu_i \ne \mu_k.$$

Die Grundidee der einfaktoriellen Varianzanalyse besteht darin, aus der Betrachtung von zwei verschiedenen Varianzschätzern Rückschlüsse auf die zu testenden Hypothesen zu ziehen: Die beiden Varianzschätzer werden bei Gültigkeit von H_1 mehr voneinander abweichen als bei Gültigkeit von H_0.

Dabei basiert der erste Varianzschätzer auf den Abweichungen zwischen den Mittelwerten

$$\bar{X}^{(j)} = \frac{1}{n_j} \sum_{i=1}^{n_j} X_i^{(j)} \quad (j \in \{1, \ldots, k\})$$

der einzelnen Stichproben und dem Gesamtmittel

$$\bar{X} = \frac{1}{n} \sum_{j=1}^{k} \sum_{i=1}^{n_j} X_i^{(j)} \quad \text{wobei} \quad n = n_1 + \cdots + n_k,$$

und ist gegeben durch

$$SS_1^2 = \frac{1}{k-1} \sum_{j=1}^{k} n_j \cdot \left(\bar{X}^{(j)} - \bar{X} \right)^2.$$

Wir werden unten zeigen, dass bei Gültigkeit von H_0 dies ein erwartungstreuer Schätzer für σ^2 ist, d. h., dass unter H_0 gilt:

$$\mathbf{E} SS_1^2 = \sigma^2.$$

Beim zweiten Varianzschätzer wird zunächst die Varianz der j-ten Stichprobe geschätzt durch

$$S_X^2(j) = \frac{1}{n_j - 1} \sum_{i=1}^{n_j} \left(X_i^{(j)} - \bar{X}^{(j)} \right)^2,$$

wobei $\bar{X}^{(j)}$ wieder der Mittelwert der j-ten Stichprobe ist. Anschließend wird aus diesen geschätzten Varianzen die Gesamtvarianz geschätzt durch

$$SS_2^2 = \frac{1}{n-k} \sum_{j=1}^{k} \sum_{i=1}^{n_j} \left(X_i^{(j)} - \bar{X}^{(j)} \right)^2 = \frac{1}{n-k} \sum_{j=1}^{k} (n_j - 1) \cdot S_X^2(j),$$

wobei wieder $n = n_1 + \cdots + n_k$ der Umfang aller k Stichproben zusammen ist. Wie wir im nächsten Lemma sehen werden, ist auch dies ein erwartungstreuer Schätzer für σ^2, allerdings sowohl bei Gültigkeit von H_0 als auch bei Gültigkeit von H_1.

Lemma 6.1

a) Unter H_0 gilt:
$$\mathbf{E} SS_1^2 = \sigma^2.$$

b) Sowohl unter H_0 als auch unter H_1 gilt
$$\mathbf{E} SS_2^2 = \sigma^2.$$

Beweis a) Es gilt

$$\mathbf{ESS}_1^2 = \frac{1}{k-1} \sum_{j=1}^{k} n_j \cdot \mathbf{E}\left(\left(\bar{X}^{(j)} - \bar{X} \right)^2 \right)$$

$$= \frac{1}{k-1} \sum_{j=1}^{k} n_j \cdot \left(\mathbf{E}(\bar{X}^{(j)})^2 + \mathbf{E}\bar{X}^2 - 2 \cdot \mathbf{E}(\bar{X}^{(j)} \cdot \bar{X}) \right).$$

Die Erwartungswerte der beiden quadratischen Terme lassen sich unter Verwendung der Rechenregeln für Erwartungswerte und Varianzen bei Gültigkeit von H_0 ausrechnen zu

$$\mathbf{E}(\bar{X}^{(j)})^2 = V(\bar{X}^{(j)}) + (\mathbf{E}\bar{X}^{(j)})^2 = \frac{\sigma^2}{n_j} + \mu_j^2 = \frac{\sigma^2}{n_j} + \mu^2$$

und

$$\mathbf{E}\bar{X}^2 = V(\bar{X}) + (\mathbf{E}\bar{X})^2 = \frac{\sigma^2}{n} + \mu^2.$$

Für den Erwartungswert des gemischten Terms erhalten wir bei Gültigkeit von H_0

$$\mathbf{E}\left(\bar{X}^{(j)} \cdot \bar{X} \right) = \mathbf{E}\left(\frac{1}{n_j} \sum_{i=1}^{n_j} X_i^{(j)} \cdot (\frac{1}{n} \sum_{l=1,\dots,k, l \neq j} \sum_{s=1,\dots,n_l} X_s^{(l)} + \frac{1}{n} \sum_{i=1}^{n_j} X_i^{(j)}) \right)$$

$$= \frac{1}{n_j} \sum_{i=1}^{n_j} \left(\frac{1}{n} \sum_{l=1,\dots,k, l \neq j} \sum_{s=1,\dots,n_l} \mathbf{E}X_i^{(j)} \cdot \mathbf{E}X_s^{(l)} + \frac{n_j}{n} \cdot \mathbf{E}(\bar{X}^{(j)})^2 \right)$$

$$= \frac{n - n_j}{n} \cdot \mu^2 + \frac{n_j}{n} \cdot (\frac{\sigma^2}{n_j} + \mu^2)$$

$$= \mu^2 + \frac{\sigma^2}{n}.$$

Insgesamt erhalten wir daher bei Gültigkeit von H_0:

$$\mathbf{ESS}_1^2 = \frac{1}{k-1} \sum_{j=1}^{k} n_j \cdot \left(\frac{\sigma^2}{n_j} + \mu^2 + \frac{\sigma^2}{n} + \mu^2 - 2 \cdot (\mu^2 + \frac{\sigma^2}{n}) \right)$$

$$= \frac{1}{k-1} \sum_{j=1}^{k} n_j \cdot \left(\frac{\sigma^2}{n_j} - \frac{\sigma^2}{n} \right) = \frac{1}{k-1} \cdot \left(k \cdot \sigma^2 - \frac{n}{n} \cdot \sigma^2 \right) = \sigma^2.$$

b) Da $S_X^2(j)$ ein erwartungstreuer Schätzer für σ^2 ist (vgl. Schätzung der Varianz einer Stichprobe), gilt dies auch für SS_2^2, denn

$$\mathrm{E}SS_2^2 = \frac{1}{n-k} \sum_{j=1}^{k} (n_j - 1) \cdot \mathrm{E}S_X^2(j) = \frac{1}{n-k} \sum_{j=1}^{k} (n_j - 1) \cdot \sigma^2 = \frac{n-k}{n-k} \cdot \sigma^2 = \sigma^2.$$

□

Die Idee ist nun, dass bei Gültigkeit von H_1 SS_2^2 nahe an σ^2 liegt, während SS_1^2 davon abweicht, und daher der Quotient der beiden Ausdrücke von Eins verschieden ist. Man kann nun zeigen, dass, sofern H_0 gilt (also sofern alle Erwartungswerte identisch sind), die Verteilung von

$$\frac{SS_1^2}{SS_2^2}$$

nur von k und n abhängt.

Genauer handelt es sich dann um eine $F_{k-1,n-k}$-Verteilung.[10]

Die Idee der einfaktoriellen Varianzanalyse ist nun, H_0 abzulehnen, falls

$$T(X_1^{(1)}, \ldots, X_{n_k}^{(k)}) = \frac{SS_1^2}{SS_2^2}$$

groß ist, d. h., beim Test zum Niveau α wird H_0 genau dann abgelehnt, wenn $T(X_1^{(1)}, \ldots, X_{n_k}^{(k)})$ größer als das α-Fraktil der $F_{k-1,n-k}$-Verteilung ist.

Aufgaben

6.1. Die zufällige Lebensdauer einer Leuchtstoffröhre hängt nicht von der gesamten Brenndauer, sondern nur von der Anzahl der Ein- und Ausschaltvorgänge ab. Die Wahrscheinlichkeit, dass eine Röhre beim k-ten Einschaltvorgang ausfällt, sei $p^{k-1} \cdot (1-p)$ ($k \in \mathbb{N}$), wobei der Parameter $p \in (0, 1)$ als Maß für die Güte der Röhre angesehen werden kann.

In einer Glühlampenfabrik wird die Qualität der produzierten Röhren dadurch kontrolliert, dass n Röhren unabhängig voneinander durch Relais ständig ein- und ausgeschaltet werden. Dabei wird registriert, wann die einzelnen Röhren ausfallen. Das Ergebnis dieser Versuche sei $k_1, \ldots, k_n \in \mathbb{N}$, d. h., die i-te Röhre ist beim k_i-ten Einschaltvorgang ausgefallen.

Bestimmen Sie durch Anwendung des Maximum-Likelihood-Prinzips eine Schätzung des Parameters p ausgehend von $k_1, \ldots, k_n$.

6.2. Ein Flugunternehmen möchte die zufällige Anzahl X der Personen, die nach Erwerb eines Flugtickets nicht (rechtzeitig) zum Abflug erscheinen, stochastisch modellieren. Nimmt man an, dass bei $n = 240$ verkauften Flugtickets jede einzelne Person, die ein Flugticket erworben hat, unbeeinflusst von den anderen Käufern der Flugtickets mit Wahrscheinlichkeit $p \in (0, 1)$ nicht zum Abflug erscheint, so ist die zufällige Zahl X der nicht zum Abflug erscheinenden Personen binomialverteilt mit Parametern $n = 240$ und p, d. h.

$$\mathbf{P}[X = k] = \binom{n}{k} p^k (1-p)^{n-k} \quad (k \in \{0, 1, \ldots, n\}).$$

Bei den letzten zehn Abflügen sind

$$x_1 = 10, x_2 = 6, x_3 = 15, x_4 = 1, x_5 = 2, x_6 = 5, x_7 = 6, x_8 = 16, x_9 = 11, x_{10} = 3$$

der jeweils $n = 240$ Personen, die ein Flugticket gekauft hatten, nicht zum Abflug erschienen.

Konstruieren Sie mithilfe des Maximum-Likelihood-Prinzips ausgehend von diesen Daten eine Schätzung von p.

6.3. Wirtschaftswissenschaftler W. möchte die Dauer von Arbeitslosigkeit stochastisch modellieren. Dazu beschreibt er sie durch eine $\exp(\lambda)$-Verteilung, d. h. durch eine Verteilung, die eine Dichte $f : \mathbb{R} \to \mathbb{R}_+$ besitzt mit

$$f(x) = \begin{cases} \lambda \cdot e^{-\lambda \cdot x} & \text{für } x \geq 0, \\ 0 & \text{für } x < 0. \end{cases}$$

Um den unbekannten Parameter $\lambda > 0$ zu schätzen, lässt er sich vom Arbeitsamt für vier zufällig herausgegriffene Arbeitslose ermitteln, dass diese genau $x_1 = 12$ bzw. $x_2 = 2$ bzw. $x_3 = 18$ bzw. $x_4 = 8$ Monate nach Verlust ihres bisherigen Arbeitsplatzes eine neue Arbeitsstelle gefunden haben.

(a) Konstruieren Sie den Maximum-Likelihood-Schätzer für λ und geben Sie an, was man im Falle der obigen Stichprobe als Schätzung für λ erhält.

(b) Zeigen Sie, dass der Schätzer

$$T_n(X_1, \ldots, X_n) = \frac{1}{\frac{1}{n} \sum_{i=1}^n X_i}$$

ein konsistenter Schätzer für λ ist.

6.4. Die Zufallsvariablen $X_1, \ldots, X_n$ seien unabhängig identisch auf $[\theta, 2\theta]$ gleichverteilt, d. h., sie sind unabhängig und besitzen (jeweils) eine Dichte $f_\theta : \mathbb{R} \to \mathbb{R}_+$ mit

$$f_\theta(x) = \begin{cases} \frac{1}{\theta} & \text{für } \theta \leq x \leq 2\theta, \\ 0 & \text{für } x \notin [\theta, 2\theta]. \end{cases}$$

Hierbei ist $\theta \in \mathbb{R}_+ \setminus \{0\}$ ein Parameter der Dichte f_θ.

(a) Zeigen Sie, dass der Schätzer

$$T_n(X_1, \ldots, X_n) = \frac{2}{3 \cdot n} \sum_{i=1}^{n} X_i$$

ein erwartungstreuer Schätzer für θ ist.

(b) Ist der Schätzer in a) auch konsistent? Begründen Sie Ihre Antwort.

6.5. Ein Autohersteller behauptet, dass der Benzinverbrauch für einen neu entwickelten Typ im Mittel 6 Liter pro 100 km beträgt. Dabei kann er davon ausgehen, dass der Verbrauch normalverteilt ist mit der Standardabweichung $\sigma = 0,3$.

(a) Eine Verbraucherzentrale vermutet, dass der Hersteller einen zu niedrigen Mittelwert μ angegeben hat. Sie überprüft deshalb 20 Autos des neuen Typs auf ihren Verbrauch und berechnet aus diesen Werten das arithmetische Mittel $\bar{x} = 6,1$. Kann man hiermit die Behauptung des Herstellers widerlegen?

(b) Einer Autozeitschrift werden von 152 Käufern des neuen Typs Beschwerden über den zu hohen Verbrauch zugesandt. Sie errechnet aus diesen Werten das arithmetische Mittel $\bar{x} = 7,3$. Kann man hiermit die Behauptung des Herstellers widerlegen?

Hinweis: Das $0,05$-Fraktil der Standardnormalverteilung ist ungefähr gleich $1,644854$.

6.6. Das Gewicht von Eiern einer bestimmten Güteklasse sei normalverteilt mit Erwartungswert $\mu = 78$ (in g). Ein Kunde kauft 60 Eier und berechnet für diese Eier das mittlere Gewicht $\bar{x} = 72,1$ (in g) und die empirische Standardabweichung $s = 6,2$ (in g). Steht dieses Ergebnis in Einklang mit der angegebenen Güteklasse?

Hinweis: Das $0,025$-Fraktil der t-Verteilung mit 59 Freiheitsgraden ist ungefähr gleich $2,000995$.

6.7. In einer Studie wurde die Pulsfrequenz von 53 8-9-jährigen Jungen gemessen. Es ergab sich eine mittlere Pulsfrequenz von $86,7$ Schlägen/Minute. Langjährige Erfahrungen haben gezeigt, dass die Pulsfrequenz normalverteilt ist mit Mittelwert μ und Standardabweichung $\sigma = 10,3$ Schläge/Minute. Zu testen ist die Hypothese $H_0: \mu \geq 90$ gegen $H_1: \mu < 90$.

In der Praxis gibt man zur Beurteilung der Signifikanz der Daten häufig den sogenannten *p-Wert* der Daten an, d. h. das kleinste Fehlerlevel α, mit dem man die Nullhypothese noch ablehnen kann.

Berechnen Sie zu den obigen Daten den p-Wert und interpretieren Sie das Ergebnis.

Hinweis: Für die Verteilungsfunktion Φ der Standardnormalverteilung gilt

$$\Phi(-8,96) \approx 1,56 \cdot 10^{-19}.$$

6.8. In einer Studie wurden 9 männliche Triathleten beim Schwimmwettbewerb untersucht. Für deren maximale Herzfrequenz (in Schlägen/Minute) ergab sich ein empirisches Mittel von $188,0$ bei einer empirischen Standardabweichung von $7,2$. Man nehme an, dass die maximale Herzfrequenz annähernd normalverteilt ist.

(a) Konstruieren Sie ein $98\,\%$-Konfidenzintervall für die wahre mittlere maximale Herzfrequenz.

   Hinweis: Es gilt $t_{8;0,01} \approx 2,896$.

(b) Bestimmen Sie ein einseitiges $95\,\%$-Konfidenzintervall, d. h. ein Konfidenzintervall der Form $[u, \infty)$, für die Varianz der maximalen Herzfrequenz.

   Hinweis: Für das $0,05$-Fraktil der χ^2-Verteilung mit 8 Freiheitsgraden gilt $\chi^2_{8;0,05} \approx 15,51$

6.9. Auf einer Entbindungsstation ergaben sich für die einzelnen Monate eines Jahres folgende Geburtenhäufigkeiten:

Monat	Jan.	Feb.	März	April	Mai	Juni	Juli	Aug.	Sept.	Okt.	Nov.	Dez.
Geburten	119	116	121	125	129	140	138	136	124	127	115	113

Testen Sie hiermit die Hypothese der Gleichverteilung der Geburten auf die einzelnen Monate des Jahres mit $\alpha = 0,05$.

Hinweis: Für das $0,05$-Fraktil der χ^2-Verteilung mit 11 Freiheitsgraden gilt $\chi^2_{11;0,05} \approx 19,68$

6.10. Ein Zufallsgenerator eines Softwarepakets erzeugt angeblich Realisierungen einer auf $(0, 2)$ gleichverteilten Zufallsvariablen. Beobachtet wurden die 10 Zufallszahlen

$$1,15,\ 1,02,\ 1,36,\ 0,82,\ 0,15,\ 1,08,\ 1,40,\ 1,28,\ 1,51,\ 0,90,$$

(a) Zeichnen Sie das Bild der zugehörigen empirischen Verteilungsfunktion.
(b) Testen Sie zum Niveau $\alpha = 0,05$, ob die Stichprobe einer im Intervall $(0, 2)$ gleichverteilten Grundgesamtheit entstammen kann.

Anhang A: Mathematische Grundlagen

In diesem Kapitel werden einige der für das Verständnis dieses Buches benötigten mathematischen Grundlagen kurz eingeführt. Der dargestellte Stoff gehört zu den Grundlagen, die man im Rahmen des Mathematikstudiums im ersten Jahr lernt. Näheres dazu findet man z. B. in Heuser (2003).

A.1 Mengen und Mengenoperationen

Wir verwenden im Folgenden den naiven Mengenbegriff von Cantor. Gemäß diesem ist eine Menge eine Zusammenfassung von wohlunterschiedenen Objekten unseres Denkens und unserer Anschauung. Ist A eine Menge und x ein beliebiges Objekt, so schreiben wir $x \in A$, falls x in der Menge A enthalten ist, und $x \notin A$, falls x nicht in A enthalten ist.

Mengen können explizit durch Aufzählung aller Elemente der Menge definiert werden. Beispiele dafür sind die Menge der natürlichen Zahlen ohne Null

$$\mathbb{N} = \{1, 2, 3, 4, \dots\},$$

die Menge der natürlichen Zahlen mit Null

$$\mathbb{N}_0 = \{0, 1, 2, 3, 4, \dots\},$$

oder auch die Menge der ganzen Zahlen

$$\mathbb{Z} = \{\dots, -3, -2, -1, 0, 1, 2, 3, \dots\}.$$

Alternativ kann man Mengen durch Angabe von Eigenschaften ihrer Elemente angeben, z. B. die Menge der rationalen Zahlen

© Springer-Verlag GmbH Deutschland 2017
J. Eckle-Kohler, M. Kohler, *Eine Einführung in die Statistik und ihre Anwendungen*,
Springer-Lehrbuch, DOI 10.1007/978-3-662-54094-7

$$\mathbb{Q} = \left\{ \frac{p}{q} \;\middle|\; p \in \mathbb{Z}, q \in \mathbb{N} \right\}.$$

Die Menge $\mathbb{R}$ aller reellen Zahlen besteht aus allen Zahlen, die eine abbrechende oder nicht abbrechende Dezimaldarstellung besitzen, wie z. B. $-23, 32, \sqrt{2} = 1, 4142\ldots$ oder $\pi = 3, 1415\ldots$

Ist A eine Menge reeller Zahlen, so heißt jede Zahl $M \in \mathbb{R}$ mit

$$x \leq M \quad \text{für alle} \quad x \in A$$

obere Schranke von A. Man kann zeigen, dass es immer eine kleinste obere Schranke gibt. Diese wird als *Supremum* von A bezeichnet, und wir verwenden dafür die Notation

$$\sup A.$$

Analog heißt jede Zahl $M \in \mathbb{R}$ mit

$$x \geq M \quad \text{für alle} \quad x \in A$$

untere Schranke von A, es gibt eine größte untere Schranke $\inf A$, die als Infimum von A bezeichnet wird.

Ist z. B.

$$A = \{x \in \mathbb{R} : 1 \leq x < 5\},$$

so sind 6, 9 und 15 obere Schranken und -5, 0 und $0, 5$ untere Schranken von A. Die kleinste obere Schranke ist

$$\sup A = 5,$$

und die größte untere Schranke ist

$$\inf A = 1.$$

Sind A, B zwei Mengen, so können wir daraus neue Mengen bilden durch Vereinigung (d. h. durch Bildung der Menge aller Elemente, die in der ersten oder in der zweiten Menge enthalten sind)

$$A \cup B = \{x \;\mid\; x \in A \text{ oder } x \in B\},$$

durch Durchschnitt (d. h. durch Bildung der Menge aller Elemente, die in der ersten und in der zweiten Menge enthalten sind)

$$A \cap B = \{x \;\mid\; x \in A \text{ und } x \in B\}$$

oder durch Differenzbildung (d. h. durch Bildung der Menge aller Elemente, die in der ersten, aber nicht in der zweiten Menge enthalten sind)

$$A \setminus B = \{x \;\mid\; x \in A \text{ und } x \notin B\},$$

vgl. Abb. A.1.

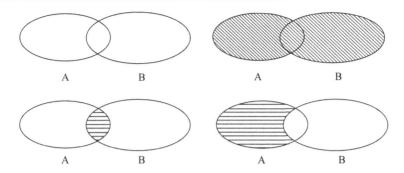

Abb. A.1 Illustration der Vereinigung (oben rechts), des Durchschnitts (unten links) und der Differenz (unten rechts) zweier Mengen

Die Menge, die kein einziges Element enthält, ist die sog. leere Menge und wird mit dem Symbol $\emptyset$ bezeichnet. Für eine beliebige Menge A gilt immer

$$A \cup \emptyset = A, A \cap \emptyset = \emptyset, A \setminus \emptyset = A.$$

Für die Mengenoperationen gelten die folgenden elementaren Beziehungen, wie man sich mit elementaren logischen Umformungen klarmacht:

$$(A_1 \cup A_2) \cap B = (A_1 \cap B) \cup (A_2 \cap B)$$

und

$$(A_1 \cup A_2) \setminus B = (A_1 \setminus B) \cup (A_2 \setminus B).$$

Zum Beispiel liegt x genau dann in der Menge $(A_1 \cup A_2) \cap B$, wenn gilt

$$(x \in A_1 \text{ oder } x \in A_2) \text{ und } x \notin B,$$

was logisch das Gleiche bedeutet wie

$$(x \in A_1 \text{ und } x \notin B) \text{ oder } (x \in A_2 \text{ und } x \notin B).$$

Letzteres wiederum gilt genau dann, wenn x in der Menge $(A_1 \setminus B) \cup (A_2 \setminus B)$ liegt.

Des Weiteren gelten die sog. de Morganschen Regeln, wie man sich leicht entweder anschaulich an Abb. A.2 oder mit elementaren logischen Umformungen klarmacht:

$$A \setminus (B_1 \cup B_2) = (A \setminus B_1) \cap (A \setminus B_2)$$

sowie

$$A \setminus (B_1 \cap B_2) = (A \setminus B_1) \cup (A \setminus B_2).$$

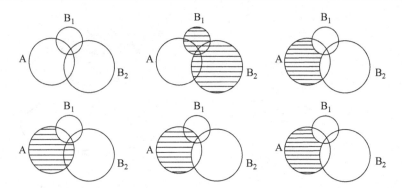

Abb. A.2 Illustration einer der beiden de Morganschen Regeln: Darstellung von drei Mengen A, B_1, B_2 (oben links) sowie $B_1 \cup B_2$ (oben Mitte), $A \setminus (B_1 \cup B_2)$ (oben rechts), $A \setminus B_1$ (unten links), $A \setminus B_2$ (unten Mitte) und $(A \setminus B_1) \cap (A \setminus B_2)$ (unten rechts)

Die obigen Definitionen und Beziehungen lassen sich sofort auf beliebige Anzahlen von Mengen verallgemeinern: Ist z. B. für jedes j aus einer Indexmenge J eine Menge B_j gegeben, so definieren wir

$$\bigcup_{j \in J} B_j = \left\{ x \quad | \quad \text{Für ein } j \in J \text{ gilt } x \in B_j \right\}$$

und

$$\bigcap_{j \in J} B_j = \left\{ x \quad | \quad \text{Für alle } j \in J \text{ gilt } x \in B_j \right\}$$

und erhalten analog zu oben wieder die de Morganschen Regeln

$$A \setminus \left(\bigcup_{j \in J} B_j \right) = \bigcap_{j \in J} (A \setminus B_j)$$

und

$$A \setminus \left(\bigcap_{j \in J} B_j \right) = \bigcup_{j \in J} (A \setminus B_j).$$

A.2   Das Summenzeichen

In der Statistik bilden wir häufig Summen von reellen Messgrößen. Ist dabei die Anzahl der Summanden groß, oder sind die Werte der Summanden wie in

$$x_1 + x_2 + \cdots + x_n$$

nicht explizit angegeben, so bietet es sich an, für die Summe eine Abkürzung zu verwenden. In der Mathematik verwendet man dafür das griechische Symbol $\sum$ (gesprochen: „sigma"), und man schreibt

$$\sum_{i=1}^{n} x_i = x_1 + x_2 + \cdots + x_n$$

(gesprochen: „Summe der x_i von $i = 1$ bis n"). Entsprechend definieren wir

$$\sum_{i=k}^{n} x_i = x_k + x_{k+1} + \cdots + x_n$$

für $k \leq n$ sowie

$$\sum_{i \in \{2,3,4\}} x_i = x_2 + x_3 + x_4.$$

Bei der letzten Notation nutzen wir aus, dass die Reihenfolge des Aufsummierens (die auf der linken Seite ja nicht eindeutig festgelegt ist) bei endlichen Summen keine Rolle spielt.

Für endliche Summen gelten die üblichen Rechenregeln, z. B. ist

$$\sum_{k=1}^{n} (\alpha \cdot x_k + \beta \cdot y_k) = \alpha \cdot \left(\sum_{k=1}^{n} x_k \right) + \beta \cdot \left(\sum_{k=1}^{n} y_k \right),$$

wie man sich leicht durch Ausschreiben aller Abkürzungen und Ausmultiplizieren der rechten Seite klarmacht.

Analog sieht man auch die Gültigkeit von sog. Indextransformationen ein, wie sie z. B. in

$$\sum_{i=2}^{n+1} x_i = \sum_{k=1}^{n} x_{k+1}$$

auftritt.

Eine wichtige Summe ist die sog. geometrische Summe

$$\sum_{k=0}^{n} x^k$$

mit $n \in \mathbb{N}$ und $x \in \mathbb{R}$. Diese Summe lässt sich leicht explizit berechnen: Ist nämlich $x = 1$, so summiert man $(n + 1)$-mal die Zahl 1 auf und erhält $n + 1$. Ist dagegen $x \neq 1$, so gilt

$$(1 - x) \cdot \sum_{k=0}^{n} x^k = \sum_{k=0}^{n} x^k - x \cdot \sum_{k=0}^{n} x^k = \sum_{k=0}^{n} x^k - \sum_{k=0}^{n} x^{k+1} = \sum_{k=0}^{n} x^k - \sum_{k=1}^{n+1} x^k = 1 - x^{n+1},$$

woraus

$$\sum_{k=0}^{n} x^k = \frac{1 - x^{n+1}}{1 - x}$$

folgt.

A.3   Folgen und Reihen

In diesem Abschnitt führen wir die Begriffe Folge und Reihe ein und beschreiben einige ihrer wichtigsten Eigenschaften. Wir beginnnen dazu mit

---

Definition A.1

Eine (reelle) *Folge* ist eine Zuordnung f, die jeder natürlichen Zahl $n \in \mathbb{N}$ in eindeutiger Weise ein Element $f(n) \in \mathbb{R}$ zuordnet. Die Elemente $a_n = f(n)$ heißen *Glieder der Folge f.*

Für Folgen verwenden wir die folgenden beiden Schreibweisen:

$$f = (a_n)_{n \in \mathbb{N}} \quad \text{und} \quad f = (a_n)_n.$$

▶ **Beispiel A.1**   Beispiele für Folgen sind

a) $f = (a_n)_n$ mit $a_n = 2 + \left(\frac{1}{2}\right)^n$.

b) $g = (b_n)_n$ mit $b_n = \frac{1}{n!} = \frac{1}{n \cdot (n-1) \cdot (n-2) \cdots 1}$.

c) $h = (c_n)_n$ mit $c_n = \sqrt{n}$.

Die Folgenglieder in den Teilen a) und b) des obigen Beispiels nähern sich für wachsendes n immer mehr den Zahlen 2 bzw. 0 an. Falls ein solches Verhalten vorliegt (d. h., falls die Folgenglieder mit wachsendem n immer näher bei einer festen Zahl zu liegen kommen), so spricht man davon, dass die Folge gegen die entsprechende Zahl konvergiert. Dies formalisiert

---

Definition A.2

Eine Folge $(a_n)_{n \in \mathbb{N}}$ heißt *konvergent* gegen $a \in \mathbb{R}$, falls gilt: Für jedes $\varepsilon > 0$ existiert ein $n_0 \in \mathbb{N}$ so, dass für alle $n \geq n_0$ gilt:

$$|a_n - a| < \varepsilon.$$

In diesem Fall heißt a *Grenzwert* der Folge $(a)_{n \in \mathbb{N}}$. Als Schreibweisen verwendet man dafür:

$$\lim_{n \to \infty} a_n = a \quad \text{bzw.} \quad a_n \to a \quad (n \to \infty).$$

Anschaulich bedeutet die obige Definition, dass der Grenzwert a einer Folge die folgende Eigenschaft hat: Für jeden festen Abstand $\varepsilon > 0$ gibt es nur endlich viele Folgenglieder, deren Abstand von a größer oder gleich ε ist.

Bemerkung

Der Grenzwert einer Folge ist – sofern er überhaupt existiert – eindeutig. Sind nämlich a_1 und a_2 zwei verschiedene reelle Zahlen, so gibt es keine Zahl $a \in \mathbb{R}$, die gleichzeitig

$$|a - a_1| < \frac{|a_1 - a_2|}{2} \quad \text{und} \quad |a - a_2| < \frac{|a_1 - a_2|}{2}$$

erfüllt (denn aus der Existenz einer solchen Zahl würde

$$|a_1 - a_2| \leq |a_1 - a| + |a - a_2| < \frac{|a_1 - a_2|}{2} + \frac{|a_1 - a_2|}{2} = |a_1 - a_2|$$

folgen, was nicht gelten kann). Also können nicht gleichzeitig alle bis auf endlich viele Folgenglieder einen Abstand kleiner als $|a_1 - a_2|/2$ zu a_1 und alle bis auf endlich viele Folgenglieder einen Abstand kleiner als $|a_1 - a_2|/2$ zu a_2 haben.

▶ **Beispiel A.2** Für die Folge $a_n = (1/2)^n$ gilt

$$a_n \to 0 \quad (n \to \infty).$$

Allgemeiner gilt sogar für jedes beliebige feste $x \in (-1, 1)$:

$$x^n \to 0 \quad (n \to \infty).$$

Dagegen konvergiert die Folge $(\sqrt{n})_n$ nicht (da die Folgenglieder beliebig groß werden und damit irgendwann insbesondere einen Abstand größer als Eins von jeder festen Zahl haben).

Es gelten die folgenden Rechenregeln für konvergente Folgen:

Lemma A.1

Aus

$$a_n \to a \quad (n \to \infty) \quad \text{und} \quad b_n \to b \quad (n \to \infty)$$

folgt

$$a_n + b_n \to a + b \quad (n \to \infty),$$

$$a_n - b_n \to a - b \quad (n \to \infty),$$

$$a_n \cdot b_n \to a \cdot b \quad (n \to \infty)$$

sowie im Falle $b \neq 0$ auch

$$\frac{a_n}{b_n} \to \frac{a}{b} \quad (n \to \infty).$$

Sukzessive Anwendung der obigen Rechenregeln ermöglicht die Berechnung vieler komplizierter Grenzwerte durch Zurückführung auf einfache Grenzwerte:

▶ **Beispiel A.3** Es gilt

$$1 + \frac{1}{n} \to 1 + 0 = 1 \quad (n \to \infty)$$

und

$$\frac{n^2 + 2n + 1}{2n^2 + 3} = \frac{1 + \frac{2}{n} + \frac{1}{n^2}}{2 + \frac{3}{n^2}} \to \frac{1 + 0 + 0}{2 + 0} = \frac{1}{2} \quad (n \to \infty).$$

In Definition A.2 ist der Grenzwert eine reelle Zahl. Es gibt aber auch Folgen, die gegen Unendlich streben. Hierbei schreiben wir

$$a_n \to \infty \quad (n \to \infty),$$

falls für jedes $M \in \mathbb{R}$ ein n_0 existiert mit $a_n > M$ für alle $n \geq n_0$, d. h., falls die Folgenglieder größer werden als jede feste Zahl, sofern der Index nur groß genug ist. Analog schreiben wir

$$a_n \to -\infty \quad (n \to \infty),$$

falls für jedes $M \in \mathbb{R}$ ein n_0 existiert mit $a_n < M$ für alle $n \geq n_0$.

Als Nächstes führen wir den Begriff der (unendlichen) Reihe ein. Dabei handelt es sich um eine Folge, deren Folgenglieder durch Aufsummieren der Glieder einer anderen Folge gebildet werden.

Definition A.3

Sei $(a_n)_n$ eine reelle Folge.

a) Unter der (unendlichen) *Reihe*

$$\sum_{n=1}^{\infty} a_n$$

verstehen wir die Folge (s_n) mit

$$s_n = \sum_{k=1}^{n} a_k \quad \text{für } n \in \mathbb{N}.$$

Dabei heißen die a_n *Glieder* und die s_n *Partialsummen* (Teilsummen) der Reihe.

b) Die Reihe $\sum_{n=1}^{\infty} a_n$ heißt *konvergent*, wenn die Folge

$$\left(\sum_{k=1}^{n} a_k \right)_n$$

konvergent ist. In diesem Fall verwenden wir die Schreibweise

$$\sum_{n=1}^{\infty} a_n = \lim_{n \to \infty} \sum_{k=1}^{n} a_k.$$

Man beachte, dass wir in der obigen Definition das gleiche Symbol für zwei verschiedene Dinge verwendet haben:

$$\sum_{n=1}^{\infty} a_n$$

ist sowohl eine Abkürzung für die zugehörige Folge der Partialsummen als auch für den Grenzwert dieser Folge.

Bemerkung

Unter

$$\sum_{n=0}^{\infty} a_n$$

versteht man die Reihe

$$\sum_{n=1}^{\infty} a_{n-1}.$$

▶ **Beispiel A.4**   Sei $x \in \mathbb{R}$ fest. Dann heißt

$$\sum_{n=0}^{\infty} x^n$$

geometrische Reihe. Wegen

$$\sum_{k=0}^{n} x^k = \frac{1 - x^{n+1}}{1 - x} \quad \text{für } x \neq 1$$

und

$$\frac{1 - x^{n+1}}{1 - x} \to \frac{1 - 0}{1 - x} \quad (n \to \infty) \quad \text{für } |x| < 1$$

gilt für $|x| < 1$:

$$\sum_{n=0}^{\infty} x^n = \frac{1}{1 - x}.$$

Für Reihen nichtnegativer Zahlen gilt:

Lemma A.2

Ist $(a_n)_n$ eine nichtnegative Folge, für die die zugehörige Folge der Partial-summen beschränkt ist, d. h., für die für ein $C \in \mathbb{R}$ gilt:

$$\left| \sum_{k=1}^{n} a_k \right| \leq C \quad \text{für alle } n \in \mathbb{N},$$

so ist die Reihe $\sum_{k=1}^{\infty} a_k$ konvergent und der Grenzwert ist unabhängig davon, in welcher Reihenfolge man die Zahlen aufaddiert.

Dieses Lemma hat unmittelbare Anwendung in der Wahrscheinlichkeitstheo-rie: Ist nämlich $(\Omega, \mathscr{A}, \mathbf{P})$ ein Wahrscheinlichkeitsraum und sind die Ereignisse $A_1, A_2, A_3 \cdots \in \mathscr{A}$ paarweise disjunkt, so sind die Wahrscheinlichkeiten $\mathbf{P}(A_1)$, $\mathbf{P}(A_2)$, $\mathbf{P}(A_3) \ldots$ nichtnegativ, und es gilt

$$\mathbf{P}(A_1) + \mathbf{P}(A_2) + \cdots + \mathbf{P}(A_n) = \mathbf{P}\left(\cup_{k=1}^{n} A_k\right) \leq \mathbf{P}(\Omega) = 1.$$

Die Anwendung des obigen Lemmas ergibt, dass die Reihe

$$\sum_{k=1}^{\infty} \mathbf{P}(A_k)$$

existiert und der Grenzwert nicht von der Summationsreihenfolge abhängt. Daher sind auch Ausdrücke wie

$$\sum_{k \in \mathbb{N}} \mathbf{P}(A_k),$$

bei denen die Summationsreihenfolge nicht a priori festgelegt ist, wohldefiniert.

Das nächste Lemma formuliert einige Rechenregeln für konvergente Reihen.

Lemma A.3

Sind $\sum_{k=1}^{\infty} a_k$ und $\sum_{k=1}^{\infty} b_k$ zwei konvergente Reihen, so konvergieren auch die Reihen

$$\sum_{k=1}^{\infty} (a_k + b_k) \quad \text{und} \quad \sum_{k=1}^{\infty} (a_k - b_k),$$

und es gilt

$$\sum_{k=1}^{\infty} (a_k + b_k) = \sum_{k=1}^{\infty} a_k + \sum_{k=1}^{\infty} b_k \quad \text{sowie} \quad \sum_{k=1}^{\infty} (a_k - b_k) = \sum_{k=1}^{\infty} a_k - \sum_{k=1}^{\infty} b_k.$$

Obiges Lemma folgt fast unmittelbar aus Lemma A.1. Denn unter den Voraussetzungen des Lemmas gilt z. B.:

$$\sum_{k=1}^{\infty} (a_k + b_k) \overset{Def.}{=} \lim_{n \to \infty} \sum_{k=1}^{n} (a_k + b_k)$$

$$= \lim_{n \to \infty} \left(\sum_{k=1}^{n} a_k + \sum_{k=1}^{n} b_k \right)$$

$$\overset{Lemma\ A.1}{=} \lim_{n \to \infty} \sum_{k=1}^{n} a_k + \lim_{n \to \infty} \sum_{k=1}^{n} b_k$$

$$\overset{Def.}{=} \sum_{k=1}^{\infty} a_k + \sum_{k=1}^{\infty} b_k.$$

A.4   Differentialrechnung

Sei $f : \mathbb{R} \to \mathbb{R}$ eine Funktion (d. h., f weist jeder reellen Zahl $x \in \mathbb{R}$ in eindeutiger Art und Weise eine reelle Zahl $f(x) \in \mathbb{R}$ zu). Im Folgenden wollen wir die Steigung der Funktion in einem Punkt $x_0 \in \mathbb{R}$ bestimmen. Dazu betrachten wir eine Gerade, die sowohl durch den Punkt $(x_0, f(x_0))$ geht als auch durch einen weiteren Punkt $(x_1, f(x_1))$. Diese Gerade hat dann die Steigung

$$\frac{f(x_1) - f(x_0)}{x_1 - x_0}.$$

Um die Steigung der Funktion f in x_0 zu bestimmen, lassen wir bei der oberen Geraden x_1 gegen x_0 konvergieren (d. h., wir nähern uns mit x_1 immer mehr x_0 an). Sofern sich dann bei den Steigungen der zugehörigen Geraden ein eindeutiger Grenzwert ergibt, bezeichnen wir die Funktion im Punkt x_0 als differenzierbar und betrachten diesen Grenzwert als Steigung von f im Punkt x_0.

Definition A.4

Sei $f : \mathbb{R} \to \mathbb{R}$ eine Funktion.

a) f heißt *differenzierbar* im Punkt $x_0 \in \mathbb{R}$, falls eine reelle Zahl b existiert, sodass für jede Folge $(x_n)_n$ mit $x_n \to x_0$ $(n \to \infty)$ und $x_n \neq x_0$ für alle n gilt:
$$\frac{f(x_n) - f(x_0)}{x_n - x_0} \to b \quad (n \to \infty).$$
In diesem Fall heißt b *Ableitung* von f an der Stelle x_0, und wir verwenden die Schreibweise
$$b = f'(x_0).$$

b) f heißt differenzierbar, wenn f für jedes $x_0 \in \mathbb{R}$ differenzierbar im Punkt x_0 ist. In diesem Falle heißt
$$f' : \mathbb{R} \to \mathbb{R} \quad \text{mit} \quad x \mapsto f'(x)$$

Ableitung von f.

Die Ableitungen einiger wichtiger Funktionen sind in Tab. A.1 angegeben.

Weitere Ableitungen kann man daraus mit den folgenden drei wichtigen Ableitungsregeln berechnen.

Tab. A.1 Einige Funktionen und ihre Ableitungen

Funktion	Ableitung
$f(x) = c$ für $c \in \mathbb{R}$ fest	$f'(x) = 0$
$f(x) = x^a$ mit $a \in \mathbb{R}$ fest	$f'(x) = a \cdot x^{a-1}$
$f(x) = e^x$	$f'(x) = e^x$
$f(x) = \sin x$	$f'(x) = \cos x$
$f(x) = \cos x$	$f'(x) = -\sin x$
$f(x) = \ln x$	$f'(x) = \frac{1}{x}$

Lemma A.4

Sind f und g differenzierbar und sind $\alpha, \beta \in \mathbb{R}$, so gilt:

a) (Linearität der Ableitung)

$$(\alpha \cdot f + \beta \cdot g)'(x) = \alpha \cdot f'(x) + \beta \cdot g'(x).$$

b) (Produktregel)

$$(f \cdot g)'(x) = f'(x) \cdot g(x) + f(x) \cdot g'(x).$$

c) (Kettenregel)

$$(f \circ g)'(x) = f'(g(x)) \cdot g'(x).$$

▶ **Beispiel A.5** Wendet man z. B. Teil a) des obigen Lemmas auf

$$h_1(x) = 2 \cdot x^3 + 4 \cdot \sin(x)$$

an, so erhält man

$$h_1'(x) = 2 \cdot 3 \cdot x^2 + 4 \cdot \cos(x).$$

Anwendung von Teil b) auf $h_2(x) = x \cdot \sin(x)$ (mit $f(x) = x$ und $g(x) = \sin x$) liefert

$$h_2'(x) = 1 \cdot \sin x + x \cdot \cos x.$$

Und schließlich erhalten wir mit Teil c) für die Ableitung von $h_3(x) = \sin(2x^2)$ (wobei wir $f(x) = \sin x$ und $g(x) = 2x^2$ setzen)

$$h_3'(x) = \cos(2x^2) \cdot 2 \cdot 2x.$$

Ableitungen lassen sich zur Bestimmung von Extrempunkten einer differenzierbaren Funktion verwenden. Dabei versteht man unter einem Extrempunkt einer Funktion eine Stelle, an der diese Funktion einen maximalen oder minimalen Wert annimmt.

Definition A.5

a) Ein Punkt $z \in \mathbb{R}$ heißt (lokale) *Maximalstelle* einer Funktion $f : \mathbb{R} \to \mathbb{R}$, wenn es ein $\varepsilon > 0$ gibt, sodass gilt:

$$f(z) \geq f(x) \quad \text{für alle} \quad x \in (z - \varepsilon, z + \varepsilon).$$

b) Ein Punkt $z \in \mathbb{R}$ heißt (lokale) *Minimalstelle* einer Funktion $f : \mathbb{R} \to \mathbb{R}$, wenn es ein $\varepsilon > 0$ gibt, sodass gilt:

$$f(z) \leq f(x) \quad \text{für alle} \quad x \in (z - \varepsilon, z + \varepsilon).$$

c) Ein Punkt $z \in \mathbb{R}$ heißt (lokale) *Extremstelle* einer Funktion $f : \mathbb{R} \to \mathbb{R}$, wenn z (lokale) Maximalstelle oder (lokale) Minimalstelle von f ist.

Man sieht leicht ein, dass eine differenzierbare Funktion an einer Extremstelle die Ableitung Null haben muss, denn an einer solchen Stelle muss für die Steigung einer Sekanten im Falle, dass sich der zweite Punkt von links oder von rechts gegen die Extremstelle annähert, gelten, dass die Steigung einmal größer oder gleich Null und einmal kleiner oder gleich Null ist. Dies führt auf folgenden Satz:

Satz A.1
Sei $f : \mathbb{R} \to \mathbb{R}$ eine differenzierbare Funktion. Ist dann $z \in \mathbb{R}$ eine (lokale) Extremstelle von f, so gilt
$$f'(z) = 0. \tag{A.1}$$

Die Bedingung (A.1) ist allerdings nur notwendig, aber nicht hinreichend, für das Vorliegen einer Extremstelle. Zum Beispiel erfüllt $f(x) = x^3$ an der Stelle $z = 0$ die Bedingung $f'(z) = 3 \cdot z^2 = 0$, wegen

$$f(x) < 0 = f(0) \quad \text{für } x < 0 \quad \text{und} \quad f(x) > 0 = f(0) \quad \text{für } x > 0$$

hat f an der Stelle Null aber keine (lokale) Extremstelle.

Vereinzelt betrachten wir auch reelle Funktionen mehrerer Variablen. Ist z. B. $f : \mathbb{R}^2 \to \mathbb{R}$ eine reelle Funktion zweier Variablen, d. h., f weist jedem Paar $(x, y) \in \mathbb{R}^2$ eine reelle Zahl $f(x, y)$ zu, so ist für jedes feste $y \in \mathbb{R}$

$$x \mapsto f(x, y)$$

eine reelle Funktion einer Variablen. Ist diese im obigen Sinne differenzierbar, so verwenden wir die Schreibweise

$$\frac{\partial f}{\partial x}(x, y)$$

für ihre Ableitung. Analog ist für jedes feste $x \in \mathbb{R}$

$$y \mapsto f(x, y)$$

eine reelle Funktion einer Variablen, deren Ableitung wir mit

$$\frac{\partial f}{\partial y}(x, y)$$

bezeichnen.

A.5 Integralrechnung

Seien $a, b \in \mathbb{R}$ mit $a < b$ und sei $f\colon[a, b] \to \mathbb{R}$ eine auf $[a, b]$ definierte reellwertige Funktion. Bei der Integralrechnung interessiert man sich für den Flächeninhalt zwischen f und der x-Achse im Intervall $[a, b]$.

Dieser lässt sich einfach berechnen, falls f stückweise konstant ist: Ist nämlich f gegeben durch

$$f(x) = \sum_{i=1}^{n} \alpha_i \cdot 1_{[x_{i-1}, x_i)}(x) \tag{A.2}$$

für $n \in \mathbb{N}, \alpha_1, \ldots, \alpha_n \in \mathbb{R}$ und

$$a = x_0 < x_1 < \cdots < x_n = b,$$

so können wir diesen berechnen zu

$$Int_{[a,b]}(f) = \sum_{i=1}^{n} \alpha_i \cdot (x_i - x_{i-1}). \tag{A.3}$$

Sofern nicht alle α_i nichtnegativ sind, handelt es sich dabei um einen orientierten Flächeninhalt.

Durch (A.3) wird ein Integral für die Menge aller Funktionen der Bauart (A.2) definiert. Die Menge aller dieser sog. Treppenfunktionen bezeichnen wir im Folgenden mit $T([a, b])$.

Der obige Integralbegriff kann auf folgende Art auf allgemeine Funktionen erweitert werden:

Definition A.6

Eine Funktion $f:[a,b] \to \mathbb{R}$ heißt (Riemann-) *integrierbar* über $[a,b]$, falls zu jedem $\varepsilon > 0$ Treppenfunktionen $f_1, f_2 \in T([a,b])$ existieren mit

$$f_1(x) \leq f(x) \leq f_2(x) \quad \text{für alle } x \in [a,b]$$

und

$$Int_{[a,b]}(f_2) - Int_{[a,b]}(f_1) < \varepsilon.$$

In diesem Falle heißt

$$\int_a^b f(x)\, dx = \sup\left\{ Int_{[a,b]}(g) : g \in T([a,b]) \text{ mit } g(x) \leq f(x) \text{ für alle } x \in [a,b] \right\}$$

(Riemann-) *Integral* von f.

Die Berechnung von Integralen erfolgt mithilfe von

Satz A.2

(Hauptsatz der Differential- und Integralrechnung).
Ist $F:[a,b] \to \mathbb{R}$ Stammfunktion von $f:[a,b] \to \mathbb{R}$, d. h., ist F differenzierbar mit
$$F'(x) = f(x) \quad \text{für alle } x \in [a,b],$$

und ist f stetig auf $[a,b]$, so gilt

$$\int_a^b f(x)\, dx = F(b) - F(a).$$

▶ **Beispiel A.6** $F(x) = -e^{-x}$ ist die Stammfunktion zu $f(x) = e^{-x}$ und daher gilt

$$\int_a^b e^{-x} dx = -e^{-x}\Big|_{x=a}^{b} = -e^{-b} - (-e^{-a}) = -e^{-b} + e^{-a}.$$

Wichtige Rechenregeln bei der Berechnung von Integralen beschreibt der nächste Satz.

Satz A.3

a) (Linearität) Für Funktionen f und g und für $\alpha, \beta \in \mathbb{R}$ gilt

$$\int_a^b (\alpha \cdot f + \beta \cdot g)(x)\,dx = \alpha \cdot \int_a^b f(x)\,dx + \beta \cdot \int_a^b g(x)\,dx.$$

b) Für eine Funktion f und $a < b < c$ gilt:

$$\int_a^c f(x)\,dx = \int_a^b f(x)\,dx + \int_b^c f(x)\,dx.$$

c) (Partielle Integration) Sind f und g stetig differenzierbare Funktionen, und sind $a, b \in \mathbb{R}$ mit $a < b$, so gilt

$$\int_a^b f(x) \cdot g'(x)\,dx = f(x) \cdot g(x)\big|_{x=a}^b - \int_a^b f'(x) \cdot g(x)\,dx.$$

Die Formel von der partiellen Integration folgt unmittelbar aus der Produktregel für Ableitungen, der Linearität des Integrals und dem Hauptsatz der Differential- und Integralrechnung, denn:

$$f(x) \cdot g(x)\big|_{x=a}^b = \int_a^b (f \cdot g)'(x)\,dx = \int_a^b (f'(x) \cdot g(x) + f(x) \cdot g'(x))\,dx$$

$$= \int_a^b f'(x) \cdot g(x)\,dx + \int_a^b f(x) \cdot g'(x)\,dx.$$

▶ **Beispiel A.7** Setzt man $f(x) = x$ und $g'(x) = e^{-x}$ (was $g(x) = -e^{-x}$ impliziert), so folgt aus der Produktregel

$$\int_a^b x \cdot e^{-x}\,dx = -x \cdot e^{-x}\big|_{x=a}^b - \int_a^b 1 \cdot (-e^{-x})\,dx$$

$$= -b \cdot e^{-b} + a \cdot e^{-a} - e^{-x}\big|_{x=a}^b$$

$$= -b \cdot e^{-b} + a \cdot e^{-a} - e^{-b} + e^{-a}$$

$$= -(b+1) \cdot e^{-b} + (a+1) \cdot e^{-a}.$$

Definition A.7

Für $a, b \in \mathbb{R}$ und $f : \mathbb{R} \to \mathbb{R}$ setzen wir – sofern existent –

$$\int_a^\infty f(x)\,dx = \lim_{\beta \to \infty} \int_a^\beta f(x)\,dx,$$

$$\int_{-\infty}^{b} f(x)\, dx = \lim_{\alpha \to -\infty} \int_{\alpha}^{b} f(x)\, dx$$

und

$$\int_{-\infty}^{\infty} f(x)\, dx = \int_{-\infty}^{0} f(x)\, dx + \int_{0}^{\infty} f(x)\, dx.$$

Die obigen Integrale heißen *uneigentliche Integrale*.

In obiger Definition schreiben wir für $a \in \mathbb{R}$ und $F : \mathbb{R} \to \mathbb{R}$

$$\lim_{\beta \to \infty} F(\beta) = a,$$

sofern für jede Folge $(\beta_n)_n$ mit $\beta_n \to \infty$ $(n \to \infty)$ gilt

$$F(\beta_n) \to a \quad (n \to \infty).$$

Analog ist

$$\lim_{\alpha \to -\infty} F(\alpha)$$

definiert.

▶ **Beispiel A.8**

$$\int_{0}^{\infty} x \cdot e^{-x}\, dx = \lim_{\beta \to \infty} \int_{0}^{\beta} x \cdot e^{-x}\, dx \overset{s.o.}{=} \lim_{\beta \to \infty} \left(-(\beta + 1) \cdot e^{-\beta} + (0 + 1) \cdot e^{-0} \right)$$
$$= 0 + 1 = 1.$$

Anhang B: Lösungen zu den Übungsaufgaben

In diesem Kapitel werden Lösungsvorschläge zu den in Kap. 2 bis 6 jeweils am Ende aufgeführten Übungsaufgaben präsentiert.

B.1   Lösungen zu den Aufgaben in Kap. 2

Lösungsvorschlag zu Aufgabe 2.1

a) Beobachtungsstudie.
b) Auf kausale Zusammenhänge kann man hier nicht zurückschließen, da das Ergebnis durch kondundierende Faktoren verfälscht sein kann. Ein solcher Faktor ist z. B. die Muttersprache von Einwanderern, die beispielsweise in Frankreich anders als in Deutschland mit der Sprache des Landes oft übereinstimmt (was natürlich auch die durchschnittlichen Leistungen der Schüler beeinflussen kann).

Lösungsvorschlag zu Aufgabe 2.2

a) Es handelt sich um eine prospektiv kontrollierte Studie mit Randomisierung. Studien- und Kontrollgruppe bestehen jeweils aus Paaren von Studierenden. Dabei handelt es sich in der Studiengruppe um jeweils zwei Studierende, die in der ersten Vorlesung nebeneinander gesessen haben. Die Kontrollgruppe besteht aus Paaren von Studierenden, die in der ersten Vorlesung nicht nebeneinander saßen.
b) Aus der Studie folgt, dass das zufällige Nebeneinandersitzen in der ersten Vorlesung offenbar einen größeren Einfluss auf die Entstehung von Freundschaften hat als z. B. die Ähnlichkeit der Studierenden (z. B. hinsichtlich gleicher Eigenschaften, Werte etc.)

© Springer-Verlag GmbH Deutschland 2017   275
J. Eckle-Kohler, M. Kohler, *Eine Einführung in die Statistik und ihre Anwendungen*,
Springer-Lehrbuch, DOI 10.1007/978-3-662-54094-7

Da es sich um eine prospektiv kontrollierte Studie mit Randomisierung handelt, kann man hier auf einen kausalen Zusammenhang zurückschließen (da konfundierende Faktoren nicht auftreten können).

Lösungsvorschlag zu Aufgabe 2.3

Nein, denn fasst man die Untersuchung als Studie auf, so handelt es sich um eine Beobachtungsstudie, deren Resultat durch konfundierende Faktoren verfälscht sein kann. Ein solcher konfundierender Faktor ist z. B. das Bildungsniveau der Eltern, das Einfluss auf die Bedeutung von Bildung für die Kinder haben kann und auch das Einkommmen der Eltern beeinflusst.

Lösungsvorschlag zu Aufgabe 2.4

Hier gibt es viele richtige Antworten.

Sinnvollerweise führt man eine prospektiv kontrollierte Studie mit Randomisierung durch. Dabei unterteilt man die Studienteilnehmer zufällig in Studien- und Kontrollgruppe.

Ein denkbarer Studienentwurf ist folgender: Beide Gruppen erhaltem zu Beginn der Studie ein alkoholfreies Getränk, das als solches nicht erkennbar ist. Den Personen in der Studiengruppe erzählt man, dass ihr Getränk Alkohol enthält. Dagegen wird den Personen in der Kontrollgruppe (richtig) gesagt, dass das Getränk keinen Alkohol enthält.

Anschließend möchte man von allen Teilnehmern wissen, für wie attraktiv sie sich einschätzen. Dazu könnte man alle Teilnehmer z. B. eine kleine Präsentation zu einem vorgegebenen Thema halten lassen, und anschließend in einem Fragebogen unter anderem nach einer Einschätzung ihrer Attraktivität auf einer geeigneten numerischen Skala (vielleicht 1-5 mit 1 für sehr wenig attraktiv und 5 für sehr attraktiv) befragen.

Abschließend vergleicht man den Mittelwert der Werte für die Attraktivität in beiden Gruppen.

Lösungsvorschlag zu Aufgabe 2.5

Sampling bias (Verzerrung durch Auswahl) tritt dahingehend auf, dass nur Studierende befragt werden, die am Ende des Semesters noch in der Vorlesung anwesend sind. Insbesondere werden Studierende, die die Vorlesung aus Unzufriedenheit mit dem Dozenten nach einer Weile nicht mehr besuchen, nicht befragt (und deren Antwortverhalten wird natürlich vom Rest abweichen).

Non-response bias (Verzerrung durch Nichtantworten) tritt auf, falls Studierende den ausgefüllten Fragebogen nicht bearbeiten. Dies kann z. B. dann der

Fall sein, wenn die Umfrage am Schluss der Vorlesung durchgeführt wird und die Studierenden stattdessen schon vorzeitig gehen. Sofern man aber den Studierenden genug Zeit zum Beantworten der Fragen lässt (sodass sie dafür nicht ihre Pause opfern müssen), wird das hoffentlich nicht oft der Fall sein (und damit keinen großen Einfluss haben).

Lösungsvorschlag zu Aufgabe 2.6

Ein sampling bias kann einerseits auftreten, weil ausschließlich Personen mit Internetzugang befragt werden. In der heutigen Zeit sind das aber bereits fast alle, sodass man hier keinen großen Effekt erwarten würde.

Ansonsten hängt der sampling bias aber stark von der ausgewählten Webseite ab. Aussagen kann man nur über die Besucher der Webseite machen, die sich aufgrund des Inhaltes der Webseite eventuell stark vom Rest unterscheiden (z. B. wird eine Webseite, die auf Sportnachrichten spezialisiert ist, von anderen Personen besucht als die Webseite eines auf politische Nachrichten spezialisierten Nachrichtenportals).

Der non-response bias wird vermutlich eher gering sein, sofern die Frage schnell beantwortet werden kann und andererseits die Informationen auf der Webseite für die Benutzer interessant sind.

B.2 Lösungen zu den Aufgaben in Kap. 3

Lösungsvorschlag zu Aufgabe 3.1

(a) Nach der zweiten binomischen Formel gilt:

$$\frac{1}{n}\sum_{i=1}^{n}(x_i - \bar{x})^2 = \frac{1}{n}\sum_{i=1}^{n}(x_i^2 - 2\cdot x_i\cdot\bar{x} + \bar{x}^2)$$

$$= \frac{1}{n}\sum_{i=1}^{n}x_i^2 - 2\cdot\bar{x}\cdot\frac{1}{n}\sum_{i=1}^{n}x_i + \frac{1}{n}\sum_{i=1}^{n}\bar{x}^2$$

$$= \frac{1}{n}\sum_{i=1}^{n}x_i^2 - 2\cdot\bar{x}\cdot\bar{x} + \bar{x}^2$$

$$= \frac{1}{n}\sum_{i=1}^{n}x_i^2 - \bar{x}^2.$$

(b) Mit (a) folgt:

$$\frac{1}{n-1}\sum_{i=1}^{n}(x_i-\bar{x})^2 = \frac{n}{n-1}\cdot\left(\frac{1}{n}\sum_{i=1}^{n}(x_i-\bar{x})^2\right)$$

$$= \frac{n}{n-1}\cdot\left(\frac{1}{n}\sum_{i=1}^{n}x_i^2-\bar{x}^2\right)$$

$$= \frac{1}{n-1}\cdot\left(\sum_{i=1}^{n}x_i^2\right)-\frac{1}{n\cdot(n-1)}\cdot\left(\sum_{i=1}^{n}x_i\right)^2.$$

Lösungsvorschlag zu Aufgabe 3.2

(a) Die Datenpunkte $x_1,\ldots,x_{23}$ sind

12,7, 8,8, 37,3, 32,2, 30,4, 20,1, 36,1, 7,7, 3,6, 51,5, 33,0, 22,4, 38,6,

24,8, 50,6, 38,6, 36,4, 54,8, 49,4, 59,6, 53,2, 24,0, 25,4

Die der Größe nach sortierten Datenpunkte $x_{(1)},\ldots,x_{(23)}$ sind:

3,6, 7,7, 8,8, 12,7, 20,1, 22,4, 24,0, 24,8, 25,4, 30,4, 32,2, 33,0, 36,1,

36,4, 37,3, 38,6, 38,6, 49,4, 50,6, 51,5, 53,2, 54,8, 59,6,

Damit gilt:

$$\bar{x} = \frac{1}{23}\sum_{i=1}^{23}x_i \approx 32,66$$

$$\tilde{x} = x_{(12)} = 33$$

$$\text{Spannweite} = x_{(23)} - x_{(1)} = 59,6 - 3,6 = 53$$

$$s_x^2 = \frac{1}{22}\sum_{i=1}^{23}(x_i-\bar{x})^2 \approx 254,81$$

$$s_x \approx 15,96$$

$$IQR = x_{(18)} - x_{(6)} = 49,4 - 22,4 = 27$$

(b) Die Konstruktion der Höhen der Balken

$$n_i/(23\cdot\lambda(I_i))$$

über den Intervallen I_i erfolgt durch Bestimmung der Anzahl n_i der Datenpunkte in den Intervallen I_i und der Längen der Intervalle. Man erhält:

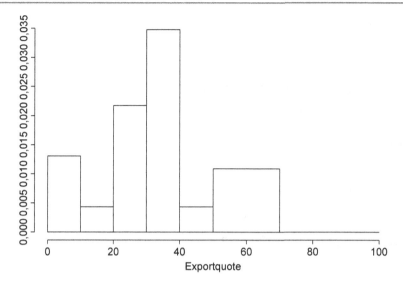

Abb. B.1 Histogramm zu Aufgabe 3.2

Intervall	n_i	$\lambda(I_i)$	Balkenhöhe
$[0, 10)$	3	10	0,013043478
$[10, 20)$	1	10	0,004347826
$[20, 30)$	5	10	0,021739130
$[30, 40)$	8	10	0,034782609
$[40, 50)$	1	10	0,004347826
$[50, 70)$	5	20	0,010869565
$[70, 100]$	0	30	0

Damit ergibt sich das Histogramm in Abb. B.1.

Lösungsvorschlag zu Aufgabe 3.3

(a) Gesucht ist die Anzahl N der Datenpunkte, die im Intervall $I = [-20, 10]$ enthalten sind. Die Gesamtzahl der Datenpunkte ist $n = 40$. Nach Konstruktion des Histogramms gilt

$$\frac{N}{n} = \text{Fläche zwischen Histogramm und } x\text{-Achse im Interval } I.$$

Für den Inhalt dieser Fläche erhält man ungefähr

$$20 \cdot 0,016 + 10 * 0,0075 = 0,395,$$

was auf

$$N \approx n \cdot 1,07 = 40 \cdot 0,395 = 15,8,$$

also $N = 16$ führt.

(b) Der Median wird angegeben durch den dicken horizontalen Strich innerhalb der Box, der IQR ist der Abstand zwischen oberer und unterer Kante der Box.

Man liest ab:

Median ≈ -5,
IQR $\approx 45 - (-30) = 75$.

Lösungsvorschlag zu Aufgabe 3.4

(a) Den Scatterplot findet man in Abb. B.2.
(b) Nach Abschn. 3.5 ist die lineare Regressionsgerade gegeben durch:

$$y = \hat{a} \cdot (x - \bar{x}) + \bar{y},$$

wobei

$$\bar{x} = \frac{1}{n} \sum_{i=1}^{n} x_i, \quad \bar{y} = \frac{1}{n} \sum_{i=1}^{n} y_i$$

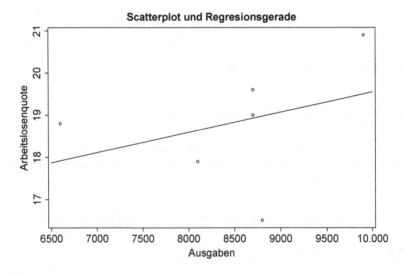

Abb. B.2 Abbildung zu Aufgabe 3.4 (a) und (b)

und

$$\hat{a} = \frac{\frac{1}{n-1} \sum_{i=1}^{n} (x_i - \bar{x}) \cdot (y_i - \bar{y})}{\frac{1}{n-1} \sum_{i=1}^{n} (x_i - \bar{x})^2} = \frac{s_{x,y}}{s_x^2}.$$

Mit

$$\bar{x} = \frac{8100 + 6600 + 8700 + 8700 + 9900 + 8800}{6} \approx 8466,67,$$

$$\bar{y} = \frac{17,9 + 18,8 + 19,6 + 19 + 20,9 + 16,5}{6} \approx 18,78,$$

$$s_{x,y} = \frac{(8100 - \bar{x}) \cdot (17,9 - \bar{y}) + (6600 - \bar{x}) \cdot (18,8 - \bar{y}) + (8700 - \bar{x}) \cdot (19,6 - \bar{y})}{5}$$

$$+ \frac{(8700 - \bar{x}) \cdot (19 - \bar{y}) + (9900 - \bar{x}) \cdot (20,9 - \bar{y}) + (8800 - \bar{x}) \cdot (16,5 - \bar{y})}{5}$$

$$\approx 561,33,$$

$$s_x^2 = \frac{(8100 - \bar{x})^2 + (6600 - \bar{x})^2 + (8700 - \bar{x})^2}{5}$$

$$\frac{+(8700 - \bar{x})^2 + (9900 - \bar{x})^2 + (8800 - \bar{x})^2}{5}$$

$$= 1.178.667$$

folgt, dass die lineare Regressionsgerade

$$y = \frac{s_{x,y}}{s_x^2} \cdot (x - \bar{x}) + \bar{y}$$

approximativ gegeben ist durch

$$y = 0,00048 \cdot x + 14,75.$$

(c) Die Regressionsgerade berechnet sich nun approximativ zu

$$y = -0,00024 \cdot x + 20,35,$$

d. h., die Steigung wird nun negativ (was zu einer völlig anderen Interpretation der Daten führt!), vgl. Abb. B.3.

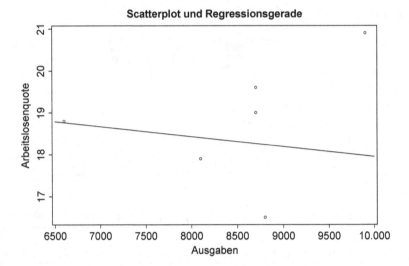

Abb. B.3 Abbildung zu Aufgabe 3.4 (c)

Lösungsvorschlag zu Aufgabe 3.5

Sind $a, b, c \in \mathbb{R}$ die Werte, für die $F(a, b, c)$ minimal wird, so haben die univariaten Funktionen

$$u \mapsto F(u, b, c) \quad \text{bzw.} \quad v \mapsto F(a, v, c) \quad \text{bzw.} \quad w \mapsto F(a, b, w)$$

Minimalstellen an den Stellen $u = a$ bzw. $v = b$ bzw. $w = c$.

Da diese differenzierbar sind, müssen an den jeweiligen Stellen die Ableitungen verschwinden, was auf die folgenden drei Bedingungen führt:

$$0 = \sum_{i=1}^{n} 2 \cdot (y_i - (a + b \cdot x_i + c \cdot x_i^2)) \cdot (-1),$$

$$0 = \sum_{i=1}^{n} 2 \cdot (y_i - (a + b \cdot x_i + c \cdot x_i^2)) \cdot (-x_i),$$

$$0 = \sum_{i=1}^{n} 2 \cdot (y_i - (a + b \cdot x_i + c \cdot x_i^2)) \cdot (-x_i^2).$$

Teilt man die Gleichungen jeweils durch (-2) und trennt die Summe gemäß den auftretenden Variablen auf, so erhält man

$$\sum_{i=1}^{n} y_i = a \cdot \sum_{i=1}^{n} 1 + b \cdot \sum_{i=1}^{n} x_i + c \cdot \sum_{i=1}^{n} x_i^2,$$

$$\sum_{i=1}^{n} x_i \cdot y_i = a \cdot \sum_{i=1}^{n} x_i + b \cdot \sum_{i=1}^{n} x_i^2 + c \cdot \sum_{i=1}^{n} x_i^3,$$

$$\sum_{i=1}^{n} x_i^2 \cdot y_i = a \cdot \sum_{i=1}^{n} x_i^2 + b \cdot \sum_{i=1}^{n} x_i^3 + c \cdot \sum_{i=1}^{n} x_i^4.$$

Teilen der Gleichungen durch n liefert die Behauptung.

Lösungsvorschlag zu Aufgabe 3.6

(a) Es gilt:

$$\frac{1}{n} \sum_{i=1}^{n} (x_i - \bar{x}) \cdot (y_i - \bar{y}) = \frac{1}{n} \sum_{i=1}^{n} (x_i \cdot y_i - x_i \cdot \bar{y} - y_i \cdot \bar{x} + \bar{x} \cdot \bar{y})$$

$$= \frac{1}{n} \sum_{i=1}^{n} x_i \cdot y_i - \bar{y} \cdot \frac{1}{n} \sum_{i=1}^{n} x_i - \bar{x} \cdot \frac{1}{n} \sum_{i=1}^{n} y_i + \frac{1}{n} \sum_{i=1}^{n} \bar{x} \cdot \bar{y}$$

$$= \frac{1}{n} \sum_{i=1}^{n} x_i \cdot y_i - \bar{y} \cdot \bar{x} - \bar{x} \cdot \bar{y} + \bar{x} \cdot \bar{y}$$

$$= \frac{1}{n} \sum_{i=1}^{n} x_i \cdot y_i - \bar{x} \cdot \bar{y}.$$

(b) Mit

$$s_{x,y} \approx 561,33, s_x^2 = 1.178.667 \quad \text{und} \quad \bar{y} \approx 18,78,$$

vgl. Lösung zu Aufgabe 3.4 (b), sowie

$$s_y^2 = \frac{(17,9 - \bar{y})^2 + (18,8 - \bar{y})^2 + (19,6 - \bar{y})^2 + (19 - \bar{y})^2 + (20,9 - \bar{y})^2 + (16,5 - \bar{y})^2}{5}$$

$$\approx 2,24$$

folgt für die Korrelation der Daten in Aufgabe 3.4:

$$r_{x,y} = \frac{s_{x,y}}{s_x \cdot s_y} = \frac{s_{x,y}}{\sqrt{s_x^2} \cdot \sqrt{s_y^2}} \approx 0,35.$$

(c) Da $r_{x,y} > 0$ ist und die Steigung der Regressionsgeraden das gleiche Vorzeichen wie $r_{x,y}$ hat, folgt, dass die Steigung der Regressionsgeraden positiv ist.

(d) Die Korrelation ändert sich nicht, da diese maßstabsunabhängig ist.

Insbesondere gilt: Ist $z_i = c \cdot x_i$ $(i = 1, \ldots, n)$ für ein $c > 0$, so gilt:

$$\bar{z} = \frac{1}{n} \sum_{i=1}^{n} c \cdot x_i = c \cdot \frac{1}{n} \sum_{i=1}^{n} x_i = c \cdot \bar{x},$$

$$s_z^2 = \frac{1}{n-1} \sum_{i=1}^{n} (c \cdot x_i - c \cdot \bar{x})^2 = c^2 \cdot \frac{1}{n-1} \sum_{i=1}^{n} (x_i - \bar{x})^2 = c^2 \cdot s_x^2$$

und

$$s_{z,y} = \frac{1}{n-1} \sum_{i=1}^{n} (c \cdot x_i - c \cdot \bar{x}) \cdot (y_i - \bar{y}) = c \cdot \frac{1}{n-1} \sum_{i=1}^{n} (x_i - \bar{x}) \cdot (y_i - \bar{y}) = c \cdot s_{x,y}.$$

Und daraus folgt dann wegen $c > 0$:

$$r_{z,y} = \frac{s_{z,y}}{\sqrt{s_z^2} \cdot \sqrt{s_y^2}} = \frac{c \cdot s_{x,y}}{\sqrt{c^2 \cdot s_x^2} \cdot \sqrt{s_y^2}} = \frac{s_{x,y}}{\sqrt{s_x^2} \cdot \sqrt{s_y^2}} = r_{x,y}.$$

Analog sieht man, dass sich die Korrelation auch nicht ändert, wenn man alle y_i jeweils durch $c \cdot y_i$ ersetzt.

Lösungsvorschlag zu Aufgabe 3.7

Der Kernschätzer zeigt, dass eine Verbesserung des Leseverstehens vor allem im mittleren Bereich des Leseverstehens mit einer deutlichen Verbesserung des Abschneidens in Mathematik verbunden ist.

Dies ist plausibel, da bei PISA in Mathematik in erster Linie Textaufgaben gestellt werden, für die man ein gewisses Maß an Leseverstehen braucht, um sie überhaupt sinnvoll bearbeiten zu können. Sobald man aber dieses Niveau des Leseverstehens erreicht hat, bringt eine weitere Verbesserung nicht mehr viel hinsichtlich einer Textaufgabe in Mathematik. Und solange man zwar das Leseverstehen verbessert, aber trotzdem noch kein für das Verstehen einer Textaufgabe ausreichendes Niveau erreicht hat, nützt die Verbesserung ebenfalls nicht viel.

B.3   Lösungen zu den Aufgaben in Kap. 4

Lösungsvorschlag zu Aufgabe 4.1

(a) Es handelt sich nicht um eine Wahrscheinlichkeit im Sinne dieses Buches, da kein Zufallsexperiment zugrunde liegt. Denn schließlich kann man den nächsten Tag nicht wiederholen, und damit kann man auch nicht mehrfach unbeeinflusst voneinander das Auftreten von Regen am nächsten Tag beobachten.

(b) Geht man nun doch davon aus, dass man im Prinzip unbeeinflusst voneinander sein Leben immer wieder leben könnte, so ist keine der 4 angegebenen Aussagen eine richtige Interpretation der Regenwahrscheinlichkeit von 90 Prozent. Gemeint ist dann vielmehr etwas wie Folgendes: Lebt man sein Leben unbeeinflusst voneinander immer wieder, so nähert sich für große Anzahlen von Wiederholungen des Lebens die relative Häufigkeit all der Leben, an denen es am nächsten Tag regnet, immer mehr $0,9$ an.

Lösungsvorschlag zu Aufgabe 4.2

Wie im Hinweis angegeben, denkt man sich die bestellten Tortenstücke nebeneinander aufgestellt, und zwar so, dass zunächst alle Tortenstücke der Sorte 1, dann alle der Sorte 2 und schließlich alle der Sorte 3 kommen. Die Bestellung ist dann eindeutig bestimmt durch die Positionen der beiden Übergänge von Sorte 1 zu Sorte 2 sowie von Sorte 2 zu Sorte 3. Denkt man sich diese durch zwei Fähnchen markiert, so können die beiden Fähnchen an 9 Stellen, nämlich nach Stück 1, nach Stück 2, ..., nach Stück 9 platziert werden, wobei beide Fähnchen nicht an der gleichen Position stehen dürfen (da von jeder Sorte mindestens ein Stück bestellt werden muss). Also zieht man für die Bestimmung der beiden Positionen der Fähnchen zwei Zahlen aus $\{1, 2, \ldots, 9\}$, und zwar ohne Zurücklegen (da beide Positionen verschieden sein müssen) und ohne Beachtung der Reihenfolge (da an der kleineren Position immer das erste Fähnchen platziert werden muss). Dafür gibt es nach Abschn. 4.2

$$\binom{9}{2} = \frac{9 \cdot 8}{2 \cdot 1} = 36$$

Möglichkeiten.
Ergebnis: Es gibt 36 verschiedene Bestellungen.

Lösungsvorschlag zu Aufgabe 4.3

Da jeder einzelne der endlich vielen Ziffernblöcke mit der gleichen Wahrscheinlichkeit auftritt, können wir die Wahrscheinlichkeit mithilfe der Formel

$$\frac{\text{Anzahl günstige Fälle}}{\text{Anzahl mögliche Fälle}}$$

bestimmen. Dazu betrachten wir das Ziehen von 4 Ziffern aus $\{0, 1, \ldots, 9\}$ mit Zurücklegen (jede Ziffer kann mehrfach vorkommen) und mit Beachtung der Reihenfolge, was nach Abschn. 4.2 auf

$$10^4 = 10.000$$

mögliche Fälle führt.

(a) Es gibt

$$10 \cdot 9 \cdot 8 \cdot 7$$

Fälle, bei denen alle Ziffern verschieden sind (Ziehen von 4 Ziffern aus $\{0, 1, \ldots, 9\}$ ohne Zurücklegen und mit Beachtung der Reihenfolge), was damit mit Wahrscheinlichkeit

$$p_1 = \frac{10 \cdot 9 \cdot 8 \cdot 7}{10.000} = \frac{504}{1000} = 0,504$$

auftritt.

(b) Es gibt

$$\binom{4}{2} = \frac{4 \cdot 3}{2 \cdot 1} = 6$$

mögliche Positionen für die beiden gleichen Ziffern. Für deren Wahl hat man 10 Möglichkeiten, die beiden anderen Ziffern können dann anschließend noch aus 9 bzw. 8 Ziffern ausgewählt werden, wobei man die erste gewählte Ziffer auf die kleinere der noch beiden freien Positionen setzt. Damit gibt es insgesamt

$$\binom{4}{2} \cdot 10 \cdot 9 \cdot 8$$

Fälle, bei denen genau ein Paar der Ziffern gleich ist, was damit mit Wahrscheinlichkeit

$$p_2 = \frac{\binom{4}{2} \cdot 10 \cdot 9 \cdot 8}{10.000} = \frac{6 \cdot 9 \cdot 8}{1000} = \frac{432}{1000} = 0,432$$

auftritt.

(c) Es gibt wieder

$$\binom{4}{2} = \frac{4 \cdot 3}{2 \cdot 1} = 6$$

mögliche Positionen für das erste Paar der gleichen Ziffern. Diese Positionen legen auch die Positionen des zweiten Paares fest. Anschließend schreiben wir die kleinere Ziffer an die Positionen des ersten Paars und die größere an die des zweiten Paars, womit wir die beiden Ziffern ohne Zurücklegen und ohne Beachtung der Reihenfolge (!) aus 10 Ziffern wählen. Dies führt auf

$$\binom{4}{2} \cdot \binom{10}{2} = 6 \cdot 45 = 270$$

mögliche Fälle, was damit mit Wahrscheinlichkeit

$$p_3 = \frac{270}{10.000} = 0,027$$

auftritt.

(d) Es gibt 4 Möglichkeiten für die Position der einzelnen Ziffer, die auch die Positionen der drei gleichen Ziffern festlegt. Für diese einzelne Ziffer gibt es 10 Möglichkeiten, anschließend können die drei gleichen Ziffern noch aus 9 Ziffern ausgewählt werden, was auf

$$4 \cdot 10 \cdot 9 = 360$$

mögliche Fälle führt. Damit ist die gesuchte Wahrscheinlichkeit

$$p_4 = \frac{360}{10.000} = 0,036.$$

(e) Es gibt 10 Möglichkeiten für die Wahl der vier gleichen Ziffern, was bereits den gesamten Ziffernblock eindeutig bestimmt. Damit ist die gesuchte Wahrscheinlichkeit

$$p_5 = \frac{10}{10.000} = 0,001.$$

Zur Kontrolle berechnen wir

$$p_1 + p_2 + p_2 + p_3 + p_4 + p_5 = 0,504 + 0,432 + 0,027 + 0,036 + 0,001 = 1.$$

Lösungsvorschlag zu Aufgabe 4.4

Wir zeigen die Aussage mit vollständiger Induktion in Bezug auf n. Für $n = 1$ ist die Aussage trivial, für $n = 2$ gilt sie nach Lemma 4.2 c). Für den Induktionsschritt gehen wir davon aus, dass die Aussage für die Werte von $1, 2, \ldots, n$ für ein $n \in \mathbb{N}$, $n \geq 2$, gelte und zeigen, dass sie dann auch für $n + 1$ gilt. Der Fall $n = 2$ führt auf

$$\mathbf{P}(A_1 \cup A_2 \cup \cdots \cup A_n \cup A_{n+1}) = \mathbf{P}((A_1 \cup A_2 \cup \cdots \cup A_n) \cup A_{n+1}))$$

$$= \mathbf{P}(A_1 \cup A_2 \cup \cdots \cup A_n) + \mathbf{P}(A_{n+1}) - \mathbf{P}((A_1 \cup A_2 \cup \cdots \cup A_n) \cap A_{n+1}))$$

$$= \mathbf{P}(A_1 \cup A_2 \cup \cdots \cup A_n) + \mathbf{P}(A_{n+1}) - \mathbf{P}((A_1 \cap A_{n+1}) \cup (A_2 \cap A_{n+1}) \cup \ldots$$

$$\cup (A_n \cap A_{n+1})).$$

Unter Beachtung von

$$(A_{i_1} \cap A_{n+1}) \cap (A_{i_2} \cap A_{n+1}) \cap \ldots (A_{i_k} \cap A_{n+1}) = A_{i_1} \cap A_{i_2} \cap \cdots \cap A_{i_k} \cap A_{n+1}$$

führt nun zweimaliges Anwenden der Formel im Falle der Vereinigung von n Mengen auf

$$\mathbf{P}(A_1 \cup A_2 \cup \cdots \cup A_n \cup A_{n+1})$$

$$= \sum_{i=1}^{n} \mathbf{P}(A_i) - \sum_{1 \le i < j \le n} \mathbf{P}(A_i \cap A_j) + \sum_{1 \le i < j < k \le n} \mathbf{P}(A_i \cap A_j \cap A_k) - + \ldots$$

$$+ (-1)^{n-1} \mathbf{P}(A_1 \cap A_2 \cap \cdots \cap A_n) + \mathbf{P}(A_{n+1})$$

$$- \sum_{i=1}^{n} \mathbf{P}(A_i \cap A_{n+1}) + \sum_{1 \le i < j \le n} \mathbf{P}(A_i \cap A_j \cap A_{n+1}) - \sum_{1 \le i < j < k \le n} \mathbf{P}(A_i \cap A_j \cap A_k \cap A_{n+1})$$

$$+ - \cdots - (-1)^{n-1} \mathbf{P}(A_1 \cap A_2 \cap \cdots \cap A_n \cap A_{n+1}).$$

Unter Beachtung von

$$\sum_{i=1}^{n} \mathbf{P}(A_i) + \mathbf{P}(A_{n+1}) = \sum_{i=1}^{n+1} \mathbf{P}(A_i),$$

$$- \sum_{1 \le i < j \le n} \mathbf{P}(A_i \cap A_j) - \sum_{i=1}^{n} \mathbf{P}(A_i \cap A_{n+1}) = - \sum_{1 \le i < j \le n+1} \mathbf{P}(A_i \cap A_j),$$

$$\sum_{1 \le i < j < k \le n} \mathbf{P}(A_i \cap A_j \cap A_k) + \sum_{1 \le i < j \le n} \mathbf{P}(A_i \cap A_j \cap A_{n+1}) = \sum_{1 \le i < j < k \le n+1} \mathbf{P}(A_i \cap A_j \cap A_k)$$

etc. folgt daraus die Behauptung im Falle der Vereinigung von $n + 1$ Mengen.

Lösungsvorschlag zu Aufgabe 4.5

Um auszuschließen, dass das Ergebnis nur aufgrund des Zufalls aufgetreten ist, gehen wir hypothetisch davon aus, dass das genau so ist. Sodann bestimmen wir unter dieser Annahme die Wahrscheinlichkeit, dass ein Ergebnis auftritt, das so stark gegen diese Annahme spricht wie das Beobachtete.

Dazu verwenden wir ein Urnenmodell mit 24 Kugeln, von denen 17 weiß sind (und für die Testpersonen stehen, die den weißen Joghurt bevorzugen) sowie 7 pink-farben (und für Testpersonen stehen, die den pinkfarbenen Joghurt bevorzugen). Aus diesen ziehen wir rein zufällig 12 Kugeln heraus (die für die Personen in der Studiengruppe stehen). Bestimmen möchten wir die Wahrscheinlichkeit, dass unter diesen Kugeln mindestens 11 weiße Kugeln sind.

Da jede der endlich vielen möglichen Ziehungen der 12 Kugeln aus 24 Kugeln mit der gleichen Wahrscheinlichkeit auftritt, können wir die Wahrscheinlichkeit mithilfe der Formel

$$\frac{\text{Anzahl günstige Fälle}}{\text{Anzahl mögliche Fälle}}$$

bestimmen.

Wir denken uns die Kugeln mit den Ziffern 1 bis 24 durchnummeriert, wobei die Kugeln 1 bis 17 weiß und die Kugeln 18 bis 24 pink sind. Es gibt

$$\binom{24}{12}$$

Möglichkeiten, aus den 24 Kugeln 12 ohne Zurücklegen und ohne Beachtung der Reihenfolge zu ziehen.

Davon sind bei genau

$$\binom{17}{12}$$

alle 12 Kugeln weiß (da wir dann die 12 Kugeln nur aus den 17 weißen ziehen), und bei genau

$$\binom{17}{11} \cdot 7$$

sind genau 11 weiß (hier können wir, da wir ohne Beachtung der Reihenfolge ziehen, zuerst die 11 weißen aus den 17 weißen Kugeln ziehen und anschließend noch die eine pinkfarbene aus den 7 pinkfarbenen Kugeln ziehen).

Damit ergibt sich in dem Urnenmodell für die Wahrscheinlichkeit, dass mindestens 11 der gezogenen 12 Kugeln weiß sind:

$$\frac{\binom{17}{12} + \binom{17}{11} \cdot 7}{\binom{24}{12}} = \frac{\frac{17!}{12! \cdot 5!} + \frac{17!}{11! \cdot 6!} \cdot 7}{\frac{24!}{12! \cdot 12!}} \approx 0{,}034.$$

Da diese Wahrscheinlichkeit kleiner als $0{,}05$ ist, kommt man zu folgendem Schluss: Bei dem Ergebnis handelt es sich nicht nur um Zufall.

Lösungsvorschlag zu Aufgabe 4.6

Wir beschreiben das Ergebnis des Zufallsexperimentes durch das 3-Tupel

$$(\omega_1, \omega_2, \omega_3) \in \{r, b\}^3,$$

wobei $\omega_i = r$ (bzw. $\omega_i = b$) dafür steht, dass Spieler i einen roten (bzw. einen blauen) Hut aufhat. Da jedes der möglichen 3-Tupel mit der gleichen Wahrscheinlichkeit als Ergebnis des Zufallsexperimentes auftritt, können wir unser Zufallsexperiment durch den Laplaceschen Wahrscheinlichkeitsraum

$$(\Omega, \mathcal{P}(\Omega), \mathbf{P})$$

beschreiben, wobei

$$\Omega = \{(\omega_1, \omega_2, \omega_3) : \omega_i \in \{r, b\} \, (i \in \{1, 2, 3\})\}$$

und

$$\mathbf{P}(A) = \frac{|A|}{|\Omega|} = \frac{|A|}{8} \quad (A \subseteq \Omega).$$

Gesucht ist nun $\mathbf{P}(A_1)$ und $\mathbf{P}(A_2)$, wobei A_1 bzw. A_2 die Ereignisse sind, dass die Spieler bei Strategie a) bzw. b) gewinnen.

Bei Strategie a) tippt Spieler 1 immer auf Rot und die anderen beiden passen. Die dabei auftretenden Fälle sind:

Hut Sp. 1	Hut Sp. 2	Hut Sp. 3	Sp. 1 tippt	Sp. 2 tippt	Sp. 3 tippt	Gewinn ?
Rot	Rot	Rot	Rot	passt	passt	ja
Rot	Rot	Blau	Rot	passt	passt	ja
Rot	Blau	Rot	Rot	passt	passt	ja
Rot	Blau	Blau	Rot	passt	passt	ja
Blau	Rot	Rot	Rot	passt	passt	nein
Blau	Rot	Blau	Rot	passt	passt	nein
Blau	Blau	Rot	Rot	passt	passt	nein
Blau	Blau	Blau	Rot	passt	passt	nein

Damit gewinnt das Team in 4 der 8 Fälle, und wir erhalten

$$\mathbf{P}(A_1) = \frac{4}{8} = \frac{1}{2}.$$

Die auftretenden Fälle bei Strategie b) sind:

Hut Sp. 1	Hut Sp. 2	Hut Sp. 3	Sp. 1 tippt	Sp. 2 tippt	Sp. 3 tippt	Gewinn ?
Rot	Rot	Rot	Blau	Blau	Blau	nein
Rot	Rot	Blau	passt	passt	Blau	ja
Rot	Blau	Rot	passt	Blau	passt	ja
Rot	Blau	Blau	Rot	passt	passt	ja

Blau	Rot	Rot	Blau	passt	passt	ja
Blau	Rot	Blau	passt	Rot	passt	ja
Blau	Blau	Rot	passt	passt	Rot	ja
Blau	Blau	Blau	Rot	Rot	Rot	nein

Damit gewinnt das Team jetzt in 6 der 8 Fälle, und wir erhalten

$$\mathbf{P}(A_2) = \frac{6}{8} = \frac{2}{3}.$$

Hier ist also eine Strategie, bei der man, wenn man danebentippt, gleich so richtig danebentippt, besonders erfolgreich.

Lösungsvorschlag zu Aufgabe 4.7

(a) Aus drei Ziffern aus $\{0, 1, \ldots, 9\}$ lassen sich $10^3 = 1000$ verschiedene Ziffernkombinationen bilden (Ziehen von 3 Elementen aus 10 Elementen mit Zurücklegen und mit Beachtung der Reihenfolge). Wählt man davon rein zufällig eine aus, so stimmt diese mit der richtigen Ziffernkombination überein mit Wahrscheinlichkeit

$$\frac{\text{Anzahl günstige Fälle}}{\text{Anzahl mögliche Fälle}} = \frac{1}{1000}.$$

(b) Student S. gibt genau bei der k-ten Eingabe einer Ziffernfolge zum ersten Mal die richtige Ziffernfolge ein, wenn er bei den Eingaben $1, 2, \ldots, k-1$ jeweils eine der 999 falschen Ziffernkombinationen und bei der k-ten Ziffernfolge die eine richtige Ziffernfolge aus den 1000 möglichen Ziffernfolgen auswählt. Dies geschieht mit Wahrscheinlichkeit

$$\frac{\text{Anzahl günstige Fälle}}{\text{Anzahl mögliche Fälle}} = \frac{999^{k-1} \cdot 1}{1000^k} = \frac{1}{1000} \cdot \left(\frac{999}{1000}\right)^{k-1}.$$

(c) Innerhalb von zwei Stunden kann Student S. insgesamt

$$\frac{2 \cdot 3600}{15} = 480$$

Ziffernkombinationen ausprobieren. Unter Berücksichtigung von (b) ist damit die Wahrscheinlichkeit, dass er das Schloss innerhalb von zwei Stunden öffnen kann, gegeben durch

$$\sum_{k=1}^{480} \frac{1}{1000} \cdot \left(\frac{999}{1000}\right)^{k-1} = \frac{1}{1000} \cdot \sum_{l=0}^{479} \left(\frac{999}{1000}\right)^{l} = \frac{1}{1000} \cdot \frac{1 - \left(\frac{999}{1000}\right)^{480}}{1 - \frac{999}{1000}}$$

$$= 1 - \left(\frac{999}{1000}\right)^{480} \approx 0,381.$$

Lösungsvorschlag zu Aufgabe 4.8

(a) Wegen $\beta > 0$ erfüllt f immer die Bedingung $f(x) \geq 0$ für alle $x \in \mathbb{R}$. Also ist f genau dann eine Dichte, wenn gilt

$$\int_{\mathbb{R}} f(x)\, dx = 1.$$

Mit

$$\int_{\mathbb{R}} f(x)\, dx = \int_0^\alpha \beta \cdot x\, dx = \frac{1}{2} \cdot \beta \cdot x^2 \Big|_{x=0}^{\alpha} = \frac{1}{2} \cdot \beta \cdot \alpha^2$$

folgt: f ist genau dann eine Dichte, wenn gilt:

$$\frac{1}{2} \cdot \beta \cdot \alpha^2 = 1.$$

(b) Sei nun $\alpha = 4$ und $\beta = 1/8$, d. h.

$$f(x) = \begin{cases} \frac{1}{8} \cdot x & \text{für} \quad 0 \leq x \leq 4, \\[2mm] 0 & \text{für} \quad x < 0 \text{ oder } x > \alpha. \end{cases}$$

Dann gilt für die zugehörige Verteilungsfunktion F:
Ist $x < 0$, dann ist

$$F(x) = \int_{-\infty}^x f(t)\, dt = \int_{-\infty}^x 0\, dt = 0.$$

Ist $0 \leq x \leq 4$, dann ist

$$F(x) = \int_{-\infty}^x f(t)\, dt = \int_{-\infty}^x 0\, dt + \int_0^x \frac{1}{8} \cdot t\, dt = \frac{1}{16} x^2.$$

Und ist $x > 4$, dann ist

$$F(x) = \int_{-\infty}^x f(t)\, dt = \int_{-\infty}^x 0\, dt + \int_0^4 \frac{1}{8} \cdot t\, dt + \int_4^x 0\, dt = 1.$$

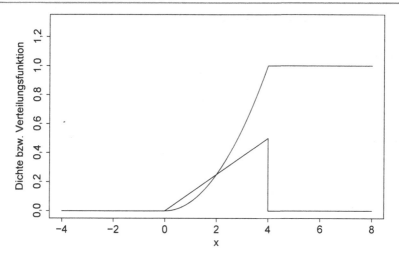

Abb. B.4 Abbildung zu Aufgabe 4.8 (c)

(c) Vergleiche Abb. B.4.
(d) Die Wahrscheinlichkeit, dass Dozent K. weniger als zwei Minuten zu spät
    kommt, ist

$$\int_{-\infty}^{2} f(t)\,dt = F(2) = \frac{1}{16}2^2 = \frac{1}{4}.$$

Und die Wahrscheinlichkeit, dass Dozent K. mehr als zehn Minuten zu früh
kommt, ist

$$\int_{10}^{\infty} f(t)\,dt = \int_{10}^{\infty} 0\,dt = 0.$$

Lösungsvorschlag zu Aufgabe 4.9

Sei A das Ereignis, dass die S-Bahn Verspätung hat, und sei B das Ereignis, dass
Student S. pünktlich zur Vorlesung kommt. Gefragt ist dann nach

$$\mathbf{P}(B).$$

Gegeben ist

$$\mathbf{P}(A) = 0,3, \quad \mathbf{P}(B|A) = 0,2 \quad \text{und} \quad \mathbf{P}(B|A^c) = 0,99.$$

Mit der Formel der totalen Wahrscheinlichkeit erhalten wir daraus:

$$\mathbf{P}(B) = \mathbf{P}(B|A) \cdot \mathbf{P}(A) + \mathbf{P}(B|A^c) \cdot \mathbf{P}(A^c) = 0,2 \cdot 0,3 + 0,99 \cdot (1-0,3) = 0,753.$$

Lösungsvorschlag zu Aufgabe 4.10

Sei A das Ereignis, dass der Schein falsch ist, und sei B das Ereignis, dass das Gerät beim Test aufblinkt. Gefragt ist dann nach

$$P(A|B).$$

Gegeben ist

$$P(A) = \frac{19}{10.000}, \quad P(B|A) = 0,9 \quad \text{und} \quad P(B|A^c) = 0,05.$$

Mit der Formel von Bayes (bzw. analog zu deren Herleitung) erhalten wir dann:

$$
\begin{aligned}
P(A|B) &= \frac{P(A \cap B)}{P(B)} \\
&= \frac{P(B|A) \cdot P(A)}{P(B|A) \cdot P(A) + P(B|A^c) \cdot P(A^c)} \\
&= \frac{0,9 \cdot 0,0019}{0,9 \cdot 0,0019 + 0,05 \cdot (1 - 0,0019)} \approx 0,033.
\end{aligned}
$$

Lösungsvorschlag zu Aufgabe 4.11

Sei A das Ereignis, dass der Student gut vorbereitet ist, und sei B das Ereignis, dass der Student die Klausur besteht. Gefragt ist dann nach

$$P(A|B^c).$$

Gegeben ist

$$P(A) = 0,8, \quad P(B|A) = 0,99 \quad \text{und} \quad P(B|A^c) = 0,1.$$

Mit der Formel von Bayes (bzw. analog zu deren Herleitung) erhalten wir dann:

$$
\begin{aligned}
P(A|B^c) &= \frac{P(A \cap B^c)}{P(B^c)} \\
&= \frac{P(B^c|A) \cdot P(A)}{P(B^c|A) \cdot P(A) + P(B^c|A^c) \cdot P(A^c)} \\
&= \frac{(1 - 0,99) \cdot 0,8}{(1 - 0,99) \cdot 0,8 + (1 - 0,1) \cdot (1 - 0,8)} \approx 0,043.
\end{aligned}
$$

Hierbei wurde verwendet, dass $P(B|A)$ als Funktion von B ein Wahrscheinlichkeitsmaß ist (vgl. Lemma 4.7).

Lösungsvorschlag zu Aufgabe 4.12

(a) Wir zeigen die Aussage mit vollständiger Induktion. Der Fall $n = 1$ ist trivial. Ist $n > 1$ und gilt die Aussage bereits für $n - 1$, so folgt:

$$\mathbf{P}(A_1 \cap \cdots \cap A_n)$$
$$= \frac{\mathbf{P}(A_1 \cap \cdots \cap A_n)}{\mathbf{P}(A_1 \cap \cdots \cap A_{n-1})} \cdot \mathbf{P}(A_1 \cap \cdots \cap A_{n-1})$$
$$= \frac{\mathbf{P}(A_n \cap (A_1 \cap \cdots \cap A_{n-1}))}{\mathbf{P}(A_1 \cap \cdots \cap A_{n-1})} \cdot \mathbf{P}(A_1 \cap \cdots \cap A_{n-1})$$
$$= \mathbf{P}(A_n | A_1 \cap \cdots \cap A_{n-1}) \cdot \mathbf{P}(A_1 \cap \cdots \cap A_{n-1})$$
$$= \mathbf{P}(A_1 \cap \cdots \cap A_{n-1}) \cdot \mathbf{P}(A_n | A_1 \cap \cdots \cap A_{n-1}).$$

Da

$$\mathbf{P}(A_1 \cap \cdots \cap A_{n-2}) \geq \mathbf{P}(A_1 \cap \cdots \cap A_{n-1}) > 0$$

gilt, kann die Induktionsvoraussetzung, d. h. die Aussage für $n - 1$, angewendet werden. Dies liefert die Behauptung.

(b) Sei B_i das Ereignis, dass der Student bei der i-ten Eingabe das richtige Passwort eintippt. Dann ist

$$B_1^c \cap \cdots \cap B_{n-1}^c \cap B_n$$

das Ereignis, dass der Student genau bei der n-ten Eingabe das Passwort zum ersten Mal richtig eintippt.

Anwendung von (a) liefert für die gesuchte Wahrscheinlichkeit:

$$\mathbf{P}(B_1^c \cap \cdots \cap B_{n-1}^c \cap B_n)$$
$$= \mathbf{P}(B_1^c) \cdot \mathbf{P}(B_2^c | B_1^c) \cdot \ldots \cdot \mathbf{P}(B_{n-1}^c | B_1^c \cap \cdots \cap B_{n-2}^c) \cdot \mathbf{P}(B_n | B_1^c \cap \cdots \cap B_{n-1}^c).$$

Es gibt 10^8 mögliche Passwörter, womit die Wahrscheinlichkeit, das richtige Passwort beim ersten Mal nicht zu raten, gegeben ist durch

$$\mathbf{P}(B_1^c) = \frac{10^8 - 1}{10^8}.$$

Hat man beim 1., 2., ..., $i-1$-ten Mal das Passwort bereits falsch geraten, so wählt man beim i-ten Mal nur noch aus $10^8 - (i - 1)$ vielen Passwörtern aus, und die Wahrscheinlichkeit, dabei eines der $10^8 - (i-1) - 1$ falschen Passwörter einzugeben, ist

$$\mathbf{P}(B_i^c | B_1^c \cap \cdots \cap B_{i-1}^c) = \frac{10^8 - i}{10^8 - i + 1}.$$

Analog folgt

$$\mathbf{P}(B_n | B_1^c \cap \cdots \cap B_{n-1}^c) = \frac{1}{10^8 - n + 1}$$

im Falle $n \le 10^8$.

Damit erhalten wir im Falle $n \le 10^8$ für die gesuchte Wahrscheinlichkeit

$$P(B_1^c \cap \cdots \cap B_{n-1}^c \cap B_n) = \frac{10^8 - 1}{10^8} \cdot \frac{10^8 - 2}{10^8 - 1} \cdot \cdots \cdot \frac{10^8 - n + 1}{10^8 - n + 2} \cdot \frac{1}{10^8 - n + 1} = \frac{1}{10^8}.$$

Für $n > 10^8$ ist die gesuchte Wahrscheinlichkeit Null, weil man spätestens nach 10^8 Versuchen alle Passwörter durchprobiert hat.

B.4 Lösungen zu den Aufgaben in Kap. 5

Lösungsvorschlag zu Aufgabe 5.1

(a) Im Falle $x < 0$ gilt:

$$F(x) = \int_{-\infty}^{x} f(t)\,dt = \int_{-\infty}^{x} 0\,dt = 0.$$

Für $0 \le x \le 1$ erhalten wir

$$F(x) = \int_{-\infty}^{x} f(t)\,dt = \int_{0}^{x} \frac{t}{5}\,dt = \frac{x^2}{10}.$$

Weiter gilt für $x > 1$

$$F(x) = \int_{-\infty}^{x} f(t)\,dt = \int_{-\infty}^{1} f(t)\,dt + \int_{1}^{x} f(t)\,dt = F(1) + \int_{1}^{x} \frac{9}{10} \cdot t^{-2}\,dt$$

$$= \frac{1}{10} + \frac{9}{10} \cdot \frac{(-1)}{t}\Big|_{t=1}^{x} = 1 - \frac{9}{10} \cdot \frac{1}{x}.$$

Skizze vgl. Abb. B.5.

(b) Nach (a) gilt $F(1) = 1/10 > 0,05$ und $F(0) = 0 < 0,05$. Da F als Verteilungsfunktion monoton nichtfallend ist, folgt aus $F(VaR) = 0,05$, dass $0 < VaR < 1$ ist. Daher führt die Forderung $F(VaR) = 0,05$ nach (a) auf

$$\frac{VaR^2}{10} = 0,05,$$

was äquivalent ist zu

$$VaR = \sqrt{0,5} \approx 0,707.$$

(c) Ist X stetig verteilte Zufallsvariable mit Dichte f, so gilt

$$P[X \le VaR] = F(VaR) = 0,05$$

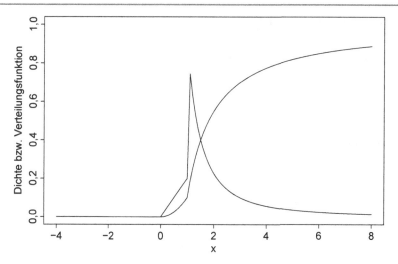

Abb. B.5 Abbildung zu Aufgabe 5.1 (a)

bzw.

$$P[X > VaR] = 1 - F(VaR) = 0,95.$$

Der *Value at Risk* ist also derjenige Wert, der genau mit Wahrscheinlichkeit 0, 95 überschritten bzw. mit Wahrscheinlichkeit 0, 05 unterschritten wird. Ein Wert kleiner als der *Value at Risk* wird also nur sehr selten auftreten.

Lösungsvorschlag zu Aufgabe 5.2

Es gilt:

$$\mathbf{E}Y = \int_{\mathbb{R}} x \cdot f(x)\,dx = \int_0^1 x \cdot 6 \cdot x \cdot (1-x)\,dx = \int_0^1 (6x^2 - 6x^3)\,dx$$

$$= (2x^3 - 1,5x^4)\big|_{x=0}^1 = \frac{1}{2},$$

$$\mathbf{E}(Y^2) = \int_{\mathbb{R}} x^2 \cdot f(x)\,dx = \int_0^1 (6x^3 - 6x^4)\,dx = (\frac{3}{2}x^4 - \frac{6}{5}x^5)\big|_{x=0}^1 = \frac{3}{10}$$

und

$$V(Y) = \mathbf{E}(Y^2) - (\mathbf{E}Y)^2 = \frac{3}{10} - \left(\frac{1}{2}\right)^2 = \frac{1}{20}.$$

Lösungsvorschlag zu Aufgabe 5.3

Für die Gebühr, die Student S. im Mittel bezahlen muss, erhalten wir:

$$
\mathbf{E}(h(X + 30))
$$

$$
= \int_0^\infty h(x + 30) \cdot \lambda \cdot e^{-\lambda \cdot x} dx
$$

$$
= \int_0^{30} 10 \cdot \lambda \cdot e^{-\lambda \cdot x} dx + \int_{30}^{570} \frac{x + 30}{6} \cdot \lambda \cdot e^{-\lambda \cdot x} dx + \int_{570}^\infty 800 \cdot \lambda \cdot e^{-\lambda \cdot x} dx.
$$

Partielle Integration mit $u(x) = \frac{x+30}{6}$ und $v'(x) = \lambda \cdot e^{-\lambda \cdot x}$ (was auf $u'(x) = \frac{1}{6}$ und $v(x) = -e^{-\lambda \cdot x}$ führt) sowie wiederholte Anwendung des Hauptsatzes der Differential- und Integrationstheorie liefert

$$
\mathbf{E}(h(X + 30))
$$

$$
= -10 \cdot e^{-\lambda \cdot x}\big|_{x=0}^{30} + \frac{x + 30}{6} \cdot (-1) \cdot e^{-\lambda \cdot x}\big|_{x=30}^{570}
$$

$$
- \int_{30}^{570} \frac{1}{6} \cdot (-1) \cdot e^{-\lambda \cdot x} dx + (-1) \cdot 800 \cdot e^{-\lambda \cdot x}\big|_{x=570}^\infty
$$

$$
= -10 \cdot e^{-30 \cdot \lambda} + 10 - \frac{600}{6} \cdot e^{-570 \cdot \lambda} + 10 \cdot e^{-30 \cdot \lambda} - \frac{1}{6} \cdot \frac{1}{\lambda} \cdot e^{-\lambda \cdot x}\big|_{x=30}^{570} + 800 \cdot e^{-570 \cdot \lambda}
$$

$$
= 10 + 700 \cdot e^{-570 \cdot \lambda} + \frac{1}{6} \cdot \frac{1}{\lambda} \cdot (e^{-30 \cdot \lambda} - e^{-570 \cdot \lambda}).
$$

Lösungsvorschlag zu Aufgabe 5.4

(a) Der mittlere zukünftige Gewinn ist gegeben durch den Erwartungswert $\mathbf{E}X$. Für diesen erhält man:

$$
\mathbf{E}X = \int_\mathbb{R} x \cdot f(x) \, dx
$$

$$
= \int_{-\infty}^0 0 \, dx + \int_0^1 x \cdot \frac{3}{10} \cdot x^2 dx + \int_1^{10} x \cdot \frac{10 - x}{45} \, dx + \int_{10}^\infty 0 \, dx
$$

$$
= \int_0^1 \frac{3}{10} \cdot x^3 dx + \int_1^{10} \left(\frac{10}{45} \cdot x - \frac{1}{45} \cdot x^2 \right) dx
$$

$$
= \frac{3}{40} x^4\big|_{x=0}^1 + \left(\frac{1}{9} \cdot x^2 - \frac{1}{135} \cdot x^3 \right)\big|_{x=1}^{10}
$$

$$
= \frac{3}{40} + \frac{100}{9} - \frac{1000}{135} - \frac{1}{9} + \frac{1}{135} = 3,675.
$$

Die mittlere quadratische Abweichung zwischen dem zukünftigen Erlös und dem Erwartungswert ist die Varianz. Für diese gilt:

$$V(X) = \mathbf{E}\left(X^2\right) - (\mathbf{E}X)^2.$$

Mit

$$
\begin{aligned}
\mathbf{E}\{X^2\} &= \int_{\mathbb{R}} x^2 \cdot f(x)\, dx \\
&= \int_{-\infty}^{0} 0\, dx + \int_{0}^{1} x^2 \cdot \frac{3}{10} \cdot x^2 dx + \int_{1}^{10} x^2 \cdot \frac{10-x}{45}\, dx + \int_{10}^{\infty} 0\, dx \\
&= \int_{0}^{1} \frac{3}{10} \cdot x^4 dx + \int_{1}^{10} \left(\frac{10}{45} \cdot x^2 - \frac{1}{45} \cdot x^3\right) dx \\
&= \frac{3}{50} \cdot x^5 \Big|_{x=0}^{1} + \left(\frac{10}{135} \cdot x^3 - \frac{1}{180} \cdot x^4\right) \Big|_{x=1}^{10} \\
&= \frac{3}{50} + \frac{10.000}{135} - \frac{1000}{18} - \frac{10}{135} + \frac{1}{180} = 18,51
\end{aligned}
$$

folgt:
$$V(X) = 18,51 - 3,675^2 \approx 5,004.$$

(b) Zur Bestimmung des *Value at Risk* berechnen wir zunächst die Verteilungsfunktion F von X. Für $x < 0$ ist diese gegeben durch

$$F(x) = \int_{-\infty}^{x} f(t)\, dt = \int_{-\infty}^{x} 0\, dt = 0.$$

Für $0 \le x \le 1$ erhält man

$$F(x) = \int_{-\infty}^{x} f(t)\, dt = \int_{0}^{1} \frac{3}{10} \cdot t^2\, dt = \frac{1}{10} \cdot x^3.$$

Für $1 < x \le 10$ wiederum gilt

$$
\begin{aligned}
F(x) &= \int_{-\infty}^{x} f(t)\, dt = \int_{-\infty}^{1} f(t)\, dt + \int_{1}^{x} f(t)\, dt = F(1) + \int_{1}^{x} \frac{10-t}{45}\, dt \\
&= \frac{1}{10} + \left(\frac{10}{45} \cdot t - \frac{1}{90} \cdot t^2\right) \Big|_{t=1}^{x} = \frac{1}{10} + \frac{10}{45} \cdot x - \frac{1}{90} \cdot x^2 - \frac{10}{45} + \frac{1}{90} \\
&= -\frac{1}{9} + \frac{10}{45} \cdot x - \frac{1}{90} \cdot x^2.
\end{aligned}
$$

Und für $x > 10$ ist $F(x) = F(10) = 1$.

Aufgrund der Stetigkeit von F ist der *Value at Risk* nun die Stelle, an der die Verteilungsfunktion erstmals den Wert $0,05$ annimmt. Man erkennt, dass dies im Intervall $[0, 1]$ erfolgt (da $F(0) < 0,05 < F(1)$ gilt). Folglich suchen wir ein $x \in [0, 1]$ mit

$$\frac{1}{10} \cdot x^3 = 0,05$$

bzw.

$$x^3 = 0,5.$$

Wir erhalten

$$x = 0,5^{1/3} \approx 0,7937.$$

Der *Value at Risk* ist damit approximativ gleich $0,7937$.

(c) Zur Berechnung des *expected shortfalls* gehen wir wie folgt vor:

$$\mathbf{E}[X \cdot I_{[X<0,8]}] = \int_{\mathbb{R}} x \cdot I_{[x<0,8]} \cdot f(x)\, dx$$

$$= \int_0^{0,8} x \cdot \frac{3}{10} \cdot x^2 dx$$

$$= \frac{3}{40} \cdot x^4 \Big|_{x=0}^{0,8} = \frac{3}{40} \cdot 0,8^4.$$

Mit

$$\mathbf{P}[X < 0,8] = F(0,8) = \frac{1}{10} \cdot 0,8^3$$

folgt, dass der *expected shortfall* gegeben ist durch

$$\frac{\mathbf{E}\left[X \cdot 1_{[X<0,8]}\right]}{\mathbf{P}[X < 0,8]} = \frac{\frac{3}{40} \cdot 0,8^4}{\frac{1}{10} \cdot 0,8^3} = \frac{3}{4} \cdot 0,8 = 0,6.$$

Lösungsvorschlag zu Aufgabe 5.5

Wegen

$$\mathbf{P}[X_1 = 1, \ldots, X_{10} = 1] = 0 \neq \mathbf{P}[X_1 = 1] \cdot \ldots \cdot \mathbf{P}[X_{10} = 1]$$

sind die ZVen $X_1, \ldots, X_{10}$ nicht unabhängig, weshalb die Formel

$$V\left(\sum_{i=1}^{10} X_i\right) = \sum_{i=1}^{10} V(X_i)$$

nicht verwendet werden kann. Stattdessen beachten wir

$$V(\sum_{i=1}^{10} X_i) = \mathbf{E}\left((\sum_{i=1}^{10} X_i)^2\right) - \left(\mathbf{E}(\sum_{i=1}^{10} X_i)\right)^2 = \mathbf{E}\left((\sum_{i=1}^{10} X_i)^2\right) - 100 \cdot (\mathbf{E}X_1)^2.$$

Nun gilt:

$$\mathbf{E}\left((\sum_{i=1}^{10} X_i)^2\right) = \mathbf{E}\left(\sum_{i=1}^{10}\sum_{j=1}^{10} X_i \cdot X_j\right)$$

$$= \sum_{i=1}^{10} \mathbf{E}(X_i^2) + \sum_{i,j \in \{1,...,10\}, i \neq j} \mathbf{E}(X_i \cdot X_j)$$

$$= 10 \cdot \mathbf{E}X_1 + 10 \cdot 9 \cdot \mathbf{E}(X_1 \cdot X_2),$$

wobei wir in der letzten Zeile verwendet haben, dass ersten – wegen X_i {0, 1}-wertig – $X_i^2 = X_i$ gilt, dass zweitens die Zufallsvariablen $X_1, \ldots, X_{10}$ identisch verteilt sind und dass auch

$$\mathbf{E}(X_i \cdot X_j) = \mathbf{E}(X_1 \cdot X_2)$$

für alle $i \neq j$ gilt (was analog zu unten folgt).
Mit

$$\mathbf{E}X_1 = \mathbf{P}[X_1 = 1] = \left(\frac{9}{10}\right)^{10}$$

(da $[X_1 = 1]$ nur dann eintritt, wenn alle zehn (unabhängig voneinander entscheidenden) Schützen nicht auf Ente 1 schießen) sowie

$$\mathbf{E}(X_1 \cdot X_1) = \mathbf{P}[X_1 = 1, X_2 = 1] = \left(\frac{8}{10}\right)^{10}$$

(da $[X_1 = 1, X_2 = 1]$ nur dann eintritt, wenn alle zehn (unabhängig voneinander entscheidenden) Schützen weder auf Ente 1 noch auf Ente 2 schießen), folgt

$$V(\sum_{i=1}^{10} X_i) = 10 \cdot \left(\frac{9}{10}\right)^{10} + 90 \cdot \left(\frac{8}{10}\right)^{10} - 100 \cdot \left(\left(\frac{9}{10}\right)^{10}\right)^2 \approx 0,993.$$

Lösungsvorschlag zu Aufgabe 5.6

(a) Die (zufällige) Haltbarkeit X einer solchen Glühbirne ist nach Voraussetzung exponentialverteilt mit Parameter $\lambda = \frac{1}{200}$, d. h., ihre Verteilung hat die Dichte

$$f(x) = \begin{cases} \lambda \cdot e^{-\lambda \cdot x} & \text{für} \quad x \geq 0, \\ 0 & \text{für} \quad x < 0. \end{cases}$$

Daher gilt

$$\begin{aligned}
\mathbf{E}X &= \int_{\mathbb{R}} x \cdot f(x)\, dx \\
&= \int_0^\infty x \cdot \lambda \cdot e^{-\lambda \cdot x} dx \\
&= x \cdot (-1) \cdot e^{-\lambda \cdot x}\big|_{x=0}^\infty - \int_0^\infty 1 \cdot (-1) \cdot e^{-\lambda \cdot x} dx \\
&= 0 - 0 - \frac{1}{\lambda} \cdot e^{-\lambda \cdot x}\big|_{x=0}^\infty \\
&= 0 - 0 + \frac{1}{\lambda} = \frac{1}{\lambda} = 200,
\end{aligned}$$

wobei wir bei der dritten Gleichheit eine partielle Integration mit $u(x) = x$ und $v'(x) = \lambda \cdot e^{-\lambda \cdot x}$ durchgeführt haben.

Analog erhält man durch zweimalige partielle Integration

$$\begin{aligned}
\mathbf{E}(X^2) &= \int_{\mathbb{R}} x^2 \cdot f(x)\, dx \\
&= \int_0^\infty x^2 \cdot \lambda \cdot e^{-\lambda \cdot x} dx \\
&= x^2 \cdot (-1) \cdot e^{-\lambda \cdot x}\big|_{x=0}^\infty - \int_0^\infty 2 \cdot x \cdot (-1) \cdot e^{-\lambda \cdot x} dx \\
&= \int_0^\infty 2 \cdot x \cdot e^{-\lambda \cdot x} dx \\
&= 2 \cdot x \cdot \frac{(-1)}{\lambda} \cdot e^{-\lambda \cdot x}\big|_{x=0}^\infty - \int_0^\infty 2 \cdot \frac{(-1)}{\lambda} \cdot e^{-\lambda \cdot x} dx \\
&= \int_0^\infty \frac{2}{\lambda} \cdot e^{-\lambda \cdot x} dx \\
&= \frac{-2}{\lambda^2} \cdot e^{-\lambda \cdot x}\big|_{x=0}^\infty \\
&= \frac{2}{\lambda^2},
\end{aligned}$$

womit dann

$$V(X) = \mathbf{E}(X^2) - (\mathbf{E}X)^2 = \frac{2}{\lambda^2} - \left(\frac{1}{\lambda}\right)^2 = \frac{1}{\lambda^2} = 200^2$$

folgt.

(b) Aufgrund der Linearität des Erwartungswertes und der identischen Verteiltheit der Zufallsvariablen $X_1, \ldots, X_{24}$ gilt

$$\mathbf{E}Z = \sum_{i=1}^{24} \mathbf{E}X_i = 24 \cdot \mathbf{E}X_1 = \frac{24}{\lambda} = 4800.$$

Verwendet man (im ersten Schritt) auch noch zusätzlich die Unabhängigkeit der $X_1, \ldots, X_{24}$, so folgt mit den Rechenregeln für die Varianz

$$V(Z) = \sum_{i=1}^{24} V(X_i) = 24 \cdot V(X_1) = \frac{24}{\lambda^2} = 24 \cdot 200^2.$$

(c) Die Wahrscheinlichkeit, dass dem Eremiten vor dem Ende der Polarnacht die Glühbirnen ausgehen, ist

$$\mathbf{P}\left[\sum_{i=1}^{24} X_i < 4400\right].$$

Wir formen diese Darstellung nun wie folgt um:

$$\mathbf{P}\left[\sum_{i=1}^{24} X_i < 4400\right] = \mathbf{P}\left[\frac{\sum_{i=1}^{24} X_i - \mathbf{E}\left(\sum_{i=1}^{24} X_i\right)}{\sqrt{V(\sum_{i=1}^{24} X_i)}} < \frac{4400 - \mathbf{E}\left(\sum_{i=1}^{24} X_i\right)}{\sqrt{V(\sum_{i=1}^{24} X_i)}}\right].$$

Nach dem Zentralen Grenzwertsatz ist diese Wahrscheinlichkeit approximativ gleich

$$\Phi\left(\frac{4400 - \mathbf{E}\left(\sum_{i=1}^{24} X_i\right)}{\sqrt{V(\sum_{i=1}^{24} X_i)}}\right).$$

Unter Berücksichtigung der Resultate aus (b) erhalten wir dafür

$$\Phi\left(\frac{4400 - \mathbf{E}\left(\sum_{i=1}^{24} X_i\right)}{\sqrt{V(\sum_{i=1}^{24} X_i)}}\right) = \Phi\left(\frac{4400 - 4800}{\sqrt{24 \cdot 200^2}}\right)$$

$$\approx \Phi(-0,41) \approx 0,34,$$

wobei wir ganz am Ende den Hinweis der Aufgabe verwendet haben.

Damir erhalten wir als Ergebnis: Die Wahrscheinlichkeit, dass dem Eremiten vor dem Ende der Polarnacht die Glühbirnen ausgehen, ist ungefähr gleich $0,34$.

B.5   Lösungen zu den Aufgaben in Kap. 6

Lösungsvorschlag zu Aufgabe 6.1

Sei X eine (in Abhängigkeit von $p \in (0,1)$) definierte Zufallsvariable, für die gelte:

$$P[X = k] = p^{k-1} \cdot (1-p) \quad (k \in \mathbb{N}).$$

(Wegen

$$\sum_{k=1}^{\infty} p^{k-1} \cdot (1-p) = (1-p) \cdot \frac{1}{1-p} = 1$$

gilt dann $\mathbf{P}[X \in \mathbb{R} \setminus \mathbb{N}] = 0$.)

Durch Anwendung des Maximum-Likelihood-Prinzips soll eine Schätzung des Parameters p ausgehend von beobachteten Werten $k_1, \ldots, k_n \in \mathbb{N}$ bestimmt werden.

Dazu definiert man zunächst die sogenannte Likelihood-Funktion

$$L(p) = \prod_{i=1}^{n} \mathbf{P}[X = k_i].$$

Für diese erhält man

$$L(p) = \prod_{i=1}^{n} p^{k_i-1} \cdot (1-p) = p^{\sum_{i=1}^{n} k_i - n} \cdot (1-p)^n.$$

Anschließend maximiert man diese bzgl. $p \in (0,1)$, d. h., man definiert den Maximum-Likelihood-Schätzer durch

$$\hat{p} = \arg\max_{p \in (0,1)} L(p).$$

Da der Logarithmus auf $\mathbb{R}_+ \setminus \{0\}$ streng monoton wachsend ist, ist die Maximierung von $L(p)$ äquivalent zur Maximierung der sogenannten log-Likelihood-Funktion

$$\ln(L(p)) = \ln\left(p^{\sum_{i=1}^{n} k_i - n} \cdot (1-p)^n\right) = (\sum_{i=1}^{n} k_i - n) \cdot \ln p + n \cdot \ln(1-p).$$

Nullsetzen von deren Ableitung (nach p) führt auf

$$(\sum_{i=1}^{n} k_i - n) \cdot \frac{1}{p} + n \cdot \frac{1}{1-p} \cdot (-1) = 0$$

bzw.

$$(\sum_{i=1}^{n} k_i - n) \cdot (1-p) - n \cdot p = 0$$

bzw.

$$\sum_{i=1}^{n} k_i - n = p \cdot \sum_{i=1}^{n} k_i$$

bzw.

$$p = 1 - \frac{n}{\sum_{i=1}^{n} k_i}.$$

Da an dieser Nullstelle der Ableitung deren Vorzeichen von + nach − wechselt (wie man durch Beachtung der Gernzwerte für $p \to 0$ und $p \to 1$ leicht sieht) folgt:
Der Maximum-Likelihood-Schätzer von p ist

$$\hat{p} = 1 - \frac{n}{\sum_{i=1}^{n} k_i}.$$

Lösungsvorschlag zu Aufgabe 6.2

Der Maximum-Likelihood-Schätzer ist die Maximalstelle der Likelihood-Funktion

$$L(p) = \prod_{i=1}^{N} \mathbf{P}[X = x_i] = \prod_{i=1}^{N} \binom{n}{x_i} p^{x_i} \cdot (1-p)^{n-x_i}$$

$$= \left(\prod_{i=1}^{N} \binom{n}{x_i}\right) \cdot p^{\sum_{i=1}^{N} x_i} \cdot (1-p)^{N \cdot n - \sum_{i=1}^{N} x_i},$$

wobei $x_1, \ldots, x_N$ die beobachteten $N = 10$ Datenpunkte aus der Aufgabe sind.
    Da der Logarithmus auf $\mathbb{R}_+ \backslash \{0\}$ streng monoton wachsend ist, ist die Maximierung von $L(p)$ äquivalent zur Maximierung der sogenannten log-Likelihood-Funktion

$$\ln(L(p)) = \ln\left(\prod_{i=1}^{N} \binom{n}{x_i}\right) + \left(\sum_{i=1}^{N} x_i\right) \cdot \ln(p) + \left(N \cdot n - \sum_{i=1}^{N} x_i\right) \cdot \ln(1-p).$$

Nullsetzen der Ableitung (nach p) von $\ln(L(p))$ führt auf

$$0 + \left(\sum_{i=1}^{N} x_i\right) \cdot \frac{1}{p} + \left(N \cdot n - \sum_{i=1}^{N} x_i\right) \cdot \frac{1}{1-p} \cdot (-1) = 0$$

bzw.

$$\left(\sum_{i=1}^{N} x_i\right) \cdot (1-p) - \left(N \cdot n - \sum_{i=1}^{N} x_i\right) \cdot p = 0$$

bzw.

$$\sum_{i=1}^{N} x_i = N \cdot n \cdot p$$

bzw.

$$p = \frac{1}{N \cdot n} \cdot \sum_{i=1}^{N} x_i.$$

Da an dieser Nullstelle der Ableitung deren Vorzeichen von + nach − wechselt (wie man wieder durch Beachtung der Gernzwerte für $p \to 0$ und $p \to 1$ leicht sieht) folgt: Der Maximum-Likelihood-Schätzer von p ist

$$\hat{p} = \frac{1}{N \cdot n} \cdot \sum_{i=1}^{N} x_i = \frac{10 + 6 + 15 + 1 + 2 + 5 + 6 + 16 + 11 + 3}{10 \cdot 240} = \frac{75}{2400} = \frac{1}{32}.$$

Lösungsvorschlag zu Aufgabe 6.3

(a) Der Maximum-Likelihood-Schätzer zu Daten $x_1, \ldots, x_n \in \mathbb{R}_+ \setminus \{0\}$ ist dasjenige $\lambda \in \mathbb{R}_+ \setminus \{0\}$, für das die Likelihhod-Funktion

$$L(\lambda) = \prod_{i=1}^{n} f(x_i) = \prod_{i=1}^{n} \lambda \cdot e^{-\lambda \cdot x_i} = \lambda^n \cdot e^{-\lambda \cdot \sum_{i=1}^{n} x_i}$$

maximal wird.

Da der Logarithmus auf $\mathbb{R}_+ \setminus \{0\}$ streng monoton wachsend ist, ist die Maximierung von $L(p)$ äquivalent zur Maximierung der sogenannten log-Likelihood-Funktion

$$\ln(L(p)) = n \cdot \ln(\lambda) - \lambda \cdot \sum_{i=1}^{n} x_i.$$

Nullsetzen der Ableitung (nach λ) von $\ln(L(\lambda))$ führt auf

$$\frac{n}{\lambda} - \sum_{i=1}^{n} x_i = 0$$

bzw.

$$\lambda = \frac{n}{\sum_{i=1}^{n} x_i}.$$

Da an dieser Nullstelle der Ableitung deren Vorzeichen von $+$ nach $-$ wechselt, folgt: Der Maximum-Likelihood-Schätzer von λ ist

$$\hat{\lambda} = \frac{n}{\sum_{i=1}^{n} x_i} = \frac{4}{12 + 2 + 18 + 8} = \frac{4}{40} = \frac{1}{10}.$$

(b) Nach dem starken Gesetz der großen Zahlen gilt

$$\frac{1}{n} \sum_{i=1}^{n} X_i \to \mathbf{E}X_1 \quad f.s.$$

Für eine exponentialverteilte Zufallsvariable mit Parameter λ ist der Erwartungswert gerade $1/\lambda$, woraus mit den Rechenregeln für die fast sichere Konvergenz folgt:

$$T_n(X_1, \ldots, X_n) = \frac{1}{\frac{1}{n} \sum_{i=1}^{n} X_i} \to \frac{1}{\mathbf{E}X_1} = \lambda \quad f.s.$$

Damit ist gezeigt, dass der Schätzer ein konsistenter Schätzer für λ ist.

Lösungsvorschlag zu Aufgabe 6.4

(a) Aufgrund der Linearität des Erwartungswertes und der identischen Verteiltheit der $X_1, \ldots, X_n$ gilt

$$\mathbf{E}_\theta T_n(X_1, \ldots, X_n) = \frac{2}{3 \cdot n} \sum_{i=1}^{n} \mathbf{E}_\theta X_i = \frac{2}{3} \cdot \mathbf{E}_\theta X_1.$$

Mit

$$\mathbf{E}_\theta X_1 = \int_{\mathbb{R}} x \cdot f_\theta(x)\, dx = \int_\theta^{2 \cdot \theta} x \cdot \frac{1}{\theta}\, dx = \frac{1}{2} \cdot x^2 \cdot \frac{1}{\theta} \Big|_{x=\theta}^{2 \cdot \theta} = \frac{3}{2} \cdot \theta$$

folgt

$$\mathbf{E}_\theta T_n(X_1, \ldots, X_n) = \frac{2}{3} \cdot \frac{3}{2} \cdot \theta = \theta$$

für alle $\theta \in \mathbb{R}_+ \setminus \{0\}$, was die Erwartungstreue von $T_n(X_1, \ldots, X_n)$ zeigt.

(b) Der Schätzer ist auch konsistent, denn nach dem starken Gesetz der großen Zahlen gilt

$$\frac{1}{n} \sum_{i=1}^{n} X_i \to \mathbf{E}_\theta X_1 \quad f.s.$$

Mit $E_\theta X_1 = \frac{3}{2} \cdot \theta$ (s.o.) und den Rechenregeln für die fast sichere Konvergenz folgt daraus

$$T_n(X_1, \ldots, X_n) \to \frac{2}{3} \cdot E_\theta X_1 = \theta \quad f.s.$$

für alle $\theta \in \mathbb{R}_+ \setminus \{0\}$, was zu zeigen war.

Lösungsvorschlag zu Aufgabe 6.5

(a) Wir testen die Hypothesen

$$H_0 : \mu \leq 6 \quad \text{versus} \quad H_1 : \mu > 6$$

(hierbei kommt das statistisch zu Sichernde in die Alternativhypothese) zum Niveau $\alpha = 0,05$ mit einem einseitigen Gauß-Test. Die Prüfgröße ist

$$T_n(x_1, \ldots, x_n) = \frac{\sqrt{n}}{\sigma} \cdot \left(\frac{1}{n} \sum_{i=1}^{n} x_i - 6 \right) = \frac{\sqrt{n}}{\sigma} \cdot (\bar{x} - 6),$$

wobei laut Aufgabenstellung $n = 20$, $\sigma = 0,3$ und $\bar{x} = 6,1$ beträgt.

Hier sprechen große Werte für eine Ablehnung von H_0, insofern wählen wir in Abhängigkeit des Niveaus eine geeignete Konstante $c \in \mathbb{R}$ und lehnen H_0 ab, falls gilt

$$T_n(x_1, \ldots, x_n) > c.$$

Die Konstante c wird dabei so gewählt, dass das Niveau für $\mu = 6$ voll ausgeschöpft wird. Im Falle $\mu = 6$ ist unsere Prüfgröße standardnormalverteilt, also wählen wir c als den Wert, an dem die Verteilungsfunktion der Standardnormalverteilung gleich $1 - \alpha = 0,95$ ist, d.h., c ist gleich dem $0,05$-Fraktil dieser Verteilung, womit wir mit dem Hinweis der Aufgabe

$$c = 1,644854$$

erhalten.

Mit den Werten in der Aufgabenstellung gilt

$$T_n(x_1, \ldots, x_n) = \frac{\sqrt{20}}{0,3} \cdot (6,1 - 6) \approx 1,490 < c.$$

Damit kann H_0 mit den vorliegenden Daten nicht abgelehnt werden, d.h., wir können die Behauptung des Herstellers nicht widerlegen.

(b) Wir führen den Test von (a) erneut durch, aber diesmal mit den Werten $n = 152$, $\bar{x} = 7,3$ und $\sigma = 0,3$, womit wir

$$T_n(x_1, \ldots, x_n) = \frac{\sqrt{152}}{0,3} \cdot (7,3 - 6) \approx 53,42 > c$$

erhalten. Damit kann H_0 mit den nun vorliegenden Daten zum Niveau $\alpha = 0,05$ abgelehnt werden, d. h., wir können die Behauptung des Herstellers jetzt widerlegen.

Lösungsvorschlag zu Aufgabe 6.6

Wir testen

$$H_0 : \mu = 78 \quad \text{versus} \quad H_1 : \mu \neq 78$$

zum Niveau $\alpha = 0,05$. Als Prüfgröße wählen wir

$$T_n(x_1, \ldots, x_n) = \frac{\sqrt{n}}{s} \cdot \left(\frac{1}{n} \sum_{i=1}^{n} x_i - 78 \right) = \frac{\sqrt{n}}{s} \cdot (\bar{x} - 78),$$

wobei laut Aufgabenstellung $n = 60$, $s = 6,2$ und $\bar{x} = 72,1$ beträgt. Da hier sowohl große als auch kleine Werte für eine Ablehnung von H_0 sprechen, wählen wir in Abhängigkeit des Niveaus eine geeignete Konstante $c \in \mathbb{R}$ und lehnen H_0 ab, falls gilt

$$|T_n(x_1, \ldots, x_n)| > c.$$

Die Konstante c wird dabei so gewählt, dass das Niveau im Falle von normalverteilten Zufallsvariablen mit Erwartungswert $\mu = 78$ voll ausgeschöpft wird. In diesem Falle wissen wir aus Abschn. 6.4, dass die Prüfgröße t-verteilt ist mit $60 - 1 = 59$ Freiheitsgraden. Also wählen wir c als $0,025$-Fraktil dieser Verteilung und erhalten aus dem Hinweis der Aufgabe

$$c \approx 2,000995.$$

Weiter berechnen wir

$$|T_n(x_1, \ldots, x_n)| = \left| \frac{\sqrt{60}}{6,2} \cdot (72,1 - 78) \right| \approx 7,37 > c.$$

Damit kann H_0 mit den hier vorliegenden Daten zum Niveau $\alpha = 0,05$ abgelehnt werden, und wir kommen zu folgendem Schluss: Unsere Beobachtungen stehen nicht in Einklang zu der angegebenen Güteklasse.

Lösungsvorschlag zu Aufgabe 6.7

Zu testen ist hier

$$H_0 : \mu \geq 90 \quad \text{versus} \quad H_1 : \mu < 90$$

mit einem einseitigen Gauß-Test. Die Prüfgröße ist

$$T_n(x_1, \ldots, x_n) = \frac{\sqrt{n}}{\sigma} \cdot \left(\frac{1}{n} \sum_{i=1}^{n} x_i - 90 \right) = \frac{\sqrt{n}}{\sigma} \cdot (\bar{x} - 90),$$

wobei laut Aufgabenstellung $n = 53$, $\sigma = 10,3$ und $\bar{x} = 86,7$ beträgt.

Hier sprechen kleine Werte für eine Ablehnung von H_0, insofern wählen wir in Abhängigkeit des Niveaus eine geeignete Konstante $c \in \mathbb{R}$ und lehnen H_0 ab, falls gilt

$$T_n(x_1, \ldots, x_n) < c.$$

Für $\mu = 90$ wird beim Test zum Niveau $\alpha \in (0, 1)$ die Nullhypothese genau mit Wahrscheinlichkeit α abgelehnt, was auf $c = u_{1-\alpha}$ führt. Da $u_{1-\alpha}$ in α monoton wächst, führt das minimale Niveau, bei dem die Hyopthese H_0 gerade noch abgelehnt werden kann, auf das minimale c, bei dem H_0 gerade noch abgelehnt werden kann. Bei den hier vorliegenden Daten gilt

$$T_n(x_1, \ldots, x_n) = \frac{\sqrt{53}}{10,3} \cdot (86,7 - 90) \approx -2,332462,$$

d. h., wir können approximativ annehmen, dass

$$c = -2,33$$

dieser minimale Wert ist. Das zugehörige Niveau ist dann gerade die Wahrscheinlichkeit, mit der eine normalverteilte Zufallsvariable X mit Erwartungswert $\mu_0 = 90$ und Standardabweichung $\sigma = 10,3$ diesen Wert unterschreitet, also gerade der Wert der zugehörigen Verteilungsfunktion an der Stelle c. Da in diesem Falle

$$\frac{X - \mu_0}{\sigma}$$

standardnormalverteilt ist, gilt für diese Wahrscheinlichkeit laut Hinweis

$$\mathbf{P}\{X \leq c\} = \mathbf{P} \left\{ \frac{X - \mu_0}{\sigma} \leq \frac{c - \mu_0}{\sigma} \right\} = \Phi \left(\frac{c - \mu_0}{\sigma} \right)$$

$$= \Phi \left(\frac{-2,33 - 90}{10,3} \right) \approx \Phi(-8,96) \approx 1,56 \cdot 10^{-19}.$$

Also ist der p-Wert ungefähr gleich $1,56 \cdot 10^{-19}$.

Da das minimale Niveau, bei dem H_0 abgelehnt werden kann, kleiner als $\alpha = 0,05$ ist, kann H_0 zum Niveau $\alpha = 0,05$ abgelehnt werden, und wir kommen zu folgendem Schluss: Ausgehend von den vorliegenden Daten können wir die Hypothese, dass die Pulsfrequenz der Jungen im Mittel kleiner als 90 Schläge/Minute ist, zum Niveau $\alpha = 0,05$ als statistisch gesichert betrachten.

Lösungsvorschlag zu Aufgabe 6.8

(a) Sind X_1, ..., X_n unabhängig identisch normalverteilte Zufallsvariablen mit Erwartungswert μ und Varianz σ^2 (wobei $\sigma > 0$ gilt), so ist nach Satz 6.1

$$\sqrt{n} \cdot \frac{\overline{X} - \mu}{S}$$

t_{n-1}-verteilt, wobei

$$\overline{X} = \frac{1}{n} \sum_{i=1}^{n} X_i \quad \text{und} \quad S^2 = \frac{1}{n-1} \sum_{i=1}^{n} (X_i - \overline{X})^2.$$

Also gilt

$$\mathbf{P}\left\{ \left| \sqrt{n} \cdot \frac{\overline{X} - \mu}{S} \right| \leq t_{n-1;\alpha/2} \right\} = 1 - \alpha,$$

wobei $t_{n-1;\alpha/2}$ das $\alpha/2$-Fraktil zur t-Verteilung mit $n-1$ Freiheitsgraden ist. Mit

$$\left| \sqrt{n} \cdot \frac{\overline{X} - \mu}{S} \right| \leq t_{n-1;\alpha/2} \Leftrightarrow -t_{n-1;\alpha/2} \leq \sqrt{n} \cdot \frac{\overline{X} - \mu}{S} \leq t_{n-1;\alpha/2}$$

$$\Leftrightarrow -t_{n-1;\alpha/2} \cdot \frac{S}{\sqrt{n}} \leq \overline{X} - \mu \leq t_{n-1;\alpha/2} \cdot \frac{S}{\sqrt{n}}$$

$$\Leftrightarrow -t_{n-1;\alpha/2} \cdot \frac{S}{\sqrt{n}} \leq \mu - \overline{X} \leq t_{n-1;\alpha/2} \cdot \frac{S}{\sqrt{n}}$$

$$\Leftrightarrow \overline{X} - t_{n-1;\alpha/2} \cdot \frac{S}{\sqrt{n}} \leq \mu \leq \overline{X} + t_{n-1;\alpha/2} \cdot \frac{S}{\sqrt{n}}$$

folgt

$$\mathbf{P}\left[\mu \in \left[\overline{X} - t_{n-1;\alpha/2} \cdot \frac{S}{\sqrt{n}}, \overline{X} + t_{n-1;\alpha/2} \cdot \frac{S}{\sqrt{n}} \right] \right] = 1 - \alpha.$$

Also ist

$$C(X_1, \ldots, X_n) = \left[\overline{X} - t_{n-1;\alpha/2} \cdot \frac{S}{\sqrt{n}}, \overline{X} + t_{n-1;\alpha/2} \cdot \frac{S}{\sqrt{n}} \right]$$

das gesuchte Konfidenzintervall.

Laut Aufgabenstellung gilt $n = 9$, $\bar{x} = 188$ und $s = 7,2$ sowie $1 - \alpha = 0,98$, also $\alpha/2 = 0,02/2 = 0,01$. Mit $t_{n-1,\alpha/2} = t_{8,0,01} \approx 2,896$ erhalten wir damit für das gesuchte Konfidenzintervall:

$$C(x_1, \ldots, x_9) = \left[188 - 2,896 \cdot \frac{7,2}{\sqrt{9}}, 188 + 2,896 \cdot \frac{7,2}{\sqrt{9}} \right] \approx [181,05, \ 194,95].$$

(b) Sind X_1, $\ldots$, X_n unabhängig identisch normalverteilte Zufallsvariablen mit Erwartungswert μ und Varianz σ^2 (wobei $\sigma^2 > 0$ gilt), so ist nach Satz 6.1

$$\frac{n-1}{\sigma^2} \cdot S^2$$

χ^2_{n-1}-verteilt, wobei

$$S^2 = \frac{1}{n-1} \sum_{i=1}^{n} (X_i - \overline{X})^2 \quad \text{und} \quad \overline{X} = \frac{1}{n} \sum_{i=1}^{n} X_i.$$

Also gilt

$$\mathbf{P} \left[\frac{n-1}{\sigma^2} \cdot S^2 \leq \chi^2_{n-1;\alpha} \right] = 1 - \alpha,$$

wobei $\chi^2_{n-1;\alpha}$ das α-Fraktil zur χ^2-Verteilung mit $n-1$ Freiheitsgraden ist.
Mit

$$\frac{n-1}{\sigma^2} \cdot S^2 \leq \chi^2_{n-1;\alpha} \quad \Leftrightarrow \quad \sigma^2 \geq \frac{n-1}{\chi^2_{n-1;\alpha}} \cdot S^2$$

folgt

$$\mathbf{P} \left[\sigma^2 \in \left[\frac{n-1}{\chi^2_{n-1;\alpha}} \cdot S^2, \infty \right) \right] = 1 - \alpha,$$

also ist

$$C_n(X_1, \ldots, X_n) = \left[\frac{n-1}{\chi^2_{n-1;\alpha}} \cdot S^2, \infty \right)$$

das gesuchte Konfidenzintervall.

Laut Aufgabenstellung gilt $n = 9$, $\bar{x} = 188$ und $s = 7,2$ sowie $1 - \alpha = 0,95$, also $\alpha = 0,05$. Mit $\chi^2_{n-1;\alpha} = \chi^2_{8;0,05} \approx 15,51$ erhalten wir damit für das gesuchte Konfidenzintervall:

$$C(x_1, \ldots, x_9) = \left[\frac{9-1}{15,51} \cdot 7,2^2, \infty \right) \approx [26,74, \ \infty).$$

Lösungsvorschlag zu Aufgabe 6.9

Wir verwenden den χ^2-Anpassungstest, um

$$H_0:(p_1,p_2,\ldots,p_{12}) = \left(\frac{1}{12},\frac{1}{12},\ldots,\frac{1}{12}\right)$$

versus

$$H_1:(p_1,p_2,\ldots,p_{12}) \neq \left(\frac{1}{12},\frac{1}{12},\ldots,\frac{1}{12}\right)$$

zum Niveau $\alpha = 0,05$ zu testen. Hierbei fassen wir die in der Tabelle gegebenen Werte als Realisierungen von Zufallsvariablen $Y_1,\ldots,Y_r$ mit $r = 12$ auf, wobei Y_1 den Wert $y_1 = 119$, Y_2 den Wert $y_2 = 116$, ..., Y_{12} den Wert $y_{12} = 113$ angenommen hat. Dabei gilt

$$n = \sum_{k=1}^{r} y_k = 1503.$$

Wie in Abschn. 6.5 beschrieben, lehnen wir beim χ^2-Anpassungstest H_0 ab, falls

$$T_n(y_1,\ldots,y_r) = \sum_{j=1}^{r} \frac{\left(y_j - n \cdot \frac{1}{12}\right)^2}{n \cdot \frac{1}{12}}$$

größer als das α-Fraktil $\chi^2_{r-1;\alpha}$ einer χ^2-Verteilung mit $r-1$ Freiheitsgraden ist. Einsetzen der Werte von y_1 bis y_{12} liefert nach kurzer Rechnung

$$T_n(y_1,\ldots,y_r) = 7,28.$$

Da nach Aufgabenstellung $\chi^2_{r-1;\alpha} = \chi^2_{11;0,05} \approx 19,68$ gilt, folgt, dass hier

$$T_n(y_1,\ldots,y_r) \leq \chi^2_{r-1;\alpha}$$

gilt, und wir kommen zu folgendem Schluss: Aufgrund der vorliegenden Daten kann die Hypothese der Gleichverteilung der Geburten auf die einzelnen Monate des Jahres zum Niveau $\alpha = 0,05$ nicht abgelehnt werden.

Lösungsvorschlag zu Aufgabe 6.10

(a) Die gegebenen Daten $x_1,\ldots,x_n$ (mit $n = 10$) sind

$$1,15, 1,02, 1,36, 0,82, 0,15, 1,08, 1,40, 1,28, 1,51, 0,90.$$

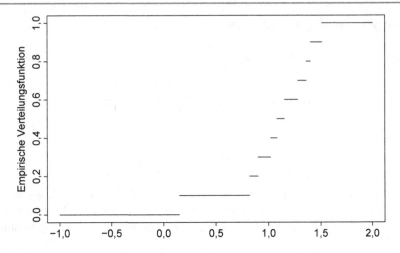

Abb. B.6 Abbildung zu Aufgabe 6.10 (a)

Sortiert man diese der Größe nach aufsteigend, so erhält man $x_{(1)}, \ldots, x_{(n)}$ mit den Werten

$$0{,}15, 0{,}82, 0{,}90, 1{,}02, 1{,}08, 1{,}15, 1{,}28, 1{,}36, 1{,}40, 1{,}51.$$

Die empirische Verteilungsfunktion ist nun vor $x_{(1)}$ konstant Null und ab $x_{(n)}$ konstant Eins, und auf den Intervallen $[x_{(i)}, x_{(i+1)})$ ist sie jeweils konstant gleich $i/n = i/10$ für alle $i \in \{1, \ldots, n\} = \{1, \ldots, 10\}$.

Eine Skizze dieser Funktion findet sich in Abb. B.6.

(b) Als Teststatistik verwenden wir

$$T_n(x_1, \ldots, x_n) = \sup_{t \in \mathbb{R}} |F_n(t) - F(t)|,$$

wobei

$$F_n(t) = \frac{1}{n} \sum_{i=1}^{n} 1_{(-\infty, t]}(x_i)$$

die in (a) berechnete empirische Verteilungsfunktion zu unseren Daten $x_1, \ldots, x_n$ und

$$F(t) = \begin{cases} 0 & \text{für} \quad x \geq 0, \\ t/2 & \text{für} \quad 0 < t < 2, \\ 1 & \text{für} \quad t > 2 \end{cases}$$

die Verteilungsfunktion einer im Intervall $(0, 2)$ gleichverteilten Zufallsvariablen ist.

Da F_n stückweise konstant ist und F monoton wächst, wird die uns interessierende maximale Abweichung an einer der n Sprungstellen angenommen (und zwar entweder an der Stelle selbst oder im Grenzwert unmittelbar zuvor). Die erste Sprungstelle von F_n ist an der Stelle $x_{(1)} = 0,15$. F hat dabei den Wert $0,15/2 = 0,075$, die beiden damit zu vergleichenden Werte von F_n sind 0 und $1/n = 1/10 = 0,1$, die maximale Abweichung ist daher an dieser Stelle

$$\max\{|0 - 0,075|, |0,1 - 0,075|\} = 0,075.$$

Entsprechend erhält man an den 9 weiteren Sprungstellen die Werte

$$\max\{|0,1 - 0,41|, |0,2 - 0,41|\} = 0,31,$$
$$\max\{|0,2 - 0,45|, |0,3 - 0,45|\} = 0,25,$$
$$\max\{|0,3 - 0,51|, |0,4 - 0,51|\} = 0,21,$$
$$\max\{|0,4 - 0,54|, |0,5 - 0,54|\} = 0,14,$$
$$\max\{|0,5 - 0,575|, |0,6 - 0,575|\} = 0,075,$$
$$\max\{|0,6 - 0,64|, |0,7 - 0,64|\} = 0,06,$$
$$\max\{|0,7 - 0,68|, |0,8 - 0,68|\} = 0,12,$$
$$\max\{|0,8 - 0,7|, |0,9 - 0,7|\} = 0,2,$$
$$\max\{|0,9 - 0,7505|, |1 - 0,7505|\} = 0,2495.$$

Die maximale Abweichung wird daher an der Sprungstelle beim größten Datenpunkt $x_{(10)} = 1,51$ angenommen, und wir erhalten:

$$T_n(x_1, \ldots, x_n) = \sup_{t \in \mathbb{R}} |F_n(t) - F(t)| = 0,2495.$$

Mittels Simulationen erhalten wir, dass für unabhängige, auf $(0,2)$-gleichverteilte Zufallsvariablen die Zufallsvariable

$$T_n(X_1, \ldots, X_1)$$

den Wert $0,41$ gerade approximativ mit Wahrscheinlichkeit $0,05$ überschreitet. Da hier

$$T_n(x_1, \ldots, x_n) \leq 0,41$$

gilt, kommen wir zu folgendem Schluss: Wir können zum Niveau $\alpha = 0,05$ nicht ausschließen, dass die Stichprobe von einer Gleichverteilung auf $(0,2)$ stammt.

Anmerkungen

Anmerkungen zu Kap. 1

1. Die in diesem Beispiel beschriebene Studie wurde in Bonomi et al. (2014) veröffentlicht.
2. Eine ausführliche Beschreibung der Challenger-Katastrophe und potenzieller Hintergründe findet man in Rogers et al. (1986) sowie bei Wikipedia unter http://en.wikipedia.org/wiki/Space_Shuttle_Challenger_disaster
   Die Darstellung in diesem Abschnitt orientiert sich unter anderem an Tufte (1997).
3. Eine ausführliche Beschreibung des Ablaufs der amerikanischen Präsidentschaftswahl 2000 findet man bei Wikipedia unter http://en.wikipedia.org/wiki/United_States_presidential_election_2000
4. Mehr zu den Prozessen in Florida findet man im Internet unter http://www.floridasupremecourt.org/pub_info/election/index.shtml
5. Näheres zum Parkfield Earthquake-Experiment findet man z. B. unter http://earthquake.usgs.gov/research/parkfield/overview.php
6. Fragestellungen dieser Art werden z. B. in der Geodäsie untersucht, siehe z. B. Grafarend (2003).
7. Die Biostatistik ist eines der zurzeit vielversprechendsten Anwendungsgebiete der Statistik. Eine Einführung in aktuelle Fragestellungen im Zusammenhang mit DNA-Microarrays findet sich z. B. in Amaratunga und Cabreva (2003).
8. Eine Einführung in die Schadenversicherungsmathematik, die die zugrunde liegenden mathematischen Probleme in realen Anwendungen schön beschreibt, findet man z. B. in Mack (2002).
9. Für eine allgemeine und sehr umfassende Einführung in die Finanzmathematik sei auf Hull (2006) verwiesen. Näheres zu statistischen Verfahren zur Bewertung des Risikos von Investitionen in Kapitalanlagen findet man z. B. in Franke et al. (2007).

© Springer-Verlag GmbH Deutschland 2017
J. Eckle-Kohler, M. Kohler, *Eine Einführung in die Statistik und ihre Anwendungen*,
Springer-Lehrbuch, DOI 10.1007/978-3-662-54094-7

Anmerkungen zu Kap. 2

1. Die Darstellung der Entwicklung und Überprüfung der Wirksamkeit von Fumarsäure zur Behandlung von Multipler Sklerose orientiert sich an Daum und Grabar (2013) sowie an der Fachinformation der Firma Biogen zum Medikament Tecfidera vom Januar 2014.
2. Im Rahmen des sog. Mikrozensus (regelmäßige Befragung von 1 % der Bevölkerung in Deutschland, zum Teil mit Auskunftspflicht) führt das Statistische Bundesamt auch Befragungen zu den Rauchgewohnheiten der Bevölkerung durch. Im Jahr 2013 haben dabei 29, 3 % der befragten Männer und 20, 3 % der befragten Frauen angegeben, regelmäßig zu rauchen. Von den 20–25-Jährigen zählten sich 30, 6 %, von den 60–65-Jährigen aber nur 22 % zu den Rauchern. (Quelle: Statistisches Bundesamt. Mikrozensus – Fragen zur Gesundheit – Rauchgewohnheiten der Bevölkerung 2013.)
3. Details dieser Studie findet man in Der et al. (2006).
4. Mehr zur Nurses Health Study findet man z. B. bei Wikepedia unter http://de. wikipedia.org/wiki/Nurses'__Health_Study
5. Diese Daten stammen aus Heart Protection Study Collaborative Group (2002).
6. Dieses Beispiel stammt aus Singh et al. (2002).
7. Siehe Gadhia et al. (2003).
8. Mehr dazu findet man unter http://www.emf-forschungsprogramm.de/forschung/biologie/biologie_abges/bio_105.html
9. Diese Studie ist in Weinstein et al. (2006) beschrieben.
10. Näheres dazu findet man z. B. bei SPIEGEL ONLINE unter http://www.spiegel. de/wissenschaft/mensch/0,1518,406077,00.html
11. Dieses Beispiel wird unter http://www.zeit.de/2004/32/Pinguine bei ZEIT ONLINE beschrieben.
12. Die Umfrageergebnisse sind z. B. zu finden unter http://www.wahlumfragen.org/bundestagswahl/wahlumfragen_bundestagswahl.php
13. Eine einfache Methode dafür ist die Befragung der Person im Haushalt, die zuletzt Geburtstag hatte (sog. Last-Birthday-Verfahren).
14. Mehr zur Gewichtung der Angaben bei Wahlumfragen findet man z. B. in Roth (2008).

Anmerkungen zu Kap. 3

1. Die in diesem Beispiel verwendeten Daten wurden dem vom Statistischen Bundesamt veröffentlichten Statistischen Jahrbuch 2003 entnommen.
2. Der Kerndichteschätzer geht auf Rosenblatt (1956) und Parzen (1962) zurück.
3. Der Kerndichteschätzer wird hier im Sinne der explorativen Statistik auf diskrete Variablen angewendet, obwohl a priori klar ist, dass solche Daten niemals durch eine Dichte exakt beschrieben werden können. Allerdings können – wie

das Beispiel zeigt – durch Anwenden des Kerndichteschätzers Aussagen über das globale Verhalten von relativen Häufigkeiten gewonnen werden.

4. Die Daten wurden analog zu Angaben in einem so genannten CAMPUS-file des Forschungsdatenzentrums des Statistischen Bundesamtes gebildet; das entsprechende CAMPUS-file findet man unter

http://www.forschungsdatenzentrum.de/

5. Die Ergebnisse zu der zuletzt durchgeführten und bereits ausgewerteten PISA-Studie findet man im Internet unter

http://www.oecd.org/berlin/themen/
pisa-internationaleschulleistungsstudiederoecd.htm

Von dort wurden im Jahr 2013 auch die in diesem Beispiel verwendeten Daten heruntergeladen, die auf dieser Internetseite aber mittelerweile durch etwas aktuellere Ergebnisse ersetzt wurden.

6. Eine umfassende mathematische Theorie zur nichtparametrischen Regressionsschätzung findet man in Györfi et al. (2002).

Anmerkungen zu Kap. 4

1. Gesprochen: „omega".
2. Hierbei handelt es sich um das kleine „Omega".
3. Die sog. Fakultät von n:

$$n! = n \cdot (n-1) \cdot \dots \cdot 1$$

wird gesprochen als „n Fakultät".

4. Der sog. Binomialkoeffizient

$$\binom{n}{k} = \frac{n!}{(n-k)! \cdot k!}$$

wird gesprochen als „n über k".

5. Gesprochen: „Sigma"-Additivität.
6. Dass es kein Wahrscheinlichkeitsmaß

$$\mathbf{P} : \mathscr{P}([0,5]) \to \mathbb{R}$$

gibt, das eine Gleichverteilung auf $[0,5]$ beschreibt, kann man sich auch folgendermaßen klarmachen:

Angenommen, $\mathbf{P} : \mathscr{P}([0,5]) \to \mathbb{R}$ ist ein Wahrscheinlichkeitsmaß, das eine Gleichverteilung auf $[0,5]$ beschreibt. Dann sollte sich der Wert von $\mathbf{P}(A)$ nicht ändern, wenn man die Menge A zyklisch verschiebt. Das zyklische Verschieben eines Elementes $\omega \in [0,5]$ um eine Distanz $x \in [0,5]$ beschreiben wir durch

$$x \oplus \omega = \begin{cases} \omega + x & \text{falls } \omega + x \leq 5, \\ \omega + x - 5 & \text{falls } 5 < \omega + x \leq 10. \end{cases}$$

Mithilfe dieser Operation können wir durch

$$x \oplus A = \{x \oplus \omega \; : \; \omega \in A\}$$

die Verschiebung einer Menge $A \subseteq [0,5]$ definieren. Die obige Eigenschaft der Gleichverteilung lässt sich dann durch

$$\mathbf{P}(x \oplus A) = \mathbf{P}(A) \quad \text{für alle } x \in [0,5], A \subseteq [0,5] \tag{B.1}$$

formalisieren. Wir zeigen im Folgenden, dass ein Wahrscheinlichkeitsmaß

$$\mathbf{P} : \mathscr{P}([0,5]) \to \mathbb{R}$$

diese Eigenschaft nicht besitzen kann.

Dazu setzen wir $Q := [0,5] \cap \mathbb{Q}$ und definieren eine Äquivalenzrelation $\sim$ durch

$$\omega_1 \sim \omega_2 \quad \Leftrightarrow \quad \exists p \in Q : \omega_2 = \omega_1 \oplus p.$$

Die zugehörigen Äquivalenzklassen seien mit

$$[\omega] = \{\tilde{\omega} \in [0,5] : \tilde{\omega} \sim \omega\}$$

bezeichnet.

Trivialerweise gilt

$$[0,5] = \bigcup_{\omega \in [0,5]} [\omega].$$

Durch Anwendung des Auswahlaxioms können wir eine Teilmenge $R \subseteq [0,5]$ konstruieren mit der Eigenschaft, dass für jedes $\omega \in [0,5]$ genau ein $r \in R$ existiert mit $\omega \in [r]$ (indem man aus jeder Menge in $\{[\omega] : \omega \in [0,5]\}$ genau ein Element auswählt). Insbesondere gilt dann

$$q_1 \oplus R \cap q_2 \oplus R = \emptyset$$

für alle $q_1, q_2 \in Q$ mit $q_1 \neq q_2$.

Wegen

$$[0,5] = \bigcup_{q \in Q} q \oplus R$$

folgt daraus aber mit der σ-Additivität von $\mathbf{P}$:

$$1 = \mathbf{P}\left(\bigcup_{q \in Q} q \oplus R\right) = \sum_{q \in Q} \mathbf{P}(q \oplus R).$$

Bei einer Gleichverteilung müssen aber die unendlich vielen Summanden rechts wegen (B.1) alle den gleichen Wert haben, der dann aber nicht zu Eins aufsummieren kann.

7. Genauer gilt:

Lemma

a) $\mathscr{A}_\alpha$ σ-Algebra in Ω ($\alpha \in I \neq \emptyset$) $\Rightarrow$ $\bigcap_{\alpha \in I} \mathscr{A}_\alpha$ σ-Algebra in Ω.

b) $\mathscr{E}$ Mengensystem in Ω. Dann existiert eine „kleinste" σ-Algebra, die $\mathscr{E}$ umfasst, d. h., es existiert eine σ-Algebra, die $\mathscr{E}$ umfasst und in allen σ-Algebren enthalten ist, die $\mathscr{E}$ umfassen.

Beweis a) (i) $\emptyset, \Omega \in \bigcap_{\alpha \in I} \mathscr{A}_\alpha$, da $\emptyset, \Omega \in \mathscr{A}_\alpha$ für alle $\alpha \in I$ und $I \neq \emptyset$.

(ii) $A \in \bigcap_{\alpha \in I} \mathscr{A}_\alpha \Rightarrow A \in \mathscr{A}_\alpha$ für alle $\alpha \in I \Rightarrow A^c \in \mathscr{A}_\alpha$ für alle $\alpha \in I \Rightarrow A^c \in \bigcap_{\alpha \in I} \mathscr{A}_\alpha$.

(iii) $A, B \in \bigcap_{\alpha \in I} \mathscr{A}_\alpha \Rightarrow A, B \in \mathscr{A}_\alpha$ für alle $\alpha \in I \Rightarrow A \cup B, A \cap B, A \setminus B \in \mathscr{A}_\alpha$ für alle $\alpha \in I \Rightarrow A \cup B, A \cap B, A \setminus B \in \bigcap_{\alpha \in I} \mathscr{A}_\alpha$.

(iv) $A_n \in \bigcap_{\alpha \in I} \mathscr{A}_\alpha$ für alle $n \in \mathbb{N} \Rightarrow A_n \in \mathscr{A}_\alpha$ für alle $\alpha \in I, n \in \mathbb{N} \Rightarrow \bigcup_{n \in \mathbb{N}} A_n \in \mathscr{A}_\alpha$ für alle $\alpha \in I \Rightarrow \bigcup_{n \in \mathbb{N}} A_n \in \bigcap_{\alpha \in I} \mathscr{A}_\alpha$.

b) Setze $I := \{\mathscr{A} \subseteq \mathscr{P}(\Omega) : \mathscr{A}$ σ-Algebra mit $\mathscr{E} \subseteq \mathscr{A}\}$.

Dann gilt $I \neq \emptyset$, da $\mathscr{P}(\Omega) \in I$.

Nun ist aber $\bigcap_{\mathscr{A} \in I} \mathscr{A}$ eine σ-Algebra (vgl. a)), die $\mathscr{E}$ umfasst (nach Definition) und in jeder σ-Algebra enthalten ist, die $\mathscr{E}$ umfasst (da jede solche σ-Algebra in obigem Schnitt auftaucht). $\qquad \square$

8. Siehe z. B. Satz 6.4 in Bauer (1992). Trotz dieser schönen Eigenschaften der Borelschen σ-Algebra stimmt diese aber nicht mit $\mathscr{P}(\mathbb{R})$ überein, siehe z. B. Satz 8.6 in Bauer (1992).

9. Die Existenz eines solchen Maßes folgt aus dem sog. Fortsetzungssatz von Caratheodory, siehe z. B. Satz 5.1 in Bauer (1992).

10. Die Regel von de l'Hospital besagt unter anderem, dass für differenzierbare Funktionen $f, g : \mathbb{R} \to \mathbb{R}$ mit $f(0) = 0 = g(0)$

$$\lim_{x \to 0} \frac{f(x)}{g(x)} = \lim_{x \to 0} \frac{f'(x)}{g'(x)}$$

gilt, sofern der Limes auf der rechten Seite existiert (siehe z. B. Satz 50.1 in Heuser (2003)).

11. Dies folgt durch Anwendung des sog. Satzes von der monotonen Konvergenz, siehe z. B. Satz 11.4 in Bauer (1992).

12. Ist nämlich $(\varepsilon_n)_{n\in\mathbb{N}}$ eine monoton fallende Nullfolge, so gilt

$$\lim_{n\to\infty} \int_{(x-\varepsilon_n,x+\varepsilon_n)} f(u)\,du = \lim_{n\to\infty} \int f(u)\cdot 1_{(x-\varepsilon_n,x+\varepsilon_n)}(u)\,du = \int 0\,du = 0,$$

wobei wir ausgenutzt haben, dass wir nach dem Satz von der majorisierten Konvergenz (siehe z. B. Satz 15.6 in Bauer (1992)) beim letzten Integral den Grenzwert mit dem Integral vertauschen dürfen und dass für $u \neq x$ gilt:

$$\lim_{n\to\infty} f(u)\cdot 1_{(x-\varepsilon_n,x+\varepsilon_n)}(u) = f(u)\cdot 0 = 0.$$

13. Diese Beziehung folgt z. B. mithilfe von mehrdimensionaler Integralrechnung wie folgt:

$$\int_{\mathbb{R}} e^{-x^2/2}\,dx \cdot \int_{\mathbb{R}} e^{-y^2/2}\,dy = \int_{\mathbb{R}^2} e^{-(x^2+y^2)/2} d(x,y)$$

$$= \int_0^{2\pi} \int_0^{\infty} r\cdot e^{-r^2/2}\,dr\,d\theta$$

$$= 2\pi \cdot \int_0^{\infty} r\cdot e^{-r^2/2}\,dr$$

$$= 2\pi \cdot (-e^{-r^2/2})\big|_{r=0}^{\infty} = 2\pi.$$

14. Nähere Information zum Hautkrebs-Screening findet man im Internet unter

http://www.hautkrebs-screening.de/allgemein/screening/screening-info.php

15. Im Falle $\mathbf{P}(B|A) = 1$ und $\mathbf{P}(B|A^c) = 0{,}01$ erhält man analog $\mathbf{P}(A|B) = 0{,}25$, d. h., bei einem dermaßen erfolgreichen Hautarzt würde die Wahrscheinlichkeit, nach dem positiven Screening-Befund an Hautkrebs erkrankt zu sein, auf 25 Prozent steigen.

Anmerkungen zu Kap. 5

1. Man kann z. B. zeigen, dass jede stetige Abbildung $\mathscr{B} - \mathscr{B}$-messbar ist, dass punktweise Grenzwerte $\mathscr{B} - \mathscr{B}$-messbarer Abbildungen selbst immer $\mathscr{B} - \mathscr{B}$-messbar sind, dass mit zwei Abbildungen auch ihre Summe bzw. ihre Differenz bzw. ihr Produkt bzw. ihr Quotient (sofern definiert) $\mathscr{B} - \mathscr{B}$-messbar sind und dass die Verkettung $\mathscr{B} - \mathscr{B}$-messbarer Abbildungen eine $\mathscr{B} - \mathscr{B}$-messbare Abbildung ergibt. Siehe z. B. §9 in Bauer (1992).

2. Siehe z. B. Satz 6.5 in Bauer (1992).

3. Nach Satz 6.5 in Bauer (1992) gehört zu F ein Wahrscheinlichkeitsmaß mit Verteilungsfunktion F. Die gesuchte Zufallsvariable erhält man daraus durch Konstruktion einer Zufallsvariablen, deren Verteilung mit diesem Wahrscheinlichkeitsmaß übereinstimmt.

4. Denn gilt

$$\lim_{x \to \infty} F(x) \neq 1,$$

so existiert ein $\varepsilon > 0$ und eine monoton wachsende Folge $(x_n)_{n \in \mathbb{N}}$ mit $x_n \to \infty$ $(n \to \infty)$ und

$$|F(x_n) - 1| \geq \varepsilon \quad \text{für alle } n \in \mathbb{N}.$$

Letzteres impliziert aber, dass $F(x_n)$ nicht gegen Eins konvergieren kann.

5. Denn für $B \in \mathscr{B}$ gilt wegen der $\mathscr{B} - \mathscr{B}$-Messbarkeit von h_i:

$$h_i^{-1}(B) \in \mathscr{B}.$$

Wegen

$$(h_i(X_i))^{-1}(B) = (h_i \circ X_i)^{-1}(B) = X_i^{-1}(h_i^{-1}(B))$$

folgt daraus aber

$$(h_i(X_i))^{-1}(B) = X_i^{-1}(h_i^{-1}(B)) \in \mathscr{A},$$

da X_i Zufallsvariable ist.

6. Siehe z. B. Satz 9.6 in Bauer (1991).

7. Ist nämlich $f(\bar{\omega}) \leq n$, so gilt

$$\left| f_n(\bar{\omega}) - f(\bar{\omega}) \right| \leq \frac{1}{2^n},$$

was

$$f_n(\bar{\omega}) \to f(\bar{\omega}) \quad \text{für alle} \quad \bar{\omega} \in \Omega$$

impliziert. Weiter gilt für alle $\bar{\omega} \in \Omega$ und $n \in \mathbb{N}$

$$f_n(\bar{\omega}) \leq f_{n+1}(\bar{\omega}),$$

denn ist

$$\frac{k}{2^n} \leq f(\bar{\omega}) < \frac{k+1}{2^n}$$

so gilt auch

$$\frac{2k}{2^{n+1}} \leq f(\bar{\omega}) < \frac{2k+2}{2^{n+1}},$$

und wählt man nun l so, dass

$$\frac{l}{2^{n+1}} \leq f(\bar{\omega}) < \frac{l+1}{2^{n+1}},$$

gilt, so folgt

$$f_{n+1}(\bar{\omega}) = \frac{l}{2^{n+1}} \geq \frac{2k}{2^{n+1}} = \frac{k}{2^n} = f_n(\bar{\omega}).$$

Darüber hinaus gilt im Falle $f(\bar{\omega}) \geq n$ wegen

$$\frac{n \cdot 2^{n+1}}{2^{n+1}} = n \leq f(\bar{\omega})$$

ebenfalls

$$f_{n+1}(\bar{\omega}) \geq \frac{n \cdot 2^{n+1}}{2^{n+1}} = n = f_n(\bar{\omega}).$$

8. Siehe z. B. Korollar 11.2 in Bauer (1992).
9. Zum Beispiel ist f^+ messbar, da f^+ Verkettung von f mit der stetigen Abbildung

$$u \mapsto \max\{u, 0\}$$

ist, stetige Abbildungen $\mathcal{B} - \mathcal{B}$-messbar sind (siehe z. B. §7 in Bauer (1992)) und die Verkettung messbarer Abbildungen eine messbare Abbildung ergibt (vgl. Anmerkung 1 oben).
10. Dies folgt aus dem Satz von der monotonen Konvergenz, siehe z. B. Satz 11.4 in Bauer (1992).
11. Einen Beweis findet man z. B. in §8 von Bauer (1991).
12. Es gelte $Z_n \to Z$ f.s. Sei $\varepsilon > 0$ beliebig. Dann ist

$$\lim_{n\to\infty} \mathbf{P}[|Z_n - Z| > \varepsilon] = \lim_{n\to\infty} \int 1_{\{\bar{\omega}\in\Omega:|Z_n(\bar{\omega})-Z(\bar{\omega})|>\varepsilon\}}(\omega)\mathbf{P}(d\omega).$$

Der Integrand konvergiert mit Wahrscheinlichkeit Eins gegen Null, denn für jedes $\omega \in \Omega$ mit

$$Z_n(\omega) \to Z(\omega) \quad (n \to \infty)$$

gilt

$$1_{\{\bar{\omega}\in\Omega:|Z_n(\bar{\omega})-Z(\bar{\omega})|>\varepsilon\}}(\omega) = 0$$

für n genügend groß, was

$$\lim_{n\to\infty} 1_{\{\bar{\omega}\in\Omega:|Z_n(\bar{\omega})-Z(\bar{\omega})|>\varepsilon\}}(\omega) = 0$$

impliziert. Mit dem Satz von der majorisierten Konvergenz (siehe z. B. Satz 15.6 in Bauer (1992)) folgt daraus

$$\lim_{n\to\infty} \int 1_{\{\bar{\omega}\in\Omega:|Z_n(\bar{\omega})-Z(\bar{\omega})|>\varepsilon\}}(\omega)\mathbf{P}(d\omega) = \int 0\,\mathbf{P}(d\omega) = 0.$$

Also gilt

$$\lim_{n\to\infty} \mathbf{P}[|Z_n - Z| > \varepsilon] = 0.$$

13. Zum Beweis beachte man, dass aus $X_n(\omega) \to X(\omega)$ $(n \to \infty)$ und $Y_n(\omega) \to Y(\omega)$ $(n \to \infty)$ immer $\alpha \cdot X_n(\omega) + \beta \cdot Y_n(\omega) \to \alpha \cdot X(\omega) + \beta \cdot Y(\omega)$ $(n \to \infty)$ folgt. Durch Kontraposition erhält man daraus, dass

$$\alpha \cdot X_n(\omega) + \beta \cdot Y_n(\omega) \nrightarrow \alpha \cdot X(\omega) + \beta \cdot Y(\omega) \quad (n \to \infty)$$

die Beziehung

$$X_n(\omega) \nrightarrow X(\omega) \quad (n \to \infty) \quad \text{oder} \quad Y_n(\omega) \nrightarrow Y(\omega) \quad (n \to \infty)$$

zur Folge hat. Dies zeigt

$$[\alpha \cdot X_n + \beta \cdot Y_n \nrightarrow \alpha \cdot X + \beta \cdot Y \ (n \to \infty)]$$
$$\subseteq [X_n \nrightarrow X \ (n \to \infty)] \cup [Y_n \nrightarrow Y \ (n \to \infty)].$$

Aus $X_n \to X$ $f.s.$ und $Y_n \to Y$ $f.s.$ folgt daher

$$\mathbf{P}[\alpha \cdot X_n + \beta \cdot Y_n \nrightarrow \alpha \cdot X + \beta \cdot Y \ (n \to \infty)]$$
$$\leq \mathbf{P}[X_n \nrightarrow X \ (n \to \infty)] + \mathbf{P}[Y_n \nrightarrow Y \ (n \to \infty)]$$
$$= 0 + 0 = 0,$$

was $X_n + Y_n \to X + Y$ $f.s.$ impliziert.

14. Siehe z. B. Satz 11.4 in Bauer (1992).

15. Mit dem Satz von Fubini (siehe z. B. Korollar 23.7 in Bauer (1992)) sieht man diese Beziehung wie folgt ein:

$$\int_0^\infty \mathbf{P}[Z > t]\, dt = \int_0^\infty \int_\Omega 1_{[Z > t]}(\omega)\, \mathbf{P}(d\omega)\, dt$$
$$\overset{Fubini}{=} \int_\Omega \int_0^\infty 1_{[Z > t]}(\omega)\, dt\, \mathbf{P}(d\omega)$$
$$= \int_\Omega Z(\omega)\, \mathbf{P}(d\omega) = \mathbf{E}Z.$$

16. Einen Beweis dieses Resultats und verwandter Aussagen findet man z. B. in Kapitel IV in Bauer (1991).

Anmerkungen zu Kap. 6

1. Die Formeln von Panjer werden z. B. in Mack (2002) beschrieben.

2. Einen Beweis findet man z. B. in Witting (1985), dort als Beweis zu Korollar 1.44.

3. Dies folgt z. B. aus Satz 1.19.1 in Gänssler und Stute (1977).

4. Für reelle Zufallsvariablen Z_n bzw. Z mit Verteilungsfunktion F_n bzw. F schreiben wir

$$Z_n \to^{\mathscr{D}} Z,$$

falls in jedem Stetigkeitspunkt x von F gilt:

$$F_n(x) \to F(x) \quad (n \to \infty).$$

Mit dieser Notation besagt Satz 5.12

$$\frac{\sqrt{n}}{\sigma} \left(\frac{1}{n} \sum_{i=1}^{n} X_i - \mu \right) \to^{\mathscr{D}} N(0, 1) - \text{verteilte Zufallsvariable.}$$

Wegen

$$S^2 = \frac{1}{n-1} \sum_{i=1}^{n} (X_i - \bar{X})^2 \to \sigma^2 \quad f.s.$$

(vgl. Abschn. 6.2) kann man mithilfe des sogenannten Satzes von Slutsky folgern:

$$\frac{\sqrt{n}}{S} \left(\frac{1}{n} \sum_{i=1}^{n} X_i - \mu \right) \to^{\mathscr{D}} N(0, 1) - \text{verteilte Zufallsvariable.}$$

5. Siehe z. B. Abschn. 2.1.3 in Witting (1985).

6. Siehe z. B. Satz 3.2.2 in Gänssler und Stute (1977).

7. Einen Beweis von Satz 6.3 findet man z. B. in Abschn. 10.2 in Gänssler und Stute (1977).

8. Einen Beweis von Satz 6.4 findet man z. B. in Witting und Müller-Funk (1995), siehe dort Beweis von Satz 5.130.

9. Siehe z. B. Satz 6.55 in Witting und Müller-Funk (1995).

10. Siehe z. B. Abschn. 3.8 in Lehn und Wegmann (2000).

Literaturverzeichnis

Amaratunga, D., Cabreva, J.: Microarray and Protein Array Data. Wiley Series in Probability and Statistics. Wiley (2003)

Bauer, H.: Wahrscheinlichkeitstheorie. de Gruyter (1991)

Bauer, H.: Maß- und Integrationstheorie. de Gruyter (1992)

Bonomi, A., Nemeth, J., Altenburger, L., Anderson, M., Snyder, A., Ima, D.: Fiction or not? Fifty shades is associated with health risks in adolescent and young adult females. J. Women's Health **23**, 720–728 (2014)

Daum, M., Grabar, I.: Goldene Formel. ZEIT ONLINE Gesundheit. http://www.zeit.de/2013/33/multiple-sklerose-medikament-tecfidera. Zugegriffen: 06 Dez. 2016 (2013)

Der, G., Batty, G., Dear, I.: Effect of breast feeding on intelligence in children: prospective study, sibling pairs analysis, and meta-analysis. Brit. Med. J. **333**, 945–953 (2006)

Eisenhauer, N., Partsch, S., Parkinson, D., Scheu, S.: Invasion of a deciduous forest by earthworms: changes in soil chemistry, microflora, microarthropods and vegetation. Soil Bio. Biochem. **39**, 1099–1110 (2007)

Franke, J., Härdle, W., Hafner, C.: Statistics of Financial Markets. Springer (2007)

Gadhia, P., et al.: A preliminary study to assess possible chromosomal damage among users of digital mobile phones. Electromag. Biol. Med. **22**, 149–159 (2003)

Gänssler, P., Stute, W.: Wahrscheinlichkeitstheorie. Springer (1977)

Grafarend, E.: Geodesy – The Challenge of the 3rd Millenium. Springer (2003)

Györfi, L., Kohler, M., Krzyżak, A., Walk, H.: A Distribution-Free Theory of Nonparametric Regression. Springer (2002)

Heart Protection Study Collaborative Group: MRC/BHF Heart Protection Study of antioxidant vitamin supplementation in 20536 high-risk individuals: a randomised placebo-controlled trial. Lancet **360**, 23–33 (2002)

Heuser, H.: Lehrbuch der Analysis, Teil 1. B. G. Teubner (2003)

Hull, J.: Optionen, Futures und andere Derivate. Pearson (2006)

Lehn, J., Wegmann, H.: Einführung in die Statistik. Teubner (2000)

Mack, T.: Schadenversicherungsmathematik. Schriftenreihe Angewandte Versicherungsmathematik (2002)

Parzen, E.: On the estimation of a probability density function and the mode. Ann. Math. Stat. **33**, 1065–1076 (1962)

Rogers, W.P., et al.: Report of the Presidential Commission on the Space Shuttle Challenger Accident. http://history.nasa.gov/rogersrep/genindex.htm. Zugegriffen: 06 Dez. 2016 (1986)

Rosenblatt, M.: Remarks on some nonparametric estimates of a density function. Ann. Math. Stat. **27**, 832–837 (1956)

Roth, D.: Empirische Wahlforschung. VS Verlag (2008)

Singh, R.B., et al.: Effect of an Indo-Mediterranean diet on progression of coronary artery disease in high risk patients (Indo-Mediterranean Diet Heart Study): a randomised single-blind trial. Lancet **360**, 1455–1461 (2002)

© Springer-Verlag GmbH Deutschland 2017

J. Eckle-Kohler, M. Kohler, *Eine Einführung in die Statistik und ihre Anwendungen*, Springer-Lehrbuch, DOI 10.1007/978-3-662-54094-7

Tufte, E.: Visual Explanations: Images and Quantities, Evidence and Narrative. Graphics Press (1997)

Weinstein, J.N., et al.: Surgical vs nonoperative treatment for lumbar disk herniation. The Spine Patient Outcomes Research Trial (SPORT): a randomized trial. *JAMA* **296**, 2441–2450 (2006)

Witting, H.: Mathematische Statistik I. Teubner (1985)

Witting, H., Müller-Funk, U.: Mathematische Statistik II. Teubner (1995)

Sachverzeichnis

© Springer-Verlag GmbH Deutschland 2017
J. Eckle-Kohler, M. Kohler, *Eine Einführung in die Statistik und ihre Anwendungen*,
Springer-Lehrbuch, DOI 10.1007/978-3-662-54094-7

Springer

Willkommen zu den Springer Alerts

- Unser Neuerscheinungs-Service für Sie:
  aktuell *** kostenlos *** passgenau *** flexibel

Springer veröffentlicht mehr als 5.500 wissenschaftliche Bücher jährlich in gedruckter Form. Mehr als 2.200 englischsprachige Zeitschriften und mehr als 120.000 eBooks und Referenzwerke sind auf unserer Online Plattform SpringerLink verfügbar. Seit seiner Gründung 1842 arbeitet Springer weltweit mit den hervorragendsten und anerkanntesten Wissenschaftlern zusammen, eine Partnerschaft, die auf Offenheit und gegenseitigem Vertrauen beruht.

Die SpringerAlerts sind der beste Weg, um über Neuentwicklungen im eigenen Fachgebiet auf dem Laufenden zu sein. Sie sind der/die Erste, der/die über neu erschienene Bücher informiert ist oder das Inhaltsverzeichnis des neuesten Zeitschriftenheftes erhält. Unser Service ist kostenlos, schnell und vor allem flexibel. Passen Sie die SpringerAlerts genau an Ihre Interessen und Ihren Bedarf an, um nur diejenigen Information zu erhalten, die Sie wirklich benötigen.

Mehr Infos unter: springer.com/alert

Printed in the United States
By Bookmasters